EUL VERLAG

Reihe: Finanzierung, Kapitalmarkt und Banken · Band 90

Herausgegeben von Prof. Dr. Hermann Locarek-Junge, Dresden, Prof. Dr. Klaus Röder, Regensburg, und Prof. Dr. Mark Wahrenburg, Frankfurt

Dr. Sven Loßagk

Die Bewertung nicht börsennotierter Unternehmen

Eine empirische Untersuchung zur Erklärung des systematischen Risikos mittels rechnungswesenbasierter Daten

Mit einem Geleitwort von Prof. Dr. Hermann Locarek-Junge,
Technische Universität Dresden

EUL VERLAG

Bibliografische Information der Deutschen Nationalbibliothek

Die Deutsche Nationalbibliothek verzeichnet diese Publikation in der Deutschen Nationalbibliografie; detaillierte bibliografische Daten sind im Internet über <http://dnb.d-nb.de> abrufbar.

Dissertation, Technische Universität Dresden, 2013, unter dem Titel: Die Bewertung nicht börsennotierter Unternehmen – Eine theoretische und empirische Untersuchung zur Erklärung des systematischen Risikos mittels rechnungswesenbasierter Daten

ISBN 978-3-8441-0313-7
1. Auflage März 2014

JOSEF EUL VERLAG GmbH
Brandsberg 6
53797 Lohmar
Tel.: 0 22 05 / 90 10 6-6
Fax: 0 22 05 / 90 10 6-88
http://www.eul-verlag.de
info@eul-verlag.de

Bei der Herstellung unserer Bücher möchten wir die Umwelt schonen. Dieses Buch ist daher auf säurefreiem, 100% chlorfrei gebleichtem, alterungsbeständigem Papier nach DIN 6738 gedruckt.

Geleitwort

Die Unternehmensbewertung ist innerhalb der Betriebswirtschaftslehre ein Gebiet, das sowohl von hohem theoretischem Interesse als auch von erheblicher praktischer Relevanz ist. Dabei ist dieses Gebiet durch eine Methodenvielfalt gekennzeichnet, denn neben den klassischen Methoden zur Liquidations-, Substanz- und Ertragswertberechnung (z.B. IDW S1) oder Discounted Cash Flow Verfahren (DCF) wurden die Ansätze der objektiven, subjektiven, und der funktionalen Werttheorie und Kapitalmarktmodelle wie das CAPM entwickelt, die speziell für die Forschung in der Finanzwirtschaft von Bedeutung sind.

Praktischer Anlass für die Unternehmensbewertung sind neben gesetzlichen (AktG, BewG, BGB, UmwG) und steuerlichen Bestimmungen verschiedene privatrechtliche Vereinbarungen wie der Kauf oder Verkauf ganzer Unternehmen bzw. von Beteiligungen, das Einbringen ganzer Unternehmen bei Sachgründungen, der Eintritt oder Austritt von Gesellschaftern bei Personengesellschaften (§738 BGB), Erbauseinandersetzungen, Erbteilungen, Schiedsgutachten oder Abfindungsfälle im Familienrecht.

Obwohl sich die nationale und internationale Lehre und Forschung in der Finanzwirtschaft oft auf die börsennotierten Unternehmen bezieht, die einen Aktienkurs und damit eine Marktbewertung haben, trifft dies für 99,9 % der Unternehmen in Deutschland nicht zu. Auch etwa 99 % der im Handelsregister geführten Kapitalgesellschaften (darunter überwiegend in der Rechtsform der GmbH) und sogar die Aktien von knapp 95 % der insgesamt ca. 12.000 Aktiengesellschaften und KGaA (DAI Factbook 2013, Stand: Ende 2012) sind in Deutschland nicht börsennotiert und diese Unternehmen unterliegen damit nicht den strengeren Publizitätsvorschriften der Börsen. Jedoch müssen seit einigen Jahren im elektronischen Bundesanzeiger von Gesellschaften wie GmbH, AG und sonstigen eingetragenen Kaufleuten Jahresabschlüsse elektronisch beim Bundesanzeiger eingereicht werden. Diese Jahresabschlüsse können im verknüpften Unternehmensregister abgefragt werden.

Die vorliegende Arbeit zeigt Wege auf, mit denen über aus Jahresabschlüssen der Unternehmen berechnete Kennzahlen relevante Informationen für die Unternehmensbewertung, speziell des systematischen Risikos im Sinne des CAPM, abgeleitet werden

können. Die in der Untersuchung verwendeten Kennzahlen werden theoretisch wie auch aus Ergebnissen früherer Untersuchungen hergeleitet und mittels zweier Modelle, darunter einem vom Autor selbst entwickelten Erklärungsansatz, überprüft.
Ich wünsche der Arbeit von Herrn Dr. Loßagk eine gute Aufnahme in Wissenschaft und Praxis.

Dresden, im Februar 2014 *Hermann Locarek-Junge*

Vorwort

Die vorliegende Forschungsarbeit habe ich während der Zeit als wissenschaftlicher Mitarbeiter am Lehrstuhl für Betriebswirtschaftslehre, insbesondere Finanzwirtschaft und Finanzdienstleistungen an der Technischen Universität Dresden abgefasst. Großer Dank gilt dem Lehrstuhlinhaber Herrn Prof. Dr. Locarek-Junge, welcher als mein Doktorvater durch seine konzeptionelle Beratung und als fachlicher Sparringspartner den Weg für die erfolgreiche Promotion geebnet hat.

Weiterhin danke ich Herrn Prof. Dr. Schipp für den ausdauernden fachlichen Austausch sowie die Erstellung des Zweitgutachtens und Herrn Prof. Dr. Dobler und Herrn Prof. Dr. Thum für ihr Mitwirken in der Promotionskommission.

Meinen langjährigen Kollegen am Lehrstuhl Denise Erhardt, Thorsten Klug, Dr. Yun Lu und Dr. Max Mihm danke ich für ihre Bereitschaft sowohl fachliche als auch menschliche Themen zu unterschiedlichsten Gelegenheiten besprechen zu können. Auch bei Frau Arite Schrehardt möchte ich mich bedanken, da sie uns aufgrund Ihrer Erfahrung und organisatorischem Geschick über unsere Erwartungen hinaus entlastet hat.

Ich bedanke mich für die Unterstützung meiner Familie, besonders meinem Opa Werner Gronau bin ich für die bereits frühzeitig einsetzende intellektuelle Forderung und Förderung dankbar.

Dr. Michael Gerber möchte ich für sein motivierenden Worte in der Anfangsphase und das fachfremde Korrekturlesen in der Endphase des Promotionsvorhabens danken.

Meiner Freundin Mariana Timm bin ich zu besonderer Dankbarkeit verpflichtet, da sie mich in der Zeit des Abfassens der Dissertationsschrift auch in schwierigen Zeiten größtmöglich unterstützte. Ihre positive Ausstrahlung sowie ihr Glaube an mich halfen mir in jeder Phase des Projekts das Ziel weiter zu verfolgen. Vielen Dank.

Dresden, im Februar 2014 *Sven Loßagk*

Inhaltsverzeichnis

Abbildungsverzeichnis

Tabellenverzeichnis

Abkürzungsverzeichnis

AfA	Absetzung für Abnutzung
AktG	Aktiengesetz
APT	Arbitrage Pricing Theory
APV	Adjusted Present Value
AR	Autoregression
B	Big
c. p.	Ceteris paribus
CAPM	Capital Asset Pricing Model
CML	Kapitalmarktlinie (Capital Market Line)
DCF	Discounted Cash Flow
EBIT	Gewinn vor Zinsen und Steuern (Earnings before Interest and Taxes)
EBITDA	Gewinn vor Zinsen, Steuern, Abschreibungen und Abschreibungen (Earnings before Interest, Taxes, Depreciation and Amortization)
EPS	Gewinn pro Aktie (Earnings Per Share)
et al.	Und andere (et alii)
EVA	Economic Value Added
f.	Folgende
Fn.	Fußnote
FTE	Flow to Equity
GARCH	Generalized Autoregressive Conditional Heteroscedasticity
GICS	Global Industry Classification Standard
GuV	Gewinn- und Verlustrechnung
H	High

Hrsg.	Herausgeber
IDW	Institut der Wirtschaftsprüfer
i. e. S.	Im engeren Sinne
i. H. v.	In Höhe von
i. V. m.	In Verbindung mit
i. w. S.	Im weiteren Sinne
KQ-Methode	Kleinste-Quadrate-Methode
L	Low
MPT	Moderne Portfoliotheorie
NOA	Nettobetriebsnotwendiges Vermögen
NOPAT	Operativer Cash Flow nach Steuern und vor Zinsen (Net Operating Profit After (adjusted) Tax)
ROA	Bilanzielle Gesamtkapitalverzinsung (Return on Assets)
ROE	Bilanzielle Eigenkapitalverzinsung (Return on Equity)
Rn.	Randnummer
RNOA	Return on Net Operating Assets
S	Small
S.	Seite
UmwG	Umwandlungsgesetz
UV	Umlaufvermögen
WACC	Weighted Average Cost of Capital

Symbolverzeichnis

$adj.\ R^2$	Adjustiertes Bestimmtheitsmaß
AIC	Akaike Information Criterion
BIC	Bayesian Information Criterion
BW_{∞}	Barwert einer unendlich andauernden Zahlungsreihe
$BW(TS)$	Barwert der Tax Shields der Zinsen
c	Kosten
$c_{var}^{\%}$	Anteil der variablen Kosten
CF	Zahlung (Cash Flow)
CF_Eff	Cash Flow Effizienz
CR	Liquidität des dritten Grades (Current Ratio)
dd	Differenz zwischen zwei Handelstagen
dS_dBS	Elastizität bezüglich Umsatzveränderung zur Bilanzsummenveränderung
ed	Euklidische Distanz
$D\_J\ddot{U}\_\bullet$	Dummy-Variable der allgemeinen Ertragskraft eines Unternehmens
Div_zahl	Dividendenzahlung
DFL	Degree of Financial Leverage
DOL	Degree of Operating Leverage
DTL	Degree of Total Leverage
EK	Eigenkapital
EKQ	Eigenkapitalquote
F	Risikofaktor
FCF^{Entity}	Brutto Free Cash Flow

FCF^{Equity}	Netto Free Cash Flow
FfO	Funds from Operations
Fin_Lev	Verschuldungsgrad
FK	Fremdkapital
FKQ	Fremdkapitalquote
g	Wachstumsrate der Netto Free Cash Flow
Ges_kost	Gesamtkosten
GK	Gesamtkapital
Gr_BS	Größe des Unternehmens basierend auf Bilanzsumme
Gr_EBIT	Größe des Unternehmens basierend auf EBIT
Gr_EK	Größe des Unternehmens basierend auf bilanziellem Eigenkapital
Gr_GrK	Größe des Unternehmens basierend auf bilanziellem Grundkapital
Gr_S	Größe des Unternehmens basierend auf Umsatz
h	Varinaz der Störgrößen im GARCH(p,q)-Modell
HHI	HERFINDAHL-HIRSCHMAN-Index
HML	Risikofaktor High-Minus-Low
$\mathbf{I}_n$	Einheitsmatrix der Dimension n
I	Investitionsauszahlung
$Income$	Bilanzielle Ertragsgröße eines Unternehmens
Inv_Kap	Investiertes Kapital
$JÜ$	Jahresüberschuss
KFW	Barwert der Fremdfinanzierung
$kurzfr\_Verb$	Kurzfristige Verbindlichkeiten
$kurzfr\_Verm$	Kurzfristige Vermögensgegenstände

Liq	Liquiditätsgrad der Vermögensgegenstände
Liq_Erl	Liquidationserlös
MA	Marktanteil
M_{EBIT}	EBIT-Multiplikator
M^{Income}	Durchschnittliche bilanzielle Ertragsgröße aller Unternehmen
MRP	Marktrisikoprämie
MQ_I	Anteil technischer Anlagen und Maschinen am Gesamtvermögen
MQ_II	Anteil technischer Anlagen und Maschinen am Umsatz
N	Anzahl der Objekte in einem Cluster
n	Stichprobenumfang
op_Eff	Operative Effizienz
op_inc	Betriebsergebnis (Operating Income)
Op_Lev	Operating Leverage
op_Mrg	Operative Gewinnmarge
P	Portfolio
p	Preis eines abgesetzten Gutes
$Pers\_ROE$	Persistenz der bilanziellen Eigenkapitalrentabilität
$PR1YR$	Risikofaktor Prior One Year
Q	Absatzmenge
QR	Liquidität des zweiten Grades (Quick Ratio)
RI	ökonomischer Residualgewinn
R	Gleichgewichtsrendite
R^2	Bestimmtheitsmaß
r	(allgemeiner risikoangepasster) Zinssatz/Kapitalkostensatz
r_{EK}	Eigenkapitalkosten eines (teilweise) verschuldeten Unternehmens

r_f	Risikofreier Zinssatz
r_F	Faktorrendite
r_{FK}	Fremdkapitalkostensatz
r_I	Indexrendite
r_{Inv}	Vorsteuerrendite der Nettoinvestitionen
r_M	Marktrendite
r_P	Portfoliorendite
r_{WACC}	Gewichtete durchschnittliche Kapitalkosten (Weighted Average Cost of Capital)
r_0	Eigenkapitalkosten eines (hypothetisch) unverschuldeten Unternehmens
RZ	Risikozuschlag zusätzlich zum risikofreier Zinssatz
S	Umsatz
s	Unternehmenssteuersatz
$SÄ$	Sicherheitsäquivalent
SMB	Risikofaktor Small-Minus-Big
std_MA	Standardisierter Marktanteil
Sqs	Streuungsquadratsumme
T^*	Tangentialportfolio im CAPM
TAM	Technische Anlagen und Maschinen
$u(\bullet)$	Nutzenfunktion
V_0	Unternehmenswert bei reiner Eigenfinanzierung
VIF	Varianzinflationsfaktor
VCR	Variance Ratio Criterion

V_K_EBIT	Variationskoeffizient auf Basis des EBIT
$V\_K\_J\ddot{U}$	Variationskoeffizient auf Basis des Jahresüberschusses
V_K_S	Variationskoeffizient auf Basis des Umsatzes
w	Anteil eines Wertpapiers in einem Portfolio
W_BS	Wachstumsrate der Bilanzsumme
W_EK	Wachstumsrate des bilanziellen Eigenkapitals
W_EBIT	Wachstumsrate des EBIT
W_GrK	Wachstumsrate des bilanziellen Grundkapitals
$W\_J\ddot{U}$	Wachstumsrate des Jahresüberschusses
W_S	Wachstumsrate des Umsatzes
x	Realisationen der Variablen für die Clusteranalyse
$\widetilde{X}$	Regressor/Zufallsvariable
$\mathbf{X}$	Matrix der unabhängigen Variable der Regression
$\widetilde{Y}$	Regressand/Zufallsvariable
$\mathbf{Y}$	Vektor der abhängigen Variable der Regression
$Zinsdeck$	Zinsdeckungsgrad
β	Beta: Sensitivität der Rendite eines Wertpapiers gegenüber der Rendite eines Risikofaktors/Index
β^{Acc}	Accounting-Beta basierend auf GuV-Positionen (allgemein)
β^{CAPM}	Eigenkapital-Beta eines (teilweise) verschuldeten Unternehmens
β^{0}	Eigenkapital-Beta eines (hypothetisch) unverschuldeten Unternehmens
β_{FK}	Fremdkapital-Beta
$\beta^{CAPM,Peer}$	Peer Group-Beta

β^{EBIT}	Accounting-Beta basierend auf EBIT
$\beta^{JÜ}$	Accounting-Beta basierend auf Jahresüberschuss
β^{S}	Accounting-Beta basierend auf Umsatz
$\beta^{S/W}$	Korrigierter Beta-Faktor (SCHOLES/WILLIAMS)
β^{T-T}	Trade-to-Trade-Beta
γ	Regressionskoeffizient
$\boldsymbol{\gamma}$	Vektor der Regressionskoeffizienten
ε , u ,ϖ	Störterm (Residuum) einer Regression/Zufallsschwankung
η	unbeobachtbarer firmenspezifischer Effekt
κ^{U}	unternehmensspezifischen Inflationsrate
π	Eintrittswahrscheinlichkeit eines Umweltzustands
ρ	(Auto-)Korrelationskoeffizient
$\Im$	Informationsmenge
#	Anzahl
$\overline{\bullet}$	Durchschnitt
$\tilde{\bullet}$	Zufallsvariable

Indizes und Operatoren

A	Arithmetisch
aut	Autonome Finanzierungspolitik
BuW	Buchwert
f	Laufindex der Risikofaktoren mit $f = 1,...,f^{\max}$
fix	Fix
G	Geometrisch
i	Laufindex der Variablen für die Clusteranalyse mit $i = 1,...,m$
j	Laufindex der Unternehmen/Portfolios mit $j = 1,...,n$
k	Laufindex der Regressoren mit $k = 1,...,K$,
	Laufindex der Cluster mit $k = 1,...,k^{\max}$
m	Laufindex im GARCH(p,q)-Modell
M	Marktportfolio
MW	Marktwert
P	Portfolio
U	Unverschuldet
t	Laufindex der Zeit mit $t = 1,...,T$
V	Verschuldet
var	Variable
$wert$	Wertorientierte Finanzierungspolitik
z	Laufindex der Umweltzustände mit $z = 1,...,Z$

$Cov(\bullet_i,\bullet_j) = \sigma_{ij}$	Kovarianz
d, Δ	Differenz

$diag\{\bullet\}$	Diagonalmatrix
$E[\bullet]=\mu$	Erwartungswert
$Eig\_V^{max/min}$	Maximaler/minimaler Eigenwert einer Matrix
IID	Unabhängig und identisch verteilt
ln	natürlicher Logarithmus
$se(\bullet)$	Standardfehler
$Var[\bullet]=\sigma^2$	Varianz
!	Fakultät

1 Einleitung

1.1 Ausgangspunkt, Motivation und Ziel der Arbeit

Für den Freistaat Sachsen prognostiziert der Sächsische Mittelstandsbericht 2005/2006 zwischen 2013 und 2020 durchschnittlich 1.163 potentielle altersbedingte Unternehmensnachfolgen pro Jahr.[1] Die Bewertung von Unternehmen oder Unternehmensteilen wird u. a. anlässlich dieser steigenden Anzahl an demografisch bedingten Unternehmensübertragungen auch zukünftig einen wichtigen Stellenwert im wirtschaftswissenschaftlichen Aufgabenfeld im Sinne der Forschung und Praxis einnehmen.

Innerhalb der Betriebswirtschaftslehre stellt die Unternehmensbewertung eine Disziplin dar, welche durch eine erhebliche Methodenvielfalt gekennzeichnet ist.[2] Dabei ist ein Abstellen auf den Zukunftserfolgswert eines Unternehmens unter Verwendung investitionstheoretischer Berechnungen in der Wissenschaft unumstritten.[3] Grundsätzlich werden dafür prognostizierte zukünftige Zahlungsmittelüberschüsse (Cash Flows) mithilfe eines Kapitalisierungszinssatzes auf den Bewertungsstichtag diskontiert (Kapitalwertkalkül).[4] Die Dominanz der Verwendung dieses Vorgehens in praxi wird durch die Analyse von Bewertungsgutachten sowie Befragungen untermauert.[5]

Daneben existieren Multiplikator-Methoden, die auf dem Gesetz des einheitlichen Preises (Law of One Price)[6] beruhen und eine Vergleichbarkeit mehrerer Unternehmen un-

---

1 Vgl. FREISTAAT SACHSEN (2006), Sächsischer Mittelstandsbericht, S. 49; eigene Berechnungen.

2 Im deutschsprachigen Schrifttum wird häufig von der Unternehmensbewertung als ‚Königsdisziplin' gesprochen, was auf die Komplexität dieses Teilbereiches der Wirtschaftswissenschaften sowohl in der Theorie als auch in der Praxis abzielt. Vgl. HÜTTCHE (2012), Unternehmensbewertung in der Schweiz, S. 208; BRÖSEL/TOLL (2011), Finanzmarktkrise und Unternehmensbewertung, S. 257, HERING (2006), Unternehmensbewertung, S. 3.

3 Vgl. COENENBERG/SCHULTZE (2006), Unternehmensbewertung, S. 482; HÜTTCHE (2012), Unternehmensbewertung in der Schweiz, S. 208.

4 Vgl. PEEMÖLLER/KUNOWSKI (2012), Ertragswertverfahren, S. 278; BAETGE ET AL. (2012), DCF-Verfahren, S. 355.

5 Vgl. HACHMEISTER/KÜHNLE/LAMPENIUS (2009), Squeeze-Out, S. 1235; HÜTTCHE (2012), Unternehmensbewertung in der Schweiz, S. 209; WELLIS (2012), Bewertungsmethoden bei kleinen und mittleren Unternehmen, S. 62; BRÖSEL/HAUTTMANN (2007), Unternehmensbewertungsverfahren, S. 236, DITTMANN/MAUG/KEMPER (2004), Valuation methods, S. 620.

6 Vgl. BERK/DEMARZO (2011), Corporate finance, S. 82.

terstellen, um mithilfe mathematisch simpler Dreisatzrechnungen den Wert bzw. Preis eines Objekts zu bestimmen.[7] Die vermeintliche Einfachheit dieser Verfahren muss jedoch schnell relativiert werden, da sich gerade die Bildung einer Vergleichsgruppe (Peer Group) in der Praxis aufgrund einer Vielzahl an Homogenitätsperspektiven überaus komplex darstellt. Deswegen werden diese Verfahren häufig zur Plausibilisierung der investitionstheoretischen Bewertungsergebnisse genutzt.

Neben der Schwierigkeit der Prognose zukünftiger Cash Flows des Unternehmens stellt die Bestimmung des periodenspezifischen risikoangepassten Kapitalisierungszinssatzes für den Bewerter regelmäßig ein Problem dar. Das Capital Asset Pricing Model (CAPM), welches auf Grundlage der Portfoliotheorie von MARKOWITZ (1952) und TOBIN (1958) durch SHARPE (1964) und LINTNER (1965) entwickelt wurde, bildet noch immer ein zentrales Modell für die Ableitung erwarteter Eigenkapitalrenditen. Für die Anwendung des CAPM ist jedoch zu beachten, dass das systematische Risiko eines Unternehmens, gemessen durch das CAPM-Beta, bekannt sein muss. Dieses CAPM-Beta wird grundsätzlich mithilfe historischer Aktienrenditen ermittelt, so dass es formal nur für börsennotierte Unternehmen existiert. Basierend auf Daten der Amadeus-Datenbank (Bureau van Dijk) sind aktuell jedoch 99,9 % aller aktiven deutschen Unternehmen nicht an einer Wertpapierbörse gelistet und weisen somit keine Wertpapierrenditen auf.[8] Um dennoch kapitalmarktorientierte Kapitalkosten mithilfe des CAPM abschätzen zu können, bedarf es alternativer Vorgehensweisen zur Bestimmung des CAPM-Betas. Grundsätzlich kann versucht werden, analog zur Multiplikatoren-Methode das unternehmensspezifische Risiko mithilfe einer Peer Group abzuleiten.[9] Jedoch treten hierbei die gleichen Probleme bei der Bildung der Vergleichsgruppe des Bewertungsobjektes auf. Ein alternativer Ansatz besteht in der Erklärung des systematischen Risikos im Rahmen des CAPM anhand fundamentaler Informationen, welche sich beispielsweise aus Jahresabschlüssen der Unternehmen ableiten lassen. Eine der wegweisenden Arbeiten, welche diese Herangehensweise verfolgt, wurde von BEAVER/KETTLER/SCHOLES (1970) veröffentlicht. Die Autoren untersuchen den Einfluss von

---

7 Vgl. RADINGER (2010), Multiplikatoren, S. 65.
8 Eigene Berechnungen.
9 Vgl. BASSEMIR/GEBHARDT/RUFFING (2012), Ermittlung der Kapitalkosten, S. 890; KERN/MÖLLS (2010), Betafaktoren aus einer Peer Group, S. 440; DVFA EXPERT GROUP CORPORATE TRANSACTION VALUATION (2012), Best Practice Empfehlungen zur Unternehmensbewertung, S. 46.

sechs Parametern auf das systematische Aktienrisiko für den amerikanischen Kapitalmarkt.

Als zentrale Untersuchungen für den deutschen Kapitalmarkt sind Publikationen von BAUER (1992) sowie MÜLLER (1992) in das Schrifttum eingegangen, welche ebenfalls jahresabschlussorientierte Kennzahlen für die Erklärung des systematischen Risikos identifizieren können. Jedoch erklären die jeweiligen Modelle nur jeweils ungefähr 30 % der Gesamtstreuung des systematischen Risikos im Querschnitt.[10]

Aufgrund des Wandels der Gesellschaft hin zu einer Informationsgesellschaft bestehen verbesserte Möglichkeiten für Investoren Unternehmensinformationen schneller und kostengünstiger zu erhalten, als dies vor 20 Jahren der Fall war. Des Weiteren ermöglicht es die stetig steigende Rechnerleistung diese Informationen effektiver und effizienter zu analysieren, sodass davon ausgegangen werden kann, dass Anlageentscheidungen in der heutigen Zeit informationseffizienter getroffen werden. Die schnellere und effizientere Analyse vorhandener Unternehmensinformation bildet den Ansatzpunkt der vorliegenden Arbeit, sich mit diesem Themengebiet erneut zu befassen. Daraus lässt sich die grundsätzliche Forschungsfrage dieser Arbeit ableiten:

> *Welche Kennzahlen, die aus fundamentalen Daten testierter Unternehmensjahresabschlüssen abgeleitet werden, stellen relevante Informationen für die Erklärung des systematischen Unternehmensrisikos im Sinne des Capital Asset Pricing Models dar?*

Weiterhin soll überprüft werden, inwieweit Peer Group-Betas für die Bestimmung des systematischen Risikos eines Unternehmens herangezogen werden sollten.

Das Ziel der Arbeit besteht demnach darin, einen neuen wissenschaftlichen Beitrag für die Bestimmung bewertungsrelevanter Kapitalkosten zu liefern, welcher auf Basis einer umfänglichen empirischen Untersuchung für den deutschen Kapitalmarkt beruhen soll.

---

[10] Vgl. BAUER (1992), Risiko von Aktienanlagen, S. 202; MÜLLER (1992), Bilanzinformation, S. 173.

Dazu werden Untersuchungsvariablen sowohl aus theoretischer Perspektive als auch aus Ergebnissen früherer Untersuchungen abgeleitet.

Die empirischen Ergebnisse der vorliegenden Untersuchung sollen im Kontext früherer Studien diskutiert und die Eignung der Ableitung des systematischen Risikos im Rahmen der Unternehmensbewertung anhand fundamentaler Daten überprüft werden.

1.2 Gang der Untersuchung

Zur Beantwortung der Fragestellung gliedert sich die vorliegende Arbeit in zwei Teile mit insgesamt sechs Kapiteln. Im ersten Teil der Arbeit werden theoretische Grundlagen vorgestellt, welche für den zweiten Teil, der empirischen Untersuchung, notwendig sind.

Nach der Einleitung befasst sich das Kap. 2 mit theoretischen Grundlagen des Themengebiets der Unternehmensbewertung. Beinhaltet sind die Darstellung der Bewertungsanlässe sowie des zentralen finanzmathematischen Barwertkalküls. Dieses bildet die Grundlage verschiedener Discounted Cash Flow-Verfahren (DCF-Verfahren), welche anschließend diskutiert werden. Des Weiteren ist die Erörterung der Übergewinnverfahren sowie der Multiplikator-Methode Inhalt des zweiten Kapitels. Eine Diskussion verschiedener Verfahrensweisen zur Berücksichtigung unterschiedlicher Finanzierungsstrukturen der Unternehmen in der Bestimmung bewertungsrelevanter Kapitalisierungszinssätze beendet das Kapitel.

Nachdem die Relevanz der Kapitalkosten für die Unternehmensbewertung im Kap. 2 herausgearbeitet wurde, folgt eine Betrachtung der Bestimmungsmöglichkeiten anhand kapitalmarktorientierter Modelle im Kap. 3. Die Basis dieser Risiko-Rendite-Modelle bildet die Portfoliotheorie von MARKOWITZ (1952), welche im Abschnitt 3.1 diskutiert wird, sowie die Arbeiten von SHARPE (1963) bezüglich des Single Index Modells und TOBIN (1958), welcher die Betrachtungen um die Möglichkeit der risikofreien Investition erweitert. Der Abschnitt 3.4 widmet sich der Ableitung des zentralen Kapitalmarktmodell CAPM sowie dem damit verbundenen systematischen Risiko und dessen Einflussgrößen. Dabei werden sowohl grundsätzliche ökonomische Einflussparameter dargestellt als auch Faktoren für die empirische Bestimmung diskutiert. Im Abschnitt 3.5 erfolgt die Betrachtung kapitalmarktorientierter Rendite-Risiko-Modelle, welche auf der gleichzeitigen Verwendung mehrerer Risikofaktoren basieren. Im Detail werden hierbei das FAMA-FRENCH-Modell sowie das CARHART-Modell vorgestellt. Eine kritische Betrachtung der Eignung der vorangestellten Modelle zur Ableitung von Kapitalkosten beschließt dieses Kapitel. Es kann festgehalten werden, dass trotz der vorhandenen Kritik an den Kapitalmarktmodellen diese im Rahmen der Unternehmensbewertung angewendet werden sollten. Die Anwendung der komplexeren Mehr-Faktoren-Modelle ermöglicht grundsätzlich eine verbesserte Erklärungsgüte für den deutschen Kapitalmarkt, hat sich jedoch in praxi (noch) nicht durchsetzen können. Dies kann nicht zuletzt auch auf empirische Ergebnisse, die widersprüchlich zu den theoretischen Überlegungen sind, zurückgeführt werden. Für die Verwendung des CAPM zur Bestimmung von bewertungsrelevanten Kapitalkosten spricht sich auch die Branchenvereinigung der deutschen Wirtschaftsprüfer IDW aus.[11]

Da jedoch, wie bereits oben angemerkt, für die Bewertung von nicht börsennotierten Unternehmen das zukünftige systematische Risiko nicht direkt aus unternehmenseigenen historischen Aktienrenditen geschätzt werden kann, soll im Kap. 4 versucht werden rechnungswesenbasierte Bestimmungsfaktoren, theoretisch und empirisch begründet, abzuleiten. Dabei wird der theoretische Zusammenhang u. a. der Kennzahlen Ausschüttungsverhalten, Finanzierungsstruktur, Unternehmensgröße und -wachstum sowie Streuungsmaße der Erträge zum systematischen Risiko erörtert. Weiterhin werden Operationalisierungsmöglichkeiten der Einflussvariablen und empirische Ergebnisse früher Untersuchungen dargestellt. Ferner wird im Abschnitt 4.3 auf mathematische Dekompositionsmodelle des systematischen Risikos eingegangen sowie die Erklärungsgüte dieser Ansätze in Querschnittsregressionen anhand existierender Ergebnisse diskutiert. Das Ergebnis des Kap. 4 stellt ein zusammenfassender Überblick der analysierten Arbeiten zur Erklärung des systematischen Risikos dar, welcher der Ableitung eigener Untersuchungsansätze dient.

Das Kap. 5 bildet den zweiten Teil der vorliegenden Arbeit, in dem die theoretisch abgeleiteten Schlussfolgerungen verwendet werden, um das systematische Risiko basie-

---

[11] Vgl. IDW (i.d.F. 2008), S 1, Rn. 92.

rend auf aktuellen deutschen Kapitalmarktdaten durch Daten der Jahresabschlüsse von Unternehmen im Querschnitt zu erklären. Dafür werden zwei verschiedene Erklärungsansätze herangezogen, welche sich in ihrem Fokus unterscheiden. Im ersten betrachteten Modell wird der Erklärungsgehalt eines synthetischen Betas, welches mithilfe einer Peer Group ermittelt wird (Peer Group-Beta), untersucht. Dazu wird das Modell von BOWMAN/BUSH (2006) an den deutschen Kapitalmarkt angepasst und mehrere Arten der Bildung der Peer Group, bspw. aufgrund einer Branchenzugehörigkeit sowie den Ergebnissen von Clusteranalyseverfahren, analysiert. Im zweiten Teil des Kap. 5 wird aus den Betrachtungen des Kap. 4 ein eigener Erklärungsansatz abgeleitet, um das systematische Risiko durch eine Vielzahl an Kenngrößen des Rechnungswesens zu erklären. Eine Auswertung und Diskussion der empirischen Ergebnisse der einzelnen Modelle schließt sich an den jeweiligen Abschnitt des Kapitels an. Das Ende des Kap. 5 bildet eine kritische Würdigung des Vorgehens der Untersuchung sowie ein abschließendes Fazit.

Das Kap. 6 fasst die gesamte Arbeit in kurzer Form zusammen und bietet Forschungsansätze zukünftiger Arbeiten für die Bestimmung relevanter Kapitalkosten für Bewertung nicht börsennotierter Unternehmen an.

Die Struktur der vorliegenden Arbeit ist in Abbildung 1 zusammengefasst veranschaulicht.

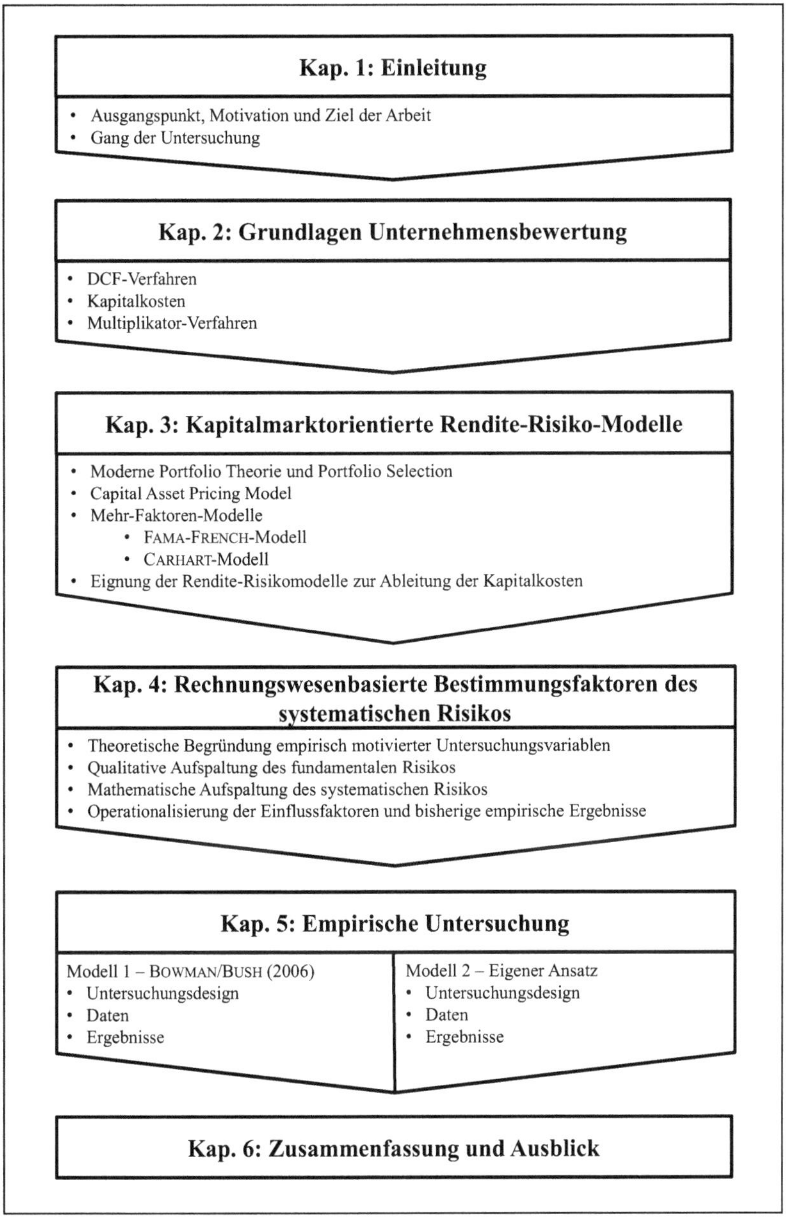

Abbildung 1: Struktur der Arbeit

Quelle: Eigene Darstellung.

2 Grundlagen der Unternehmensbewertung

Mithilfe der Unternehmensbewertung sollen potentielle Preise von gesamten Unternehmen oder Unternehmensteilen ermittelt werden.[12] Im folgenden Kapitel sollen grundsätzliche Methoden der Unternehmensbewertung sowie damit verbundene Fragestellungen dargestellt werden. Den Anfang des Kapitels bildet Abschnitt 2.1, welcher Anlässe darstellt, in denen eine Unternehmensbewertung notwendig wird. Anschließend wird im Abschnitt 2.2 das Kapitalwertkonzept als Grundstein der DCF-Modelle betrachtet. In den darauffolgenden Abschnitten werden Ableitungsmöglichkeiten bewertungsrelevanter Zahlungsüberschüsse sowie einzelne DCF-Verfahren betrachtet. Es folgt die Darstellung der Übergewinnverfahren im Anschnitt 2.6 sowie marktorientierter Bewertungsverfahren im Abschnitt 2.7. Das Themengebiet der relevanten Kapitalkosten sowie verschiedener Kapitalstrukturanpassungsformeln wird im Abschnitt 2.8 diskutiert.

2.1 Anlässe für die Bewertung eines Unternehmens

Grundsätzlich lassen sich die Anlässe der Unternehmensbewertung hinsichtlich der Änderung von Eigentumsverhältnissen unterscheiden. Zum einen existieren Anlässe, die von einer Änderung ausgehen, zum anderen ändern sich diese Eigentumsverhältnisse nicht. Innerhalb der Gruppe von Gründen ohne Wechsel des Eigentümers lassen sich z. B. die wertorientierte Bezahlung von Angestellten, Bewertung im Rahmen von Bilanzierungen oder Ermittlung von Besteuerungsgrundlagen einordnen.[13] Innerhalb der funktionalen Konzeption der Unternehmensbewertung (Kölner Funktionenlehre) betreffen diese Anlässe die Nebenfunktionen.[14] Als Hauptfunktionen der Unternehmensbewertung werden

---

[12] Vgl. MOXTER (1983), Grundsätze, S. 5.

[13] Vgl. MATSCHKE/BRÖSEL (2007), Unternehmensbewertung, S. 64.

[14] Vgl. BRÖSEL (2006), Nebenfunktionen der Unternehmensbewertungstheorie, S. 133.

1. die Entscheidungsfunktion,
2. die Vermittlungsfunktion und
3. die Argumentationsfunktion

verstanden, welche auf eine Änderung der Eigentümerverhältnisse ausgerichtet sind.[15] Die Anlässe, welche einen Eigentümerwechsel als Konsequenz haben, unterscheidet HERING (2006) in

1. betriebswirtschaftliche,
2. persönliche und
3. gesetzliche.

Dabei werden unter persönlichen Anlässen der Kauf, Verkauf oder die Fusion von Unternehmen(-steilen) aus finanzwirtschaftlicher oder strategischer Überlegung heraus subsumiert. Persönliche Ereignisse stellen dabei z. B. die Unternehmensnachfolge (aufgrund Alter, Krankheit oder Unlust) sowie die familiäre Vermögensteilung (z. B. Erbauseinandersetzungen oder Ehescheidungen) dar. Unter den gesetzlichen Anlässen werden u. a. Abfindungen (z. B. nach §§ 305, 320 AktG oder §§ 19, 174 UmwG) verstanden.[16] In der vorliegenden Arbeit soll der Zweck der durchzuführenden Unternehmensbewertung in der Ermittlung eines objektivierten potentiellen Preises im Rahmen von Kauf- und Verkaufsverhandlungen liegen. Es wird somit den Empfehlungen des Standards der deutschen Wirtschaftsprüfer IDW S1 „Grundsätze zur Durchführung von Unternehmensbewertungen" gefolgt. Es soll in der Funktion eines neutralen Gutachters versucht werden, ein „von den individuellen Wertvorstellungen betroffener Parteien unabhängige[r] Wert des Unternehmens"[17] zu ermitteln. Auf eine Diskussion der erhobenen Einwände und Kritiken wird hierbei jedoch mit Hinsicht auf den Kern der Arbeit verzichtet.

---

[15] Nähere Ausführungen zu den einzelnen Aspekten der Hauptfunktionen der Unternehmensbewertung finden sich z. B. in MATSCHKE/BRÖSEL (2007), Unternehmensbewertung, S. 50-57.

[16] Vgl. HERING (2006), Unternehmensbewertung, S. 14-15.

[17] IDW (i.d.F. 2008), S 1, Rn. 12.

2.2 Finanzmathematisches Barwertkonzept

2.2.1 Grundlagen zum Zeitwert des Geldes

Der Preis für die Zurverfügungstellung von Kapital (oder spezieller von Geld) wird Zins genannt und kann als Prozentsatz ausgedrückt werden. Dieser Zinssatz ist regelmäßig positiv, so dass das heutige Nominal wertmäßig nicht dem zukünftigen Nominal entspricht. Zur vereinfachenden Darstellung werden im folgenden Abschnitt Steuern auf das Einkommen oder Erträge nicht berücksichtigt. Wird heute ein Betrag CF_0 zu einem Periodenzinssatz r angelegt, so kann der in der Zukunft fällige Betrag CF_1 (z. B. in einem Jahr) wie folgt dargestellt werden:

$$CF_1 = CF_0 + r \cdot CF_0 = CF_0 \cdot (1 + r). \tag{1}$$

Umgekehrt kann also der zukünftige Betrag CF_1 wertmäßig auf den heutigen Betrag umgewandelt werden. Es gilt:

$$CF_0 = \frac{CF_1}{(1+r)} \tag{2}$$

Der Wert CF_0 wird dann als Kapitalwert, Barwert oder Present Value bezeichnet. Dieses als Diskontierung oder Abzinsung bezeichnete Vorgehen ist das Grundkonzept der Finanzmathematik und berücksichtigt den unterschiedlichen Zeitwert des Geldes. Vorstellbar sind weiterhin Zahlungen, die nicht nur einmalig, sondern in mehreren zukünftigen Zahlungen auftreten. Wenn unterstellt wird, dass der einperiodige Zinssatz r für alle Perioden t konstant ist, kann das Barwertkonzept dahingehend erweitert werden, dass der heutige Betrag CF_0 die Summe aller auf den heutigen Zeitpunkt abgezinsten Zahlungen CF_t darstellt:

$$CF_0 = \sum_{t=1}^{T} \frac{CF_t}{(1+r)^t}. \tag{3}$$

Für den Fall, dass alle zukünftigen Zahlungen gleich hoch sind und die Zahlungen nie aufhören (unendliche Zahlungsreihe), bestimmt sich der Barwert BW_∞ folgendermaßen:[18]

[18] Vgl. SPREMANN (2007), Finance, S. 15-19.

$$CF_0 = BW_\infty = \sum_{t=1}^{\infty} \frac{CF}{(1+r)^t} = \frac{CF}{r}. \tag{4}$$

Werden unter vereinfachenden Annahmen Unsicherheiten bezüglich der Höhe der zukünftigen Zahlungen CF_t ausgeschlossen, können diese mit einem risikolosen Zinssatz r_f diskontiert werden.[19] Sind die zukünftigen Zahlungsströme jedoch nicht vollständig vorhersehbar, besteht also Unsicherheit über die Höhe der Zahlungen, darf ein risikoloser Zinssatz nicht zur Abzinsung verwendet werden.[20] Der hierbei anzuwendende Diskontierungszinssatz besteht dabei aus der Summe des risikolosen Zinssatzes und einem Risikoaufschlag RZ[21]. Existieren subjektive Eintrittswahrscheinlichkeiten über verschieden zukünftige Umweltzustände (Szenarien) π^z und zustandsabhängige Zahlungen $\widetilde{CF}_1^z$ kann mithilfe des statistischen Erwartungswertoperators die zukünftige unsichere erwartete Zahlung $E\left[\widetilde{CF}_1\right]$ folgendermaßen bestimmt werden:

$$E\left[\widetilde{CF}_1\right] = \sum_{z=0}^{\infty} \pi^z \cdot \widetilde{CF}_1^z. \tag{5}$$

Im Falle einer einzelnen Investitionsperiode ergibt sich der Barwert der zukünftigen Zahlung CF_0 hierbei als:[22]

$$CF_0 = \frac{E\left[\widetilde{CF}_1\right]}{(1+r)} = \frac{E\left[\widetilde{CF}_1\right]}{(1+r+RZ)}. \tag{6}$$

Das hier beschriebene Vorgehen im Falle risikobehafteter zukünftiger Zahlungen wird als Risikozuschlagsmethode bezeichnet und kann auch (bei Unterstellung zeitinvarianter Zuschlagssätze RZ), analog zur Formel (4), auf einen mehrperiodigen Fall ausgeweitet werden.

Als alternative Herangehensweise zur Bewertung risikobehafteter Zahlungsströme kann die Sicherheitsäquivalenzmethode angewendet werden. Diese soll im folgenden Abschnitt näher beschrieben werden.

---

[19] Vgl. COPELAND/WESTON/SHASTRI (2008), Finanzierungstheorie, S. 59.
[20] Vgl. Unterabschnitt 2.8.1.
[21] Für Methoden der Bestimmung des Risikozuschlags vgl. Abschnitt 3.4 sowie Abschnitt 3.5.
[22] Vgl. DRUKARCZYK/SCHÜLER (2009), Unternehmensbewertung, S. 38-40.

2.2.2 Die Sicherheitsäquivalentmethode

Obwohl der Ansatz der Sicherheitsäquivalente für die Unternehmensbewertung in der Vergangenheit intensiver Diskussion ausgesetzt war,[23] soll diese an dieser Stelle kurz als mögliche Alternative zur Risikozuschlagsmethode dargestellt werden. Bei einer theoretisch konsistenten Anwendung der Sicherheitsäquivalentmethode führt diese zum gleichen Ergebnis wie die Verwendung von Risikozuschlägen im Kapitalisierungszins.[24] Es wird jedoch im Folgenden deutlich, dass diese Form der Bewertung aufgrund nicht zu vernachlässigender Kenntnisse über subjektive Nutzenfunktionen, für die praktische Anwendung (größtenteils) nicht nutzbar ist.

Grundsätzlich folgt die Methode der Sicherheitsäquivalente der Maßgabe, dass Unsicherheit durch eine Adjustierung des Zählers (im Gegensatz zur Anpassung des Diskontierungszinses bei der Risikozuschlagsmethode) berücksichtigt wird. Bei risikoaversen Bewertern ist somit der zukünftig erwartete unsichere Zahlungsstrom um einen Risikoabschlag zu verringern. Der Wert $S\ddot{A}$ wird als Sicherheitsäquivalent bezeichnet, wenn ein Bewerter indifferent zwischen einer sicheren Zahlung in Höhe von $S\ddot{A}$ und zufälligem Zahlungsstrom ist.[25] Ist $u(\bullet)$ eine Nutzenfunktion im Sinne des Bernoulli-Prinzips, mit welcher der Nutzen von Zahlungen bestimmt wird, so kann $S\ddot{A}$ durch:

$$S\ddot{A} = S\ddot{A}(\widetilde{CF}) = u^{-1}\left(E\left[u\left(\widetilde{CF}\right)\right]\right) \tag{7}$$

bestimmt werden. Dabei muss weiterhin unterstellt werden, dass die Nutzenfunktion $u(\bullet)$ stetig und streng monoton,[26] also differenzierbar mit positiver erster Ableitung ist.

Die mithilfe von subjektiver Nutzenfunktion bestimmten Sicherheitsäquivalente der unsicheren Zahlungen $\widetilde{CF}$ können dann mit dem risikolosen Zinssatz diskontiert und ggf. zum kumulierten Barwert aggregiert werden.[27] Dieses in der Theorie vielversprechende Konzept (es müssen keine Risikozuschläge für den Kapitalisierungszinssatz bestimmt werden) ist jedoch im Rahmen der Unternehmensbewertung schwierig anzu-

---

[23] Einen Überblick gibt z. B. BAMBERG/DORFLEITNER/KRAPP (2006), Unternehmensbewertung unter Unsicherheit.

[24] Vgl. MEITNER/STREITFERDT (2011), Unternehmensbewertung, S. 119.

[25] Vgl. SPREMANN/ERNST (2011), Unternehmensbewertung, S. 174.

[26] Vgl. BAMBERG/COENENBERG/KRAPP (2008), Entscheidungslehre, S. 78-79.

[27] Vgl. BAMBERG/DORFLEITNER/KRAPP (2006), Unternehmensbewertung unter Unsicherheit, S. 288.

wenden. Erstens wären die so ermittelten Werte nur dann für verschiedene Bewerter gleich, wenn eine exakt gleiche Nutzenfunktion vorliegt.[28] Zweitens ist dieses Vorhandensein einer (mehrperiodischen) Nutzenfunktion in der Realität nicht gegeben und nur in der theoretischen Forschung mit Annahmen anwendbar.[29] Der nach BAMBERG/ DORFLEITNER/KRAPP (2006) wichtigste Punkt gegen die Anwendung der Sicherheitsäquivalentmethode im mehrperiodischen Fall ist jedoch die notwendige Existenz von risikoneutralen Bewertern[30] (im Gegensatz zu der in der Realität vorherrschenden Risikoaversion).

Aufgrund der oben angesprochenen Schwierigkeiten dieser Methode wird im Rahmen dieser Arbeit von der weiteren Verwendung Abstand genommen. Stattdessen soll versucht werden, dem Bewertungsproblem risikobehafteter Zahlungsströme grundsätzlich mithilfe der kapitalmarktorientierten Risikozuschlagsmethode entgegenzutreten.

2.3 Bewertungsrelevante Zahlungsüberschüsse

In den vorangegangenen Ausführungen wurde die Diskontierung von Zahlungen bzw. Zahlungsströmen beschrieben, ohne jedoch diese Cash Flows näher zu definieren. Dies soll im Folgenden nachgeholt werden. Dabei wird sowohl auf die direkte als auch auf die indirekte Methode der Ableitung der bewertungsrelevanten Cash Flows eingegangen. Hierbei wird in Hinblick auf die noch darzustellenden DCF-Methoden[31] das Augenmerk auf diejenigen freien Cash Flows gelegt, welche in diesen kapitalmarktorientierten Bewertungsverfahren Eingang finden.

Innerhalb der Unternehmensbewertung sind Erträge relevant, welche den Kapitalgebern zufließen, da nur diese die Bedürfnisbefriedigungsmöglichkeiten steigern können. Dabei soll das ‚Doppelzählungsverbot' gelten, welches besagt, dass nicht die bilanziellen Erträge des Unternehmens (Jahresüberschüsse) sondern nur die tatsächlichen bzw. po-

---

[28] Es kann zwar auch marktdeterminiertes Sicherheitsäquivalent bestimmt werden, jedoch stellt dabei die Schätzung eines notwendigen Kovarianzterms ein wesentliches Problem dar.
Vgl. DRUKARCZYK/SCHÜLER (2009), Unternehmensbewertung, S. 58.

[29] Vgl. BAMBERG/DORFLEITNER/KRAPP (2006), Unternehmensbewertung unter Unsicherheit, S. 292.

[30] Vgl. BAMBERG/DORFLEITNER/KRAPP (2006), Unternehmensbewertung unter Unsicherheit, S. 295-296.

[31] Vgl. Abschnitt 2.4.

tentiellen Ausschüttungen (z. B. Dividenden) maßgeblich für die Diskontierung sind.[32] Zu unterscheiden gilt es freie Cash Flow, welche ausschließlich an die Eigenkapitalgeber eines Unternehmens fließen können (Free Cash Flow to Equity oder Levered Cash Flow FCF^{Equity}) und diejenigen Zahlungen, welche zur Bedienung aller Kapitalgeber (Eigen- und Fremdkapitalgeber) zur Verfügung stehen (Free Cash Flow to Entity oder Brutto Free Cash Flow FCF^{Entity}).[33] Bei reiner Eigenfinanzierung entsprechen die FCF^{Equity} den FCF^{Entity}, weswegen die Brutto Free Cash Flow auch als ‚Unlevered Cash Flow' oder ‚Cash Flow bei hypothetisch reiner Eigenfinanzierung' bezeichnet werden.

2.3.1 Direkte Ermittlung

Soll der freie Cash Flow auf direktem Weg ermittelt werden, so müssen alle Ein- und Auszahlungen einer Periode miteinander saldiert werden.[34] Es müssen von allen einzahlungswirksamen Erträgen die auszahlungswirksamen Aufwendungen abgezogen werden. Folgendes Schema kann dabei vereinfachend verwendet werden, um den FCF^{Equity} zu bestimmen.[35]

Tabelle 1: Schema zur Berechnung des Levered Cash Flows nach der direkten Methode

	Umsatzeinnahmen
–	Materialauszahlungen
–	Personalauszahlungen
+	Finanzeinzahlungen (Saldo)
+	sonstige betriebliche Einzahlungen
–	sonstige betriebliche Auszahlungen
–	Steuern vom Einkommen und Ertrag
=	Levered Cash Flow (FCF^{Equity})

Quelle: In Anlehnung an BEHRINGER (2010), Cash-flow, S. 67-68.

32 Vgl. MOXTER (1983), Grundsätze, S. 79.
33 Vgl. SPREMANN/ERNST (2011), Unternehmensbewertung, S. 95.
34 Vgl. HOMMEL/DEHMEL (2010), Unternehmensbewertung, S. 247-248.
35 Vgl. BEHRINGER (2010), Cash-flow, S. 67-68.

2.3.2 Indirekte Ermittlung

Da die direkte Ermittlung der freien Cash Flows für externe Bewerter regelmäßig eine Schwierigkeit bis Unmöglichkeit darstellt, ist eine alternative Bestimmungsmöglichkeit notwendig, welche als indirekte Ermittlungsmethode bezeichnet wird. Dabei sollen mithilfe von, in Jahresabschlüssen veröffentlichten und somit mit wenig Aufwand zu beschaffenden Bilanzdaten sowie Daten der Gewinn-und-Verlustrechnung (GuV), die relevanten Zahlungsüberschüsse abgeleitet werden, um diese dann als Prognoseinstrument nutzen zu können. Grundsätzlich sind Ergebnisse, die in der GuV ihren Ursprung haben, um zahlungsunwirksame Ertrags- und Aufwandskomponenten, wie z. B. Ab- bzw. Zuschreibungen von Anlage- und Umlaufsvermögensgegenständen oder Veränderung von langfristigen Rückstellungen, zu bereinigen.[36] Dazu existiert in der Literatur eine Vielzahl verschiedener indirekter Cash Flow Ermittlungsschemata, welche sich teilweise in folgenden Aspekten unterscheiden. Zunächst ist die Basis der Ableitung der frei zur Verfügung stehenden Cash Flows unterschiedlich. Als Ausgangspunkte können bspw. das Betriebsergebnis vor Zinsen und Steuern (*EBIT*), Betriebsergebnis vor Zinsen und nach Steuern oder das Betriebsergebnis nach Steuern dienen. Weiterhin ist die Behandlung latenter Steuern und des Net Working Capitals nicht vereinheitlicht dargestellt. Einen synoptischen Überblick geben GÜNTHER (1997) sowie in Anlehnung daran MATSCHKE/BRÖSEL (2007).[37] Unter der Berücksichtigung eines vereinfachten Steuersystems, in dem es einen proportionalen Einkommensteuersatz gibt und Fremdkapitalzinsen vom zu versteuernden Einkommen unbegrenzt abzugsfähig sind, kann nach folgendem Schema sowohl der FCF^{Equity} als auch der FCF^{Entity} abgeleitet werden.[38]

---

[36] Vgl. HOMMEL/DEHMEL (2010), Unternehmensbewertung, S. 249.

[37] Vgl. GÜNTHER (1997), Controlling, S. 112-118; MATSCHKE/BRÖSEL (2007), Unternehmensbewertung, S. 668-671.

[38] Vgl. BEHRINGER (2010), Cash-flow, S. 71-72; SCHULTZE/MEYER (2005), Kapitalflussrechnung, S. 316.

Tabelle 2: Schema zur indirekten Ermittlung der relevanten freien Cash Flows

	Periodenergebnis nach Steuern vom Einkommen und Ertrag
+	Abschreibungen (auf Gegenstände des Anlage- und Umlaufvermögens)
−	Zuschreibungen (auf Gegenstände des Anlage- und Umlaufvermögens)
+	Zunahme der Rückstellungen
−	Verminderung der Rückstellungen
−	Erhöhung Positionen des Umlaufvermögens (Vorräte, Forderungen aus Lieferungen und Leistungen sowie andere Positionen, die nicht der Investitions- und Finanzierungstätigkeit zuzuordnen sind)
+	Verminderung von Positionen des Umlaufvermögens (Vorräte, Forderungen aus Lieferungen und Leistungen sowie andere Positionen, die nicht der Investitions- und Finanzierungstätigkeit zuzuordnen sind)
+	Erhöhung um Positionen der kurzfristigen Verbindlichkeiten
−	Verminderung um Positionen der kurzfristigen Verbindlichkeiten
=	Cash Flow aus der laufenden Geschäftstätigkeit
−/+	Netto-Investition ins Sachanlagevermögen
+	Fremdkapital-Zinsen
−	fiktiver Steuern bei hypothetisch unterstellter Eigenfinanzierung (EBIT · Steuersatz)
=	FCF^{Entity} (Brutto-Free Cash Flow; Unlevered Cash Flow)
+	Netto-Erhöhung des Fremdkapitalbestands
−	Fremdkapital-Zinsen
+	Tax Shield Zinsen (Fremdkapital-Zinsen · Steuersatz)
=	FCF^{Equity} (Free Cash Flow to Equity; Levered Cash Flow)

Quelle: In Anlehnung an BEHRINGER (2010), Cash-flow, S. 71-72 sowie SCHULTZE/MEYER (2005), Kapitalflussrechnung, S. 316.

Tabelle 2 nutzt als Ausgangspunkt das Periodenergebnis eines Unternehmens, um die bewertungsrelevanten freien Cash Flows abzuleiten. Diesen werden nichtzahlungswirksame Nettoaufwendungen der GuV, wie bspw. Abschreibungen und Rückstellungen sowie der Nettoveränderung des Working Capitals hinzugerechnet, um zum Cash Flow aus der laufenden Geschäftstätigkeit zu gelangen.[39] Durch die dargestellten Adjustierungen der Zahlungen aus Fremdfinanzierung kann aus dem Cash Flow aus der laufenden Geschäftstätigkeit der FCF^{Equity} sowie der FCF^{Entity} bestimmt werden.

Schätzt ein externer Bewerter zukünftige Zahlungsüberschüsse im Rahmen einer Unternehmensbewertung, ist es somit notwendig, dass Kenntnisse über Planbilanz und Plan-

[39] Vgl. BAETGE ET AL. (2012), DCF-Verfahren, S. 369-370.

GuV vorhanden sind. Sollten diese jedoch fehlen, muss sich der Bewerter über eine Vielzahl betriebswirtschaftlicher Aspekte des Unternehmens informieren. Dazu zählen u. a. Informationen zu erwarteten Umsätzen sowie der Investitionsstrategie des Unternehmens. Weiterhin müssen die Finanzierungspolitik, also der zukünftige Fremdkapitalbestand, und der Working Capital-Bestand abgeschätzt werden.[40] Im weiteren Verlauf der Arbeit wird davon ausgegangen, dass zukünftige freie Cash Flows als gegeben angesehen werden. Dies bedeutet jedoch nicht, dass diese als sichere Zahlungen interpretiert werden können. Die Schätzungen unterliegen weiterhin einer Unsicherheit und gelten deshalb als unsichere Zahlungsflüsse, die, wie oben besprochen, mithilfe der Risikozuschlagsmethode diskontiert werden können. Bei exakter Betrachtung stellen alle hier ermittelten zukünftigen bewertungsrelevanten Zahlungsüberschüsse Erwartungswerte der Cash Flows dar, sollten also exakt als $E\left[\widetilde{FCF^{Entity}}\right]$ bzw. $E\left[\widetilde{FCF^{Equity}}\right]$ bezeichnet werden. Aus Gründen der Vereinfachung wird im Folgenden jedoch weiterhin die Notation FCF^{Entity} oder FCF^{Equity} verwendet.

2.4 Discounted Cash Flow-Methoden

Wie im vorangegangenen Unterkapitel beschrieben, lassen sich sowohl die freien Cash Flows der Eigenkapitalgeber FCF^{Equity} als auch die freien Cash Flows der Gesamtkapitalgeber FCF^{Entity} ableiten, die für die Bewertung mithilfe der DCF-Verfahren genutzt werden können. Nachfolgend sollen drei Varianten dieser Bewertungsmethode vorgestellt werden: Flow to Equity (FTE), Adjusted Present Value (angepasster Kapitalwert, APV) und der Weighted Average Cost of Capital (WACC) Ansatz. Auf die Vorstellung des Total Cash Flow Ansatzes (oder auch als Capital Cash Flow Ansatz[41] bezeichnet) wird verzichtet.[42]

Dabei können die DCF-Verfahren grundsätzlich in zwei Ansätze, dem Equity Ansatz und dem Entity Ansatz, unterteilt werden. Der Equity Ansatz bestimmt den Marktwert des Eigenkapitals eines Unternehmens (Shareholder Value EK_0), der Entity Ansatz

[40] Vgl. DRUKARCZYK/SCHÜLER (2009), Unternehmensbewertung, S. 94-99.
[41] Vgl. DRUKARCZYK/SCHÜLER (2009), Unternehmensbewertung, S. 128-129.
[42] Vgl. PERRIDON/STEINER/RATHGEBER (2012), Finanzwirtschaft, S. 228 Fn. 43.

wiederum den Marktwert des Gesamtkapitals.[43] Um mithilfe des Entity Ansatzes auf den Shareholder Value zu gelangen, ist vom errechneten Entity Wert der Marktwert des Fremdkapitals zum Bewertungszeitpunkt abzuziehen.

Auf die Bestimmung und die Einflussfaktoren der, im Folgenden zur Diskontierung der jeweiligen Cash Flows verwendeten, Kapitalkosten wird im Kap. 3 bzw. Kap. 4 eingegangen. An dieser Stelle sollen diese somit als gegeben angesehen werden.

2.4.1 Finanzierungspolitik

Fremdfinanzierungentscheidungen innerhalb eines Unternehmens können nach unterschiedlichen Regeln getroffen werden. In ihrer ersten Version, in der von Unternehmenssteuern abgesehen wurde, konnten MODIGLIANI/MILLER (1958) die Irrelevanz von Kapitalstrukturentscheidungen darlegen.[44] Werden Unternehmenssteuern in das Kalkül bezogen, folgt aus der Aufnahme von Fremdkapital ein Vorteil für das Unternehmen. Durch die Abzugsfähigkeit der Fremdkapitalzinsen von der Steuerbemessungsgrundlage verringert sich die Steuerlast um das Produkt aus Grenzsteuersatz s und Fremdkapitalzinsen. Dieser Steuervorteil wird auch als Tax Shield der Zinsen bezeichnet.[45] Ohne Berücksichtigung von Insolvenzkosten und -risiko ergäbe sich somit in der Theorie eine vollständige Fremdfinanzierung.[46] Wird jedoch ausfallgefährdetes Fremdkapital in Betracht gezogen, so mindern direkte und indirekte Insolvenzkosten die Vorteile der Fremdfinanzierung und gleichzeitig den Unternehmenswert.[47] Der theoretisch optimale Marktwert des Fremdkapitals FK^{opt} ist also derjenige, der den Wert des Unternehmens unter Berücksichtigung aller Vor- und Nachteile der Fremdfinanzierung maximiert (Trade-off Theorie).[48]

---

43 Vgl. PERRIDON/STEINER/RATHGEBER (2012), Finanzwirtschaft, S. 229.
44 Vgl. MODIGLIANI/MILLER (1958), Cost of capital.
45 Vgl. PAWELZIK (2012), Fremdkapital bei der Unternehmensbewertung, S. 936.
46 Vgl. MODIGLIANI/MILLER (1963), Corporate income taxes.
47 Vgl. JENSEN (1986), Agency costs, S. 324.
48 Vgl. MYERS (1984), Capital structure, S. 577.

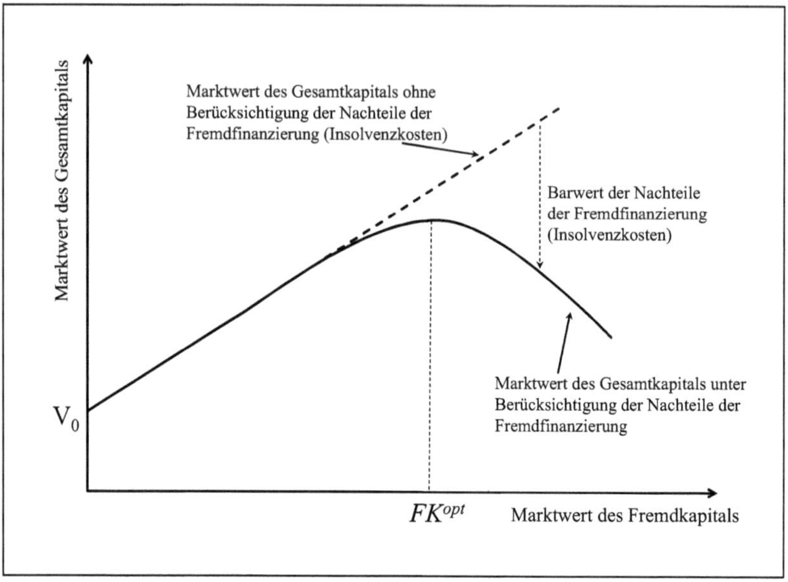

Abbildung 2: Trade-off-Theorie

Quelle: In Anlehnung an BERK/DEMARZO (2011), Finanzwirtschaft, S. 581.

Die Pecking Order-Theorie von MYERS (1984)[49] (im deutschsprachigem Schrifttum als ‚Hackordnung der Finanzierung' bezeichnet[50]) besagt dagegen, dass es eine Rangfolge der Finanzierungsarten gibt, wenn Unternehmen Kapital (z. B. für Investitionsprojekte) benötigen. Unternehmen bevorzugen danach einbehaltene Gewinne als primäre Finanzierungsquelle. Gefolgt wird die Eigenfinanzierung von der Finanzierung über neues Fremdkapital. An letzter Position der Rangordnung steht die Neuemission von Eigenkapital.[51]

Innerhalb des Unternehmensbewertungskontextes werden meist zwei idealtypische Arten der Finanzierungspolitik unterschieden: autonome Finanzierungspolitik sowie wert-

---

49 Vgl. MYERS/MAJLUF (1984), Corporate financing, S. 219; MYERS (1984), Capital structure, S. 581.
50 Vgl. SPREMANN (2007), Finance, S. 415.
51 Vgl. COPELAND/WESTON/SHASTRI (2008), Finanzierungstheorie, S. 747.

orientierte (atmende) Finanzierungspolitik.[52] Jedoch stellen auch diese Ausprägungen vereinfachende Annahmen der real existierenden Verschuldungspolitiken dar.

Bei der autonomen Finanzierungspolitik wird die zukünftige Entwicklung der Fremdkapitalhöhe vorgegeben. Dies kann z. B. bei einem Kreditvertrag mit einem Kreditinstitut geschehen, in dem die Tilgungsleistungen bis zur vollständigen Rückzahlung terminiert sind. Dadurch ist der Verschuldungsgrad Fin_Lev als Quotient aus Marktwert des Fremdkapitals und Marktwert des Eigenkapitals variabel. Die aus dieser Finanzierungspolitik entstehenden Steuervorteile des Fremdkapitals sind somit genau prognostizierbar und unterliegen keiner weiteren Schwankung, da aus der Höhe des Fremdkapitalbestandes auch die zukünftigen Zinszahlungen geschlossen werden können. Die anfallenden Tax Shields sind somit als sicher anzusehen, wenn vom Insolvenzrisiko abgesehen wird.[53]

Im Gegensatz dazu wird bei einer wertorientierten Finanzierungspolitik der Verschuldungsgrad oder respektive die Fremdkapitalquote als Zielwert definiert. Diese können über den betrachteten Zeithorizont konstant oder periodenspezifisch determiniert sein.[54] Dabei ist zu beachten, dass dabei sowohl Buchwerte als auch Marktwerte von Fremd- bzw. Eigenkapital genutzt werden können, wobei innerhalb der Arbeit der marktwertorientierte Ansatz verfolgt wird, wenn nicht explizit der buchwertorientierte Ansatz beschrieben wird. Die Höhe des Fremdkapitalbestandes und damit auch die Höhe der Fremdkapitalzinsen und der daraus entstehenden Tax Shields schwankt demnach in Abhängigkeit vom Wert des Eigenkapitals. Aufgrund dieser Schwankung können die Steuervorteile somit nicht mehr als sicher angesehen werden, sondern unterliegen dem gleichen Risiko, wie auch die zukünftigen Einzahlungsüberschüsse des Unternehmens.[55]

Da eine Verschuldungspolitik, welche langfristig unabhängig vom Unternehmenswert sein soll, als unrealistisch angesehen wird, sei an dieser Stelle darauf verwiesen, dass die beiden idealtypischen Finanzierungspolitiken auch als gemischte Form auftreten

---

52 Vgl. RICHTER (1998), Verschuldungsgrad, S. 380; DRUKARCZYK/SCHÜLER (2009), Unternehmensbewertung, S. 138; MEITNER/STREITFERDT (2012b), Unlevering und Relevering, S. 1040-1041.

53 Vgl. PAWELZIK (2012), Fremdkapital bei der Unternehmensbewertung, S. 937-938.

54 Vgl. DIERKES/DIEDRICH/GRÖGER (2009), Unternehmensbewertung und Finanzierungspolitik, S. 281.

55 Vgl. KRUSCHWITZ/LORENZ (2011), Autonome und wertorientierte Verschuldung, S. 94.

können.[56] Dabei kann innerhalb einer ersten zukünftigen Phase bspw. die autonome Finanzierung angenommen werden, um in Anschluss daran auf eine wertorientierte Finanzierung zu wechseln. In der als hybride Finanzierungspolitik bezeichneten Art ist ein besonderes Vorgehen während einer Unternehmensbewertung notwendig, um diesen Besonderheiten Rechnung zu tragen.[57]

Das unterschiedliche Risiko des Anfallens der zukünftigen Steuervorteile der Fremdfinanzierung wird innerhalb der verschieden DCF-Verfahren unterschiedlich verarbeitet, was im Folgenden dargestellt werden soll.

2.4.2 Flow to Equity

Um den Marktwert des Eigenkapitals zum Bewertungszeitpunkt mithilfe der FTE-Methode zu bestimmen, werden die freien Cash Flows an die Aktionäre FCF^{Equity}, also nach Berücksichtigung aller Fremdkapitalzahlungen nach Steuern, zur Diskontierung verwendet.[58] Zur Abzinsung wird hierbei der Zinssatz benutzt, der die Eigenkapitalkosten (des verschuldeten Unternehmens) r_{EK} widerspiegelt.[59]. Da als Ergebnis sofort der Shareholder Value bestimmt wird, ist diese Methode dem Equity-Verfahren zuzuordnen und wird auch teilweise in der Literatur als solches bezeichnet.[60] Ist von einer wertorientierten Finanzierungspolitik mit einem konstanten Verschuldungsgrad auszugehen, sind die zukünftigen Kapitalkosten r_{EK} über die Zeit konstant. Damit ergibt sich der Shareholder Value nach der FTE-Methode formal wie folgt:

$$EK_0 = \sum_{t=1}^{\infty} \frac{FCF_t^{Equity}}{\left(1+r_{EK}\right)^t}. \tag{8}$$

Gerade aber die Bestimmung der zukünftigen FCF_t^{Equity} stellt ein nicht unerhebliches Problem dar, da die Fremdkapitalbestände (und somit die saldierten Nettozahlungen an die Fremdkapitalgeber) stochastisch sind. Mithilfe des Roll-Back-Verfahren (Rückwärtsrechnung) müssen zunächst die Fremdkapitalhöhen in jeder zukünftigen Periode

---

56 Vgl. PERRIDON/STEINER/RATHGEBER (2012), Finanzwirtschaft, S. 228-229.
57 Vgl. KRUSCHWITZ/LÖFFLER/CANEFIELD (2007), Hybride Finanzierungspolitik, S. 427.
58 Vgl. BERK/DEMARZO (2011), Finanzwirtschaft, S. 668.
59 Vgl. COENENBERG/SCHULTZE (2006), Unternehmensbewertung, S. 488.
60 Vgl. KUHNER/MALTRY (2006), Unternehmensbewertung, S. 196.

bestimmt werden. Dazu wird der Wert des gesamten Unternehmens mit dem weiter unten beschriebenen WACC-Verfahren[61] für jede zukünftige Periode durch Diskontierung aller zukünftigen FCF_t^{Entity} auf den Zeitpunkt t bestimmt und mit der konstanten Fremdkapitalquote $[FKQ = Fin\_Lev/(1+Fin\_Lev)]$ multipliziert.[62] Wurde jedoch der Gesamtwert des Unternehmens bereits per WACC-Methode ermittelt, kann direkt der Shareholder Value bestimmt werden, so dass eine gesonderte Anwendung des FTE-Verfahrens obsolet wird.[63]

Sollte eine autonome Fremdkapitalpolitik innerhalb des Unternehmens als realistisch angesehen werden, so müssen die FCF_t^{Equity} mit periodenspezifischen Diskontierungsfaktoren abgezinst werden. Es gilt:

$$EK_0 = \sum_{t=1}^{\infty} \frac{FCF_t^{Equity}}{\prod_{\upsilon=1}^{t}\left(1+r_{EK,\upsilon}\right)}. \tag{9}$$

Auf die Bestimmung der relevanten Kapitalkosten wird im Abschnitt 2.8 i. V. m. Kap. 3 detailliert eingegangen.

2.4.3 Adjusted Present Value

Der APV-Ansatz wurde in der Literatur erstmalig durch Myers (1974) beschrieben[64] und gehört zu den Entity-Ansätzen, was bedeutet, dass mit diesem Verfahren der Wert des gesamten Unternehmens GK_0 bestimmt wird. Wird nur der Wert des Eigenkapitals benötigt, so muss vom APV der Marktwert des Fremdkapitals zum Bewertungszeitpunkt abgezogen werden. Die Bestimmung des APV setzt sich aus zwei Teilschritten zusammen. Zuerst wird der Wert des Unternehmens bei (hypothetischer) reiner Eigenfinanzierung V_0 errechnet. Im Anschluss daran wird der Wert V_0 um den Barwert der Fremdfinanzierung KWF angepasst:[65]

---

61 WACC = Weighted Average Cost of Capital (gewichtete durchschnittliche Kapitalkosten).

62 Vgl. Casey (2004), Roll Back-Verfahren, S. 148-154.

63 Vgl. Perridon/Steiner/Rathgeber (2012), Finanzwirtschaft, S. 233.

64 Vgl. Myers (1974), Capital budgeting, S. 5.

65 Vgl. Ballwieser (1998), Unternehmensbewertung mit DCF, S. 91.

$$APV = GK_0 = V_0 + KWF. \qquad (10)$$

Der Wert bei reiner Eigenfinanzierung kann durch die Diskontierung der Brutto Free Cash Flows (vgl. Abschnitt 2.3) mit dem Kapitalkostensatz bei reiner Eigenfinanzierung r_0 bestimmt werden. Es gilt:

$$V_0 = \sum_{t=1}^{\infty} \frac{FCF_t^{Entity}}{(1+r_0)^t}. \qquad (11)$$

Grundsätzlich sind vier Arten des KWF vorstellbar:[66]

1. Steuerliche Bevorzugung des Fremdkapitals FK durch die Abzugsfähigkeit der Fremdkapitalzinsen von der steuerlichen Bemessungsgrundlage (Tax Shield, vgl. Unterabschnitt 2.4.1),
2. Kosten für die Ausgabe neuer Anleihen durch das Unternehmen,
3. Kosten finanzieller Krisen durch eine Erhöhung des Verschuldungsgrades (direkte und indirekte Insolvenzkosten),
4. Subventionierte Fremdfinanzierung, z. B. durch Kredite der öffentlichen Hand aufgrund sozialpolitischer Anliegen.

Da die Punkte 2 und 3 teilweise schwer quantifizierbar sind, werden diese in den folgenden Betrachtungen ausgeklammert. Auch Punkt 4 findet nachfolgend keine weitere Berücksichtigung, weil die Subventionierung von Fremdkapital in erheblichem Maße unternehmensspezifisch ist und somit einer generellen Betrachtung entgegensteht. Da das Tax Shield der Fremdkapitalzinsen den größten Effekt darstellt (und in nahezu allen Unternehmen vorkommt, wenn von der Zinsschranke abgesehen wird), soll dieser Punkt im Folgenden für die Bestimmung des KWF ausreichend sein. Bei autonomer Finanzierungspolitik können die Steuervorteile mit dem risikolosen Zinssatz r_f diskontiert werden, da die Höhe des Fremdkapitals determiniert ist und somit das Tax Shield sicher ist.[67] Wird vom Insolvenzrisiko abgesehen, ist der Fremdkapitalzinssatz r_{FK} also gleich dem risikolosen Zinssatz r_f, so ergibt sich der KWF bei konstanter Höhe des Fremdkapitals und unendlicher Betrachtungszeitraum als:[68]

---

66 Vgl. ROSS/WESTERFIELD/JAFFE (2008), Corporate finance, S. 488.
67 Vgl. RICHTER (1998), Verschuldungsgrad, S. 381.
68 Vgl. BALLWIESER (1998), Unternehmensbewertung mit DCF, S. 91.

$$KFW^{aut} = \frac{s \cdot r_{FK} \cdot FK}{r_{FK}} = s \cdot FK. \tag{12}$$

Die oben stehende Darstellung wurde gewählt, um das Prinzip des KWF zu verdeutlichen. Natürlich sind auch unterschiedlich hohe zukünftige Fremdkapitalhöhen denkbar. Diese müssen dann als diskontierte Barwertsumme zusammengefasst werden.

Im Falle der wertorientierten Finanzierungspolitik ist die Bestimmung des KWF umständlicher, da die Fremdkapitalhöhe hierbei vom Unternehmenswert abhängt. Deswegen sind die Fremdkapitalzinsen (und damit verbunden die Tax Shields) nicht mehr deterministisch, sondern abhängig von den stochastisch zukünftigen Free Cash Flows und somit selbst auch stochastisch und unsicher. Hierbei müssen wiederum durch Einsatz des Roll-back-Verfahrens (vgl. Unterabschnitt 2.4.2) die zukünftige Höhe der Schulden in jeder Periode bestimmt werden. Mithilfe der so bestimmten Fremdkapitalbestände kann nun der KWF abgeleitet werden. Dabei ist zu beachten, dass die zukünftigen Fremdkapitalbestände teilweise mit dem Kapitalkostensatz bei reiner Eigenfinanzierung r_0 in Verbindung mit (i. V. m.) dem Fremdkapitalzinssatz r_{FK} diskontiert werden, um der Unsicherheit Rechnung zu tragen.[69] Somit gilt:

$$KWF^{wert} = \sum_{t=1}^{T} \frac{s \cdot r_{FK} \cdot FK_{t-1}}{(1+r_0)^{t-1} \cdot (1+r_{FK})} + \frac{s \cdot r_{FK} \cdot FK_T}{r_0 \cdot (1+r_0)^{T-1} \cdot (1+r_{FK})}. \tag{13}$$

Da bei der Anwendung der APV-Methode Zwischenergebnisse benötigt werden, die mithilfe der WACC-Methode bestimmt werden, ist eine sinnvolle (oder wirtschaftlich effiziente) Anwendung ausschließlich im Falle der autonomen Finanzierungspolitik des zu bewertenden Unternehmens empfohlen.[70] Nichtsdestotrotz kann auch dieses Verfahren bei wertorientierten Finanzierungspolitiken genutzt werden und führt bei konsistenter Anwendung zu Ergebnissen, die mit denen der weiteren DCF-Verfahren vergleichbar sind.[71]

---

69 Vgl. MILES/EZZELL (1985), Tax shield valuation, S. 1488.

70 Vgl. LOCAREK-JUNGE/LOßAGK (2011), Konsistente Unternehmensbewertung, S. 366.

71 Vgl. WALLMEIER (1999), Kapitalkosten, S. 1482.

2.4.4 Weighted Average Cost of Capital

Eine weitere, in dieser Arbeit angesprochene, Entity-Variante der DCF-Verfahren ist die Methode der gewichteten durchschnittlichen Kapitalkosten (WACC). Der Gesamtkapitalwert errechnet sich hierbei durch Abzinsung der „entziehbaren Überschüsse bei fiktiver vollständiger Eigenfinanzierung nach Steuern“[72], also den FCF^{Entity}, welche auch in der APV-Methode Anwendung finden. Der Vorteil der Fremdfinanzierung wird hierbei im Kalkulationszinssatz r_{WACC} berücksichtigt. Grundsätzlich bestimmt sich r_{WACC} folgendermaßen:

$$r_{WACC} = EKQ \cdot r_{EK} + FKQ \cdot (1-s) \cdot r_{FK}. \tag{14}$$

Wird von einer wertorientierten Finanzierungspolitik ausgegangen, so sind die Fremdkapitalquote FKQ (und somit auch die Eigenkapitalquote EKQ) im Vorfeld determiniert und die r_{WACC} für die Zukunft konstant, wenn r_{EK} und r_{FK} als zeitinvariant angenommen werden. Der Marktwert des Gesamtkapitals ermittelt sich somit aus:[73]

$$GK_0 = \sum_{t=1}^{\infty} \frac{FCF^{Entity}}{(1+r_{WACC})}. \tag{15}$$

Wird stattdessen von einer autonomen Finanzierungspolitik ausgegangen, ist aufgrund der festgelegten Fremdkapitalbestände in den einzelnen zukünftigen Zeitpunkten der Diskontierungszinssatz r_{WACC} nicht konstant, sondern muss für jede zukünftige Periode einzeln ermittelt werden. Auch hierbei kommt die Rückwärtsrechnung zur Anwendung. Es müssen, ausgehend von dem am weitesten in der Zukunft liegenden Zeitpunkt, Barwerte der Tax Shields der Zinsen $BW(TS)_t$ sowie die Marktwerte des Gesamtkapitals des Unternehmens GK_t in den jeweiligen Zeitpunkten t bestimmt werden. Im Anschluss können die periodenspezifischen Kapitalkosten $r_{WACC,t}$ nach folgendem Vorgehen berechnet werden:[74]

$$r_{WACC,t} = r_0 \cdot \left(1 - \frac{BW(TS)_t}{GK_t}\right) + r_{FK} \cdot \frac{(BW(TS)_t - s \cdot FK_t)}{GK_t}. \tag{16}$$

---

[72] KUHNER/MALTRY (2006), Unternehmensbewertung, S. 199.
[73] Vgl. SPREMANN/ERNST (2011), Unternehmensbewertung, S. 98.
[74] Vgl. INSELBAG/KAUFOLD (1997), Valuing companies, S. 118.

Im Anschluss daran kann der Wert des Gesamtkapitals zum Bewertungszeitpunkt durch:

$$GK_0 = \sum_{t=1}^{\infty} \frac{FCF_t^{Entity}}{\prod_{\upsilon=1}^{t}\left(1 + r_{WACC,\upsilon}\right)} \tag{17}$$

bestimmt werden.

Um bei Anwendung der WACC-Methode auf den Shareholder Value zu gelangen, muss analog zum APV-Verfahren, der Wert des Fremdkapitals in $t = 0$ vom GK_0 abgezogen werden.

2.4.5 Vergleich der Anwendbarkeit der DCF-Methoden

Alle vorgestellten Verfahren basieren grundsätzlich auf dem Prinzip der Kapitalwertmethode. Hauptsächlich unterscheiden sie sich in den zu berücksichtigenden Zahlungsströmen und den damit verbundenen Diskontierungszinssätzen. Der wichtigste Einflussfaktor ist dabei die Beachtung des Steuervorteils aus der Fremdfinanzierung. Wie in den vorangegangenen Ausführungen ersichtlich wurde, hat jede der drei Methoden innerhalb der Annahme idealtypischer Finanzierungspolitik (wertorientiert vs. autonom) Vor- bzw. Nachteile in der Anwendung. Bei konsistenter Anwendung der jeweiligen Methode ergeben sich jedoch in der jeweiligen Fremdkapitalpolitik gleiche Werte für den Shareholder Value.[75] Ausführliche Ausführungen zu den jeweiligen Adjustierungen der für die Bewertung relevanten Zahlungsüberschüsse sowie die zur Diskontierung verwendeten Kapitalkosten finden sich bei WALLMEIER (1999).[76] Jedoch ist zu beachten, dass die Anwendung einzelner Methoden zweckmäßiger erscheint, da die Kalkulationen direkt durchgeführt werden können. So ist zu empfehlen, bei einer wertorientierten Finanzierungspolitik das WACC-Verfahren und bei einer autonomen Politik das APV-Verfahren anzuwenden.[77] Die Nutzung der jeweils anderen vorgestellten Methoden erfordert teilweise, dass auf Zwischenergebnisse der jeweils anderen Methode zurückgegriffen wer-

[75] Vgl. COENENBERG/SCHULTZE (2002), Perspektiven der Unternehmensbewertung, S. 603.
[76] Vgl. WALLMEIER (1999), Kapitalkosten, S. 1473-1490.
[77] Vgl. ROSS/WESTERFIELD/JAFFE (2008), Corporate finance, S. 495.

den muss (z. B. WACC-Methode bei autonomer Finanzierung, bei der Zwischenwerte mithilfe des APV-Ansatzes ermittelt werden müssen).

Tabelle 3 stellt die verschiedenen DCF-Verfahren in der zweckmäßigen Anwendung innerhalb der jeweiligen Finanzierungspolitik in einer Gegenüberstellung dar.[78]

Tabelle 3: Übersicht der DCF-Verfahren nach HAGENLOCH (2007)

	Entity-Ansatz		Equity-Ansatz
	APV	WACC	FTE
formale Bewertungsgleichung	$GK_0 = \sum_{t=1}^{\infty} \frac{FCF_t^{\text{Entity}}}{(1+r_0)^t} + \sum_{t=1}^{\infty} \frac{s \cdot r_{FK} \cdot FK_{t-1}}{(1+r_{FK})^t}$	$GK_0 = \sum_{t=1}^{\infty} \frac{FCF_t^{Entity}}{(1+r_{WACC})^t}$	$EK_0 = \sum_{t=1}^{\infty} \frac{FCF_t^{Equity}}{(1+r_{EK})^t}$
bewertungsrelevante Zahlungsströme	Brutto Free Cash Flow FCF^{Entity}	Brutto Free Cash Flow FCF^{Entity}	Netto Free Cash Flow FCF^{Equity}
Diskontierungszinssätze	Eigenkapitalkosten eines unverschuldeten Unternehmens sowie Fremdkapitalkosten	gewichtete Kapitalkosten	Eigenkapitalkosten eines verschuldeten Unternehmens
Berücksichtigung des Steuervorteils der Fremdfinanzierung	separate Bewertung	im Diskontierungszinssatz	in den Zahlungsgrößen

Quelle: In Anlehnung an HAGENLOCH (2007), Discounted Cash Flow, S. 111.

2.5 Phasenmodell der Unternehmensbewertung

Wie aus dem Abschnitt 2.4 ersichtlich wurde, müssen für die Durchführung einer Unternehmensbewertung die zukünftigen geschätzten freien Cash Flows auf den Beurteilungszeitpunkt abgezinst werden. Gerade jedoch die Schätzung der Zahlungsüberschüs-

78 Alternative Darstellungen finden sich u. a. in DRUKARCZYK/SCHÜLER (2009), Unternehmensbewertung, S. 130-131.

se ist regelmäßig eines der Probleme, die es dabei zu lösen gilt, da vom Fortführungsprinzip (Going Concern-Prinzip)[79] ausgegangen wird. Zur Vereinfachung dieser Problematik wird der Planungshorizont typischerweise in mehrere Teilphasen aufgeteilt.[80] Üblich ist dabei eine Spaltung in zwei Phasen, wobei auch eine weitere Aufteilung, bspw. in drei Phasen, denkbar wäre. Der erste Anschnitt wird Detailplanungs-, der letzte Abschnitt Rentenphase genannt. Gegebenenfalls ist die Einführung einer Grobplanungsphase dazwischen sinnvoll, in der versucht wird, aus den unternehmensrelevanten Werttreibern, die mittelfristige Entwicklung der Cash Flows abzuschätzen.[81] Für das weitere Vorgehen innerhalb der Arbeit ist dies nicht relevant, so dass auf eine weitere Behandlung der Grobplanungsphase verzichtet wird.

Exemplarisch soll hier auf den Fall der Bewertung durch das FTE-Verfahren in einem Zwei-Phasen-Modell eingegangen werden, wobei die Anwendung in den weiteren DCF-Verfahren analog ist. Im FTE-Ansatz setzt sich der Shareholder Value, wie in Unterabschnitt 2.4.2 beschrieben, aus dem Barwert der FCF^{Equity} für die Detailplanungsphase zuzüglich des Barwerts der FCF^{Equity} in der Rentenphase (Terminal Value)[82] zusammen. Der Terminal Value wird als Barwert einer ewigen Rente (meist unter Verwendung einer konstanten Wachstumsrate der Netto Free Cash Flow g) bestimmt. Die Einflussfaktoren von g sind dabei mehrdimensional, weswegen auf die Ableitung der ‚richtigen' Wachstumsrate besonders geachtet werden muss (vgl. Unterabschnitt 2.5.2). Formel (18) stellt den formalen Zusammenhang dar. Es gilt:

$$EK_0 = \sum_{t=1}^{T} \frac{FCF_t^{Equity}}{(1+r_{EK})^t} + \frac{FCF_T^{Equity}(1+g)}{(r_{EK}-g)\cdot(1+r_{EK})^T}. \tag{18}$$

Für die Schätzung von bewertungsrelevanten Cash Flow Positionen unterteilen KUHNER/MALTRY (2006) Prognoseinstrumente in fünf Kategorien:[83]

1. In der Trendextrapolation werden zukünftige Größen durch eine Fortschreibung unter Annahme robuster Trends ermittelt.

---

[79] Ableitbar aus dem § 252 Abs. 1 Nr. 2 HGB.
[80] Vgl. GÖTZ/DEISTER (2011), Unternehmensbewertung, S. 28.
[81] Vgl. KRUSCHWITZ/LÖFFLER/ESSLER (2009), Unternehmensbewertung, S. 95-96.
[82] Vgl. LOBE/ESSLER (2008), Discounted Cashflow, S. 66.
[83] Vgl. KUHNER/MALTRY (2006), Unternehmensbewertung, S. 93-96.

2. Bei statistischen Prognoseverfahren werden Regressions- und Korrelationsverfahren zur Schätzung eingesetzt.
3. Nicht lineare Zusammenhänge von exogenen und endogenen Variablen können durch Benutzung künstlicher Intelligenz ermittelt werden.
4. Modellgestützte Prognoseverfahren auf Basis ökonomischer Modelle sollen einen Zusammenhang zwischen historisch beobachteten und zu prognostizierenden Werten ermitteln.
5. Intuitive Prognoseverfahren arbeiten mithilfe der gefühlsmäßigen Begabungen einzelner Personen, um Kausalzusammenhänge zu erfassen, ohne diese begründen zu können.

Die Verfahren können in jeder einzelnen Phase sowohl allein als auch parallel (zur Plausibilisierung) angewendet werden, um Zählergrößen für die Unternehmensbewertung zu schätzen. BEHRINGER (2012) fordert wissenschaftliche Methoden mit möglichst genauen Berechnungen, um das Prognoseproblem zu lösen und sich von der Prophezeiung eines Hellsehers abzugrenzen.[84]

2.5.1 Detailplanungsphase

Die Detailplanungsphase bildet häufig einen Zeitraum zwischen den ersten drei bis fünf Jahren des zukünftigen Prognosezeitraums ab.[85] KOLLER/GOEDHART/WESSELS (2010) empfehlen, dass der Detailplanungszeitraum einen kompletten Konjunkturzyklus umfassen sollte, um extreme Werte einer einzelnen Phase (z. B. Boom oder Rezession) zu vermeiden.[86] Kann für diese Planungsphase auf interne Informationen zurückgegriffen werden, ist es möglich mithilfe eines detaillierten Preis-Mengen-Gerüsts die zukünftigen Planzahlen abzuleiten. Da dies in der Regel bei externen Unternehmensbewertungen nicht durchführbar ist (Ausnahmen stellen z. B. der Due-Diligence Prozess innerhalb einer Akquisitionsverhandlung dar), können Prognosen meist nur durch werttreiberbasierte Planung erstellt werden.[87] Die für die Unternehmensbewertung mithilfe der

---

[84] Vgl. BEHRINGER (2012), Unternehmensbewertung der Mittel- und Kleinbetriebe, S. 129.
[85] Vgl. KRUSCHWITZ/LÖFFLER/ESSLER (2009), Unternehmensbewertung, S. 95, HACHMEISTER/KÜHNLE/LAMPENIUS (2009), Squeeze-Out, S. 1237.
[86] Vgl. KOLLER/GOEDHART/WESSELS (2010), Valuation, S. 186.
[87] Vgl. ERNST/SCHNEIDER/THIELEN (2010), Unternehmensbewertung, S. 13.

DCF-Methoden benötigten freien Cash Flows können nur direkt mithilfe konstanter Wachstumsraten prognostiziert werden, wenn[88]

1. die Rate des Umsatzwachstums sowie das Verhältnis von Reinvestitionen zu operativen Gewinnen konstant ist,
2. die Verzinsung von frischem Kapital konstant ist und
3. die Verzinsung des Gesamtkapitals konstant ist.

In allen anderen Fällen müssen zur Prognose der freien Cash Flows detaillierte Planungen der einzelnen Positionen, die für eine Berechnung relevant sind, erfolgen. Dazu zählen u. a. Planbilanzen, Plan-GuV, Plananlagespiegel sowie zukünftige Zins- und Tilgungspläne des Fremdkapitals. Häufig fußt die Detailplanung auf die konkrete integrierte Unternehmensplanung, welche um bewertungsrelevante Positionen angepasst werden muss.[89]

Ausgangspunkt der detaillierten Planung sind in aller Regel die Vergangenheits- und Lageanalyse. Hierbei können sowohl langfristige Erfolgsquellen als auch kurzfristige Erfolgseffekte erkannt werden. Diese Identifizierung kann im Idealfall bis auf die Ebene einzelner Produktgruppen bzw. Produkte des Unternehmens geschehen.[90]

Für externe Unternehmensbewerter bietet sich regelmäßig ein Top-down-Planungsansatz an, d. h., dass von einem zukünftig geplanten Umsatz (teilweise umsatzvariable) Positionen geschätzt werden, um zum geplanten Jahresergebnis zu gelangen. Dazu werden vorrangig Jahresabschlussberichte, Quartalsabschlüsse, Unternehmenspräsentationen sowie ad hoc-Meldungen des Unternehmens ausgewertet. Zusätzlich ist die Analyse bestehender Wettbewerber zur Plausibilisierung der Planzahlen für das Bewertungsunternehmen sinnvoll.[91] Hierbei sollte bspw. auf die Realitätsnähe von unterstelltem Marktwachstum, Marktanteilen und Kostenstrukturen sowie damit verbundenen Umsatzmargen abgestellt werden.[92] Es ist also nicht ausreichend, eine Vergangenheitsanalyse ausschließlich auf Basis von Jahresabschlüssen durchzuführen. Vielmehr ist die

---

88 Vgl. KOLLER/GOEDHART/WESSELS (2010), Valuation, S. 186.
89 Vgl. KRUSCHWITZ/LÖFFLER/ESSLER (2009), Unternehmensbewertung, S. 96.
90 Vgl. KUHNER/MALTRY (2006), Unternehmensbewertung, S. 97.
91 Vgl. HASSLER (2011), Aktienbewertung, S. 34.
92 Vgl. KUHNER/MALTRY (2006), Unternehmensbewertung, S. 99.

Einbeziehung einer Fundamentalanalyse aus realwirtschaftlicher Sachperspektive notwendig. Eine Stärken-Schwächen-Analyse kann dabei hilfreich sein, um die Position des Bewertungsunternehmens im Wettbewerbsumfeld zu bestimmen.[93]

2.5.2 Rentenphase

Der Zeitraum nach Ende der Detailplanungsphase wird im Zwei-Phasen-Modell gewöhnlich als Rentenphase bezeichnet. Wie oben bereits erläutert, wird innerhalb der Unternehmensbewertung ein unendlicher Prognosezeitraum unterstellt. Der Barwert dieser freien Cash Flows ist auch als Terminal Value bekannt und spiegelt regelmäßig einen Anteil zwischen 70 - 80 % des gesamten Unternehmenswerts wider.[94] Grundsätzlich kann entweder der letzte prognostizierte Cash Flow der Detailplanungsphase als konstanter Schätzwert für die gesamte Rentenphase (Rentenmodell) oder mit einer konstanten Rate g geometrisch wachsend (GORDON- Growth-Modell[95] oder auch GORDON-SHAPIRO-Modell genannt) angesehen werden.[96]

Wird kein geometrisches Wachstum unterstellt, besteht damit implizit die Annahme, dass die langfristige Rendite, welche durch neues Kapital erarbeitet wird, dem risikoadjustierten Kapitalkostensatz entspricht.[97] Das bedeutet jedoch nicht, dass kein Wachstum absolut zu verzeichnen ist. Ist ein positives Wachstum unterstellt, spiegelt die Wachstumsrate ein unendliches (langfristiges) Wachstum der Unternehmens-Cash Flows wider und ist damit ein wesentlicher Einflussfaktor in der Bestimmung des Terminal Values. Die Eruierung dieser Wachstumsrate bedarf deshalb besonderer Sorgfalt. Für die Höhe der Wachstumsrate sind bspw. ein langfristiges Wachstum der Unternehmensbranche oder die langfristige Inflationsrate als Anhaltspunkte denkbar.[98] Dabei ist jedoch zu beachten, in welchem Maße das Unternehmen die inflationsbedingten Beschaffungspreissteigerungen als Absatz- und damit auch Cash Flow Steigerungen an seine

93 Vgl. POPP (2012), Vergangenheits- und Lageanalyse, S. 188-190.
94 Vgl. BAUSCH/PAPE (2005), Ermittlung von Restwerten, S. 474.
95 Vgl. GORDON/SHAPIRO (1956), Capital equipment analysis, S. 105; ERNST/SCHNEIDER/THIELEN (2010), Unternehmensbewertung, S. 246-247.
96 Vgl. WALLMEIER (2008), Steady State, S. 141.
97 Vgl. KOLLER/GOEDHART/WESSELS (2010), Valuation, S. 219.
98 Vgl. ERNST/SCHNEIDER/THIELEN (2010), Unternehmensbewertung, S. 42.

Kunden weitergeben kann.[99] Bei inflationsproportionalem Wachstum können Preissteigerungen bei der Beschaffung mit gleicher Steigerungsrate auf die Kunden umgelegt werden. Im Falle der über- bzw. unterproportionalen Überwälzung auf die Kunden muss dies ebenfalls in der Wachstumsrate g berücksichtigt werden.[100]

Eine aktuellere Auswertung der Rechtsprechung (Gutachten und Gerichtsurteile) von MUNKERT (2005) ergibt einen verwendeten Wachstumsabschlag zwischen 0,65 % und 1 %.[101] In einer weiteren Untersuchung von 134 Bewertungsgutachten von Wirtschaftsprüfern kommen SCHÜLER/LAMPENIUS (2007) zu ähnlichen Ergebnissen. Hierbei war 1 % der häufigste und 0,65 % der durchschnittliche Wachstumsabschlag.[102] Eine Auswertung von 117 Bewertungsgutachten zwischen 2002 und 2008 durch HACHMEISTER/KÜHNLE/LAMPENIUS (2009) gelangt zu einem durchschnittlichen Wachstumsabschlag i. H. v. 0,83 %.[103]

TSCHÖPEL/WIESE/WILLERSHAUSEN (2010) beschreiben die Wachstumsrate analytisch in Abhängigkeit der Ausschüttungsquote Div, dem Eigenkapitalkostensatz (vor Steuern) r_{EK} sowie einer unternehmensspezifischen Inflationsrate κ^U wie folgt:[104]

$$g = (1 + Div) \cdot r_{EK} + Div \cdot \kappa^U . \qquad (19)$$

Die Schwierigkeit besteht dabei in der Bestimmung der unternehmensspezifischen Inflationsrate, die sich, wie oben beschrieben, regelmäßig von der gesamtwirtschaftlichen Teuerungsrate unterscheidet. Des Weiteren liefern die Autoren keine empirischen Belege dieser analytischen Ableitung.

Es bleibt festzuhalten, dass der Bestimmung des Wachstumsabschlags für die Unternehmensbewertung besondere Aufmerksamkeit geschenkt werden muss, gleichwohl keine eindeutige Vorgehensweise identifizierbar ist. Da aufgrund von Kapazitätsopti-

---

99 Vgl. SCHÜLER/LAMPENIUS (2007), Wachstumsannahmen, S. 233.

100 Vgl. HOMMEL/DEHMEL (2010), Unternehmensbewertung, S. 196-199. Eine intensivierte Diskussion der Überwälzbarkeitsproblematik ist auch zu finden in SCHÜLER/LAMPENIUS (2007), Wachstumsannahmen, S. 235-237.

101 Vgl. MUNKERT (2005), Kapitalisierungszinssatz in der Unternehmensbewertung, S. 360-368.

102 Vgl. SCHÜLER/LAMPENIUS (2007), Wachstumsannahmen, S. 243.

103 Vgl. HACHMEISTER/KÜHNLE/LAMPENIUS (2009), Squeeze-Out, S. 1245.

104 Vgl. TSCHÖPEL/WIESE/WILLERSHAUSEN (2010), Unternehmensbewertung und Wachstum, S. 409.

mierungen, Kapazitätserweiterungen und Preissteigerungen zukünftige freie Cash Flows wachsen können, ist jede anzunehmende Wachstumsrate im erheblichen Maße unternehmensspezifisch und muss in der Bewertungspraxis fallweise prognostiziert werden. Die oben gemachten Aussagen zur Vergangenheits- und Lageanalyse treffen in der Rentenphase genauso zu, vielmehr ist diese hier unausweichlich.[105]

Zur abschließenden Verdeutlichung soll Abbildung 3 das Zwei-Phasenmodell der Unternehmensbewertung grafisch darstellen und zusammenfassen.

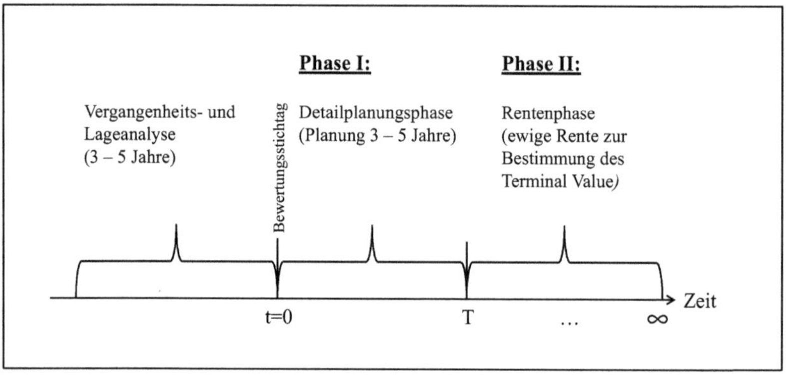

Abbildung 3: Phasenmodell der Unternehmensbewertung

Quelle: In Anlehnung an PEEMÖLLER/KUNOWSKI (2012), Ertragswertverfahren, S. 310.

An dieser Stelle sei nochmals darauf hingewiesen, dass für eine möglichst exakte Durchführung einer Unternehmensbewertung die zukünftige Finanzierungspolitik (wertorientiert vs. autonom) bekannt oder zumindest unterstellt sein muss. Diese wird regelmäßig als gleich in beiden Phasen angenommen. Einen alternativen Weg zeigen KRUSCHWITZ/LÖFFLER/CANEFIELD (2007) auf, indem in der Detailplanungsphase eine autonome und in der Rentenphase eine wertorientierte Finanzierungspolitik angenommen wird.[106] Diese hybride Finanzierungspolitik hat ggf. den Vorteil einer größeren Realitätsnähe als eine konstante Finanzierungspolitik über die gesamte Prognosedauer.

---

105 Vgl. ausführlich zur Vergangenheitsanalyse z. B. POPP (2012), Vergangenheits- und Lageanalyse.
106 Vgl. KRUSCHWITZ/LÖFFLER/CANEFIELD (2007), Hybride Finanzierungspolitik, S. 428.

2.6 Übergewinnverfahren

Obwohl das Konzept der Diskontierung von Zahlungen für die Bewertung von Unternehmen oder Investitionsprojekten sowohl in der theoretischen Betrachtung als auch in der Praxis als anerkannt gilt, konnte in der Vergangenheit gezeigt werden, dass eine Bewertung auf Basis von Kosten zu gleichen Ergebnissen führen kann. Das PREINREICH-LÜCKE-Theorem stellt dabei die Grundlage dieser Konsistenz dar.[107] LÜCKE konnte nachweisen, dass der Barwert der Auszahlung dem Barwert der Kosten entspricht, wenn kalkulatorische Kosten mitberücksichtigt werden. Im Beispiel der Anschaffung einer Maschine stehen als Auszahlung der Kaufpreis I_0 auf der einen Seite und als Kosten der wertmäßige Güterverzehr in Form der Abschreibung (AfA) gegenüber. Zusätzlich müssen kalkulatorische Kapitalbindungskosten bzw. kalkulatorische Zinsen berücksichtigt werden, die sich als Produkt des gebundenen Kapitals der Periode und dem Kalkulationszinssatz r bestimmen lassen. Wird der einfache Fall betrachtet, dass ein Investitionsprojekt in $t = 0$ angeschafft und linear über zwei Perioden abgeschrieben wird, ergeben sich folgende Gleichungen, die das PREINREICH-LÜCKE-Theorem darstellen (im Gegensatz zur Originalquelle wird hier von einer Auszahlung in $t = 0$ ausgegangen):

$$I_0 = \underbrace{\frac{I_0/2}{(1+r)}}_{\substack{\text{diskontierte}\\\text{Kosten (AfA)}\\\text{der Periode 1}}} + \underbrace{\frac{I_0 \cdot r}{(1+r)}}_{\substack{\text{diskontierte}\\\text{kalkulatorische}\\\text{Zinsen der}\\\text{Periode 1}}} + \underbrace{\frac{I_0/2}{(1+r)^2}}_{\substack{\text{diskontierte}\\\text{Kosten (AfA)}\\\text{der Periode 2}}} + \underbrace{\frac{\left(I_0 - I_0/2\right) \cdot r}{(1+r)^2}}_{\substack{\text{diskontierte}\\\text{kalkulatorische}\\\text{Zinsen der}\\\text{Periode 2}}} \tag{20}$$

$$I_0 = \frac{I_0}{2(1+r)} + \frac{2 \cdot I_0 \cdot r}{2(1+r)} + \frac{I_0}{2(1+r)^2} + \frac{2 \cdot \left(I_0 - I_0/2\right) \cdot r}{2(1+r)^2} \tag{21}$$

$$I_0 = \frac{I_0}{2(1+r)} + \frac{2 \cdot I_0 \cdot r}{2(1+r)} + \frac{I_0}{2(1+r)^2} + \frac{2 \cdot \left(I_0 - I_0/2\right) \cdot r}{2(1+r)^2} \tag{22}$$

$$= \frac{I_0 + 2 \cdot I_0 \cdot r}{2(1+r)} + \frac{I_0 + 2 \cdot I_0 \cdot r - I_0 \cdot r}{2(1+r)^2} \tag{23}$$

[107] Vgl. LÜCKE (1955), Investitionsrechnung, S. 310-316; PREINREICH (1937), Valuation and amortization, S. 209-226.

$$=\frac{I_0+2\cdot I_0\cdot r}{2(1+r)}+\frac{I_0+2\cdot I_0\cdot r-I_0\cdot r}{2(1+r)^2} \tag{24}$$

$$=\frac{I_0+2\cdot I_0\cdot r}{2(1+r)}+\frac{I_0+I_0\cdot r}{2(1+r)^2}=I_0. \tag{25}$$

Es konnte gezeigt werden, dass die Summe der diskontierten kalkulatorischen Kosten der Investitionssumme entspricht. Alternativ kann somit auch vom Kongruenzprinzip oder in der englischsprachigen Literatur von der Clean Surplus Relation[108] gesprochen werden. Es ergibt sich dementsprechend für den Buchwert des Eigenkapitals EK_t^{BuW}:

$$EK_t^{BuW}=EK_{t-1}^{BuW}+\left(J\ddot{U}_t-Div\_zahl_t\right). \tag{26}$$

Eine Methode der Unternehmensbewertung, welche auf buchhalterischen Größen fußt, sind die Übergewinnmodelle (Residual Income Method).[109] Dabei soll für jede zukünftige Periode ein ökonomischer Residualgewinn (Residual Income) RI_t bestimmt werden, der sich als Differenz zwischen prognostiziertem Jahresergebnis $J\ddot{U}_t$ und Kapitalbindungskosten der Kapitalbasis ergibt.[110] Es gilt:

$$RI_t=J\ddot{U}_t-r_{EK}\cdot EK_{t-1}^{BuW}. \tag{27}$$

Mithilfe des PREINREICH-LÜCKE-Theorems lässt sich zeigen, dass der Marktwert des Eigenkapitals im Bewertungszeitpunkt EK_0^{MW}, ausgedrückt als Summe der diskontierten freien Cash Flows (hier an die Eigenkapitalgeber als Dividende Div_zahl_t und Schlussdividende Liq_Erl_T dargestellt), gleich der Summe der diskontierten Residualgewinnen RI_t zuzüglich des Buchwertes des Eigenkapitals im Bewertungszeitpunktes EK_0^{BuW} ist. Es gilt somit:

$$EK_0^{MW}=\sum_{t=1}^{T}\frac{Div\_zahl_t}{\left(1+r_{EK}\right)^t}+\frac{Liq\_Erl_T}{\left(1+r_{EK}\right)^T}=EK_0^{BW}+\sum_{t=1}^{T}\frac{RI_t}{\left(1+r_{EK}\right)^t}\ . \tag{28}$$

[108] Vgl. z. B. OHLSON (1995), Equity valuation, S. 661.
[109] Vgl. BALLWIESER (2011), Unternehmensbewertung, S. 204.
[110] Vgl. COENENBERG/SCHULTZE (2002), Perspektiven der Unternehmensbewertung, S. 613.

Formel (26) lässt sich leicht umformen zu:

$$Div\_zahl_t = J\ddot{U}_t + EK_{t-1}^{BW} - EK_t^{BW}. \tag{29}$$

I. V. m. Formel (27) ergibt sich:

$$\begin{aligned} Div\_zahl_t &= RI_t + r_{EK} \cdot EK_{t-1}^{BW} + EK_{t-1}^{BW} - EK_t^{BW} \\ &= RI_t + (1 + r_{EK}) \cdot EK_{t-1}^{BW} - EK_t^{BW}. \end{aligned} \tag{30}$$

Um die Gültigkeit von Formel (28) zu zeigen, wird Formel (30) eingesetzt:

$$\begin{aligned} EK_0^{MW} &= \sum_{t=1}^{T} \frac{Div\_zahl_t}{(1+r_{EK})^t} + \frac{Liq\_Erl_T}{(1+r_{EK})^T} \\ &= \sum_{t=1}^{T} \frac{RI_t + (1+r_{EK}) \cdot EK_{t-1}^{BW} - EK_t^{BW}}{(1+r_{EK})^t} + \frac{Liq\_Erl_T}{(1+r_{EK})^T}. \end{aligned} \tag{31}$$

Zur vereinfachenden Darstellung werden nur zwei Perioden angenommen, wobei auch eine Erweiterung des Prognosehorizonts denkbar ist. Für Formel (31) mit $T = 2$ folgt:

$$\begin{aligned} EK_0^{MW} &= \frac{Div\_zahl_1}{(1+r_{EK})} + \frac{Div\_zahl_2}{(1+r_{EK})^2} + \frac{Liq\_Erl_2}{(1+r_{EK})^2} \\ &= \frac{RI_1 + (1+r_{EK}) \cdot EK_0^{BW} - EK_1^{BW}}{(1+r_{EK})} + \frac{RI_2 + (1+r_{EK}) \cdot EK_1^{BW} - EK_2^{BW}}{(1+r_{EK})^2} + \frac{Liq\_Erl_2}{(1+r_{EK})^2} \\ &= EK_0^{BW} + \frac{RI_1}{(1+r_{EK})} - \frac{EK_1^{BW}}{(1+r_{EK})} + \frac{RI_2}{(1+r_{EK})^2} + \frac{EK_1^{BW}}{(1+r_{EK})} - \frac{EK_2^{BW}}{(1+r_{EK})^2} + \frac{Liq\_Erl_2}{(1+r_{EK})^2}. \end{aligned} \tag{32}$$

Da die Schlussdividende in T dem Buchwert des Eigenkapitals in T entspricht, somit $Liq\_Erl_2 = EK_2^{BW}$ ist, folgt:

$$EK_0^{MW} = EK_0^{BW} + \sum_{t=1}^{T} \frac{RI_t}{(1+r_{EK})^t}. \tag{33}$$

Die Summe aller diskontierten, einzelperiodischen Übergewinne und des bilanziellen Eigenkapitals ergibt somit den Marktwert des Eigenkapitals zum Bewertungszeitpunkt. Es existieren eine Reihe verschiedener Übergewinnmodelle.[111] Neben dem oben beschriebenen Vorgehen, Jahresüberschüsse um die geforderten Kapitalkosten des Eigenkapitals zu Buchwerten zu reduziert, ist eine Minderung einer Bruttoerfolgsgröße, z. B. operativer Cash Flow nach Steuern und vor Zinsen (Net Operating Profit After (adjus-

---

[111] Vgl. DRUKARCZYK/SCHÜLER (2009), Unternehmensbewertung, S. 437-440. Die Autoren beschreiben bspw. die Verfahren Economic Value Added (EVA), Cash Value Added (CVA), Earned Economic Income (EEI) sowie Shareholder Value Added (SVA).

ted) Tax, $NOPAT$),[112] um die geforderten Kapitalkosten des Gesamtkapitals zu Buchwerten denkbar. Exemplarisch soll an dieser das Konzept des Economic Value Added (EVA) näher vorgestellt werden, da es als das am häufigsten gebrauchte Verfahren gilt.[113] Das von STEWART (1991)[114] entwickelte Konzept wurde durch das Beratungsunternehmen Stern Stewart & Co verbreitet. Hierbei wird das Betriebsergebnis vor Zinsen und Steuern (Net Operating Profit) angepasst, um das $NOPAT$ zu bestimmen. Der Übergewinn pro Periode, hier als EVA bezeichnet, wird dann als Differenz zwischen $NOPAT$ und den Kapitalkosten des investierten Kapitals Inv_Kap_t bestimmt:[115]

$$EVA_t = NOPAT_t - r_{WACC} \cdot Inv\_Kap_t. \tag{34}$$

Der Marktwert des Gesamtkapitals eines Unternehmens kann anschließend als Summe des investierten Kapitals zum Bewertungszeitpunkt Inv_Kap_0 und Summe der Barwerte der periodenspezifischen EVA_t mit r_{WACC} bestimmt werden:[116]

$$GK_0^{MW} = Inv\_Kap_0 + \sum_{t=1}^{\infty} \frac{EVA_t}{\left(1+r_{WACC}\right)^t}. \tag{35}$$

An dieser Stelle soll nochmals auf die Überführbarkeit der Übergewinnmodelle in die DCF-Modell hingewiesen werden. STEINER/WALLMEIER (1999) zeigen dies explizit für das Konzept des EVA.[117] Eine weiterführende Herleitung der Äquivalenz von DCF-Methode und Residualgewinnverfahren unter Berücksichtigung von unsicheren Inflationserwartungen findet sich in RICHTER (2011).[118] Übergewinnverfahren „sind nicht als eigenständige Ansätze zu beurteilen, sondern basieren auf mathematische Umformungen“[119] der DCF-Methoden.

---

112 Vgl. GÜNTHER (1997), Controlling, S. 234.
113 Vgl. DAMODARAN (2006), Valuation, S. 215.
114 Vgl. STEWART (1991), The Quest for Value.
115 Vgl. zur ausführlichen Berechnung von NOPAT und investierten Kapital im Kontext des EVA z. B. GÜNTHER (1997), Controlling, S. 234-235.
116 Vgl. O'HANLON/PEASNELL (1998), EVA, S. 425.
117 Vgl. STEINER/WALLMEIER (1999), Economic Value Added-Konzept, S. 7.
118 Vgl. RICHTER (2011), Unsicheren Inflationserwartungen, S. 441-444.
119 PERRIDON/STEINER/RATHGEBER (2012), Finanzwirtschaft, S. 228.

2.7 Marktpreisorientierte Bewertungsmethoden

2.7.1 Grundsätzliches Vorgehen

Als direkte Anwendung des Konzepts „Bewerten heißt vergleichen“[120] sind marktpreisorientierte Bewertungsmethoden entwickelt worden. Diese versuchen aufgrund des Gesetzes des einheitlichen Preises (Law of One Price)[121] einen Wert für ein Bewertungsobjekt aus existierenden Preisen vergleichbarer Unternehmen (Comparative Company Approach) abzuleiten.[122]

Um dabei die Preise der Vergleichsunternehmen zu ermitteln, sind grundsätzlich drei Vorgehensweisen denkbar. Bei der Similar Public Company Method werden die Preise von börsennotierten Unternehmen herangezogen. Die Marktkapitalisierung stellt somit den Marktpreis des Eigenkapitals dar. Wird die Initial Public Offering Methode verwendet, wird auf Emissionspreise von Aktien abgestellt. Die dritte Methode bedient sich aktueller Verkaufspreise von Unternehmenstransaktionen (Mergers & Acquisitions) und wird als Recent Acquisitions Method bezeichnet.[123]

Um den Unterschied in der Größe des Bewertungsobjekts zum Vergleichsunternehmen Rechnung zu tragen, werden Verhältniszahlen (Multiplikatoren) nach folgendem grundsätzlichem Schema bestimmt:[124]

$$\frac{\text{Marktpreis}_{\text{Vergleichsobjekt}}}{\text{Bezugsgröße}_{\text{Vergleichsobjekt}}}=\frac{\text{Marktpreis}_{\text{Bewertungsobjekt}}}{\text{Bezugsgröße}_{\text{Bewertungsobjekt}}}=\text{Multiplikator}. \tag{36}$$

Als Bezugsgröße sind dabei grundsätzlich unterschiedliche finanzielle, aber auch nichtfinanzielle Größen vorstellbar. In der Praxis etablierte Bezugsgrößen sind hierbei z. B. Umsatz, EBIT, EBITDA oder Jahresergebnis.[125] Eine nichtfinanzielle Bezugsgröße kann

[120] MOXTER (1983), Grundsätze, S. 123.
[121] Vgl. BERK/DEMARZO (2011), Finanzwirtschaft, S. 82.
[122] Vgl. POPP (2012), Vergangenheits- und Lageanalyse, S. 193.
[123] Vgl. KUHNER/MALTRY (2006), Unternehmensbewertung, S. 267.
[124] Vgl. MATSCHKE/BRÖSEL (2007), Unternehmensbewertung, S. 642; DAMODARAN (2006), Valuation, S. 233-234.
[125] Vgl. SCHWETZLER (2003), Multiple-Bewertung, S. 83-88.

bspw. die Anzahl der Webseitenklicks (etwa bei der Bewertung von Internetunternehmen) darstellen.[126]

Analog zu den DCF-Verfahren kann auch bei dieser Vorgehensweise in Equity Multiplikatoren (Bestimmung des Marktpreises des Eigenkapitals) und Entity Multiplikatoren (Bestimmung des Marktpreises des Gesamtkapitals) unterschieden werden.[127] Dabei ist jedoch auf Konsistenz hinsichtlich der Zähler- und Nennergröße zur Bestimmung des Multiplikators zu achten. Mithilfe des EBITDA sollte der Marktpreis des Gesamtkapitals und durch das Jahresergebnis der Marktpreis des Eigenkapitals bestimmt werden.[128]

Um das Risiko zu minimieren, dass der Wert eines Unternehmens durch einen Ausreißer(-multiplikator) bestimmt wird, ist regelmäßig der Rückgriff auf eine Gruppe von Vergleichsobjekten (Peer Group) notwendig. Die Multiplikatoren der einzelnen Vergleichsunternehmen müssen demnach durch eine Verdichtungsfunktion zu einem durchschnittlichen Multiplikator aggregiert werden. Als Verdichtungsfunktion kann z. B. das arithmetische Mittel, der Median oder das wertgewichtete Mittel dienen.[129]

Bei der Multiplikator-Methode ist jedoch gerade die Auswahl der Unternehmen, die die Peer Group für das Bewertungsobjekt darstellen sollen, das zentrale Problem. Theoretisch sollten die zukünftigen Zahlungsströme der Vergleichsunternehmen in der zeitlichen Struktur, erwarteten Höhe und dem damit verbundenen Risiko des zu bewertenden Unternehmens entsprechen.[130] Unter Anwendung des FTE-Ansatzes[131] i. V. m. dem GORDON-SHAPIRO-Modell[132] lassen sich die grundsätzlichen Einflussfaktoren auf Multiplikatoren auch formal ableiten. Es gilt:

$$EK = \sum_{t=1}^{\infty} \frac{FCF_t^{Equity}}{\left(1 + r_{EK}\right)^t}. \tag{37}$$

[126] Vgl. DAMODARAN (2006), Valuation, S. 237. Einen Überblick der verschiedenen Arten der Multiplikatoren findet sich auch in BARTHEL (2007), Market Multiples.
[127] Vgl. BARTHEL (2007), Market Multiples, S. 667.
[128] Vgl. DAMODARAN (2006), Valuation, S. 239.
[129] Vgl. SCHWETZLER (2010), Unternehmensbewertung mit Multiples, S. 582-584; HERRMANN/FRANK (2003), Controlled multiples, S. 210.
[130] Vgl. BALLWIESER (2011), Unternehmensbewertung, S. 209.
[131] Vgl. Unterabschnitt 2.4.2
[132] Vgl. Unterabschnitt 2.5.2

Mit Formel (36) ergibt sich somit:

$$\frac{EK}{\text{Bezugsgröße}} = \text{Multiplikator} = \frac{1}{\text{Bezugsgröße}} \cdot \sum_{t=1}^{\infty} \frac{FCF_t^{Equity}}{(1 + r_{EK})^t}. \tag{38}$$

Wird das GORDON-SHAPIRO-Modell mit konstanter Wachstumsrate g (des FCF^{Equity}) verwendet, ergibt sich:

$$\text{Multiplikator} = \frac{FCF_1^{Equity}}{\text{Bezugsgröße}} \cdot \frac{1}{r_{EK} - g}. \tag{39}$$

Somit lassen sich drei wesentliche Einflussgrößen der Multiplikatoren erkennen:[133]

1. Renditeforderung der (Eigen-)Kapitalgeber, welcher im Wesentlichen die Beurteilung des Risikos der Cash Flows widerspiegelt,
2. Wachstumserwartungen der zukünftigen Cash Flows,
3. Multiplikatorspezifischer Term (FCF^{Equity} / Bezugsgröße), welcher einer einzelnen Beurteilung in Abhängigkeit des angesetzten Multiplikators bedarf. Dieser kann im Fall des FCF^{Equity} als Cash Flow-Potential aufgefasst werden.

Häufig wird versucht, die Vergleichbarkeit von Unternehmen aufgrund der Zugehörigkeit zu einer bestimmten Branche zu unterstellen. Dabei wird die Branchenzugehörigkeit regelmäßig durch Klassifikationsstandards operationalisiert (z. B. das US-amerikanische System der Standard Industrial Classification).[134] In der Studie von BHOJRAJ/LEE/OLER (2003) wurde die Eignung verschiedener Klassifikationssysteme untersucht. Die Autoren betrachten dabei[135]

1. Standard Industrial Classification,
2. North American Industry Classification System,
3. Global Industry Classification Standard (GICS) sowie
4. Fama-French Industry Grouping.

Als Ergebnis der Untersuchung konnte eine Überlegenheit der GICS gegenüber den anderen betrachteten Klassifikationssystemen präsentiert werden. Die Unternehmen, welche durch GICS einer Branche zugeordnet wurden, wiesen eine geringere Streuung

---

133 Vgl. WAGNER (2005), Konzeption der Multiplikatorverfahren, S. 11.
134 Vgl. ALFORD (1992), Comparable firms, S. 98.
135 Vgl. BHOJRAJ/LEE/OLER (2003), Industry classification schemes, S. 748.

bei finanzwirtschaftlichen Schlüsselkennzahlen (wie bspw. Return on Net Operating Assets, Return on Equity oder Umsatzmarge) auf.[136] Auch EBERHART (2004) kommt innerhalb einer Untersuchung zum Ergebnis, dass die Industrieklassifikation anhand von GICS eine zu präferierende Alternative darstellt.[137] Obwohl Unternehmen einer Branche ähnlichen aktuellen und zukünftigen Marktverhältnissen (wie z. B. Wachstumsaussichten, Wettbewerb und Risikostrukturen) gegenüberstehen, garantiert nach BECKMANN/MEISTER/MEITNER (2003) die Branchenzugehörigkeit noch keine gute Peer Group, da bewertungsrelevante Eigenschaften wie Umsatz-, Kosten- und Margenstruktur trotzdem unterschiedlich sein können.[138] Die Zugehörigkeit zu einer Branche stellt somit einen Ausgangspunkt für die Erstellung einer Peer Group dar. Zusätzlich sollten bspw. „die Faktoren geographische Abdeckung, Vergleichbarkeit des Geschäftsmodells, Profitabilität, Anlagenintensität und Wachstum"[139] Berücksichtigung finden. BAUSCH (2000) führt für Industrieunternehmen u. a. folgende Vergleichskriterien heran:[140]

1. Produkte, Leitungsinhalte und Geschäftstyp,
2. Produktpositionierung und technologisches Niveau,
3. Vertriebskanäle sowie
4. Wertschöpfungstiefe.

CHERIDITO/HADEWICZ (2001) nennen weitergehend die Unternehmensgröße sowie die Kostenstruktur (Verhältnis von fixen und variablen Kosten) als Kriterien für die Vergleichbarkeit von Unternehmen.[141] RADINGER (2010) ergänzt diesen Katalog um die Saisonalität des Geschäftes sowie Kapital- und Eigentümerstruktur.[142] Für KLOSTERBERG (2010) sind Rechnungslegung, Steuersystem, Reifegrad des Unternehmens und Marktanteil weitere wichtige Faktoren hinsichtlich der Vergleichbarkeit.[143]

---

136 Vgl. BHOJRAJ/LEE/OLER (2003), Industry classification schemes, S. 760.
137 Vgl. EBERHART (2004), Multiples, S. 52.
138 Vgl. BECKMANN/MEISTER/MEITNER (2003), Multiplikatorverfahren, S. 104.
139 DVFA EXPERT GROUP CORPORATE TRANSACTION VALUATION (2012), Best Practice Empfehlungen zur Unternehmensbewertung, S. 47.
140 Vgl. BAUSCH (2000), Multiplikator-Methode, S. 455.
141 Vgl. CHERIDITO/HADEWICZ (2001), Marktorientierte Unternehmensbewertung, S. 322.
142 Vgl. RADINGER (2010), Multiplikatoren, S. 67.
143 Vgl. KLOSTERBERG (2010), Branchenorientierte Bewertung, S. 270.

Am Beispiel des EBIT-Multiplikators M_{EBIT} kann gezeigt werden, wie viele zusätzliche Kriterien abgeschätzt werden müssen, um ein DCF-konformes Ergebnis zu produzieren.[144] Im Fall der unendlichen Rente ergibt sich der EBIT-Multiplikator:

$$M_{EBIT} = \frac{(1-s)\cdot Div}{r_{WACC} - W\_EBIT} \quad . \tag{40}$$

Dabei stellen W_EBIT das prozentuale (unendliche) Wachstum des EBIT und Div die Ausschüttungsquote der Gewinne dar. Da W_EBIT im folgenden Zusammenhang steht:

$$W\_EBIT = r_{Inv} \cdot (1 - Div) \tag{41}$$

mit:

r_{Inv}...Vorsteuerrendite der Nettoinvestitionen des Unternehmens,

kann Formel (40) auch geschrieben werden als:

$$M_{EBIT} = \frac{(1-s)\cdot\left(1 - \frac{W\_EBIT}{r_{Inv}}\right)}{r_{WACC} - W\_EBIT} \quad . \tag{42}$$

Es ist somit erkennbar, dass der Multiplikator in formaler Hinsicht von den steuerlichen Rahmenbedingungen, der Investitionsrendite (und dessen Risiko), dem Investitionsrisiko verbunden mit der Finanzierungspolitik (welche auf r_{WACC} Auswirkungen haben) sowie der Thesaurierungsquote abhängt. Die Peer Group Unternehmen müssen somit diesbezüglich Vergleichbarkeit mit dem Bewertungsobjekt aufweisen.

Zusammenfassend kann gesagt werden, dass Unternehmen nach (mindestens) folgenden Kriterien ähnlich (oder identisch) sein müssen, um eine Peer Group im Sinne der marktpreisorientierten Bewertungsverfahren darzustellen:[145]

1. Branche bzw. Märkte,
2. Lebenszyklus des Unternehmens,
3. Eigentumsverhältnisse,
4. Größe,

[144] Vgl. im Folgenden DRUKARCZYK/SCHÜLER (2009), Unternehmensbewertung, S. 459-460.
[145] Vgl. BALLWIESER (2011), Unternehmensbewertung, S. 209.

5. Rahmenbedingungen hinsichtlich Forschung und Entwicklung, Produktion und Vertrieb,
6. Finanzierungsstruktur sowie
7. Regulierungsauflagen.

2.7.2 Kritische Betrachtung der Anwendungseignung der Multiplikator-Methode

Grundsätzlich ist die Multiplikator-Methode für die Bestimmung von Unternehmenswerten als zwiespältig zu bewerten.[146] Genaugenommen wird damit statt eines subjektiven Entscheidungswertes für einen Unternehmenswert (wie bei den DCF-Verfahren) ein potentieller Marktpreis, d. h. ein erzielbaren Kauf- bzw. Verkaufspreis, ermittelt.[147] Befürworter dieser Methode unterstellen regelmäßig, dass die Bewertung schneller durchgeführt werden kann als eine Bewertung durch einen DCF-Ansatz. Dies ist jedoch nur scheinbar so.[148]

Wie im vorangegangenen Abschnitt dargelegt, stellt die Auswahl der Vergleichsunternehmen eine nicht von der Hand zu weisende Schwierigkeit dar.[149] Da es unrealistisch erscheint, eine genügend große Anzahl an identischen Vergleichsunternehmen zu finden, auch wenn umfassend Kenntnisse über das Bewertungsobjekt vorhanden sind, ist die Größe der jeweiligen Peer Group abzuwägen. Dabei stellt sich die Frage, ob es sinnvoller ist, eher wenige mehr vergleichbare oder mehr weniger vergleichbare Unternehmen in die Peer Group aufzunehmen. Weiterhin sind die Verdichtungsfunktion für die Peer Group sowie der Umgang mit Ausreißern relevante Fragestellungen, welche im Einzelfall durch den Bewerter zu beantworten sind. Wenn die (vermeintlich) richtige Peer Group ermittelt wurde, besteht weiterhin die oben beschriebene Fragestellung nach der anzuwendenden Bezugsgröße, aus der sich der Multiplikator bestimmen lässt. Vorstellbar ist, dass die Anwendung unterschiedlicher Multiplikatoren unterschiedliche Ergebnisse für den Preis eines Unternehmens hervorbringt. Auch hier stellt sich die Frage, wie mit dieser eventuellen Streuung umzugehen ist.

---

[146] Vgl. BAUSCH (2000), Multiplikator-Methode, S. 459.
[147] Vgl. COENENBERG/SCHULTZE (2002), Multiplikator-Verfahren, S. 699.
[148] Vgl. BALLWIESER (2011), Unternehmensbewertung, S. 215.
[149] Vgl. POPP (2012), Vergangenheits- und Lageanalyse, S. 193.

Ein weiteres Problem ergibt sich bei der Bewertung von nicht börsennotierten Unternehmen. Aufgrund der höheren Fungibilität von notierten Wertpapieren (gegenüber nicht börsennotierten Unternehmen) kann nicht von identischen Preisen ausgegangen werden, wenn eine sonstige Vergleichbarkeit zwischen den Unternehmen unterstellt wird. Untersuchungen von beschränkten Aktien (restricted stocks) in den USA führten zu Abschlägen aufgrund von Illiquidität zwischen 25 - 35 %.[150] Bei Studien, die den Börsengang von Unternehmen in den Fokus stellen, ergaben sich durchschnittliche Abschläge von ca. 45 %.[151] Den Abschlägen aufgrund der geringeren Fungibilität stehen jedoch Zuschläge gegenüber, die gezahlt werden müssen, um die Kontrolle in einem Unternehmen (mehrheitlich oder vollständig) zu übernehmen (Control Premium).[152] Diese Kontrollzuschläge (oder auch Paketzuschläge)[153] lassen sich durch den stärkeren Einfluss auf Entscheidungen innerhalb des Unternehmens begründen.[154] Aus theoretischer Perspektive stellt der Kontrollzuschlag die Differenz des Unternehmenswertes bei einem hypothetisch optimalen Management zum derzeitigen Management (status quo) dar. Eine Wertsteigerung kann (wie in den vorherigen Kapiteln dargestellt) durch Erhöhung der Cash Flows des Unternehmens (z. B. durch eine Verbesserung der operativen Effizienz) oder durch Reduzierung der Kapitalkosten entstehen (dies nicht zuletzt durch eine Reduzierung der Agency Kosten).[155] Eine generelle Quantifizierung des Kontrollzuschlags ist dabei jedoch schwierig, da Untersuchungen diesbezüglich zu sehr differenzierten Ergebnissen (zwischen 10 % und 30 %) gelangen.[156] Anbieter kommerzieller Datenbanken (z. B. Mergerstat®) bieten eine Übersicht historisch gezahlter Kontrollzuschläge für Unternehmenskäufe in den USA.[157] Darauf aufbauende Untersuchungen stellten einen durchschnittlichen Aufschlag aller Branchen von ca. 40 % für US-amerikanische Unternehmen in den Jahren 1982-2009 fest.

---

150 Vgl. BALLWIESER (2009), Illiquidität bei der Unternehmensbewertung, S. 291.
151 Vgl. PRATT/NICULITA (2008), Valuing a business, S. 435.
152 Vgl. BALLWIESER (2011), Unternehmensbewertung, S. 210.
153 Vgl. MATSCHKE/BRÖSEL (2007), Unternehmensbewertung, S. 439.
154 Vgl. CHERIDITO/SCHNELLER (2008), Discounts und Premia in der Unternehmensbewertung, S. 418
155 Vgl. DAMODARAN (2006), Valuation, S. 459-463.
156 Vgl. CHERIDITO/SCHNELLER (2008), Discounts und Premia in der Unternehmensbewertung, S. 418.
157 Vgl. PRATT/NICULITA (2008), Valuing a business, S. 388-389.

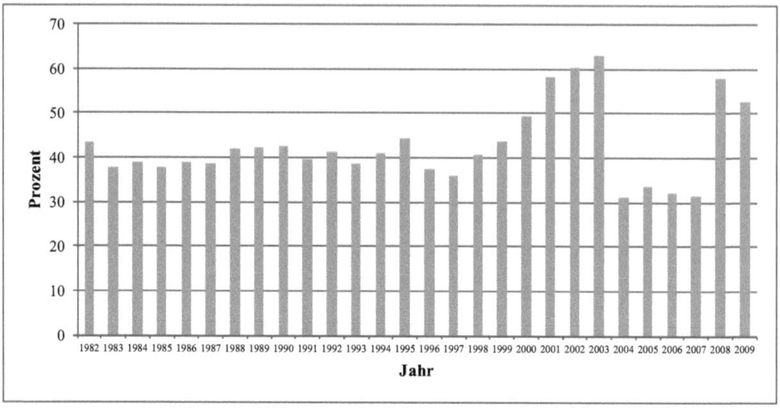

Abbildung 4: Durchschnittliche Kontrollprämien zwischen 1982 und 2009 in den USA

Quelle: In Anlehnung an GAUGHAN (2010), M&A, S. 565.

Dabei streuen die Aufschläge innerhalb der einzelnen Branchen sehr stark (in 2009: zwischen Real Estate: 0 % und Utilities: 87 %)[158] Die einzelnen Zu- bzw. Abschläge werden letztendlich vom jeweiligen Bewerter angesetzt und sind aus diesem Grund für weitere Personen häufig nicht nachvollziehbar, da sie nur ‚scheinobjektiv' sind.[159] Als anwendungsbezogenen Ansatz der Bestimmung des Fungibilitätsabschlags kann der Barwert derjenigen Kosten angesetzt werden, welche bei einem hypothetischen Börsengang bzw. Weiterverkauf entstehen würden.[160] Dennoch kann auch argumentiert werden, dass keine Fungibilitätsabschläge notwendig sind, wenn davon ausgegangen wird, dass eine erneute Veräußerung des Unternehmens nicht in Erwägung gezogen wird.[161]

Zusammenfassend kann festgehalten werden, dass das Multiplikator-Verfahren selbst als Zweck einer relativen Bewertungsmethode, statt der Bestimmung subjektiver Entscheidungswerte, diesen nur sehr unzureichend wahrnehmen kann. Eine möglichst exakte Verwendung der Methode stellt einen gleichermaßen komplexen Aufwand dar,

158 Vgl. GAUGHAN (2010), M&A, S. 564.
159 Vgl. OLBRICH (2000), Bedeutung des Börsenkurses, S. 459.
160 Vgl. IHLAU/DUSCHA (2012), Anwendung von IDW S 1 bei der Bewertung von KMU, S. 498.
161 Vgl. FLEISCHER (2012), Abschläge in der Unternehmensbewertung, S. 1637.

wie auch eine DCF-Methode verlangen würde.[162] Damit sind „die theoretische Mutter der Bewertungs- und Bepreisungskalküle"[163] die DCF-Verfahren.

2.8 Kapitalkosten als Diskontierungszinssätze für die DCF-Verfahren

2.8.1 Äquivalenzgrundsatz

In den vorherigen Ausführungen wurden bereits mehrfach Kapitalkosten für die Bestimmung von Barwerten genutzt. Die Grundlage dieses Vorgehens wurde bereits im Abschnitt 2.2 dargestellt. Der Diskontierungszinssatz im finanzmathematischen Barwertkalkül soll grundsätzlich der Verzinsung einer Alternativanlage entsprechen.[164] Innerhalb der Unternehmensbewertung wurde in der Vergangenheit versucht, den Ausdruck des Kalkulationszinssatzes näher zu beschreiben.[165] In der englischsprachigen Literatur wird in diesem Kontext von ‚Cost of Capital'[166] oder ‚Discount Rate'[167] gesprochen. KRUSCHWITZ/LÖFFLER (2006) argumentieren, Kapitalkosten als erwartete Rendite (Returns)[168] aufzufassen, da für empirische Untersuchungen somit mit historischen Renditen gearbeitet werden kann.[169] Auch SPREMANN/ERNST (2011) sprechen von der Diskontrate, die der „Bedeutung der Rendite einer Kapitalanlage...[entsprechen soll, wobei die zukünftige Zahlung] dieselbe erwartete Höhe und übereinstimmendes Risiko"[170] haben soll. MOXTER (1983) formulierte dieses Prinzip durch „Bewerten heißt vergleichen"[171]. Daher ist auch die Formulierung „Opportunitätskosten einer entgangenen Rendite"[172] für den Kapitalkostensatz vorstellbar. PRATT/NICULITA (2008) beschreiben den Opportunitätskostengedanken wie folgt:

---

162 Vgl. COENENBERG/SCHULTZE (2002), Multiplikator-Verfahren, S. 702-703.
163 DRUKARCZYK/SCHÜLER (2009), Unternehmensbewertung, S. 466.
164 Vgl. LOCAREK (1997), Finanzmathematik, S. 80.
165 Vgl. dazu für den deutschsprachigen Raum KRUSCHWITZ/LÖFFLER/LORENZ (2012), Kapitalkosten, S. 1048-1052 und die darin angegebene Quellen.
166 Vgl. z. B. EHRHARDT (1994), Search for value, S. 6.
167 Vgl. BERK/DEMARZO (2011), Corporate finance, S. 129.
168 Vgl. KRUSCHWITZ/LÖFFLER (2006), Discounted Cash Flow, S. 5.
169 Vgl. KRUSCHWITZ/LÖFFLER (2005), Konzept des Discounted Cashflow, S. 27.
170 SPREMANN/ERNST (2011), Unternehmensbewertung, S. 27.
171 MOXTER (1983), Grundsätze, S. 123.
172 LAITENBERGER (2006), Rendite und Kapitalkosten, S. 80.

> „A present value discount rate is an ‚opportunity cost', that is, the expected rate of return (or yield) that an investor would have to give up by investing in the subject investment instead of investing in available alternative investments that are comparable".[173]

Grundsätzlich sind fünf Kriterien denkbar (BALLWIESER (2011) gliedert bspw. in sechs Dimensionen[174]), in denen das zu bewertende Objekt mit der Vergleichsanlage übereinstimmen sollte (Äquivalenzgrundsatz):[175]

1. Laufzeit: Der Anlagezeitraum der Alternativanlage muss dem Zeitraum entsprechen, über dem die Beteiligung am Bewertungsobjekt gehalten wird.
2. Arbeitseinsatz: Im Rahmen der Unternehmensbewertung muss ggf. ein Zuschlag zu den Kapitalkosten hinzugerechnet werden, wenn es sich um ein Unternehmen handelt, bei dem der Käufer selbst tätig werden müsste (z. B. Freiberuflerpraxis).
3. Verfügbarkeit/ Wiederverkaufsrisiko: Die Fungibilität (Handelbarkeit) der Alternativanlage sollte der des Bewertungsobjektes entsprechen. Beachtung findet dies bspw. bei (vinkulierten) Namensaktien oder extremer bei nicht börsennotierten Unternehmen bzw. Unternehmensteilen.
4. Kaufkraft: Es ist auf die Homogenität bezüglich nominaler bzw. realer Größen zwischen Alternativanlage und Bewertungsobjekt zu achten.[176]
5. Risiko: Die Äquivalenz des Risikos beider Anlagen stellt dabei das (wahrscheinlich) größte Problem dar, da schon in der Messmethode Uneinheitlichkeit in der Literatur vorherrscht. Denkbar sind Varianzen von erwarteten Größen, Value-at-Risk-Kennziffern oder andere Risikomaße.[177]

---

173 PRATT/NICULITA (2008), Valuing a business, S. 181.
174 Vgl. BALLWIESER (2011), Unternehmensbewertung, S. 84.
175 Vgl. KUHNER/MALTRY (2006), Unternehmensbewertung, S. 86-91; MOXTER (1983), Grundsätze, S. 155-202.
176 Vgl. MOXTER (1983), Grundsätze, S. 185.
177 Vgl. KUHNER/MALTRY (2006), Unternehmensbewertung, S. 90.

Weiterhin vorstellbar sind bspw. Steueräquivalenz, Ausschüttungsäquivalenz sowie Währungsäquivalenz. Die erwartete Rendite einer dieser Äquivalenzprinzipien erfüllenden Alternativanlage ist der theoretisch richtige Kalkulationszinssatz für die Bewertung, wobei die zukünftigen Kapitalkosten als deterministisch angenommen werden müssen, damit das Bewertungsergebnis keine Zufallsvariable ist.[178]

Ein zentrales Modell für die Bestimmung der relevanten zukünftigen Kapitalkosten stellt das Capital Asset Pricing Model (CAPM) nach SHARPE (1964)[179], LINTNER (1965)[180] und MOSSIN (1966)[181], welches in Abschnitt 3.4 detailliert betrachtet und kritisch diskutiert wird, dar. An dieser Stelle sollen nur die Grundlagen dargestellt werden, welche in folgenden Abschnitten notwendig sind. Das Risiko einer Investition in Aktien lässt sich in unternehmensspezifische (idiosynkratische) und systematische Risiken aufteilen. Aufgrund des Diversifikationseffekts bei der Bildung von Aktienportfolios können die idiosynkratischen Risiken eliminiert werden, so dass innerhalb des CAPM nur die systematischen Risiken der Wertpapiere betrachtet werden müssen. Das Maß für die Stärke des systematischen Risikos wird als Eigenkapital-Beta β^{CAPM} bezeichnet und kann als standardisiere Kovarianz der Renditen einer Aktie r_{EK} gegenüber eines Marktportfolios r_M definiert werden:

$$\beta^{CAPM} = \frac{Cov(r_{EK}, r_M)}{Var[r_M]} \tag{43}$$

mit:

r_{EK}...Rendite der Aktionäre eines Unternehmens
r_M....Rendite eines Marktportfolios.

Das Beta eines Unternehmens stellt somit die „erwartete prozentuale Änderung ...[der Aktienrendite] bei einer Änderung der Rendite des Marktportfolios um ein Prozent“[182] dar. In allgemeiner Form lassen sich nun erwartete Renditen einer Wertpapieranlage j mithilfe des Betas durch das CAPM folgendermaßen ableiten (an dieser Stelle soll

[178] Vgl. LAITENBERGER (2006), Rendite und Kapitalkosten, S. 84-85.
[179] Vgl. SHARPE (1964), Capital asset prices, S. 425-442.
[180] Vgl. LINTNER (1965), Valuation of risk assets, S. 13-37.
[181] Vgl. MOSSIN (1966), Equilibrium, S. 768-783.
[182] BERK/DEMARZO (2011), Finanzwirtschaft, S. 360.

nochmals der Hinweis auf die vereinfachte Darstellung ohne den Erwartungswertoperator erfolgen):[183]

$$r_{EK,j} = r_f + \beta_j^{CAPM} \cdot \left(r_M - r_f\right). \tag{44}$$

Entspricht das systematische Risiko einer Wertpapieranlage exakt dem Risiko des Marktes $\left(\beta^{CAPM} = 1\right)$, so ergibt sich daraus die erwartete Wertpapierrendite i. H. v. r_M.

2.8.2 Unlevering und Relevering des verschuldeten Eigenkapital-Betas

Sollen mithilfe der oben beschriebenen DCF-Methoden Projekte bewertet werden, ist eine Kenntnis über die Eigenkapitalkosten bei Verschuldung r_{EK}[184] notwendig. Sie stellen eine zentrale Größe dar, da sie direkt in die Berechnung einfließen, wenn die FTE-Methode für die Bewertung gewählt wird. Das Risiko, welches dabei durch die r_{EK} widergespiegelt wird, kann grundsätzlich in das Geschäftsrisiko (auch als Investitionsrisiko[185] oder Projektrisiko bezeichnet) und das Finanzierungsrisiko unterteilt werden.[186] Entspricht das Projektrisiko nicht dem gesamten Unternehmensrisiko, da ggf. eine Erweiterung des Produktionsangebots verfolgt wird, oder handelt es sich bei der Bewertung um nicht börsennotierte Unternehmen, kann auf Kapitalkosten (oder Beta-Faktoren) von Vergleichsunternehmen zurückgegriffen werden.[187]

Neben der Auswahl der geeigneten Vergleichsunternehmen (Peer Group)[188] stellen auch die unterschiedlichen Verschuldungsgrade zwischen Bewertungseinheit und Vergleichsunternehmen ein zu lösendes Problem dar.[189] Es wird also eine Berechnungsvorschrift für eine Anpassung der Kapitalstrukturen notwendig.[190] Auch hierbei spielt die

---

183 Vgl. z. B. EHRHARDT (1994), Search for value, S. 52.

184 Korrespondierend kann hier auch auf die Beta-Faktoren abgestellt werden, um den Sachverhalt zu beschreiben, da diese theoretisch leicht aus den jeweiligen Kapitalkosten abgeleitet werden können.

185 Vgl. DRUKARCZYK/SCHÜLER (2009), Unternehmensbewertung, S. 225.

186 Vgl. DAMODARAN (2006), Valuation, S. 52.

187 Vgl. KERN/MÖLLS (2010), Betafaktoren aus einer Peer Group, S. 442-448.

188 Vgl. hierzu Abschnitt 2.7.

189 Obwohl die Anpassung der Finanzierungsstruktur einen notwendigen Sachverhalt darstellt, belegen HACHMEISTER/KÜHNLE/LAMPENIUS (2009), dass die in 15 % betrachteter Gutachten nicht praktiziert wurde.
Vgl. HACHMEISTER/KÜHNLE/LAMPENIUS (2009), Squeeze-Out, S. 1244.

190 Vgl. KRUSCHWITZ/LÖFFLER/LORENZ (2011), Unlevering und Relevering, S. 672, MEITNER/STREITFERDT (2012b), Unlevering und Relevering, S. 1037.

anzunehmende Finanzierungspolitik des Unternehmens insoweit eine Rolle, dass dem Entstehen des Steuervorteils der Fremdfinanzierung unterschiedliches Risiko beigemessen wird.[191] Unter Annahme verschiedener Finanzierungspolitiken haben verschiedene Autoren Anpassungsformeln entwickelt, welche in folgenden Abschnitten diskutiert werden sollen. Grundsätzlich werden dabei die (in der Realität beobachtbaren) Eigenkapitalbetas eines teilweise verschuldeten (Vergleichs-)Unternehmens β^{CAPM} durch das Unlevering in Betas eines (hypothetisch) unverschuldeten Unternehmens β^0 transformiert, um dieses dann in einem zweiten Schritt an die Kapitalstruktur des zu bewertenden Unternehmens anzupassen. Da β^0 kein Finanzierungsrisiko, sondern, wie oben beschrieben, nur noch das Risiko der Geschäftstätigkeit beinhaltet, wird dieses häufig auch als unlevered Beta in der Literatur bezeichnet.[192] Ein weiterhin verwendeter Begriff für β^0 ist Asset Beta, da in einem unverschuldeten Unternehmen die gesamten Aktiva (Assets) durch das Eigenkapital finanziert worden sind. Wie im Unterabschnitt 2.4.3 beschrieben, werden im Fall der Bewertung durch die APV-Methode gerade diese β^0 (und die daraus ableitbaren r_0) benötigt, um den Kapitalwert eines Projektes bei reiner Eigenfinanzierung zu bestimmen. Im Folgenden werden verschiedene Verfahren zur Anpassung des Kapitalstrukturrisikos vorgestellt.

2.8.2.1 HAMADA-Formel

Unter der Annahme einer autonomen Finanzierungspolitik (genauer: zukünftig konstante Fremdkapitalbestände) und sicherer Fremdkapitalverzinsung wurden von MODIGLINANI/MILLER (1958[193] und 1963[194]) unter Arbitragegesichtspunkten zwei zentrale Thesen (MM-Thesen) entwickelt. Im Aufsatz von 1963 wurde dabei die Abzugsfähigkeit der Fremdkapitalzinsen von der Steuerbemessungsgrundlage korrigiert dargestellt. These I stellt den Zusammenhang zwischen dem Gesamtkapital eines teilweise

---

[191] Vgl. PRATT/GRABOWSKI (2010), Cost of capital, S. 187-188.
[192] Vgl. BERK/DEMARZO (2011), Finanzwirtschaft, S. 437.
[193] Vgl. MODIGLIANI/MILLER (1958), Cost of capital.
[194] Vgl. MODIGLIANI/MILLER (1963), Corporate income taxes.

verschuldeten GK_V und unverschuldeten GK_U Unternehmens her. Dabei erhöht sich GK_U um $s \cdot FK$, wenn das Unternehmen Fremdfinanzierung nutzt.[195] Es gilt:

$$GK_V = GK_U + s \cdot FK \,. \tag{45}$$

Eine für die Bewertung von Projekten zentrale Aussage ist These II, welche den Verlauf der Kapitalkosten in Abhängigkeit der Kapitalstruktur, des Steuersatzes und der unverschuldeten Kapitalkosten beschreibt:[196]

$$r_{EK} = r_0 + (1-s) \cdot (r_0 - r_f) \cdot \frac{FK}{EK}. \tag{46}$$

Unter Verwendung der MM-Thesen erfolgt durch HAMADA (1972) erstmals die Darstellung unter Verwendung des Betas als Risikomaß. Ausgehend von der allgemeinen Definition des Betas aus Formel (43) konnte der Zusammenhang des Betas eines unverschuldeten Unternehmens β^0 und dem Beta eines verschuldeten Unternehmens β^{CAPM} folgendermaßen hergeleitet werden:[197]

$$\beta^0 = \beta^{CAPM} \cdot \left(\frac{EK_V}{EK_U} \right) = \beta^{CAPM} \cdot \left(\frac{EK_V}{GK_U} \right). \tag{47}$$

I. V. m. Formel (45) ergibt sich:

$$\beta^0 = \beta^{CAPM} \cdot \left(\frac{EK_V}{GK_V - s \cdot FK} \right). \tag{48}$$

Da $GK_V = EK_V + FK$ folgt:

$$\beta^0 = \beta^{CAPM} \cdot \left(\frac{EK_V}{EK_V + FK - s \cdot FK} \right). \tag{49}$$

Da die Anwendung der Formel (49) nur sinnvoll ist, um die β^0 aus einem verschuldeten Unternehmensbeta β^{CAPM} zu bestimmen (wenn keine Verschuldung vorliegen würde, wäre $\beta^0 = \beta^{CAPM}$), können die Indizes auch vernachlässigt werden, so dass sich vereinfacht Formel (50) ergibt:

---

[195] Vgl. MODIGLIANI/MILLER (1963), Corporate income taxes, S. 436.
[196] Vgl. MODIGLIANI/MILLER (1963), Corporate income taxes, S. 439.
[197] Vgl. HAMADA (1972), Capital structure and systematic risk, S. 439.

$$\beta^0 = \frac{\beta^{CAPM} \cdot EK}{EK + FK \cdot (1-s)}. \tag{50}$$

An dieser Stelle soll nochmals an die zugrundeliegenden Annahmen (risikoloses Fremdkapital sowie determinierte Fremdkapitalbestände) erinnert werden.[198]

Mithilfe von Formel (50) kann unter diesen Annahmen auch das β^{CAPM} eines Unternehmens bestimmt werden, wenn das Geschäftsrisiko ausgedrückt durch β^0 bekannt ist:

$$\beta^{CAPM} = \beta^0 + (1-s) \cdot \frac{FK}{EK} \cdot \beta^0 . \tag{51}$$

Formel (51) kann im Modellrahmen des CAPM mithilfe von Formel (44) aus Formel (46) hergeleitet werden.

2.8.2.2 DAMODARAN-Formel

Durch das Lösen der restriktiven Annahme, dass Fremdkapital keinem Ausfallrisiko unterliegt, kann die Hamada-Formel erweitert werden. Es sei an dieser Stelle angemerkt, dass die Annahme der autonomen Verschuldungspolitik jedoch aufrechterhalten wurde. Durch Gleichsetzen der MODIGLIANI-MILLER-Anpassungsformel (52)[199]

$$r_{WACC} = r_0 \cdot \left(1 - s \cdot \frac{FK}{GK}\right). \tag{52}$$

mit Formel (14) folgt nach Umstellen:

$$\begin{aligned} r_{WACC} &= r_{EK} \cdot \frac{EK}{EK+FK} + r_{FK} \cdot \frac{FK}{EK+FK} \cdot (1-s) = r_0 \cdot \left(1 - s \cdot \frac{FK}{GK}\right) \\ r_{EK} &= r_0 + (r_0 - r_{FK}) \cdot \frac{FK}{EK} \cdot (1-s). \end{aligned} \tag{53}$$

Durch Verwendung der allgemeinen Form des CAPM aus Formel (44) kann Formel (53) auch mithilfe von Betas, dargestellt in Formel (54):

---

[198] Eine Herleitung dieser Anpassungsformel, die zugrundeliegenden Annahmen und eine kritische Betrachtung dieser findet sich in KRUSCHWITZ/LÖFFLER/LORENZ (2011), Unlevering und Relevering, S. 673-674.

[199] Zur Herleitung vgl. Anhang A.2.

$$r_f + \beta^{CAPM} \cdot (r_M - r_f) = r_f + \beta_0 \cdot (r_M - r_f) + \left[r_f + \beta_0 \cdot (r_M - r_f) - r_f + \beta_{FK} \cdot (r_M - r_f) \right] \cdot \frac{FK}{EK} \cdot (1-s) \tag{54}$$

geschrieben werden. Nach Kürzen folgt:[200]

$$\beta^{CAPM} = \beta^0 + (1-s) \cdot \frac{FK}{EK} \cdot (\beta^0 - \beta_{FK}). \tag{55}$$

Formel (55) ist für das Unlevern folgendermaßen nach β^0 umstellbar:

$$\beta^0 = \frac{\beta^{CAPM} + \beta_{FK} \cdot (1-s) \cdot \frac{FK}{EK}}{1 + (1-s) \cdot \frac{FK}{EK}}. \tag{56}$$

Nach Umformung ergibt sich:

$$\beta^0 = \frac{\beta^{CAPM} \cdot EK}{EK + FK \cdot (1-s)} + \frac{\beta_{FK} \cdot FK \cdot (1-s)}{EK + FK \cdot (1-s)}. \tag{57}$$

KRUSCHWITZ/LODOWICKS/LÖFFLER (2005) zeigen, dass im Fall insolvenzbedrohter Unternehmen $(\beta_{FK} > 0)$ unabhängig von der jeweiligen Finanzierungpolitik und unter bestimmten Annahmen, die DCF-Methodik zur Bewertung von Unternehmen weiterhin Gültigkeit besitzt.[201]

2.8.2.3 MILES-EZZELL-Formel

Wenn in Unternehmen eine wertorientierte Finanzierungspolitik vorliegt (oder diese unterstellt werden kann), können die dargestellten Formeln aus den Unterabschnitten 2.8.2.1 und 2.8.2.2 nicht mehr angewendet werden, um eine unterschiedliche Finanzierungsstruktur in den Kapitalkosten oder Beta-Faktoren zu berücksichtigen. Aufgrund der nicht mehr deterministischen zukünftigen Fremdkapitalbestände und den sich daraus ergebenden Tax Shields der Fremdkapitalzinsen können diese bei der wertorientierten Finanzierungspolitik nicht mehr vollständig mit dem risikolosen Zinssatz r_f diskontiert werden. Vielmehr können nur noch die Steuervorteile, die in der nächsten, auf den Be-

[200] Auch zu finden z. B. in DAMODARAN (2006), Valuation, S. 52.
[201] Vgl. KRUSCHWITZ/LODOWICKS/LÖFFLER (2005), Bewertung insolvenzbedrohter Unternehmen, S. 229.

wertungsstichtag folgenden Periode $t = 1$ anfallen, mit dem risikofreien Zinssatz diskontiert werden. Alle danach folgenden Tax Shields müssen mit den Eigenkapitalkosten des unverschuldeten Unternehmens r_0 abgezinst werden.[202]

Im Falle der wertorientierten Finanzierungspolitik unter Unendlichkeitsbetrachtung (damit einhergehend einem konstanten Verschuldungsgrad) und der Annahme, dass das Fremdkapital des Unternehmens also risikofrei angesehen wird $(\beta_{FK} = 0)$, entwickeln MILES/EZZELL (1985) folgende Anpassungsformel für das Unlevern:[203]

$$\beta^0 = \beta^{CAPM} \cdot \left[\frac{1 - \frac{FK}{EK + FK}}{1 - \frac{s \cdot r_f \cdot \frac{FK}{EK + FK}}{1 + r_f}} \right]. \tag{58}$$

Eine Darstellung durch korrespondierende Kapitalkosten mithilfe von Formel (44) führt zu:

$$r_0 = r_{EK} \cdot \left[\frac{1 - \frac{FK}{EK + FK}}{1 - \frac{s \cdot r_f \cdot \frac{FK}{EK + FK}}{1 + r_f}} \right]. \tag{59}$$

Um aus den Kapitalkosten des (hypothetisch) unverschuldeten Unternehmens r_0 direkt die gewichteten durchschnittlichen Gesamtkapitalkosten r_{WACC} zu bestimmen, können MILES/EZZELL (1980) zeigen, dass unter obigen Annahmen (analog zu Formel (52) im Falle der autonomen Finanzierungspolitik) gilt:[204]

$$r_{WACC} = r_0 - \frac{1 + r_0}{1 + r_f} \cdot s \cdot r_f \cdot \frac{FK}{EK + FK}. \tag{60}$$

[202] Vgl. MILES/EZZELL (1985), Tax shield valuation, S. 1488.

[203] Vgl. MILES/EZZELL (1985), Tax shield valuation, S. 1491 i. V. m. MILES/EZZELL (1980), Weighted average cost of capital, S. 719-730.

[204] Vgl. MILES/EZZELL (1980), Weighted average cost of capital, S. 726.

Die Umstellung der Formel (58) nach β^{CAPM} liefert die Vorschrift für das Relevering (Einbeziehung des Finanzierungsrisikos):[205]

$$\beta^{CAPM} = \beta^0 \cdot \left[1 + \left(\frac{1 + r_f \cdot (1-s)}{(1+r_f)}\right) \cdot \frac{FK}{EK}\right]. \tag{61}$$

Im Folgenden soll auf Erweiterungen der ursprünglichen Anpassungsformeln durch Lossagung verschiedener Annahmen eingegangen werden. Wird die Annahme des, über die gesamte Laufzeit, konstanten Verschuldungsgrads vernachlässigt, zeigt LÖFFLER (1998), dass bei konstanten r_0:[206]

$$r_{WACC,t} = r_0 - \frac{1 + r_0}{1 + r_f} \cdot s \cdot r_f \cdot \frac{FK_{t-1}}{EK_{t-1} + FK_{t-1}} \tag{62}$$

gilt. Formel (62) stellt demnach eine Verallgemeinerung der ursprünglichen Anpassungsformel (60) dar und unterscheidet sich von dieser einzig in den Zeitindizes. Somit können periodenspezifische $r_{WACC,t}$ bei nicht konstanten zukünftigen Fremdkapitalquoten bestimmt werden.

KRUSCHWITZ/LÖFFLER/LORENZ (2011) i. V. m. KRUSCHWITZ/LÖFFLER (2006) zeigen zusätzlich die Auswirkungen auf die Anpassungsformeln, wenn das Fremdkapital als ausfallgefährdet angesehen wird, β_{FK} also größer null (jedoch in konstanter Höhe über die Laufzeit) ist:[207]

$$\beta_t^{CAPM} = \beta^0 \cdot \left[1 + \frac{FK_t}{EK_t} \cdot \left(\frac{1 + r_f(1-s)}{1 + r_f}\right)\right] - \beta_{FK} \cdot (1-s) \cdot \frac{FK_t}{EK_t}. \tag{63}$$

Hierbei ist festzustellen, dass die Darstellung der ursprünglichen Formel (61) ähnelt. Jedoch wird das Risiko der Eigenkapitalgeber (ausgedrückt durch β_t^{CAPM}) um den Teil reduziert, den die Fremdkapitalgeber nun in diesem Fall übernehmen (hinterer Term der rechten Seite der Formel (63)). Eine ausführliche Herleitung ist wiederum in Anhang A.2 zu finden.

---

[205] Eine ausführliche Darstellung der Umstellung ist im Anhang A.2 zu finden.

[206] Vgl. LÖFFLER (1998), WACC approach, S. 6.

[207] Vgl. KRUSCHWITZ/LÖFFLER/LORENZ (2011), Unlevering und Relevering, S. 676 i. V. m. KRUSCHWITZ/LÖFFLER (2006), Discounted Cash Flow, S. 72-75.

Eine Umstellen von Formel (63) nach β_0 führt hierbei zu:

$$\beta^0 = \frac{\beta_t^{CAPM} + \beta_{FK} \cdot (1-s) \cdot \frac{FK_t}{EK_t}}{1 + \frac{FK_t}{EK_t} \cdot \left[\frac{1 + r_f(1-s)}{1 + r_f}\right]}. \tag{64}$$

Ein alternativer Vorschlag der MILES-EZZELL-Anpassungsformeln bei $\beta_{FK} > 0$ ist in HOMBURG/STEPHAN/WEIß (2004)[208] zu finden. Aufgrund inkonsistenter Annahmen[209] findet dieser in der vorliegenden Arbeit jedoch keine Berücksichtigung.

2.8.2.4 Weitere Anpassungsformeln

Auch wenn in der Literatur eine Vielzahl weiterer Anpassungsformeln existieren,[210] die auf mehr oder weniger realistische Annahmen beruhen, sollen im Folgenden nur zwei weitere vorgestellt werden.

Unter ähnlichen Annahmen wie sie MILES/EZZELL (1980 und 1985) getroffen haben, bestimmen HARRIS/PRINGLE (1985) die unverschuldeten Eigenkapitalkosten r_0, welche das Geschäftsrisiko widerspiegeln, durch Formel (65). Als Zusatz nehmen die Autoren jedoch an, dass das Unternehmen den Fremdkapitalbestand stetig an den vorgegebenen Verschuldungsgrad anpasst und somit auch die Tax Shields des Fremdkapitals der ersten Periode mit dem Zinssatz r_0 zu diskontieren sind.[211] Somit gilt:

$$r_0 = r_{EK} \cdot \frac{EK}{FK + EK} + r_{FK} \cdot \frac{FK}{FK + EK} . \tag{65}$$

Unter Anwendung von Formel (44) ergibt sich daraus folgende Darstellung für β_0:

$$\beta^0 = \beta^{CAPM} \cdot \frac{EK}{FK + EK} + \beta_{FK} \cdot \frac{FK}{FK + EK}. \tag{66}$$

Eine Umstellung von Formel (66) führt zu:

---

[208] Vgl. HOMBURG/STEPHAN/WEIß (2004), Unternehmensbewertung bei atmender Finanzierung, S. 284.

[209] Vgl. KRUSCHWITZ/LODOWICKS/LÖFFLER (2005), Bewertung insolvenzbedrohter Unternehmen, S. 227-228.

[210] Vgl. z. B. RUBACK (2002), Valuing risky cash flows; PRATT/GRABOWSKI (2010), Cost of capital, S. 192-198; ARZAC/GLOSTEN (2005), Tax shield valuation, S. 458.

[211] Vgl. HARRIS/PRINGLE (1985), Risk-adjusted discount rates, S. 240-241.

$$\beta^{CAPM} = \beta^0 + \frac{FK}{EK} \cdot \left(\beta^0 - \beta_{FK}\right). \tag{67}$$

Auch wenn die Anwendung einer Anpassungsformel von der jeweiligen Finanzierungspolitik des Bewertungsobjekts abhängt, ist die Anwendung der HARRIS-PRINGLE-Formel nicht empfehlenswert, da eine kontinuierliche Anpassung der Fremdkapitalhöhe (z. B. aufgrund von Schwankungen der Börsenkurse) wenig realistisch erscheint.[212]

Wird unterstellt, dass als Finanzierungspolitik ein konstantes Verhältnis von Fremd- zu Eigenkapital zu Buchwerten (im Gegensatz zu der häufigeren Betrachtung von Marktwerten) im Unternehmen angestrebt wird, kann FERNANDEZ (2007) zeigen, dass sich die r_{EK} durch (68) aus r_0 folgendermaßen bestimmen lassen:[213]

$$r_{EK} = r_0 + \left(r_0 - r_f\right) \cdot \left(1 - s\right) \cdot \frac{FK_0^{BuW}}{EK_0^{BuW}}. \tag{68}$$

Einen alternativen Vorschlag, die Verschuldungspolitik basierend auf Buchwerten in einer Anpassungsformel zu berücksichtigen, bieten DE BODT/LEVASSEUR (2007). Die Autoren leiten Formel (69) ebenfalls unter der Annahme eines konstanten Verhältnisses von Fremd- zu Eigenkapital zu Buchwerten sowie einer konstanten Wachstumsrate g her:[214]

$$\beta^{CAPM} = \beta^0 \cdot \left(1 + \frac{FK_0^{BuW} \cdot \left[\frac{r_f\left(1-s\right) - g}{r_f - g}\right]}{EK_0^{BuW}}\right). \tag{69}$$

Unter der Annahme von $g = 0$ lässt sich Formel (69) vereinfachen zu:

$$\beta^{CAPM} = \beta^0 \cdot \left[1 + \frac{FK_0^{BuW} \cdot \left(1-s\right)}{EK_0^{BuW}}\right]. \tag{70}$$

Unter Verwendung von Formel (44) entspricht Formel (69) der Anpassungsformel von FERNANDEZ (2007).

---

212 Vgl. MEITNER/STREITFERDT (2012b), Unlevering und Relevering, S. 1044.
213 Vgl. FERNANDEZ (2007), Constant book leverage ratio, S. 16.
214 Vgl. DE BODT/LEVASSEUR (2007), Note on the Hamada formula, S. 9.

Zwar kann argumentiert werden, dass eine Verschuldungspolitik, die sich an Buchwerten orientiert, als eine realistische Annahme gilt. Jedoch bleibt die Existenz von ausfallgefährdetem Fremdkapital unberücksichtigt, so dass die Anpassungsformel (63) nach KRUSCHWITZ/LÖFFLER/LORENZ (2011) zu bevorzugen ist.

Die folgende Tabelle 4 stellt die verschiedenen Anpassungsformeln (in Schreibweise der Beta-Faktoren) dar.[215] An dieser Stelle soll nochmals auf die jeweiligen Annahmen der Anpassungsformeln hingewiesen werden.

Tabelle 4: Übersicht der Anpassungsformeln

HAMADA (MODIGLIANI/ MILLER)	$\beta^0 = \frac{\beta^{CAPM} \cdot EK}{EK + FK \cdot (1-s)}$	$\beta^{CAPM} = \beta^0 + (1-s) \cdot \frac{FK}{EK} \cdot \beta^0$
DAMODARAN	$\beta^0 = \frac{\beta^{CAPM} \cdot EK}{EK + FK \cdot (1-s)} + \frac{\beta_{FK} \cdot FK \cdot (1-s)}{EK + FK \cdot (1-s)}$	$\beta^{CAPM} = \beta^0 + (1-s) \cdot \frac{FK}{EK} \cdot (\beta^0 - \beta_{FK})$
MILES/EZZELL	$\beta^0 = \beta^{CAPM} \cdot \left[\frac{1-FKQ}{1-\frac{s \cdot r \cdot FKQ}{1+r}} \right]$	$\beta^{CAPM} = \beta^0 \cdot \left[1 + \left(\frac{1+r_f \cdot (1-s)}{(1+r_f)} \right) \cdot \frac{FK}{EK} \right]$
KRUSCHWITZ/ LÖFFLER/ LORENZ	$\beta^0 = \frac{EK \cdot \beta^{CAPM} + FK \cdot \beta_{FK}(1-s)}{EK + FK \cdot \left(1 - \frac{s \cdot r_f}{1+r_f}\right)}$	$\beta^{CAPM} = \beta^0 \cdot \left[1 + \frac{1+r_f(1-s)}{1+r_f} \cdot \frac{FK}{EK} \right] - \beta_{FK}(1-s) \cdot \frac{FK}{EK}$
HARRIS/ PRINGLE	$\beta^0 = \beta^{CAPM} \cdot \frac{EK}{FK+EK} + \beta_{FK} \cdot \frac{FK}{FK+EK}$	$\beta^{CAPM} = \beta^0 + \frac{FK}{EK} \cdot (\beta^0 - \beta_{FK})$
FERNANDEZ	$\beta^0 = \frac{\beta^{CAPM} \cdot EK_0^{BuW}}{EK_0^{BuW} + FK_0^{BuW} \cdot (1-s)}$	$\beta^{CAPM} = \beta^0 + (1-s) \cdot \frac{FK_0^{BuW}}{EK_0^{BuW}} \cdot \beta^0$

215 Eine alternative Übersicht lässt sich auch in ENZINGER/KOFLER (2011), Anpassung der Beta-Faktoren, S. 56-57 finden.

2.9 Alternative Methode der Unternehmensbewertung bei bivalenten Zahlungsströmen

Vorangegangene Ausführungen gingen von erwarteten zukünftigen Free Cash Flows aus, die mit einem risikoadäquaten Zinssatz diskontiert wurden (Risikozuschlagsmethode), um die Summe der Barwerte und somit den Unternehmenswert zu bestimmen. SPREMANN (2011) untersucht den Fall, wenn statt des *einen* erwarteten Zustands eine *bivalente* Struktur (nur z. B. ‚gute Entwicklung' und ‚schlechte Entwicklung') für zukünftige Zahlungen vorliegt.[216] Mithilfe der Optionspreistheorie (BLACK-SCHOLES-Formel) können risikoneutrale Wahrscheinlichkeiten abgeleitet werden, wobei hier Kenntnisse über den Erwartungswert und die Varianz einer Indikatorvariablen (welche den eintretenden Zustand identifiziert) notwendig sind. Dabei ist festzuhalten, dass die Wahrscheinlichkeiten für den guten Zustand nur in den ersten zukünftigen Perioden eine relevante Größe innehaben.[217] Die mithilfe der risikoneutralen Wahrscheinlichkeiten zu bildenden risikoneutralen Erwartungswerte der bivalenten Zahlungsstruktur werden anschließend mit dem stetigen risikofreien Zins diskontiert.[218] Dieses hier diskutierte Konzept stellt aus theoretischer Sicht eine durchaus interessante Alternative zu den DCF-Verfahren dar. Weil jedoch neben der Ableitung der risikoneutralen Wahrscheinlichkeiten auch die Bestimmung zweier Zustände für jede zukünftige Periode notwendig wäre (statt der Abschätzung einer einzelnen erwarteten Free Cash Flow Größe), wird dieses Konzept innerhalb der vorliegenden Arbeit nicht weiter verfolgt.

2.10 Zwischenfazit

Innerhalb des vorstehenden Kapitels wurden verschieden Methoden dargestellt, welche für die Unternehmensbewertung im Rahmen von Käufen oder Verkäufen genutzt werden können. Es konnte gezeigt werden, dass die DCF-Verfahren gegenüber den restlichen Bewertungsverfahren zu priorisieren sind. In einer Befragung von großen deutschen Unternehmen finden BRÖSEL/HAUTTMANN (2007) Belege für eine Dominanz des Einsatzes der DCF-Verfahren im Rahmen von Unternehmensbewertungen.[219] Für die

[216] Vgl. SPREMANN (2011), Bivalente Zahlungsüberschüsse, S. 87.
[217] Vgl. SPREMANN (2011), Bivalente Zahlungsüberschüsse, S. 91.
[218] Vgl. SPREMANN (2011), Bivalente Zahlungsüberschüsse, S. 90.
[219] Vgl. BRÖSEL/HAUTTMANN (2007), Unternehmensbewertungsverfahren, S. 236.

Bewertung von kleinen und mittleren Unternehmen in der Schweiz sind auch die DCF-Methoden die am häufigsten verwendeten Verfahren.[220] Dabei ist es irrelevant, welches der vorgestellten Verfahren (APV, FTE, WACC) bei der Bewertung zum Einsatz kommt, da unter konsistenter Vorgehensweise die Bewertungsergebnisse identisch sind. Im Fall der teilweisen Fremdfinanzierung des Bewertungsobjekts stellt die richtige Anwendung der Anpassungsformeln der Eigenkapitalkosten einen elementaren Sachverhalt dar.

Die vermeintliche Einfachheit und Schnelligkeit der marktpreisorientierten Bewertungsverfahren konnte widerlegt werden, da eine vernünftige Anwendung einen nicht unerheblichen Aufwand bedeutet. Dabei stellt, wie beschrieben, die Auswahl der Peer Group für das Bewertungsobjekt das größte Problem dar. Des Weiteren sind im Rahmen der Bewertung nicht börsennotierter Unternehmen ggf. Zu- bzw. Abschläge (aufgrund schlechterer Fungibilität und Kontrollübernahmen) auf den vergleichbaren Unternehmenswert eines börsennotierten Unternehmens zu berücksichtigen. Jedoch stellt dafür weder die Theorie eine einheitliche Adjustierung zur Verfügung, noch konnten in der Empirie einheitliche Anpassungen beobachtet werden. Das deutsche Schrifttum ist bspw. hinsichtlich der möglichen Abschläge gespalten.[221] Zwar ist unbestritten, dass bei zwei identischen Unternehmen, welche sich ausschließlich im Grad der Fungibilität unterscheiden, dasjenige einen höheren Wert aufweist, dessen Anteile leichter übertragen werden können. Dennoch besteht das grundsätzliche Problem der theoretisch fundierten Quantifizierung der Abschlagshöhe, weshalb der Versuch regelmäßig dem Vorwurf der Willkürlichkeit gegenübersteht.[222]

---

220 Vgl. WELLIS (2012), Bewertungsmethoden bei kleinen und mittleren Unternehmen, S. 62.

221 Dieses spiegelt sich gleichfalls in der praktischen Umsetzung von Unternehmensbewertungen deutscher Wirtschaftsprüfer wider. Da die aktuelle Fassung 2008 des Standards S 1 zur Unternehmensbewertung nicht mehr explizit auf die Thematik der Fungibilitätsabschläge eingeht, werden diese unter Umständen mithilfe unterschiedlichster Methoden berücksichtigt. Mehr als die Hälfte der Teilnehmer einer Befragung unter Wirtschaftsprüfer gibt an fehlende Fungibilität durch Pauschalansätze Rechnung zu tragen. Vgl. LORSON ET AL. (2012), Fungibilität nach IDW S 1, S. 1625.

222 Vgl. FLEISCHER (2012), Abschläge in der Unternehmensbewertung, S. 1637. Eine Diskussion bezüglich der Verwendung von Pauschalabschlägen sowie modellbasierten Fungibilitätsabschlägen in der Unternehmensbewertung ist in LORSON ET AL. (2012), Fungibilität nach IDW S 1, S. 1622-1623 zu finden.

Die empirische Überlegenheit der DCF-Verfahren gegenüber den Multiplikatoren-Verfahren konnte bspw. in KAPLAN/RUBACK (1995)[223] sowie GILSON/HOTCHKISS/RUBACK (2000)[224] gezeigt werden.

Die vorgestellten Übergewinn-Verfahren entstanden aus dem Wunsch, buchhalterische Größen in der Unternehmensbewertung einfließen zu lassen. Sie stellen jedoch keine separaten Ansätze dar, sondern können in korrespondierende DCF-Verfahren überführt werden, weswegen von einer weiterführenden Betrachtung Abstand genommen wird.

Auch innerhalb der DCF-Verfahren darf der Aufwand für die Bestimmung der Einflussfaktoren des Unternehmenswertes nicht als geringfügig angesehen werden. Insofern stellen dabei sowohl die Bestimmung der bewertungsrelevanten Free Cash Flows als auch der zukünftige risikoadäquate Kalkulationszins Probleme dar. Für die Schätzung der Free Cash Flows und der Wachstumsrate wurden Instrumente und Methoden diskutiert, wobei jedoch jeweils einzelfallbezogen entschieden werden muss, wie diese Größen sinnvoll abgeleitet werden. Die Bestimmung der Cash Flows soll jedoch nicht das Zentrum der Arbeit darstellen. Vielmehr soll die Bestimmung des Kalkulationszinssatzes im Verlauf weiter untersucht werden. Dazu werden im nachfolgenden Kapitel kapitalmarktorientierte Verfahren für die Ableitung der Eigenkapitalkosten erörtert.

[223] Vgl. KAPLAN/RUBACK (1995), Valuation of cash flow forecasts, S. 1070.
[224] Vgl. GILSON/HOTCHKISS/RUBACK (2000), Bankrupt firms, S. 53-54.

3 Kapitalmarktorientierte Rendite-Risiko-Modelle

Im Kap. 2 wurde ausführlich dargelegt, dass im Rahmen von Unternehmensbewertungen das DCF-Verfahren die zu empfehlende Methode darstellt. Auf die Bedeutung der Kapitalkosten innerhalb dieser Vorgehensweisen ist im Abschnitt 2.8 eingegangen worden. Im folgenden Kapitel sollen nun die Bestimmungsmöglichkeiten der Kapitalkosten aus kapitalmarktorientierter Sichtweise gezeigt werden. Dabei wird auf die Erklärung von Eigenkapitalrenditen abgestellt, welche sich jedoch wie im Unterabschnitt 2.8.2 beschrieben, als Basis für die Bestimmung weiterer Kapitalkosten eignen. Als Ausgangspunkt der kapitalmarktorientierten Rendite-Risiko-Modelle dient jeweils die Moderne Portfoliotheorie von MARKOWITZ , welche den Inhalt des folgenden Abschnitts darstellt. Im Abschnitt 3.4 das Capital Asset Pricing Model als zentrales Modell der Finanzwirtschaft vorgestellt. Im Anschluss folgt im Abschnitt 3.5 eine Beschreibung einiger wichtiger Mehr-Faktoren-Modelle. Eine kritische Diskussion der Eignung der betrachteten kapitalmarktorientierten Rendite-Risiko-Modelle fügt sich im Abschnitt 3.6 an.

3.1 Moderne Portfoliotheorie (MPT) und Portfolio Selection

Aktuelle Kapitalmarktmodelle und -untersuchungen gehen hauptsächlich auf die Arbeiten von MARKOWITZ (speziell 1952) zurück. In einem Zwei-Zeitpunkt-Modell werden Wertpapiere durch die Größen erwartete Rendite $E\left[r_j\right]$ und dem Risiko, ausgedrückt durch die Varianz dieser Rendite $Var\left[r_j\right]$, wie folgt beschrieben:[225]

$$E\left[r_j\right]=\sum_{z=1}^{Z}\pi_n\cdot r_{j,z}=\mu_j\ , \tag{71}$$

$$Var\left[r_j\right]=\sum_{z=1}^{Z}\pi_z\cdot\left(r_{j,z}-E\left(r_j\right)\right)^2=\sigma_j^2 \tag{72}$$

[225] Vgl. AULIBAUER ET AL. (2007), Portfoliotheorie, S. 73. Wohl wissend, dass es sich an dieser Stelle um Zufallsgrößen handelt, wird jedoch weiterhin die vereinfachte Darstellung beibehalten.

mit:

Z...Anzahl möglicher Zustände,

π_z...Wahrscheinlichkeit des z-ten Zustands mit $\sum_{z=1}^{Z} q_n = 1$,

$r_{j,z}$...Rendite des j-ten Wertpapiers im z-ten Zustand.

In diesem Abschnitt werden zunächst ausschließlich risikobehaftete Wertpapiere betrachtet, d. h. die Existenz eines risikolosen Wertpapiers wird vernachlässigt. Werden einzelne Wertpapiere zu einem Portfolio gemischt, bei dem die Gewichte der Einzelanlagen mit w_j sowie $\sum_{j=1}^{\infty} w_j = 1$ gegeben sind, so müssen für die Bestimmung der Varianz der Rendite des Portfolios die Kovarianzen der Renditen der einzelnen Wertpapiere σ_{ij} berücksichtigt werden. Die Kovarianz der Renditen zwischen Wertpapier i und j errechnet sich durch:

$$Cov\left(r_i, r_j\right) = \sum_{z=1}^{Z} \pi_z \cdot \left(r_{i,z} - E\left[r_i\right]\right) \cdot \left(r_{j,z} - E\left[r_j\right]\right) = \sigma_{ij}. \tag{73}$$

Eine standardisierte Darstellung der Kovarianz lässt sich durch den Korrelationskoeffizienten ρ_{ij} durch Formel (74):

$$\rho_{ij} = \frac{\sigma_{ij}}{\sigma_i \cdot \sigma_j} \quad \text{mit} \quad -1 \leq \rho_{ij} \leq 1 \tag{74}$$

erreichen. Damit können die erwartet Rendite eines Portfolios $E\left[r_P\right]$ sowie dessen Varianz $Var\left[r_P\right]$ folgendermaßen bestimmen werden:[226]

$$E\left[r_P\right] = \sum_{j=1}^{\infty} w_j \cdot E\left[r_j\right] , \tag{75}$$

$$Var\left[r_P\right] = \sum_{i=1}^{I} \sum_{j=1}^{I} w_i \cdot w_j \cdot \sigma_{ij} \tag{76}$$

mit:

w_j...Anteil des Wertpapiers j im Portfolio .

Im einfachen Fall von ausschließlich zwei Wertpapieren lassen sich Formel (75) und Formel (76) folgendermaßen darstellen:

---

[226] Vgl. MARKOWITZ (1952), Portfolio selection, S. 81.

$$E[r_P] = w_1 \cdot E[r_1] + (1 - w_1) \cdot E[r_2], \tag{77}$$

$$Var[r_P] = \sigma_P^2 = w_1^2 \cdot \sigma_1^2 + (1 - w_1)^2 \cdot \sigma_2^2 + 2 \cdot w_1 \cdot (1 - w_1) \cdot \sigma_1 \cdot \sigma_2 \cdot \rho_{12}. \tag{78}$$

Aus Formel (76) bzw. Formel (78) lässt sich ableiten, dass das Risiko, ausgedrückt durch die Varianz der Rendite eines Portfolios geringer ist, als die gewichtete Summe der Einzelvarianzen, solange keine perfekte Korrelation (d. h. $\rho_{ij} = 1$) vorliegt.[227] Durch eine Mischung von Wertpapieren lassen sich Risiken gegenüber einer Einzelanlage reduzieren. Dieser Diversifikationseffekt stellt dabei eine zentrale Aussage der MPT dar. Im Fall zweier Wertpapiere lässt sich die Varianz bis auf null reduzieren, wenn perfekte negative Korrelation der Wertpapierrenditen besteht. Stehen im Anlageuniversum mehr als zwei Wertpapiere zur Verfügung, deren Rendite nicht perfekt positiv miteinander korreliert, kann auch hier durch eine Mischung der Wertpapiere in einem Portfolio die Portfoliovarianz reduziert werden. Da jedoch nicht alle Wertpapiere untereinander ein $\rho_{ij} = -1$ aufweisen können, verbleibt ein positives Risiko, welches als systematisches Risiko bezeichnet wird.[228] Das diversifizierbare Risiko wird unsystematisches Risiko genannt.

Weiterhin lassen sich mit vorangegangen Kenntnissen diejenigen Portfolios bestimmen, welche im Sinne von MARKOWITZ ‚Erwartungswert-Varianz' $\mu - \sigma^2$-effizient sind. Diese effizienten Portfolios sind Wertpapiermischungen, bei denen keine größere Rendite bei gleichem Risiko erreicht werden kann. Unterstellt wird dabei, dass der Investor risikoavers ist. Formal lässt sich dies durch folgende drei Bedingungen darstellen. Hierbei dominiert das Portfolio *i* das Portfolio *j* im $\mu - \sigma^2$-effizienten Sinn, wenn: [229]

1. $\mu_i > \mu_j$ bei $\sigma_i^2 < \sigma_j^2$ oder
2. $\mu_i > \mu_j$ bei $\sigma_i^2 = \sigma_j^2$ oder
3. $\mu_i = \mu_j$ bei $\sigma_i^2 < \sigma_j^2$

---

[227] Vgl. MARKOWITZ (1952), Portfolio selection, S. 89.
[228] Vgl. SPREMANN/SCHEURLE (2010), Finanzanalyse, S. 78.
[229] Vgl. BREUER/GÜRTLER/SCHUMACHER (2010), Portfoliomanagement, S. 152.

gilt. In Abbildung 5 sind exemplarisch alle Wertpapierkombinationen in einem Zwei-Wertpapier-Fall in einem $\mu-\sigma$-Diagramm dargestellt. Der effiziente Rand bildet dabei jedoch nur den oberen Ast der Kurve (durchgezogener Abschnitt der Kurve).

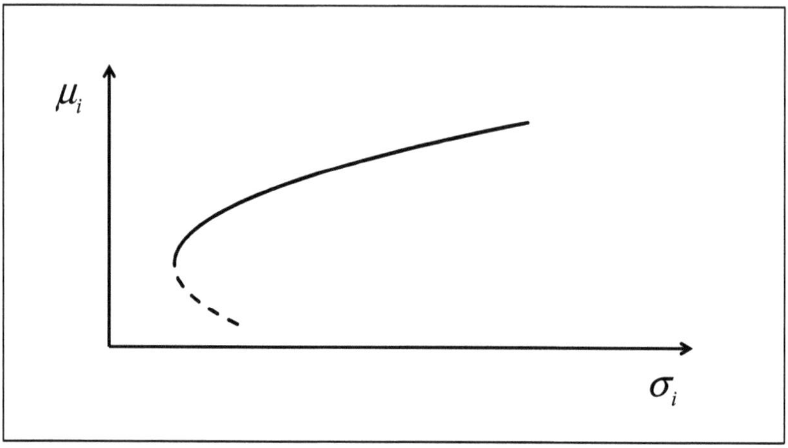

Abbildung 5: Darstellung der Wertpapierkombinationen und des effizienten Randes im Zwei-Wertpapier-Fall

Quelle: Eigene Darstellung.

In Abhängigkeit von ρ_{ij} is der Grad der Krümmung der Kurve veränderbar. Werden mehr als zwei Wertpapiere betrachtet, müssten die dominierenden Wertpapiermischungen exakter Weise als effiziente Hülle bezeichnet werden. Jedoch hat sich auch hier die Darstellung eines effizienten Randes durchgesetzt.

Um den effizienten Rand im Fall von mehr als zwei Wertpapieren zu bestimmen, muss formal folgendes Optimierungsproblem unter Nebenbedingungen gelöst werden:[230]

$$\sigma_P^2 = \sum_{i=1}^{I}\sum_{j=1}^{I} w_i \cdot w_j \cdot \sigma_{ij} \rightarrow Min! \tag{79}$$

[230] Vgl. STEINER/BRUNS/STÖCKL (2012), Wertpapiermanagement, S. 13.

unter den Nebenbedingungen:

$$1.\ \mu_P = \sum_{i=1}^{I} w_i \cdot \mu_i,$$

$$2.\ \sum_{i=1}^{I} w_i = 1,$$

$$3.\ w_i \geq 0\ .$$

Nach der jeweiligen Risiko-Nutzen-Neigung eines Investors kann dieser mithilfe des effizienten Randes nun theoretisch die für ihn effiziente Wertpapiermischung bestimmen und halten.[231] Das effiziente Portfolio wird als Tangentialpunkt zwischen effizientem Rand und Isonutzenkurve des Investors bestimmt.[232] In der praktischen Umsetzung ist die Wahl eines optimalen Portfolios jedoch aufgrund der Vielzahl zu schätzender Eingangsgrößen (im Speziellen σ_{ij}) problembehaftet.[233] Trotz einiger Kritik[234] stellt das Portfolio Selection Modell von MARKOWITZ das „Fundament der Kapitalmarkttheorie und insbesondere das Fundament des CAPM“[235] dar.

3.2 Single Index-Modell

Um dem, durch das Portfolio Selection Modell von MARKOWITZ entstehende, Problem der Datenbeschaffung entgegenzutreten, wurde das Single Index-Modell von SHARPE (1963)[236] entwickelt.[237] Ziel dieses Modells ist die Reduzierung der Einflussparameter zur praktischen Umsetzung der Bestimmung der Portfolioauswahl. Hierbei wird davon ausgegangen, dass sich zukünftige Aktienrenditen über einen einzelnen gemeinsamen Einflussfaktor (Index) modellieren lassen. Als relevanter Index wird regelmäßig die Entwicklung eines Aktienindex betrachtet, wobei auch das Bruttoinlandsprodukt oder andere Preisindizes berücksichtigt werden können.[238] Weiterhin wird durch die Störvari-

231 Vgl. AULIBAUER ET AL. (2007), Portfoliotheorie, S. 79.

232 Vgl. STEINER/BRUNS/STÖCKL (2012), Wertpapiermanagement, S. 12.

233 Bei n Wertpapieren müssen $0{,}5n^2+1{,}5n$ Werte bekannt sein (vgl. PERRIDON/STEINER/RATHGEBER (2012), Finanzwirtschaft, S. 267). Besteht das gesamte Investitionsuniversum aus 1.000 Wertpapieren, müssen somit 501.500 Eingangsgrößen geschätzt werden, um den effizienten Rand zu bestimmen.

234 Vgl. PERRIDON/STEINER/RATHGEBER (2012), Finanzwirtschaft, S. 266-267.

235 STEINER/BRUNS/STÖCKL (2012), Wertpapiermanagement, S. 15.

236 Vgl. SHARPE (1963), Portfolio analysis, S. 277-293.

237 Eine Darstellung des Single Index-Modells findet sich u. a. in PERRIDON/STEINER/RATHGEBER (2012), Finanzwirtschaft, S. 268-269, STEINER/BRUNS/STÖCKL (2012), Wertpapiermanagement, S. 15ff. und BREUER/GÜRTLER/SCHUMACHER (2010), Portfoliomanagement, S. 309ff.

238 Vgl. SHARPE (1963), Portfolio analysis, S. 281.

able ε_i das unternehmensspezifische (idiosynkratische) Risiko der Wertpapierrendite berücksichtigt, so dass sich folgender formaler Zusammenhang ergibt:

$$r_j = a_j + \beta_j \cdot r_I + \varepsilon_j \tag{80}$$

mit:

r_j....Rendite des Wertpapiers j,
a_j...konstante, unternehmensspezifische Renditekomponente,
r_I....Rendite des Indexes I,
β_j...Sensitivität der Rendite des Wertpapiers j ggü. der Rendite,
des Indexes I,
ε_j...unternehmensspezifische Zufallsschwankung,
der Rendite des Wertpapiers j.

Um eine Reduzierung der Eingangsparameter des Optimierungsproblems zu erlangen, werden folgende Annahmen über die Korrelation der Schwankungsterme ε_j getroffen:

1. Zeitliche Unkorreliertheit der Zufallsschwankungen, $E\left[\varepsilon_{j,t_1} \cdot \varepsilon_{j,t_2}\right] = 0$,
2. Unkorreliertheit der Zufallsschwankungen der Aktienrendite verschiedener Unternehmen. $E\left[\varepsilon_j \cdot \varepsilon_i\right] = 0$.

Diese Annahmen reduzierten die ursprüngliche Kovarianzmatrix zu einer Diagonalmatrix, woraus sich auch die ursprüngliche Bezeichnung des Modells, Diagonalmodell[239], ableiten lässt.

Aufgrund dieser Diagonalmatrixbeziehung im Single Index-Modell können die Kovarianzen der Renditen verschiedener Wertpapiere nun vereinfacht durch:

$$\sigma_{ij} = \beta_i \cdot \beta_j \cdot Var\left[r_I\right]. \tag{81}$$

geschätzt werden. In der Realität sind jedoch gerade diese vereinfachenden Annahmen über die Unkorreliertheit der Zufallsschwankungen als problematisch anzusehen.[240] Das Single Index-Modell stellt jedoch die Basis für das kapitalmarktorientierte CAPM dar.

[239] Vgl. SHARPE (1963), Portfolio analysis, S. 281.
[240] Vgl. PERRIDON/STEINER/RATHGEBER (2012), Finanzwirtschaft, S. 269.

3.3 Sichere Anlage und TOBIN-Separation

Nachdem MARKOWITZ (1952) ausschließlich risikobehaftete Wertpapiere in seinem Aufsatz inkludiert, betrachtet TOBIN (1958)[241] den Fall, dass Investoren nicht vollständig in ein risikobehaftetes Portfolio investieren müssen. Stattdessen kann ein Teil des Vermögens risikolos investiert werden. Dieser Sachverhalt ist in Abbildung 6 dargestellt. Alle Mischungen aus einem risikobehafteten Portfolio P und der risikolosen Anlage r_f werden im $\mu-\sigma$-Diagramm als Gerade dargestellt. Dabei ist für einen risikoaversen Investor diejenige Kombination besser, die einen größeren Anstieg der Gerade widerspiegelt, da hier für gleiches Risiko σ_i eine größere Rendite r_i erwartet werden kann. Unter Berücksichtigung, dass die Gerade die effiziente Kurve noch berühren muss (da sonst keine Kombination mit der risikohaften Anlage möglich ist), stellt das Tangentialportfolio T^* dasjenige Portfolio dar, welches den Risikonutzen des Investors maximiert.

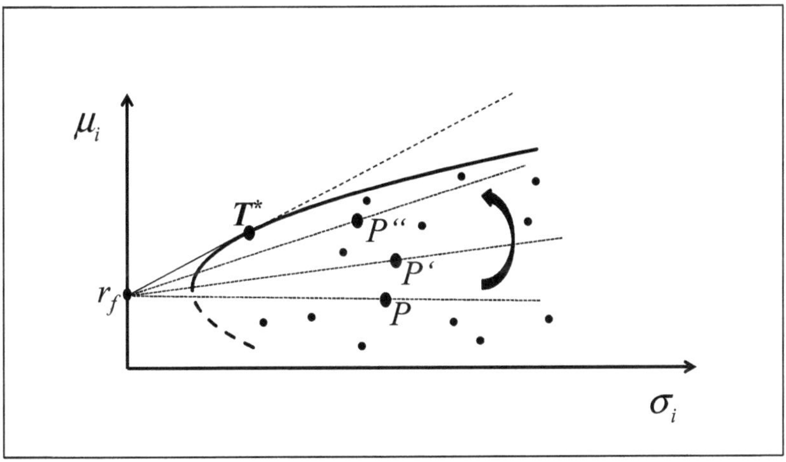

Abbildung 6: Darstellung der Kombinationen aus risikobehafteter und risikoloser Anlage

Quelle: In Anlehnung an SPREMANN (2008), Portfoliomanagement, S. 220.

[241] Vgl. TOBIN (1958), Liquidity preference, S. 65-86.

Deshalb stellt T^* das einzige Portfolio aus risikobehafteten Wertpapieren dar, welches als optimal zu bezeichnen ist.[242] Nach der jeweiligen Risikoneigung des Anlegers wird dieser nun sein Vermögen als Mischung aus dem Tangentialportfolio und der risikolosen Anlage gestalten und eine Wertpapierkombination auf der Geraden $r_f - T^*$ wählen.[243] Zu Ehren von TOBIN ist diese Two-Fund-Separation auch unter dem Namen TOBIN-Separation in der Literatur bekannt.[244]

3.4 Capital Asset Pricing Model

3.4.1 Ableitung des CAPM aus der MPT

Aufbauend auf den Arbeiten von MARKOWITZ (1952) und TOBIN (1958) können SHARPE (1964)[245] und LINTNER (1965)[246] das CAPM als ein Kapitalmarktmodell ableiten, welches grundlegende Aussagen über die geforderte Verzinsung eines Wertpapiers in einem Gleichgewichtszustand trifft. Dabei steigt die Rendite des Wertpapiers über die risikolose Verzinsung mit steigendem Risiko, welches durch Kovarianz der Rendite des Wertpapiers zu einer Marktrendite ausgedrückt wird.[247] Zusätzlich zu den Annahmen von MARKOWITZ und TOBIN wird innerhalb des CAPM davon ausgegangen, dass alle Investoren über „homogene Erwartungen bezüglich der Volatilitäten, Korrelationen und erwartenden Renditen“[248] aller zur Verfügung stehenden Wertpapieren verfügen.[249]

Somit gelten folgende Annahmen innerhalb des CAPM:[250]

1. Das CAPM ist ein Zwei-Zeitpunkt-Modell.
2. Alle Anleger sind risikoavers und maximieren Ihren Erwartungsnutzen. Sie halten nur $\mu - \sigma$-effiziente Portfolios.
3. Alle Anleger haben homogene Erwartungen bezüglich der Volatilitäten, Ko-

---

242 Vgl. COPELAND/WESTON/SHASTRI (2008), Finanzierungstheorie, S. 189.
243 Je risikoärmer ein Anleger investieren möchte, desto näher am Punkt r_f wird sich persönliches Portfolio aus r_f und T^* befinden.
244 Vgl. SPREMANN (2008), Portfoliomanagement, S. 222, STEINER/BRUNS/STÖCKL (2012), Wertpapiermanagement, S. 23.
245 Vgl. SHARPE (1964), Capital asset prices.
246 Vgl. LINTNER (1965), Valuation of risk assets.
247 Vgl. ROSS (1978), Status of the CAPM, S. 886-887.
248 BERK/DEMARZO (2011), Finanzwirtschaft, S. 405.
249 Vgl. AULIBAUER/THIEBEN (2007), CAPM, S. 112.
250 Vgl. PRATT/NICULITA (2008), Valuing a business, S. 191-193; BERK/DEMARZO (2011), Finanzwirtschaft, S. 405; LEVY (2012), CAPM in the 21st century, S. 135.

varianzen und Renditen aller Wertpapiere.

4. Der Kapitalmarkt wird als ‚perfekt‘ angenommen (Steuern sowie andere Transaktionskosten existieren nicht, alle Wertpapiere sind beliebig teilbar, Anleger sind Preisnehmer, keine Leerverkaufsbeschränkungen).
5. Es existiert ein risikoloses Wertpapier mithilfe dessen Investoren zum risikolosen Zinssatz Geld leihen bzw. anlegen können.

Die TOBIN-Separation behält Gültigkeit im CAPM. Vielmehr wird durch die Homogenitätsannahme der risikobehaftet Teil des Vermögens in ein, für alle Investoren gleiches, Tangentialportfolio angelegt. Dieses Tangentialportfolio kann somit als Marktportfolio M interpretiert werden und stellt das effiziente Portfolio riskanter Wertpapiere dar.[251] Das Marktportfolio M besteht aus allen riskanten Wertpapieren, bei dem die Gewichte der Wertpapiere ihrem jeweiligen Marktwert entsprechen.[252] Die Gerade zwischen r_f und M wird als Kapitalmarktlinie (CML) bezeichnet und ist in Abbildung 7 dargestellt und bildet den Ort aller effizienten Wertpapierkombinationen, wenn eine risikolose Anlagemöglichkeit existiert.

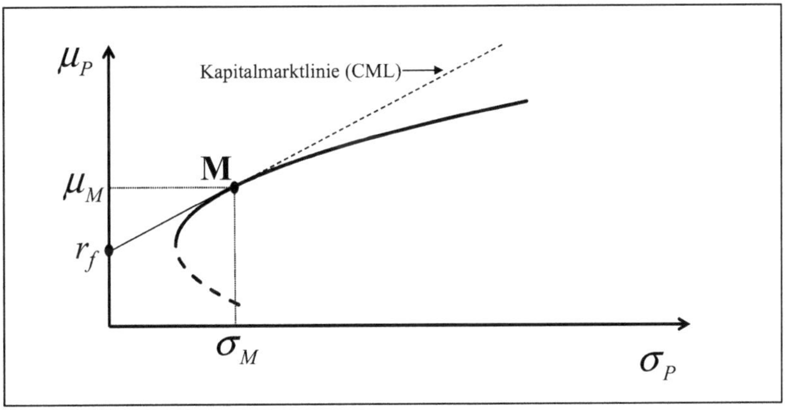

Abbildung 7: Kapitalmarktlinie

Quelle: In Anlehnung an LEVY (2012), CAPM in the 21st century, S. 136.

[251] Vgl. STEINER/BRUNS/STÖCKL (2012), Wertpapiermanagement, S. 22.
[252] Vgl. COPELAND/WESTON/SHASTRI (2008), Finanzierungstheorie, S. 209.

Die mathematische Gleichung der CML lautet somit:

$$E[R_P] = \mu_P = r_f + \frac{\mu_M - r_f}{\sigma_M} \cdot \sigma_P. \tag{82}$$

Dabei ist μ_P als Äquivalent zur erwarteten Gleichgewichtsrendite $E[R_P]$ (kurz R_P) anzusehen.

Mithilfe der CML ist es möglich, die gleichgewichtige Renditeerwartung eines Anlegers zu bestimmen, wenn dieser sein Vermögen in einer effizienten Wertpapiermischung (gebildet aus risikoloser Anlage und Marktportfolio) aufteilt.

Für die Bestimmung der Renditeerwartung eines Wertpapiers $E[R_j]$ (gegenüber der Renditeerwartung eines effizienten Portfolios) dient die Wertpapierlinie, welche durch folgenden mathematischen Zusammenhang beschrieben wird:[253]

$$E[R_j] = r_f + (E[R_M] - r_f) \cdot \beta_j^{CAPM} \tag{83}$$

mit:

$$\beta_j^{CAPM} = \frac{Cov(R_j, R_M)}{Var[R_M]}. \tag{84}$$

Da alle Investoren das Marktportfolio als riskanten Teil ihres Portfolios halten, ist im CAPM nicht das Risiko des einzelnen Wertpapiers j (ausgedrückt durch σ_j), sondern der Risikobeitrag des Wertpapiers j zum Marktportfolio M (ausgedrückt durch die Kovarianz der Rendite des Wertpapiers j zur Rendite des Marktportfolios σ_{jM}) relevant.[254] Das Kovarianzrisiko stellt demnach das einzige relevante Risiko dar, für dessen Vermeidung ein Investor bereit ist, eine Prämie zu zahlen.[255] Das Maß des Risikos im CAPM wird als Beta[256] ausgedrückt und stellt die, durch die Varianz der Marktportfoliorenditen, relativierte Kovarianz dar. Das Beta ist folglich umso größer, je höher Kova-

---

[253] Eine ausführliche Herleitung des Modellzusammenhangs des CAPM findet sich im Anhang A.3.

[254] Vgl. FAMA/FRENCH (2004), CAPM: Theory and evidence, S. 28-29.

[255] Vgl. COPELAND/WESTON/SHASTRI (2008), Finanzierungstheorie, S. 211.

[256] Vgl. Formel (84).

rianz der Renditen von j zu M ist, spiegelt somit das systematische Risiko (Marktrisiko) wider.[257]

Soll die Renditeerwartung eines effizienten Portfolios P aus r_f und M durch Formel (83) bestimmt werden, folgt aus Formel (83) i. V. m. Formel (84) und Formel (74):

$$\begin{aligned} E[R_P] &= r_f + \left(E[R_M] - r_f\right) \cdot \frac{\sigma_{PM}}{\sigma_M^2} \\ &= r_f + \left(E[R_M] - r_f\right) \cdot \frac{\sigma_i \cdot \sigma_M \cdot \rho_{PM}}{\sigma_M^2} \\ &= r_f + \left(E[R_M] - r_f\right) \cdot \frac{\sigma_i \cdot \rho_{PM}}{\sigma_M} . \end{aligned} \tag{85}$$

Formel (85) entspricht der Darstellung der CML, da ρ_{iM} eines effizienten Portfolios gleich eins ist.[258]

3.4.2 Ökonomische Einflussfaktoren des CAPM-Betas

An dieser Stelle sollen in kurzer Form einige theoretische Überlegungen zu den Einflussfaktoren des CAPM-Betas erfolgen. Eine ausführliche Betrachtung des Einflusses unternehmensspezifischer Charakteristika erfolgt im Kap. 4.

Die wesentliche Bestimmungsgröße des CAPM-Betas ist nach (84) die Kovarianz der Renditen eines Wertpapiers zu den Renditen eines Index. Somit können auch hoch riskante Wertpapiere (gemessen an der Volatilität der Aktienrendite) ein geringes Beta aufweisen, da der Grad der Sensitivität bezüglich der Marktrendite im CAPM relevant ist (als Bsp. werden häufig Aktien von Goldminenunternehmen genannt, da diese zwar sehr stark schwanken, jedoch mit der allgemeinen Marktentwicklung nicht hoch korreliert sind).[259] Die Kovarianz der Renditen ist von der absoluten Entwicklung der Aktienrendite und der Korreliertheit der Aktienrendite zur Marktrendite bedingt. Somit lassen

---

[257] Vgl. STEINER/BRUNS/STÖCKL (2012), Wertpapiermanagement, S. 26.
[258] Vgl. AULIBAUER/THIEßEN (2007), CAPM, S. 116.
[259] Vgl. PRATT/NICULITA (2008), Valuing a business, S. 187.

sich grundsätzlich drei Determinanten zusammenfassen, welche auf die Höhe des Beta-Faktors Einfluss haben.[260]

1. Art der Geschäftstätigkeit oder Zyklizität der Erlöse:
   Je höher die Abhängigkeit des Erfolgs eines Unternehmens (und somit der Eigenkapitalrendite) von dem vorherrschenden ökonomischen Konjunkturzyklus, desto größer ist das CAPM-Beta dieses Unternehmens. Eine empirische Bestätigung dieses Sachverhalts für den deutschen Kapitalmarkt fanden DRUKARCZYK/SCHÜLER (2003), da die Branche ‚Food & Beverages' (0,62) das geringste und die Branche ‚Automobile' (1,1) das zweithöchste CAPM-Beta aufwiesen.[261]
2. Operating Leverage:
   Die Kostenstruktur, also der Anteil variabler und fixer Kosten an den Gesamtkosten eines Unternehmens, beschreibt die Stärke des Operating Leverage. Ein hoher Prozentsatz an Fixkosten steigert die Volatilität des operativen Einkommens des Unternehmens, da das Unternehmen schwieriger auf Absatzänderungen (ggf. bedingt durch veränderte Marktsituationen) reagieren kann. Ein hoher Operating Leverage wirkt somit verstärkend auf die Zyklizität der Erlöse und hat demnach ein höheres Beta zur Folge. Die folgende Elastizität kann als formale Definition des Operating Leverage angesehen werden:[262]

   $$\text{Operating Leverage} = \frac{\Delta EBIT}{EBIT} \cdot \frac{S}{\Delta S}, \tag{86}$$

   mit:

   $EBIT$...Gewinn vor Zinsen und Steuern,
   S.........Umsatz.
3. Grad der Verschuldung oder Financial Leverage:
   Der Grad der Verschuldung hat einen Einfluss auf die Höhe des Eigenkapital-Betas eines Unternehmens.[263] Da Zinszahlungen den für die Aktionäre zur Verfügung stehenden Gewinn reduzieren, erhöht sich dessen Volatilität bei

---

[260] Vgl. dazu und im Folgenden: DAMODARAN (2006), Valuation, S. 51-52; ROSS/WESTERFIELD/JAFFE (2008), Corporate finance, S. 348-351.
[261] Vgl. DRUKARCZYK/SCHÜLER (2003), Kapitalkosten deutscher Aktiengesellschaften, S. 344.
[262] Vgl. ROSS/WESTERFIELD/JAFFE (2008), Corporate finance, S. 349.
[263] Dies wurde bereits im Unterabschnitt 2.8.2.1 dargestellt.

unterschiedlichen Marktsituationen. Bei hypothetisch identischen Unternehmen, die sich ausschließlich in der Kapitalstruktur unterscheiden, verringert sich die Anzahl der Aktien bei steigendem Financial Leverage. Da der Jahresüberschuss eine Residualgröße darstellt, steigt das Risiko der Aktionäre bei steigendem Verschuldungsgrad.

Tabelle 5 stellt diesen theoretischen Sachverhalt exemplarisch für zwei Unternehmen dar, welche sich ausschließlich in Ihrer Finanzierungsstruktur unterscheiden. Das Unternehmen Higher Lever hat einen höheren Financial Leverage und deshalb eine höhere Volatilität der Erträge für die Aktionäre.

Tabelle 5: Beispiel für die Auswirkung des Financial Leverage

	Lever			Higher Lever		
Bilanzsumme	1.000			1.000		
Financial Leverage	1			3		
Fremdkapital	500			750		
Eigenkapital	500			250		
Anzahl Aktien	50			25		
Zustand i	1	2	3	1	2	3
Wahrscheinlichkeit für i	0,25	0,5	0,25	0,25	0,5	0,25
EBIT	100	300	700	100	300	700
– Zinsen (r_{FK} = 10 %)	-50	0	0	-75	-75	-75
– Steuern (s = 25 %)	-12,5	-75	-175	-6,25	-56,25	-156,3
= Jahresüberschuss	37,5	225	525	18,75	168,75	468,75
Earnings per Share (EPS)	0,75	4,5	10,5	0,75	6,75	18,75
Volatilität der EPS	3,49			6,54		

Grundsätzlich beeinflussen somit sowohl das operative Geschäftsrisiko des Unternehmens als auch dessen Finanzierungsstruktur die Höhe des Eigenkapital-Betas. Abbildung 8 stellt die verschiedenen Risikoarten, die auf ein Unternehmen einwirken können, dar, wobei hierbei nur die Auswirkungen auf das Jahresergebnis ersichtlich werden. Das Jahresergebnis ist jedoch eine zentrale Größe für Investoren und hat demnach direkt Auswirkungen auf das Eigenkapital-Beta.

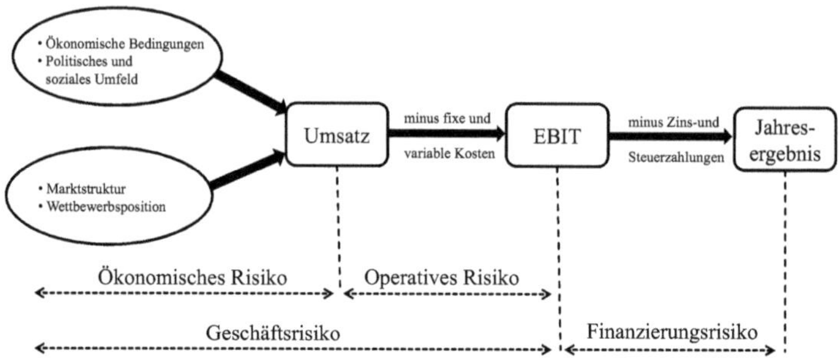

Abbildung 8: Risikoarten der Volatilität des Jahresergebnisses

Quelle: In Anlehnung an HAWAWINI/VIALLET (2011), Finance for executives, S. 24.

3.4.3 Einflussfaktoren auf die empirische Bestimmung des CAPM-Betafaktors

Empirisch wird das Beta häufig durch die ökonometrische Methode der Kleinsten-Quadrate-Schätzung (KQ-Methode, Ordinary Least Squares) bestimmt.[264] Um die Zeitvarianz von Beta-Faktoren zuzulassen, wurden alternative Schätzmethoden, wie z. B. GARCH (Abkürzung für 'Generalized Autoregressive Conditional Heteroscedasticity)[265] oder Kalman-Filter angewendet.[266] Die Beta-Schätzung im Rahmen dieser Arbeit ist ausschließlich für die Unternehmensbewertung relevant, weswegen die KQ-Methode bevorzugt Anwendung findet, da von einer zukünftigen Stationarität des Betas ausgegangen wird. Die empirische Bestimmung des historischen CAPM-Betas unterliegt mehreren Einflussfaktoren, die im Folgenden diskutiert werden sollen.

---

264 Vgl. SPREMANN (2008), Portfoliomanagement, S. 303-304.

265 Vgl. BOLLERSLEV (1986), GARCH, S. 307-327.

266 Vgl. BROOKS/FAFF/MCKENZIE (1998), Time-varying beta, S. 2.

Der CAPM-Betafaktor spiegelt die Sensitivität der Aktienrendite eines Unternehmens im Vergleich zur Rendite eines Marktportfolios wider.[267] Das hierzu verwendete Marktportfolio besteht in der Theorie aus allen auf der Welt existierenden marktpreisgewichteten Investitionsalternativen (z. B. Aktien, Rohstoffe, Immobilien, aber auch Kunst und Humankapital). Dieses theoretische Marktportfolio ist jedoch in der Realität nicht beobachtbar, so dass zur Messung der oben genannten Marktrenditen regelmäßig ein Aktienindex als Proxy verwendet wird.[268] Somit besteht in der Wahl des korrespondierenden Indexes ein Einflussfaktor der Bestimmung des CAPM-Betas. Denkbar sind hierbei Indizes mit nationalem, kontinentalem oder internationalem Fokus (z. B. CDAX, MSCI Europe, MSCI World). Dabei ist jedoch darauf zu achten, dass der jeweilige Index als Performance Index (inklusiver Bereinigung um Aktiensplits und Kapitalveränderungen) berechnet wird. Obwohl eine Wahl eines nationalen Index bei stark integrierten internationalen Kapitalmärkten problematisch ist,[269] werden diese in der empirischen Forschung üblicherweise globalen Indices vorgezogen.[270] KOEDIJK ET AL. (2002) berichten, dass die Verwendung eines nationalen Indexes gegenüber eines internationalen Indexes nur bei einer sehr geringen Anzahl an Wertpapieren zu substanziellen Differenzen zwischen den jeweils bestimmten impliziten Kapitalkosten führt.[271] Zur gleichen Aussage gelangen DOLDE ET AL. (2011) in einer Untersuchung im US-amerikanischen Aktienmarkt.[272] Auch PEEMÖLLER/KUNOWSKI/HILLER (1999) sprechen sich für die Wahl eines nationalen Wertpapierindex aus.[273] Die Wahl eines nationalen Index wird auch durch das existierende Anlegerverhalten unterstützt. So investieren Privatanleger trotz Diversifikationsvorteilen überwiegend in inländische Aktientitel (home bias). Der Anteil der ausländischen Wertpapiere in Depots deutscher Privatinvestoren beläuft sich auf ca. 27 %.[274]

Eine weitere Einflussgröße findet sich in der Wahl des Renditeintervalls. Dabei sind Zeiteinteilungen, wie bspw. Tages-, Wochen- oder Monatsrenditen möglich. Jede andere Ausprägung (z. B. 3-Tages Renditen) ist auch denkbar, wird jedoch üblicherweise

[267] Vgl. BERK/DEMARZO (2011), Finanzwirtschaft, S. 401.
[268] Vgl. SPREMANN (2008), Portfoliomanagement, S. 312-315.
[269] Vgl. STULZ (1995), Cost of capital in internationally market, S. 20.
[270] Vgl. KRUSCHWITZ/LÖFFLER (2008), Kapitalkosten, S. 807.
[271] Vgl. KOEDIJK ET AL. (2002), Cost of capital in international financial markets, S. 926.
[272] Vgl. DOLDE ET AL. (2011), Local versus global CAPM, S. 86.
[273] Vgl. PEEMÖLLER/KUNOWSKI/HILLER (1999), Kapitalisierungszinssatz, S. 623.
[274] Vgl. DÖRSCHELL ET AL. (2008), CAPM-basierte Risikozuschläge, S. 1158.

nicht benutzt.[275] Langfristige Zeitintervalle, wie bspw. Jahresrenditen, sind generell möglich und haben den Vorteil, dass diese nicht so großen Schwankungen unterliegen. Jedoch verringern sich mit der Verlängerung des Renditeintervalls die Anzahl der Beobachtungen und damit die Schätzgüte zur Bestimmung des historischen Betafaktors.[276]

Als Intervalling-Effekt oder Investment-Horizont-Problem wird das Auseinanderfallen der Größen des Betafaktors unterschiedlicher Intervalllänge innerhalb eines Untersuchungszeitraums bezeichnet.[277] Die ökonomische Erklärung dieses Effekts wurde ursprünglich mithilfe gering liquider Anlagetitel geführt, jedoch bestätigt sich dieser auch bei Aktien mit sehr hohen Handelsvolumen. Trotz unterschiedlicher Korrekturverfahren sind keine eindeutigen Aussagen bezüglich eines optimalen Renditeintervalls möglich, jedoch stellen Wochenrenditen (und ggf. Monatsrenditen) eine oft praktizierte Variante dar.[278] Ein weiterer Aspekt ist die Wahl des Zeitpunkts des Beginns des Intervalls. WATRIN/STAHLBERG/KAPPENBERG (2011) stellten fest, dass wöchentliche Unternehmensbetas (auf 104-Wochen-Basis) in Betrachtungszeitraum 1980-2010 signifikant verschieden sind, wenn die einzelnen Handelstage Montag bis Freitag als jeweilige Renditestartpunkte gewählt werden. Die Abweichungen im Verhältnis zum Minimum der Betas bei den betrachteten DAX30-Unternehmen betragen zwischen 1,5 % und 25,4 %. Auch bei Betas auf Monatsbasis (drei unterschiedliche Termine) ist der Effekt vorhanden. Aufgrund dieser Differenzen wird eine Durchschnittsbildung über die fünf Wochentage vorgeschlagen.[279]

Eng verbunden mit dem Renditeintervall ist die Wahl des Beobachtungszeitraums für die Berechnung der Renditen, also die Anzahl der einzelnen Renditepaare. Eine höhere Anzahl Beobachtungen vergrößert die statistische Schätzgüte. Jedoch ist zu berücksichtigen, dass der vergrößerte Umfang einhergeht mit der Berücksichtigung immer älterer Beobachtungen. Fraglich ist hierbei, wie viel Einfluss weit zurückliegende Ereignisse auf die Schätzung eines (zukünftigen) Betafaktors haben.[280] Regelmäßig werden in der

---

275 Vgl. DÖRSCHELL/FRANKEN/SCHULTE (2009), Kapitalisierungszins, S. 151.

276 Vgl. WATRIN/STAHLBERG/KAPPENBERG (2011), Einfluss des Wochentags auf den Betafaktor, S. 178-179.

277 Vgl. PARHIZGARI/DANDAPANI/PRAKASH (1993), Arbitrage pricing theory, S. 27.

278 Vgl. DÖRSCHELL/FRANKEN/SCHULTE (2009), Kapitalisierungszins, S. 152.

279 Vgl. WATRIN/STAHLBERG/KAPPENBERG (2011), Einfluss des Wochentags auf den Betafaktor, S. 179 und 194.

280 Vgl. KNOLL/WALA/ZIEMER (2011), Marktrisikoprämie, S. 2.

Literatur folgende Renditeintervall- und Zeitraumkombinationen gewählt: Monatliche Renditen mit fünfjährigem Beobachtungszeitraum, wöchentliche Renditen mit zweijährigem Beobachtungszeitraum und Tagesrenditen mit 250 Handelstagen. Weiterhin ist zu prüfen, inwieweit Strukturbrüche im Gesamtmarkt oder bei den einzelnen Unternehmen (bspw. makroökonomische Krisen) in die Betrachtung mit einzubeziehen sind.[281]

Werden kurzfristige Renditeintervalle (z. B. Tagesrenditen) gewählt, stellt, neben den zusätzlichen o. g. Auswahlproblemen der Parameter, ein unregelmäßiger bzw. zu geringer Handel einzelner Wertpapiere (Thin-Trading) ein Problem bei der Bestimmung des CAPM-Betas dar. Die Schätzungen des Beta-Faktors sind dann systematisch verzerrt (zu gering).[282] In der Literatur werden verschiedene Korrekturverfahren für das Thin-Trading-Problem angeboten. Die Arbeiten von MARSH (1979) und DIMSON/MARSH (1983) schlagen die Verwendung eines Trade-to-Trade Betas vor, wobei die Renditen über verschiedene Intervalle bestimmt werden (nur wenn ein bestimmtes Handelsvolumen überschritten wird). Zur Vermeidung von heteroskedastischen Residuen im Schätzmodell ist folgende angepasste Regressionsgleichung zu wählen:[283]

$$\frac{r_{j,t}}{\sqrt{dd_{j,t}}} = \frac{a_j}{\sqrt{dd_{j,t}}} + \beta_j^{T-T} \cdot \frac{r_{M,t}}{\sqrt{dd_{j,t}}} + \varepsilon_{j,t} \tag{87}$$

mit:

$dd_{j,t}$...Differenz zwischen aufeinanderfolgenden Handelstagen,
bei denen ein vorgegebens Handelsvolumen überschritten wird,
a_j.......Absolutglied der Regression,
β_j^{T-T}...Schätzer des Trade-to-Trade Betas für Wertpapier j.

Die, durch unregelmäßige Handelsaktivitäten, zeitverzögerten Preisanpassungsprozesse versucht die Korrektur von SCHOLES/WILLIAMS (1977) entgegenzuwirken. Dazu müssen für die Ermittlung des korrigierten Beta-Wertes $\beta_j^{S/W}$, zusätzlich zum eigentlichen CAPM-Beta, ‚zeitversetzte' CAPM-Betas (um jeweils einen Handelstag) für eine Aktie folgendermaßen bestimmt werden:[284]

---

281 Vgl. DÖRSCHELL ET AL. (2008), CAPM-basierte Risikozuschläge, S. 1155-1156.
282 Vgl. MARSH (1979), Equity rights issues, S. 846.
283 Vgl. DIMSON/MARSH (1983), Thin trading, S. 756.
284 Vgl. SCHOLES/WILLIAMS (1977), Estimating betas, S. 315.

$$\beta_j^- = \frac{Cov\left(r_{j,t}, r_{M,t-1}\right)}{Var\left[r_{M,t-1}\right]}$$
$$\beta_j^+ = \frac{Cov\left(r_{j,t}, r_{M,t+1}\right)}{Var\left[r_{M,t-1}\right]}. \tag{88}$$

Die Ermittlung des $\beta_j^{S/W}$ erfolgt dann durch:[285]

$$\beta_j^{S/W} = \frac{\beta_j^- + \beta_j + \beta_j^+}{\left(1 + 2 \cdot \rho_M\right)} \tag{89}$$

mit:

ρ_M...Autokorrelationskoeffizient (t - 1) des Marktportfolios.

Eine Weiterentwicklung des Ansatzes von SCHOLES/WILLIAMS, bei dem unterschiedliche Lag-Längen einfließen, erfolgte durch COHEN ET AL. (1983).

Die Korrekturverfahren reduzieren das durch Thin-Trading hervorgerufene Problem, jedoch ergeben sich durch deren Anwendung weitere Probleme, so dass eine Erweiterung des Renditeintervalls sinnvoller erscheint.[286]

3.4.4 Bestimmung des Basiszinssatzes und der Marktrisikoprämie

Auch die theoretisch richtige Bestimmung des Basiszinssatzes vor dem Hintergrund der Unternehmensbewertung ist aus unterschiedlichen Gründen mit Problemen behaftet. Dabei ist u. a. zu klären, wie mit einer begrenzten Laufzeit verfügbarer risikoloser Anlagen unter der Prämisse der Laufzeitäquivalenz (Going Concern-Prinzip in der Unternehmensbewertung) umzugehen ist.[287] Des Weiteren besteht Uneinigkeit über die Anwendung periodenspezifischer Zinssätze, wenn eine nicht-flache Zinsstruktur vorherrscht.[288] Das IDW empfiehlt in dem Standard S1 die Anwendung von laufzeitkonstanten Basiszinssätzen. Als Begründung ist dabei eine transparente, komplexreduzierte und somit nachvollziehbare Bewertung denkbar. Demgegenüber stehen Untersuchungen, die Bewertungsdifferenzen von Unternehmenswerten beim Ansatz konstanter ge-

---

[285] Vgl. SCHOLES/WILLIAMS (1977), Estimating betas, S. 317.
[286] Vgl. JÄHNCHEN (2009), Kapitalkosten von Versicherungsunternehmen, S. 68-69.
[287] Vgl. WIESE/GAMPENRIEDER (2007), Basiszins für die Unternehmensbewertung, S. 443.
[288] Vgl. DRUKARCZYK/SCHÜLER (2009), Unternehmensbewertung, S. 209.

genüber laufzeitspezifischer Basiszinssätze zum Fokus haben. LAMPENIUS/OBERMAIER/SCHÜLER (2008) vergleichen Bewertungsergebnisse von 71 Gutachten im Zeitraum 1986-2003, die einen laufzeitunabhängigen Basiszinssatz verwenden mit einem korrigierten Unternehmenswert, der mithilfe laufzeitspezifischer Basiszinssätze bestimmt wurde. Es ergeben sich durchschnittliche Abweichungen der Unternehmenswerte von 5,2 % (bei einer Spannbreite zwischen -20,4 % und 21,7 %).[289] BASSEMIR/GEBHARDT/LEYH (2012) untersuchen 65 öffentlich verfügbare deutsche Bewertungsgutachten im Zeitraum 2002-2011 und gelangen ebenso zu dem Ergebnis, dass die Abweichungen der Unternehmenswerte statistisch signifikant verschieden sind.[290] Einigkeit herrscht darüber, dass als Basiszins ein, hinsichtlich Währungs-, Termin- und Ausfallaspekten, risikoloser Zins verwendet werden soll.[291] Dies ist in der Praxis am ehesten durch festverzinsliche Staatsanleihen erster Bonität, die in der gleichen Währung wie das Bewertungsobjekt notieren, gegeben.[292] Bei einigen Währungen und den damit verbundenen Staatsanleihen ist somit die Bestimmung des risikofreien Basiszinssatzes nochmals schwieriger,[293] als dies bspw. in Deutschland der Fall ist. Für die Bewertung zukünftig risikofreier Zahlungen führt die Verwendung laufzeitkonsistenter Spot-Rates (Effektivverzinsung von Nullkuponanleihen mit jeweiliger Restlaufzeit)[294] zum exakten Ergebnis.[295] Auch die Ergebnisse von LAMPENIUS/OBERMAIER/SCHÜLER (2008) sprechen für die Verwendung laufzeitspezifischer Basiszinssätze.[296] Für die Ableitung der Spot-Rates aus der Zinsstrukturkurve in der Praxis bietet sich z. B. das SVENSSON-Modell[297] an, dessen Schätzparameter in einer erweiterten Version von der Deutschen Bundesbank

289 Vgl. LAMPENIUS/OBERMAIER/SCHÜLER (2008), Stichtags- und laufzeitäquivalente Basiszinssätze, S. 252.

290 Die Anzahl der ‚Unterbewertungen' betrug 40, wohingegen 25 Gutachten einen, im Vergleich zur Anwendung von laufzeitspezifischen Forward Rates, zu hohen Wert bestimmten. Die durchschnittliche (arithmetisches Mittel) relative Bewertungsdifferenz beträgt für die gesamte Untersuchungsstichprobe 3,9 % und liegt zwischen den Extremwerten 0,01 % sowie 26,01 %. Vgl. BASSEMIR/GEBHARDT/LEYH (2012), Basiszinssatz, S. 670.

291 Vgl. BALLWIESER (2011), Unternehmensbewertung, S. 85.

292 Vgl. OBERMAIER (2008), Kapitalmarktorientierte Bestimmung des Basiszinssatzes, S. 493.

293 Vgl. DAMODARAN (2006), Valuation, S. 35.

294 Vgl. STEINER/BRUNS/STÖCKL (2012), Wertpapiermanagement, S. 150. Werden die einzelnen zukünftigen Zahlungsströme in *t* von Periode zu Periode schrittweise abgezinst, so sollten finanzthematisch exakte Forward Rates dazu verwendet werden. Vgl. BASSEMIR/GEBHARDT/LEYH (2012), Basiszinssatz, S. 665-666.

295 Vgl. OBERMAIER (2006), Marktzinsorientierte Bestimmung des Basiszinssatzes; REESE/WIESE (2007), Ermittlung des Basiszinses, S. 38; BASSEMIR/GEBHARDT/RUFFING (2012), Ermittlung der Kapitalkosten, S. 883.

296 Vgl. LAMPENIUS/OBERMAIER/SCHÜLER (2008), Stichtags- und laufzeitäquivalente Basiszinssätze, S. 253-254.

297 Vgl. SVENSSON (1994), Estimating forward interest rates.

aktuell zur Verfügung gestellt werden.[298] Auf eine weitere ausführliche Betrachtung soll hier verzichtet werden, da dies nicht den Fokus der Arbeit darstellt.[299]

In der Unternehmensbewertung müssen regelmäßig erwartete unsichere Zahlungen diskontiert werden, so dass durch die Anwendung des CAPM für die Risikozuschlagsmethode auch risikolose Zinssätze relevant werden. Hierbei besteht jedoch im Standard-CAPM aus Abschnitt 3.4 das Problem, dass dieses als Zwei-Zeitpunkt-Modell nicht unmittelbar auf einen mehrperiodigen Kontext übertragen werden kann.[300] Für diese Transformierung muss sowohl der risikolose Zins als auch der Marktpreis des Risikos als deterministisch angesehen werden. Würden Anleger z. B. von einem stochastischen Verlauf des Basiszinssatzes ausgehen müssen, würden sie dieses zusätzliche Risiko absichern, weswegen es zu einer Verschiebung des Gleichgewichtszustands kommt. Dieser veränderte Gleichgewichtszustand entspricht dann nicht mehr der Lösung des Standard-CAPM.[301] Trotz dieser Kenntnisse wird, nicht zuletzt auch aufgrund einer Komplexitätsreduktion, das CAPM für die Bestimmung eines risikoadäquaten Kapitalisierungszinses auch im Mehrperiodenkontext verwendet. Auch an dieser Stelle muss wieder zusammenfassend dargestellt werden, dass „jede Ermittlung des Kalkulationszinsfußes […] theoretisch nicht sauber erfolgt. Über den dabei entstehenden Fehler lässt sich nur spekulieren“[302], da hierzu ein Vergleich mit dem richtigen Wert notwendig ist, welcher jedoch nie bestimmbar bleibt.

Die Marktrisikoprämie lässt sich grundsätzlich aufgrund historischer Daten[303], erwarteter Expertenmeinungen[304] oder implizit aus den Preisen von Wertpapieren[305] ableiten. Gegen die Benutzung der Ergebnisse aus Expertenmeinungen spricht, dass diese ‚nur sehr punktuell und unsystematisch‘ sind, weshalb diese für die Bewertung von Unter-

---

298 Abrufbar in der Zeitreihen-Datenbank der Deutschen Bundesbank im Internet unter: http://www.bundesbank.de/statistik/statistik_zeitreihen.php?lang=de&open=zinsen&func=list&tr=www_s140_it03c (abgerufen am: 08. März 2012).

299 Eine Darstellung zur Anwendung des SVENSSON-Modells und weiterer Möglichkeiten zur Ableitung des Basiszinssatzes in der Praxis findet sich in BARK (2011), Der Kapitalisierungszinssatz in der Unternehmensbewertung, S. 14-35; REESE/WIESE (2007), Ermittlung des Basiszinses, S. 40-43.

300 Vgl. DRUKARCZYK/SCHÜLER (2009), Unternehmensbewertung, S. 68.

301 Vgl. REESE/WIESE (2007), Ermittlung des Basiszinses, S. 44-45; FAMA (1977), Risk-adjusted discount rates, S. 22-23.

302 BALLWIESER (2011), Unternehmensbewertung, S. 123.

303 Vgl. STEHLE (2004), Risikoprämie von Aktien.

304 Vgl. WELCH (2000), Financial economists and the equity premium, S. 510 i. V. m. WELCH (2008), Equity premium: An update.

305 Vgl. DAUSEND/SCHMITT (2011), Implizite Schätzung der Marktrisikoprämie.

nehmen als unbrauchbar angesehen werden können.[306] Auch historisch abgeleitete Risikoprämien für Aktienanlagen sind sehr zeitabhängig, da auch hier die Wahl des Beobachtungszeitraums einen erheblichen Einfluss auf die Schätzung der Marktrisikoprämie spielt. Des Weiteren bestehen erhebliche Schwankungen der Werte, die u. a. auch auf die Wahl der risikolosen Anlagemöglichkeit zurückzuführen sind.[307] Sollen Schätzungen der Marktrisikoprämie durch den Mittelwert historischer Beobachtungen gebildet werden, so sind grundsätzlich eine arithmetische sowie eine geometrische Mittelwertbildung vorstellbar (beide unterstellen dabei eine Stationarität der Schätzparameter).[308]

Arithmetische Mittelwertbildung: $$MRP^A = \frac{1}{T} \cdot \sum_{t=1}^{T} r_{M,t} - \frac{1}{T} \cdot \sum_{t=1}^{T} r_{f,t} \quad (90)$$

Geometrische Mittelwertbildung: $$MRP^G = \sqrt[T]{\prod_{t=1}^{T} \left(1 + r_{M,t}\right)} - \sqrt[T]{\prod_{t=1}^{T} \left(1 + r_{f,t}\right)} \quad (91)$$

Für die Unternehmensbewertung sollte dabei die Schätzung der Marktrisikoprämie durch das arithmetische Verfahren gewählt werden, da diese konsistent mit der Anwendung des CAPM ist.[309] FERNANDEZ (2011) untersucht Aussagen über die Marktrisikoprämie in 150 englischsprachigen Lehrbüchern und kommt zum Ergebnis, dass diese zwischen 3 % und 10 % beträgt.[310] Weiterführende Darstellungen der unterschiedlichen Möglichkeiten der Ableitung der Marktrisikoprämie finden sich z. B. in KOLLER/ GOEDHART/WESSELS (2010)[311]. Eine ausführliche Diskussion der Vor- und Nachteile verschiedener Methoden soll an dieser Stelle unterbleiben. Diesbezüglich sei z. B. auf die Arbeit von DASKE/GEBHARDT (2006) verwiesen.

306 Vgl. DASKE/GEBHARDT (2006), Zukunftsorientierte Kapitalkosten, S. 536.

307 Eine Diskussion der Verwendbarkeit historischer Daten zur Ableitung der Marktrisikoprämie findet sich in GSELL (2010), Expected market risk premium, S. 140-142.

308 Vgl. VARGAS (2012), Historische Marktrisikoprämie, S. 814.

309 Vgl. VARGAS (2012), Historische Marktrisikoprämie, S. 819

310 Vgl. FERNANDEZ (2011), Equity Premium in 150 Textbooks, S. 3.

311 Vgl. KOLLER/GOEDHART/WESSELS (2010), Valuation, S. 242-249.

3.5 Mehr-Faktoren-Modelle

Eine alternative Herangehensweise für ein Rendite-Risiko-Modell liefert ROSS (1976) mit der Entwicklung der Arbitrage Pricing Theory (APT). Anstelle der expliziten Annahmen homogener Erwartungen aller Marktteilnehmer innerhalb der Erwartungswert-Varianz-Theorie tritt in der APT ein „in sich geschlossenes Arbitragegebäude“[312] als Basis auf. Durch Kauf oder Verkauf von Wertpapieren werden eventuelle Fehlbewertungen sofort durch Investoren ausgenutzt, so dass damit ein fairer Marktpreis erreicht wird. Die APT beschreibt die Renditeerwartung eines Wertpapiers als lineare Funktion von $f=1,...,f^{max}$ verschiedenen Risikofaktoren F_f.[313] Werden Portfolios gebildet, bei denen die Sensitivität bezüglich des f-ten Faktors gleich eins und bezüglich aller weiteren renditenbestimmenden Faktoren (ungleich f) gleich null ist,[314] kann damit die erwartete Rendite eines Faktorportfolios $E\left[r_{F_f}\right]$ bestimmt werden. Die allgemeine Form der APT ist in Formel (92) dargestellt.[315] Es gilt:

$$E\left[r_j\right]=r_f+\sum_{f=1}^{f^{max}}\left[E\left[r_{F_f}\right]-r_f\right]\cdot\beta_j^f. \tag{92}$$

Die Sensitivität der Rendite r_j gegenüber des Risikofaktors f wird hier als β_j^f beschrieben und kann analog (43) bestimmt werden (β_j^f kann somit auch als Faktorbeta bezeichnet werden[316]). Analog zum CAPM werden alle Risiken, die nicht durch die Risikofaktoren abgebildet werden, als unsystematische Risiken interpretiert. Auch innerhalb der APT werden idiosynkratische Risiken nicht in Form einer höheren Renditeerwartung berücksichtigt.[317] Das CAPM stellt einen Spezialfall der APT dar, wobei der einzige Risikofaktor die Risikoprämie des Marktportfolios ist.[318]

---

[312] STEINER/BRUNS/STÖCKL (2012), Wertpapiermanagement, S. 29.
[313] Vgl. COPELAND/WESTON/SHASTRI (2008), Finanzierungstheorie, S. 240.
[314] Vgl. ROSS (1976), Arbitrage pricing theory, S. 353.
[315] Eine ausführliche Herleitung findet sich in PERRIDON/STEINER/RATHGEBER (2012), Finanzwirtschaft, S. 290-291 oder in STEINER/BRUNS/STÖCKL (2012), Wertpapiermanagement, S. 29-31.
[316] Vgl. BERK/DEMARZO (2011), Finanzwirtschaft, S. 484.
[317] Vgl. BREUER/GÜRTLER/SCHUMACHER (2010), Portfoliomanagement, S. 337.
[318] Vgl. JARROW/RUDD (1983), A comparison of the APT and CAPM, S. 303.

Der Nachteil für die Anwendung und der damit verbundenen empirischen Überprüfung der APT besteht in der Nichtspezifizierung der relevanten Risikofaktoren.[319] Eine Vielzahl an Arbeiten versucht dabei sowohl mithilfe ökonometrischer Methoden als auch durch kausale ökonomische Beziehungen, systematische Risikofaktoren abzuleiten.[320] PRATT/NICULITA (2008) nennen bspw. fünf Risikofaktoren, welche in der APT betrachtet werden sollen:[321]

1. ‚Market Timing' Risiko,
2. ‚Confidence' Risiko,
3. ‚Time Horizon' Risiko,
4. ‚Inflation' Risiko,
5. ‚Business Cycle' Risiko.

Im Folgenden sollen zwei Mehr-Faktoren-Modelle vorgestellt werden, die in der Literatur einen richtungsweisenden Stellenwert für sich beanspruchen können.

3.5.1 Drei-Faktoren-Modell nach FAMA/FRENCH

Innerhalb des Untersuchungszeitraums 1926-1975 kann durch BANZ (1981) ein Größeneffekt bzw. Size-Effekt (Kleinfirmeneffekt) innerhalb US-amerikanischer Kapitalmarktdaten durch eine Querschnittsstudie nachgewiesen werden.[322] Es kann belegt werden, dass Portfolios, die aus Aktien gebildet wurden, welche eine vergleichsweise geringe Marktkapitalisierung besitzen, höhere risikobereinigte Renditen aufweisen, als Portfolios aus Aktien mit hoher Marktkapitalisierung. Weiterhin fanden ROSENBERG/REID/LANSTEIN (1985)[323] und FAMA/FRENCH (1992)[324] Hinweise, dass Portfolios aus US-amerikanischen Wertpapiere mit einem hohen Buchwert-Marktwert-Verhältnis des Eigenkapitals (Book-to-Market Equity) auch höhere risikobereinigte Renditen generieren, als diejenigen mit einem geringen Book-to-Market-Verhältnis. Diese Beobachtung wird als Bewertungseffekt bzw. Value-Effekt bezeichnet.

---

[319] Vgl. ROLL/ROSS (1980), Arbitrage pricing theory, S. 1077.
[320] Stellvertretend sind hier CONNOR/KORAJCZYK (1988), Risk and return in an equilibrium APT und CHEN/ROLL/ROSS (1986), Economic forces zu nennen.
[321] Vgl. PRATT/NICULITA (2008), Valuing a business, S. 205-206.
[322] Vgl. BANZ (1981), Return and market value, S. 3-4.
[323] Vgl. ROSENBERG/REID/LANSTEIN (1985), Market inefficiency, S. 9.
[324] Vgl. FAMA/FRENCH (1992), Cross-section of expected stock returns, S. 441.

Aufbauend auf diesen Ergebnissen untersuchten FAMA/FRENCH (1993) ein Mehr-Faktoren-Modell, dargestellt in Formel (93), für die Erklärung von Aktienrenditen im Untersuchungszeitraum 1963 bis 1991:[325]

$$r_{j,t} = r_{f,t} + \beta_j^{CAPM} \cdot \left(r_{M,t} - r_{f,t}\right) + \beta_j^{SMB} \cdot SMB_t + \beta_j^{HML} \cdot HML_t + \varepsilon_{j,t}. \tag{93}$$

Als erster erklärender systematischer Risikofaktor wird die Überrendite eines Marktportfolios analog dem CAPM benutzt. Um Size-Effekt und Value-Effekt zu inkludieren, werden die Risikofaktoren Small-Minus-Big (*SMB*) und High-Minus-Low (*HML*) zusätzlich berücksichtigt. *SMB* stellt dabei die Renditedifferenz von Unternehmen mit geringer Größe, gemessen durch die Marktkapitalisierung, zu Unternehmen mit hoher Größe dar. Dementsprechend beschreibt *HML* die Differenz der Aktienrendite von Unternehmen mit hohem zu niedrigem Book-to-Market-Verhältnis. Um diese Renditedifferenzen (Mimicking Portfolio Returns) zu bestimmen, werden Portfolios gebildet, die Aktien der jeweiligen Ausprägung enthalten (Faktorportfolios). Um den Size-Effekt zu berücksichtigen, werden Aktien nach ihrer Marktkapitalisierung der Ausprägung ‚kleine' (Small) und große (Big) Unternehmen (Grenze: 50 % Quantil) zugeordnet. Weiterhin werden die Wertpapiere nach ihrem Book-to-Market-Verhältnis in ‚hoch' (High; 0-30 % Quantil), ‚mittel' (Medium; 30-70 % Quantil) und ‚gering' (low; 70-100 % Quantil) unterteilt, um dem Value-Effekt Rechnung zu tragen. Das Ergebnis dieser zweidimensionalen Abgrenzung ist die Einordnung jedes einzelnen Wertpapiers in eines von sechs zu bildenden Portfolios: Small-High (SH), Small-Medium (SM), Small-Low (SL), Big-High (BH), Big-Medium (BM) und Big-Low (BL).[326] Abbildung 9 stellt die Vorgehensweise schematisch dar, wobei darauf hingewiesen werden soll, dass die Anzahl der Wertpapiere pro Portfolio unterschiedlich sein kann (die Anzahl der jeweiligen Übergruppen Big/Small und High/Medium/Low entspricht jedoch den jeweiligen Quantilen).

---

[325] Das eigentliche Regressionsmodell beinhaltet zwei weitere Einflussfaktoren (*TERM*...Renditedifferenz langfristiger zu kurzfristigen Staatsanleihen und *DEF*...Renditedifferenz von Anleihen schlechter und guter Bonität), welche sich jedoch in der empirischen Untersuchung in diesem Zeitraum als nicht signifikant herausstellten).

[326] Vgl. FAMA/FRENCH (1993), Common risk factors, S. 8-9.

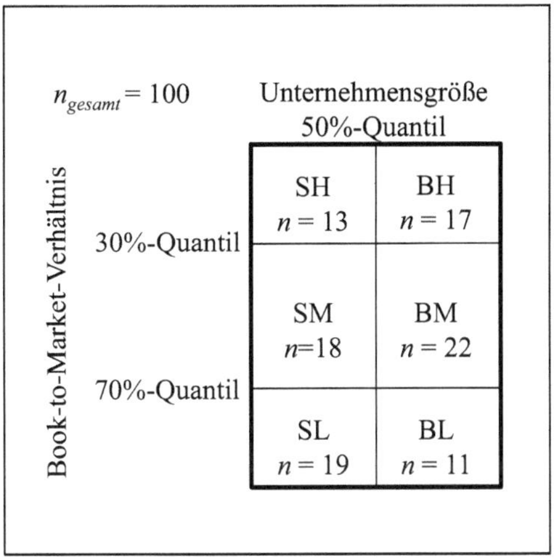

Abbildung 9: Allokation der Faktorportfolios

Quelle: Eigene Darstellung

Die Renditen der Faktorportfolios werden als marktkapitalisierungsgewichtete arithmetische Mittelwerte errechnet. Die Renditeausprägung des *SMB*-Faktors wird nach folgender Berechnungsvorschrift bestimmt und spiegelt die Risikoprämie der Anleger wider,[327] wenn diese in verhältnismäßig kleine Unternehmen investieren:[328]

$$SMB_t = \frac{\left(r_t^{SH} + r_t^{SM} + r_t^{SL}\right)}{3} - \frac{\left(r_t^{BH} + r_t^{BM} + r_t^{BL}\right)}{3}. \tag{94}$$

Der Wert des *HML*-Faktors bestimmt sich analog als Differenz der einfach gewichteten Renditen der Portfolios aus Unternehmen mit einem hohen zu einem niedrigen Book-to-Market-Verhältnis wie in Formel (95) dargestellt.

$$HML_t = \frac{\left(r_t^{SH} + r_t^{BH}\right)}{2} - \frac{\left(r_t^{SL} + r_t^{BL}\right)}{2} \tag{95}$$

327 Erklärungsansätze hierfür sind bspw. ein erhöhtes Insolvenzrisiko kleiner Unternehmen oder eine geringere Liquidität bei Aktien mit kleiner Marktkapitalisierung. Vgl. DIJK (2011), Size effect in equity returns, S. 3267-3271.

328 Vgl. FAMA/FRENCH (1993), Common risk factors, S. 9.

Innerhalb der Querschnittsuntersuchung am US-amerikanischen Aktienmarkt durch FAMA/FRENCH (1993) war der Einfluss der Faktoren *SMB* und *HML* jeweils signifikant von null verschiedenen.[329]

3.5.2 Vier-Faktoren-Modell nach CARHART

Im Untersuchungszeitraum 1965-1989 konnten JEGADEESH/TITMAN (1993) auf dem US-amerikanischen Aktienmarkt abnormale Renditen nachweisen, wenn eine Momentumstrategie verfolgt wird. Die Momentumstrategie wird durch den Kauf von vergangenen ‚Gewinneraktien' (Winner) und dem Verkauf von vergangenen ‚Verliereraktien' (Loser) beschrieben.[330] Aufbauend u. a. auf den Ergebnissen von FAMA/FRENCH (1993) und JEGADEESH/TITMAN (1993) wurde von CARHART (1997) ein Vier-Faktoren-Modell für die Erklärung von Wertpapierrenditen vorgeschlagen. Darin wurde das FAMA/FRENCH Drei-Faktoren-Modell um den Momentumeffekt erweitert, indem der zusätzliche Risikofaktor *PR1YR* (Prior One Year) in Betrachtung gezogen wird. Das sich daraus ergebende Vier-Faktoren-Modell ist in Formel (96) dargestellt:

$$r_{j,t} = r_{f,t} + \beta_j^{CAPM} \cdot \left(r_{M,t} - r_{f,t}\right) + \beta_j^{SMB} \cdot SMB_t + \beta_j^{HML} \cdot HML_t + \beta_j^{MOM} \cdot PR1YR_t + \varepsilon_{j,t}. \quad (96)$$

Die Konstruktion des Risikofaktors *PR1YR* erfolgt in einer ähnlichen Vorgehensweise, wie es durch FAMA/FRENCH bei *SMB* und *HML* vorgeschlagen wurde. Zunächst werden alle betrachteten Aktien unabhängig voneinander den Attributen ‚Unternehmensgröße' (Small und Big) und ‚Rendite der Aktie in den vergangenen 11 Monaten' (Winner, Neutral, Loser) zugeordnet. Somit ergeben sich wiederum sechs Portfolios: Small-Winner, Small-Neutral, Small-Loser, Big-Winner, Big-Neutral und Big-Loser, durch die die marktwertgewichteten Faktorportfoliorenditen $r_t^{Small-Winner}$, $r_t^{Big-Winner}$, $r_t^{Small-Loser}$, $r_t^{Big-Loser}$ bestimmt werden können. Die Renditeausprägung des Faktors *PR1YR* bestimmt sich als Differenz des einfachen Durchschnitts der Renditen der beiden Winnerportfolios zu Renditen der beiden Loserportfolios.[331] Formal ist die Berechnungsvorschrift in (97) dargestellt:

---

[329] Vgl. FAMA/FRENCH (1993), Common risk factors, S. 32.
[330] Vgl. JEGADEESH/TITMAN (1993), Returns to buying winners and selling losers, S. 89.
[331] Vgl. CARHART (1997), Mutual fund performance, S. 61.

$$PR1YR_t = \frac{\left(r_t^{Small-Winner} + r_t^{Big-Winner}\right)}{2} - \frac{\left(r_t^{Small-Loser} + r_t^{Big-Loser}\right)}{2}. \quad (97)$$

Innerhalb des Untersuchungszeitraums kann eine signifikant von null verschiedene durchschnittliche monatliche Renditedifferenz *PR*1*YR* in Höhe von 0,82 % ermittelt werden. In diesem Zeitraum betrugen die monatliche Marktrisikoprämie 0,47 %, die Renditedifferenz des *SMB*-Faktors 0,29 % und des *HML*-Faktors 0,46 %. Weiterhin sind geringe Abhängigkeiten der einzelnen Faktoren untereinander (Korrelationskoeffizient zwischen -0,37 und +0,35) nachweibar.[332]

3.6 Eignung der Rendite-Risikomodelle zur Ableitung der Kapitalkosten im Rahmen der Unternehmensbewertung

Um die Frage zu beantworten, ob die vorgestellten Modelle einen guten Ansatz zur Kapitalkostenableitung innerhalb der DCF-Verfahren darstellen, müssen einerseits Beurteilungen zur grundsätzlichen Evidenz der jeweiligen Methoden erfolgen und andererseits die Anwendbarkeit innerhalb der Unternehmensbewertung diskutiert werden.

3.6.1 Kritische Beurteilung des CAPM

Die Einfachheit des Modells aufgrund der Linearität in einem einzigen Risikofaktor stellt den großen Vorteil dar. Die Qualität eines theoretischen Modells kann nur anhand der Übereinstimmungsgüte der empirischen Beobachtungen beurteilt werden.[333] Grundsätzliches Problem dieser Beurteilung ist jedoch, dass die, durch das CAPM abgeleiteten, Renditeerwartungen nicht empirisch ausgewertet werden können. Stattdessen können einzig historische Renditen beobachtet werden, welche nur im Durchschnitt der erwarteten Rendite entsprechen.[334] Vorrangiger Kritikpunkt des CAPM sind dessen Annahmen, die als theoretisches Modell die Realität nicht perfekt widerspiegeln.[335] Zwar kann grundsätzlich davon ausgegangen werden, dass Investoren als risikoavers gelten und demnach nur $\mu - \sigma$-effiziente Portfolios halten, doch gerade das Fehlen jeglicher

[332] Vgl. CARHART (1997), Mutual fund performance, S. 62.
[333] Vgl. STEINER/BRUNS/STÖCKL (2012), Wertpapiermanagement, S. 34.
[334] Vgl. COPELAND/WESTON/SHASTRI (2008), Finanzierungstheorie, S. 227.
[335] Vgl. dazu Unterabschnitt 3.4.1.

Transaktionskosten und die Annahme der homogenen Erwartungen der Investoren scheinen wenig realistisch. Trotz der Kritik von ROLL (1977), welche darstellt, dass in vielen Studien nicht das CAPM (mit der Existenz des theoretischen Marktportfolios) getestet wird, sondern lediglich, ob ein untersuchtes Portfolio aller Wertpapiere $\mu-\sigma$-effizient ist,[336] versuchten eine Vielzahl an Wissenschaftler, die empirische Gültigkeit des CAPM zu überprüfen. Da eine vollständige Darstellung aller Studien an dieser Stelle nur bedingt möglich ist,[337] soll stattdessen auf Hauptergebnisse eingegangen werden, die eine herausragende Stellung innerhalb der Literatur einnehmen.

FRIEND/BLUME (1970) finden einen signifikanten negativen Zusammenhang zwischen der risikoadjustierten Rendite (Jensen's Alpha[338]) von Portfolios und dessen Risiko, gemessen durch das CAPM-Beta.[339] Bei Gültigkeit des CAPM dürfte dieser Zusammenhang jedoch nicht signifikant von null verschieden sein. Innerhalb einer Untersuchung im US-amerikanischen Aktienmarkt (Zeitraum 1926-1968) konnten in verschiedenen Subperioden durch FAMA/MACBETH (1973) folgende Hypothesen nicht verworfen werden:[340]

1. Der Zusammenhang zwischen der erwarteten Rendite eines Wertpapiers und des Risikos (gemessen durch CAPM-Beta) ist linear.
2. Das CAPM-Beta misst das Risiko eines Wertpapiers komplett.

Dies stellt eine Tendenz zur Gültigkeit des CAPM dar.[341] Obwohl durch ROSENBERG/REID/LANSTEIN (1985) der Value-Effekt aufgezeigt werden konnte, der gegen das CAPM spricht, stellen ANG/CHEN (2007) fest, dass bei Anwendung eines bedingten CAPM (unter Berücksichtigung zeitvarianter Betas) dieser Effekt nur noch geringe Evidenz aufweist.[342] LAKONISHOK/SHLEIFER/VISHNY (1994) fanden einen signifikanten Einfluss der Wachstumsrate des Umsatzes und des Verhältnisses aus Cash-Flow zu Marktwert des Eigenkapitals auf die Aktienrenditen.[343] Begründet auf diese und weitere Effekte, die die Gültigkeit des Modells von SHARPE (1964) und LINTNER (1965) innerhalb empirischer Untersuchungen nicht bestätigen konnten, wurden Modifikatio-

---

[336] Vgl. ROLL (1977), A critique of the asset pricing theory's tests, S. 130.
[337] Vgl. hierzu z. B. LEVY/ROLL (2010), Market portfolio, S. 2464, FN 1.
[338] Vgl. JENSEN (1968), Performance of mutual funds.
[339] Vgl. FRIEND/BLUME (1970), Measurement of portfolio performance, S. 567.
[340] Vgl. FAMA/MACBETH (1973), Risk, return, and equilibrium, S. 610.
[341] Vgl. FAMA/MACBETH (1973), Risk, return, and equilibrium, S. 625.
[342] Vgl. ANG/CHEN (2007), CAPM over the long run, S. 29.
[343] Vgl. LAKONISHOK/SHLEIFER/VISHNY (1994), Contrarian investment, S. 1558-1559.

nen des allgemeinen Standard-CAPM entwickelt. Dazu gehören u. a. das Intertemporal-CAPM[344] (Modell in stetiger Zeit), Adjusted-CAPM (Berücksichtigung von Liquiditätsrisiken), Conditional-CAPM (Berücksichtigung heterogener Erwartungen der Investoren), Tax-CAPM[345] (Berücksichtigung von Steuern auf Investorenebene) oder Consumption-CAPM[346] (Berücksichtigung der Beziehung zwischen Vermögen und Konsum eines Investors).[347] Die Studien von FAMA/FRENCH (1992) sowie FAMA/FRENCH (1993), aus deren Ergebnissen maßgeblich das FAMA-FRENCH-Drei-Faktoren-Modell abgeleitet wurde, können ebenfalls als Kritik am CAPM aufgefasst werden, da neben der Marktrisikoprämie weitere Risikofaktoren die Erklärung von Aktienrenditen beeinflussen. Weil durch das CAPM jedoch ex ante Renditeerwartungen bestimmt werden, ist eine empirische Überprüfung des Modells mithilfe von ex post Daten fragwürdig. BLUME (1971) weist darauf hin, dass Betas, welche aus historischen Daten abgeleitet werden, nur dann unverzerrte Schätzer zukünftiger Betas sind, wenn diese stationär, also zeitinvariant, sind.[348] Die Betrachtung von Wertpapierportfolios (aus jeweils 100 Wertpapieren) zeigt, dass sich die Betas im Zeitverlauf dem Gesamtdurchschnitt aller Betas annähern.[349] Betas kleiner eins in Periode t steigen tendenziell in Periode $t+1$ und umgekehrt.[350] GIBBONS (1982) kann mithilfe eines multivarianten Querschnittsregressionsmodells die Hypothese ablehnen, dass das CAPM gilt, wenn ein gleichgewichteter Index als Proxy für den Marktindex genutzt wird. Die Ablehnung der Hypothese erfolgt jedoch nicht zu Gunsten eines alternativen Marktmodells.[351] Demgegenüber stehen Ergebnisse einer Untersuchung von LEVY/ROLL (2010). Wird der effiziente Rand aus historischen Daten bestimmt, stellt das berechnete Marktportfolio regelmäßig kein CAPM-effizientes Portfolio dar, da es nicht auf dem effizienten Rand liegt. Schon durch sehr geringe Anpassung der Eingangsparameter μ und σ^2 konnte dies jedoch korrigiert werden, so dass daraus die Gültigkeit des CAPM in den empirischen

344 Vgl. MERTON (1973), Intertemporal CAPM.

345 Vgl. BRENNAN (1970), Corporate financial policy. Vgl. für das deutsche Steuersystem WIESE (2007), Abgeltungssteuer und GÖTZ/DEISTER (2011), Unternehmensbewertung. Eine weitere Betrachtung des Tax CAPM unterbleibt innerhalb der vorliegenden Arbeit, da der Schwerpunkt auf der Erklärung des systematischen Risikos, gemessen durch das CAPM-Beta, liegt und dieses in CAPM und Tax CAPM gleich ist (vgl. SCHMITT/DAUSEND (2006), Tax CAPM, S. 233).

346 Vgl. BREEDEN (1979), Asset pricing model with stochastic consumption.

347 Eine Darstellung einer Vielzahl an CAPM-Erweiterungen findet sich z. B. in RAEI/AHMADINIA/HASBAEI (2011), Developing of asset pricing models.

348 Vgl. BLUME (1971), Assessment of risk, S. 6.

349 Vgl. BLUME (1975), Betas, S. 795.

350 Vgl. BLUME (1971), Assessment of risk, S. 8.

351 Vgl. GIBBONS (1982), Multivariate tests of financial models, S. 23.

Daten abgeleitet werden kann.[352] Unter Anwendung eines Tests, der Heteroskedastizität und Autokorrelation in den Daten berücksichtigt, konnten RAY/SAVIN/TIWARI (2009) zeigen, dass das CAPM viel weniger häufig abzulehnen ist, als dies in der Literatur publiziert wurde. Wird die Bestimmung der CAPM-Betas mittels Zeitreihenregression mit einer Querschnittsregression (zur Erklärung der Güte des CAPM) simultan durch eine Nonlinear Seemingly Unrelated Regression-Technik ohne Zwangsbedingungen durchgeführt, ergeben sich Ergebnisse, die auf eine Gültigkeit des CAPM hindeuten.[353] Auch DA/GUO/JAGANNATHAN (2012) ziehen Rückschlüsse auf die Anwendbarkeit des CAPM, wenn, um Realoptionsmöglichkeiten angepasste, Renditen und CAPM-Betas betrachtet werden.[354] Es ist zu schlussfolgern, dass die Vielzahl der empirischen Studien, welche die Gültigkeit des CAPM überprüfen, zu uneindeutigen Aussagen führen. Das Modell kann weder einheitlich abgelehnt, noch verworfen werden. Die Ergebnisse reagieren u. a. sensitiv auf die Wahl des verwendeten Index als theoretisches Marktportfolio sowie des Beobachtungszeitraums.[355]

Im Rahmen der Unternehmensbewertung ist die Verwendung des Standard-CAPM u. a. dahingehend nicht unkritisch, da es regelmäßig in einem Mehrperiodenkontext angewendet werden muss. Historisch abgeleitete Beta-Faktoren werden häufig als zukünftig konstant angenommen. Dies ist jedoch teilweise wenig realistisch, wenn bspw. Cash Flows in naher Zukunft eine andere Korrelation zum Markt aufweisen, als dies bei einer ferneren Zukunft der Fall ist.[356]

Obwohl das CAPM für die Bestimmung der Eigenkapitalkosten im Rahmen der Unternehmens- bzw. Projektbewertung problembehaftet erscheint, findet es dennoch oft Anwendung.[357] Eine Befragung von WELCH (2000) unter US-amerikanischen Finanzwirtschaftsprofessoren ergab, dass die Mehrheit das CAPM als ‚gut genug‘ für die Bewertung von Projekten einschätzte.[358] Eine Wiederholung der Umfrage quantifizierte den Anteil derjenigen Professoren, die das CAPM für die Investitionsplanung empfehlen,

---

352 Vgl. LEVY/ROLL (2010), Market portfolio, S. 2487-2488.
353 Vgl. CLARE/PRIESTLEY/THOMAS (1998), Reports of beta's death are premature, S. 1217-1218.
354 Vgl. DA/GUO/JAGANNATHAN (2012), CAPM for estimating the cost of equity, S. 210-217.
355 Vgl. LEVY (2012), CAPM in the 21st century, S. 209.
356 Vgl. HACHMEISTER (2006), Diskontierung unsicherer Zahlungsströme, S. 148.
357 Vgl. BUCH/DORFLEITNER (2007), Bewertung risikobehafteter Zahlungsströme, S. 142.
358 Vgl. WELCH (2000), Financial economists and the equity premium, S. 523.

auf 75 %.[359] In einer weiteren Befragung durch GRAHAM/HARVEY (2001) gaben 73,5 % der 392 befragten US-Finanzvorstände an, das CAPM ‚immer' oder ‚fast immer' zu nutzen, um Kapitalkosten für die Bewertung von Investitionsprojekten abzuleiten.[360] BROUNEN/DE JONG/KOEDIJK (2004) bestätigen das Ergebnis, dass das CAPM am häufigsten zur Bestimmung der Kapitalkosten genutzt wird, für Europa (Großbritannien, Niederlande, Deutschland, Frankreich). Im Gegensatz zur USA wenden jedoch nur ca. 45 % der Finanzvorstände das CAPM an.[361] Die Auswertung einer Befragung von australischen Finanzvorständen durch TRUONG/PEAT/PARTINGTON (2007) führt zu sehr ähnlichen Ergebnissen, wie sie von GRAHAM/HARVEY (2001) dokumentiert wurden. Auch hier benutzen 72 % der befragten Personen das CAPM für die Kapitalkostenkalkulation in ihrem Unternehmen.[362]

Zusammenfassend kann über die Anwendbarkeit des CAPM in den Worten von LEVY (2010) folgendermaßen geurteilt werden.

> „We therefore conclude that one can safely continue to use the CAPM in academic research and in practice, as it cannot be refuted, and is even strongly supported experimentally with *ex ante* parameters. The difficult issue is, of course, how to estimate the *ex ante* parameters; however, this cannot be counted as a disadvantage of the CAPM, because virtually all theoretical models encounter this issue."[363]

In Deutschland empfehlen sowohl das IDW im Standard 1 i.d.F. 2008 (Grundsätze zur Durchführung von Unternehmensbewertungen) als auch DVFA Expert Group ‚Corporate Transactions and Valuations' (Berufsverband der Investment Professionals in Deutschland) die Anwendung des CAPM für die Bestimmung der Kapitalisierungszinssätze im Rahmen der Unternehmensbewertung.[364] Auch MEITNER/STREITFERDT (2011) sehen im CAPM das „Standardmodell in der Unternehmensbewertung [für die Bestimmung einer risikoadäquaten Anlagemöglichkeit]"[365]. BERK/DEMARZO (2011) unterstrei-

---

[359] Vgl. WELCH (2008), Equity premium: An update, S. 3.
[360] Vgl. GRAHAM/HARVEY (2001), The theory and practice of corporate finance, S. 201.
[361] Vgl. BROUNEN/DE JONG/KOEDIJK (2004), Corporate finance in Europe, S. 84.
[362] Vgl. TRUONG/PEAT/PARTINGTON (2007), Cost of capital estimation in Australia, S. 19.
[363] LEVY (2010), CAPM is alive.
[364] Vgl. IDW (i.d.F. 2008), S 1 Rn. 122 und DVFA EXPERT GROUP CORPORATE TRANSACTION VALUATION (2012), Best Practice Empfehlungen zur Unternehmensbewertung, S. 46.
[365] MEITNER/STREITFERDT (2011), Unternehmensbewertung, S. 3.

chen die Brauchbarkeit des CAPM für die Bestimmung von Kapitalkosten und sehen darin „noch immer das vorherrschende Modell“[366].

3.6.2 Kritische Beurteilung der Mehr-Faktoren-Modelle

Grundsätzlich erhöht sich die Komplexität, wenn für die Bestimmung von erwarteten Renditen und damit relevanter Kapitalkosten für die Bewertung von Unternehmen und Projekten ein Mehr-Faktoren-Modell anstelle eines Ein-Faktoren-Modells verwendet wird. Gerade innerhalb der Vermittlungsfunktion der Unternehmensbewertung stellt dies eine steigende Problematik dar. Eine erste Kritik am FAMA-FRENCH-Modell wurde durch BLACK (1993) geäußert. Er unterstellt, dass die Ergebnisse ausschließlich aufgrund eines Data-Minig Prozesses erreicht wurden, wobei nur die positiven Varianten des Modells publiziert wurden. Weiterhin stellen FAMA/FRENCH (1993) keine ökonomische Erklärung[367] der zusätzlichen Risikofaktoren dar.[368] FAMA/FRENCH (1995) können zeigen, dass die Faktoren ‚Größe‘ (Size) und ‚Buchwert-Marktwert-Verhältnis‘ (Value) mit der Profitabilität eines Unternehmens in Beziehung stehen.[369] Entgegen der Darstellung, dass Size und Value systematische Risikofaktoren für die Erklärung von Aktienrenditen darstellen, stehen Ergebnisse von DANIEL/TITMAN (1997). Die Autoren zeigen, dass anstelle von gleichen Faktorladungen in *SMB* und *HML* Unternehmenseigenschaften, wie z. B. die Region oder Geschäftszweig, zu ähnlichen Aktienrenditen führen.[370] LEWELLEN/NAGEL/SHANKEN (2010) kritisieren das grundsätzliche Vorgehen, die Überlegenheit des Drei-Faktoren-Modells durch die Methodik von FAMA/FRENCH (1993) darzustellen. Statt der Überprüfung von Portfolios, die nach Quantilen aus ‚Größe‘ und ‚Buchwert-Marktwert-Verhältnis‘ gebildet werden, sollten andere Faktoren, wie bspw. Branche, Beta oder Volatilität für die Portfoliobildung herangezogen werden.[371] LIEW/VASSALOU (2000) finden grundsätzlich einen empirischen Zusammenhang der FAMA-FRENCH-Faktoren für die Erklärung zukünftigen Wachstums des Bruttoinlandsprodukts in zehn Ländern, was einen risikobasierten Erklärungsansatz der Faktoren un-

[366] BERK/DEMARZO (2011), Finanzwirtschaft, S. 447.
[367] Vgl. FAMA/FRENCH (1993), Common risk factors, S. 55.
[368] Vgl. BLACK (1993), Beta and return, S. 9-10.
[369] Vgl. FAMA/FRENCH (1995), Size and book-to-market factors, S. 154.
[370] Vgl. DANIEL/TITMAN (1997), Characteristics in stock returns, S. 29.
[371] Vgl. LEWELLEN/NAGEL/SHANKEN (2010), Asset pricing tests, S. 182.

terstützt.[372] Jedoch sind die Ergebnisse länderübergreifend nicht konsistent (wechselnde Vorzeichen) und können demnach keine zufriedenstellende Begründung liefern.

Losgelöst von der fehlenden theoretischen Fundierung liefern Mehr-Faktoren-Modelle durchschnittlich bessere empirische Ergebnisse für die Erklärung von Aktienrenditen als das CAPM. In einer Studie von FAMA/FRENCH (1997), bei der der Erklärungsgehalt für Aktienrenditen verschiedener Modelle in 48 Industriezweigen in den USA zwischen 1963-1994 untersucht wurde, steigt das durchschnittliche adjustierte Bestimmtheitsmaß von 63 % (CAPM) auf 68 % (FAMA/FRENCH).[373] In einer Untersuchung von Aktien in 35 Branchen aus Großbritannien im Zeitraum zwischen 1975-2005 finden GREGORY/ MICHOU (2009) ebenfalls durchschnittlich höhere adjustierte Bestimmtheitsmaße für Mehr-Faktoren-Modelle: 32 % (CAPM), 35 % (FAMA/FRENCH), 36 % (CARHART).[374] Die Verbesserung des durchschnittlichen Erklärungsgehalts ist dabei nicht überragend, jedoch sind die adjustierten Bestimmtheitsmaße der Mehr-Faktoren-Modelle in jeder einzelnen Branche größer als die des CAPM. Problematisch für die Mehr-Faktoren-Modelle ist jedoch, dass die Vorzeichen der Size- und Value-Faktoren in den einzelnen Branchen nicht konstant positiv sind (zwischen 8 und 11 waren negativ) und deshalb nicht ohne weiteres als Risikoaufschlag interpretiert werden können. Unter Verwendung eines alternativen Maßes für die Modellgüte (Log Predictive Score) finden O'DOHERTY/ SAVIN/TIWARI (2012) Hinweise für die Überlegenheit des FAMA-FRENCH-Modells gegenüber des CAPM und des CARHART-Modells.[375] Studien, welche den deutschen Kapitalmarkt betrachten, führten zu teilweise konträren Ergebnissen bezüglich der Gültigkeit der Mehr-Faktoren-Modelle. Im Folgenden werden vier aktuelle Untersuchungen vorgestellt, welche das Ziel haben, die Anwendung der Mehr-Faktoren-Modelle im deutschen Kapitalmarkt zu überprüfen.[376] Eine zusammenfassende Darstellung ausgesuchter deskriptiver und induktiver Ergebnisse der Studien erfolgt in Tabelle 6. ZIEGLER ET AL. (2007) untersuchen Daten aus dem Zeitraum 1968-1995 und schließen damit absichtlich Zeiten extremer Aktienkursentwicklung (etwa die Dotcom-Blase und deren Einbruch) aus, um langfristige Aussagen treffen zu können. Betrachtet werden hierbei u. a. das CAPM und das FAMA-FRENCH-Modell, wobei auch die Bildung der zu untersuchenden

---

372 Vgl. LIEW/VASSALOU (2000), Risk factors, S. 244.
373 Vgl. FAMA/FRENCH (1997), Industry costs of equity, S. 158.
374 Vgl. GREGORY/MICHOU (2009), Cost of equity capital: UK evidence, S. 688.
375 Vgl. O'DOHERTY/SAVIN/TIWARI (2012), Cross section of stock returns, Tab. 1.
376 Nicht betrachtet wird hier z. B. WALLMEIER (2000), Determinanten erwarteter Renditen.

Portfolios analog FAMA/FRENCH (1993) einer zweidimensionalen Sortierung erfolgt. Aufgrund der geringen Datenlage konnten bei ZIEGLER ET AL. (2007) nur 16 statt 25 Portfolios gebildet werden, um eine Mindestanzahl an Aktien in den jeweiligen Portfolios zu gewährleisten. Wird das CAPM für die Erklärung der Renditen genutzt, ergeben sich korrigierte Bestimmtheitsmaße zwischen 0,229 und 0,844 mit einem Durchschnitt von 0,571.[377] Die Untersuchung der Überrenditen $\gamma_{0,j}$ des Regressionsmodells:

$$r_{j,t} - r_{f,t} = \gamma_{0,j} + \beta_j^{CAPM} \cdot \left(r_{M,t} - r_{f,t}\right) + \beta_j^{SMB} \cdot SMB_t + \beta_j^{HML} \cdot HML_t + \varepsilon_{j,t} \tag{98}$$

ergibt, dass 6 von 16 Überrenditen statistisch signifikant von null verschieden sind (Signifikanzniveau von 10 %), was gegen die Güte des CAPM spricht. Bei der Verwendung des Drei-Faktoren-Modells ist der Erklärungsgehalt bei allen 16 Portfolios höher (zwischen 0,422 und 0,865 mit einem Durchschnitt von 0,694). Hierbei sind alle Überrenditen nicht von null verschieden. Jedoch ergeben sich sowohl positive als auch negative Vorzeichen innerhalb der 16 betrachteten Portfolios für den Einfluss der Faktoren *SMB* und *HML* (11 von 32 Betas weisen ein negatives Vorzeichen auf).[378] Dieser Umstand kann gegen die Interpretation von *SMB* und *HML* als Risikofaktoren sprechen. Dennoch stimmen die Autoren für den Einsatz des Drei-Faktoren-Modells gegenüber dem Ein-Faktoren-Modell.

Zur gleichen Aussage gelangt auch VOGLER (2009) mit untersuchten Daten zwischen 1995 und 2005. Er bildet jedoch die untersuchten Portfolios im Gegensatz zu ZIEGLER ET AL. (2007) nach elf Industriezweigen, wie auch in FAMA/FRENCH (1997). Hierbei ergibt sich bei Verwendung des CAPM ein durchschnittliches korrigiertes Bestimmtheitsmaß i. H. v. 0,453, welches jedoch bei der Verwendung des FAMA-FRENCH-Modells um ca. 5 %-Punkte auf 0,504 ansteigt. Aber auch in dieser Untersuchung stellt sich teilweise ein signifikant negativer Einfluss der Faktoren *SMB* und *HML* heraus. Weiterhin bemerkenswert ist die negative durchschnittliche monatliche Ausprägung des *SMB*-Faktors i. H. v. -0,0113, was auf einen fehlenden Größen-Effekt in Deutschland innerhalb dieses Zeitraums hindeutet.[379]

---

[377] Vgl. ZIEGLER ET AL. (2007), Multifaktormodelle und deutsche Aktienrenditen, S. 373.
[378] Vgl. ZIEGLER ET AL. (2007), Multifaktormodelle und deutsche Aktienrenditen, S. 379.
[379] Vgl. VOGLER (2009), Fama-French-Modell, S. 386-387.

Auch HANAUER/KASERER/RAPP (2012)[380] sowie ARTMANN ET AL. (2012)[381] bestätigen die durchschnittlich negative monatliche Ausprägung des *SMB*-Faktors und somit das Nicht-Vorhandenseins des Größen-Effekts. Durch HANAUER/KASERER/RAPP (2012) werden wieder 16 Portfolios (analog zu FAMA/FRENCH (1993)) untersucht, jedoch wird neben CAPM und FAMA-FRENCH-Modell auch das CARHART-Modell in die Betrachtung einbezogen. Die durchschnittlichen korrigierten Bestimmtheitsmaße betragen 0,485 (CAPM), 0,725 (FAMA-FRENCH-Modell) sowie 0,731 (CARHART-Modell).[382] Die Betrachtung der Überrenditen im CAPM führt zu einer Verwerfung der Nullhypothese, dass alle Alphas gemeinsam null sind (Signifikanzniveau 5 %) und somit zur Ablehnung des Modells. Innerhalb der Mehr-Faktoren-Modelle kann diese Nullhypothese nicht abgelehnt werden, was für die Verwendung dieser Modelle spricht. Jedoch weist das CARHART-Modell gegenüber dem FAMA-FRENCH-Modell keine substantiellen Verbesserungen auf, so dass die Betrachtung des zusätzlichen Momentum-Faktors nicht dringend notwendig erscheint.

ARTMANN ET AL. (2012) untersuchen die Anwendbarkeit von CAPM, FAMA-FRENCH-Modell und CARHART-Modell zur Erklärung von Aktienrenditen bei 955 Aktien im Zeitraum zwischen 1960 und 2006. Sie bilden dabei die Untersuchungsportfolios nach Dezilen verschiedener Kriterien (CAPM-Beta, Größe, Buchwert-Marktwert-Verhältnis, Momentum-Faktor und Branche).[383] Die Autoren gelangen zu sehr heterogenen Ergebnissen bezüglich der Gültigkeit der betrachteten Modelle innerhalb der einzelnen Kriterien zur Bildung der Portfolios. Werden z. B. zehn Portfolios nach der Höhe des CAPM-Betas oder der Branche erzeugt, so kann keines der Modelle verworfen werden. Sind dagegen Größe bzw. Buchwert-Marktwert-Verhältnis relevant, so werden alle drei Modelle in ihrer Gültigkeit bestätigt. Das CARHART-Modell generiert in jedem Fall die besten Erklärungsgehalte der drei Modelle, jedoch wird es dennoch häufiger durch den F-Test abgelehnt, als angenommen. ARTMANN ET AL. (2012) plädieren für den Einsatz des CARHART-Modells, merken aber an, dass die untersuchten Modelle grundsätzlich keine zufriedenstellenden Ergebnisse für die Erklärung von Aktienrenditen in Deutschland generieren.[384]

---

380 Vgl. HANAUER/KASERER/RAPP (2012), Risikofaktoren und Multifaktormodelle, S. 14.
381 Vgl. ARTMANN ET AL. (2012), Cross-section of German stock returns, S. 27.
382 Vgl. HANAUER/KASERER/RAPP (2012), Risikofaktoren und Multifaktormodelle, S. 20-24.
383 Vgl. ARTMANN ET AL. (2012), Cross-section of German stock returns, S. 21-22.
384 Vgl. ARTMANN ET AL. (2012), Cross-section of German stock returns, S. 40-41.

Tabelle 6: Übersicht empirischer Ergebnisse von Mehr-Faktoren-Modelle am deutschen Kapitalmarkt

	ZIEGLER ET AL. (2007)	VOGLER (2009)	HANAUER/KASERER/RAPP (2012)	ARTMANN ET AL. (2012)
Zeitraum	1968-1995	1995-2005	1995-2010	1960-2006
deskriptive Statistik der vier Faktoren des CARHART-Modells pro Monat: [Signifikanzniveau: (*) 10 %, , (**) 5 %, (***) 1 %, keine Angabe bei VOGLER (2009)]				
$R_M - r_f$	0,265 %	1,19 %	0,554 %	0,40 %*
SMB	0,083 %	-1,13 %	-0,705 %**	-0,18 %
HML	0,402 %***	1,33 %	0,735 %***	0,49 %***
MOM	---	---	1,187 %**	0,90 %***
durchschnittliche korrigierte Bestimmtheitsmaße der Regressionsuntersuchungen: [Für ARTMANN ET AL. (2012) werden die durchschnittlichen Ergebnisse aller Dezilkriterien (eigene Berechnung) berichtet.]				
CAPM	0,571	0,453	0,485	0,592
FAMA-FRENCH	0,694	0,504	0,725	0,724
CARHART	---	---	0,731	0,747

Die Daten in Tabelle 6 können den Eindruck erscheinen lassen, dass die Mehr-Faktoren-Modelle dem Ein-Faktor-Modell überlegen sind. Dennoch ist darauf hinzuweisen, dass die negative durchschnittliche Ausprägung des *SMB*- und *HML*-Faktors sowie die länderspezifisch sehr heterogenen Ergebnisse problematisch sind. Einer Verwendung der Mehr-Faktoren-Modelle zur Bestimmung der Kapitalkosten für die Unternehmensbewertungspraxis ist trotz der heterogenen Ergebnisse grundsätzlich zuzusprechen. Es ist jedoch für den Einzelfall zu entscheiden, ob die Ermittlung durch Mehr-Faktoren-Modelle sinnvoll ist, da diese einen wesentlich höheren Schätzaufwand aufweist und teilweise nur gering verbesserte Erklärungsgehalte liefert als ein entsprechendes Ein-Faktor-Modell.[385]

[385] Vgl. FRANTZMANN (1990), Messung des Marktrisikos, S. 83.

3.7 Zusammenfassende Bemerkungen

Trotz der vorhandenen Kritik an den vorgestellten Kapitalmarktmodellen finden diese aufgrund fehlender Alternativen auch Anwendung in der Bestimmung der risikoäquivalenten Kapitalkosten im Rahmen von Unternehmensbewertungen. Wie beschrieben stellt das CAPM dabei das am häufigsten genutzte Modell dar,[386] dessen Einsatz auch durch das IDW empfohlen wird. Dies ist nicht zuletzt auf die fundierte Theorie und die relative Einfachheit des Modells zurückzuführen. Die Verwendung der komplexeren Mehr-Faktoren-Modelle, welche teilweise höhere Erklärungsgehalte aufweisen, ist in der Literatur empfohlen, hat sich jedoch in praxi (noch) nicht durchgesetzt. Es ist zu beachten, dass die Benutzung des CAPM im Rahmen der Bewertung von kleinen und mittelständischen Unternehmen, welche nicht börsennotiert sind, nicht problemlos durchgeführt werden kann. Vergleichsweise hohe Transaktionskosten, fehlende beliebige Teilbarkeit der Anteile und ggf. die Unterdiversifikation des Investors sprechen teilweise gegen eine Ableitung aus großen börsennotierten Unternehmen.[387] Als Lösung werden dabei oftmals Anpassungen des Zählers (Cash Flow), Nenners (Kapitalkosten) oder des vorläufig bestimmten Unternehmenswertes vorgeschlagen.[388] Jedoch unterbleibt die Quantifizierung der Korrekturen, da diese firmenspezifisch sind und damit keine Allgemeingültigkeit besitzen. Grundsätzlich müssten Kapitalkosten richtigerweise auf Basis unternehmensinterner Planungs- und Risikoinformationen abgeleitet werden,[389] was jedoch regelmäßig für einen externen Bewerter unmöglich sein dürfte. Dennoch ist für die Ableitung des Diskontierungszinssatzes der zukünftigen Cash Flows bei der Bewertung von nicht börsennotierten Unternehmen grundsätzlich das CAPM zu favorisieren.[390]

Für die Ermittlung der Kapitalkosten sind zusammenfassend:

1. der risikolose Basiszins,
2. die relevanten Ausprägungen der Risikofaktoren (Marktrisikoprämie und ggf. SMB, HML, $PR1YR$) und
3. die firmenspezifischen Sensitivitäten bezüglich der Risikofaktoren β_j^k

---

[386] Vgl. ZEIDLER/TSCHÖPEL/BERTRAM (2012), Kapitalkosten in Finanzkrise S. 70, Fn. 5.
[387] Vgl. BALZ/BORDEMANN (2007), Eigenkapitalkosten mittelständischer Unternehmen, S. 740.
[388] Vgl. ZIEGER/SCHÜTTE-BIASTOCH (2008), Bewertung von KMU, S. 596.
[389] Vgl. GLEIßNER/WOLFRUM (2008), Eigenkapitalkosten nicht börsennotierter Unternehmen, S. 604.
[390] Vgl. IHLAU/DUSCHA (2012), Anwendung von IDW S 1 bei der Bewertung von KMU, S. 498.

zu bestimmen. Da für die Ableitung der β_j^k Kapitalmarktdaten des jeweiligen Unternehmens notwendig sind, können diese für nicht börsennotierte Unternehmen nicht unmittelbar bestimmt werden.[391] Als zusätzlich problematisch sind die in Unterabschnitt 3.4.3 angesprochenen Schwierigkeiten der empirischen Bestimmung und die unterstellte Zeitinvarianz der historisch ermittelten Sensitivitäten anzusehen. Als möglicher Lösungsansatz gilt die Verwendung von Peer Group-Betas, um auf das CAPM-Beta des zu bewertenden Unternehmens zu schließen.[392] Neben der Auswahlproblematik der Peer Group Unternehmen ist auch der Umgang mit Ausreißern relevant und nicht unproblematisch.[393] Auch die Anpassung an die unterschiedliche Kapitalstruktur von Vergleichsunternehmen und Bewertungsobjekt ist nur durch entsprechende Annahmen über die Finanzierungspolitik möglich.[394] Deswegen soll im folgendem Verlauf der Arbeit ein alternativer Weg beschritten werden und firmenspezifische Eigenschaften für die Erklärung des relevanten Risikos, welches mit einer Investition in dieses Unternehmen einhergeht, gefunden werden. Denkbar sind dabei die systematische Betrachtung und Auswertung von Jahresabschlussdaten oder weiterer öffentlich verfügbarer Informationen. Im folgenden Kapitel sollen zunächst in der Literatur bestehende rechnungswesenbasierte Ansätze für die Erklärung des Risikos dargestellt werden. Danach folgen im Kap. 5 empirische Untersuchungen für den deutschen Kapitalmarkt, um Rückschlüsse auf die Anwendbarkeit der Ergebnisse für nicht börsennotierte Unternehmen ziehen zu können.

---

[391] Vgl. Vos (1992b), Risk measurement for unlisted businesses, S. 258.

[392] Vgl. Feldman (2005), Private firm valuation, S. 71-72; Hinz (2011), Unternehmensbewertung, S. 315, Balz/Bordemann (2007), Eigenkapitalkosten mittelständischer Unternehmen, S. 738 oder Bowman/Bush (2006), Comparable companies, S. 80; Ihlau/Duscha (2012), Anwendung von IDW S 1 bei der Bewertung von KMU, S. 493.

[393] Vgl. Kern/Mölls (2010), Betafaktoren aus einer Peer Group, S. 445-446.

[394] Vgl. hierzu Unterabschnitt 2.8.2.

4 Rechnungswesenbasierte Bestimmungsfaktoren des systematischen Risikos

Erste Überlegungen Informationen aus Jahresabschlüssen für die Evaluierung des übernommenen Risikos durch Investition in Aktien zu nutzen, führten bereits kurz nach der Entwicklung des CAPM Mitte der 1960er Jahre zu wissenschaftlichen Veröffentlichungen. Dabei stellen sowohl der Informationsgehalt von Jahresabschlussdaten für die Bestimmung von Risiko im Allgemeinen als auch die unternehmensspezifischen Determinanten des CAPM-Betas von Unternehmen die zentralen Fragestellungen auf diesem Forschungsgebiet dar. Nicht zuletzt wurde dieser Strang der Literatur durch die Suche nach Handlungsempfehlungen zur Risikosteuerung für Manager motiviert. Auf der einen Seite führen theoretische Überlegungen bezüglich einzelner Aspekte (wie bspw. die Höhe des Verschuldungsgrades) zu Modellen, dessen Erklärungsgehalt überprüft werden muss. Eine der einflussreichsten Arbeiten dieser Art wurde durch BEAVER/KETTLER/SCHOLES (1970) geschaffen. Die Autoren untersuchen neben dem Accounting-Beta den Einfluss sechs weiterer Jahresabschlusskennzahlen auf das CAPM-Beta:

1. Ausschüttungsquote,
2. Wachstum,
3. Fremdkapitalquote,
4. Liquidität,
5. Größe des Unternehmens
6. Variabilität der Gewinne

in einer Querschnittsuntersuchung mit 307 Unternehmen.[395] Die Kenntnis über den Einfluss verschiedener Unternehmensfaktoren auf das systematische Risiko wird durch Finanzdienstleister verwertet. So bestimmt bspw. MSCI Barra ein ‚predicted beta', welches durch verschiedene fundamentale Unternehmens- und makroökonomische Größen abgeleitet wird.[396] Alternativ zu den Untersuchungsmodellen, welche einzelne Aspekte (auch kombiniert) betrachten, stellen komplexe Dekompositionsmodelle des CAPM-Betas Möglichkeiten dar, die Einflussfaktoren rein modelltheoretisch abzuleiten. Diese werden im Kapitel 4.3 näher dargestellt. Die Instrumentalisierung der einzelnen Variab-

---

[395] Vgl. BEAVER/KETTLER/SCHOLES (1970), Accounting risk measures, S. 660.
[396] Vgl. PRATT/GRABOWSKI (2010), Cost of capital, S. 176-177.

len zur empirischen Überprüfbarkeit der Dekompositionsmodelle ist jedoch regelmäßig mit Schwierigkeit behaftet. Im Folgenden sollen die beiden Vorgehensweisen, die grundsätzlich nicht völlig überschneidungsfrei sind, vorgestellt werden.

Wie zuvor dargestellt, wird innerhalb der Kapitalmarktmodelle (bspw. im CAPM) ausschließlich der Beitrag des systematischen Risikos in Form von Renditeforderungen vergütet, wohingegen die idiosynkratrischen Risiken diversifizierbar sind und sich somit nicht in einer höheren Renditeforderung widerspiegeln. Alle Aktiva eines Unternehmens werden als Portfolio angesehen und der Gedanke der Diversifizierung kann auf Unternehmensebene fortgesetzt werden, da einzelne verschiedene Projekte innerhalb eines Unternehmens gemeinsam durchgeführt werden.[397]

Wird das Unternehmen aus bilanzieller Sicht betrachtet, kann versucht werden, die verschiedenen Arten des Risikos grafisch darzustellen. Abbildung 10 zeigt die Aufgliederung des gesamten Risikos aus bilanzorientierter Sichtweise in das Finanzvermögensrisiko, Geschäftsrisiko und das Finanzierungsrisiko.

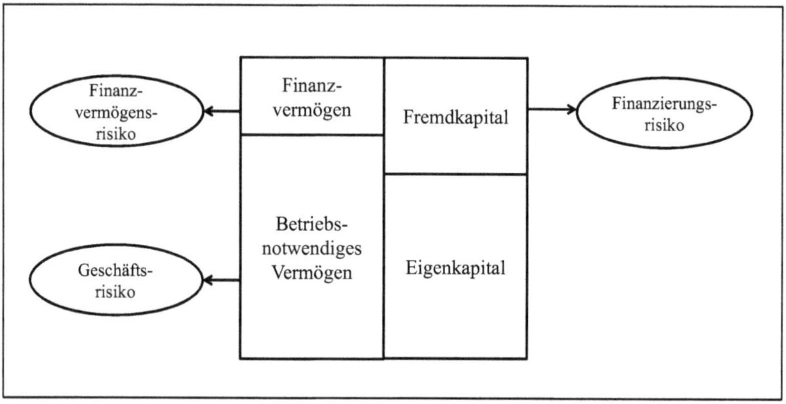

Abbildung 10: Unternehmensrisiko aus Bilanzsicht

Quelle: In Anlehnung an HAWAWINI/VIALLET (2011), Finance for executives, S. 457.

[397] Vgl. RYAN (1997), Accounting numbers and systematic risk, S. 83.

Diese verschiedenen Arten des Risikos werden im Folgenden näher untersucht. Dazu wird die vorhandene Literatur der potentiellen Einflussfaktoren des CAPM-Betas theoretisch ausgewertet, um aus dieser Betrachtung diejenigen abzuleiten, die auch für nicht börsennotierte Unternehmen Anwendung finden können.

4.1 Theoretische Begründung empirisch motivierter Untersuchungsvariablen

Die folgenden Unterabschnitte beschreiben Variablen und deren ökonomische Begründung, deren Einflüsse in früheren Studien untersucht wurden. Dabei fehlte in den Aufsätzen oft die streng mathematisch modelltheoretische Fundierung der einzelnen Variablen. Vielmehr wurden die möglichen Zusammenhänge eher qualitativ erklärt, um das Inkludieren einer Untersuchungsvariablen zu rechtfertigen.

4.1.1 Accounting-Beta

Eine der ersten Studien, die den Zusammenhang zwischen dem systematischen Marktrisiko, ausgedrückt durch β^{CAPM}, und unternehmensspezifischen Jahresabschlussdaten untersucht, wurde von BALL/BROWN (1969) bereitgestellt. Die Autoren bestimmten als Analogie zum β^{CAPM} eine Kennzahl, die sich im späteren Schrifttum als Accounting-Beta β^{Acc} etabliert. Dazu wurden Zeitreihenregressionen verschiedener Ertragsgrößen aus dem Jahresabschluss (Operating Income, Net Income, Earnings per Share) bezüglich eines Unternehmens und eines Gesamtmarktes durchgeführt.[398] Der Marktindex wurde dabei als Durchschnitt der Ertragsgrößen der restlichen Unternehmen innerhalb der Studie berechnet, wobei auf die Durchschnittsbildung nicht näher eingegangen wird. BALL/BROWN (1969) überprüfen sowohl absolute, mit dem Eigenkapital gewichtete und einfach differenzierte Ertragswerte, wobei die letztgenannten dem Renditekonzept des CAPM am ähnlichsten sind und in Formel (99) dargestellt ist:

$$\Delta Income_{j,t} = \alpha_j + \beta_j^{Acc} \cdot \Delta M_{j,t}^{Income} + \varepsilon_{j,t} \tag{99}$$

[398] Vgl. BALL/BROWN (1969), Portfolio theory and accounting, S. 318.

mit:

$Income_{j,t}$...Ertragsgröße des Unternehmens j zum Zeitpunkt t

$M_{j,t}^{Income}$......durchschnittliche Ertragsgröße aller Unternehmen $i \neq j$ ('Markt').

Wird das Accounting-Beta mithilfe Kleinste-Quadrate-Schätzung bestimmt, kann es in allgemeiner Form folgendermaßen berechnet werden:[399]

$$\beta_j^{Acc} = \frac{Cov\left(Income_{j,t}, M_{j,t}^{Income}\right)}{Var\left[M_{j,t}^{Income}\right]}. \tag{100}$$

Wenn das β^{CAPM} das marktorientierte Maß des systematischen Risikos darstellt, so kann das Accounting-Beta als buchhalterische Risikokennziffer interpretiert werden.[400] Ein formaler Zusammenhang zwischen β^{CAPM} und β^{Acc} wird durch BOWMAN (1979) dargestellt.[401] Wird für die Rendite des Unternehmens j und des Marktes M durch die buchhalterische Definition

$$R_{j,t} = \frac{JÜ_{j,t}}{EK_{j,t-1}} \text{ und } R_M = \frac{\sum JÜ_{j,t}}{\sum EK_{j,t-1}} = \frac{JÜ_{M,t}}{EK_{M,t-1}} \tag{101}$$

akzeptiert, wobei die Ertragsgröße hier bspw. der Jahresüberschuss $JÜ$ ist, so kann

$$\beta_{i,t}^{CAPM} = \frac{Cov\left(R_{i,t}, R_{M,t}\right)}{Var\left[R_{M,t}\right]} \tag{102}$$

mit Formel (101) wie folgt dargestellt werden:

$$\beta_{j,t}^{CAPM} = \frac{Cov\left(\frac{JÜ_{j,t}}{EK_{j,t-1}}, \frac{JÜ_{M,t}}{EK_{M,t-1}}\right)}{Var\left[\frac{JÜ_{M,t}}{EK_{M,t-1}}\right]}, \tag{103}$$

$$\beta_{j,t}^{CAPM} = \frac{1}{EK_{j,t-1} \cdot EK_{M,t-1} \cdot Var\left[\frac{JÜ_{M,t}}{EK_{M,t-1}}\right]} \cdot Cov\left(JÜ_{j,t}, JÜ_{M,t}\right), \tag{104}$$

---

399 Vgl. BILDERSEE (1975), Alternative measures of risk, S. 84; BOWMAN (1979), Systematic risk and accounting variables, S. 623; HILL/STONE (1980), Risk-composition approach, S. 601, BEAVER/KETTLER/SCHOLES (1970), Accounting risk measures, S. 666; BRIMBLE/HODGSON (2007), Risk relevance of accounting variables, S. 559.

400 Vgl. BEAVER/KETTLER/SCHOLES (1970), Accounting risk measures, S. 663.

401 Vgl. BOWMAN (1979), Systematic risk and accounting variables, S. 623.

$$\beta_{j,t}^{CAPM} = \frac{EK_{M,t-1}}{EK_{j,t-1}} \cdot \frac{Cov\left(JÜ_{j,t}, JÜ_{M,t}\right)}{Var\left[JÜ_{M,t}\right]}. \tag{105}$$

Die marktorientierte Maßzahl des systematischen Risikos steht demnach formal in direktem Zusammenhang mit der buchhalterischen Risikomaßzahl.[402]

4.1.2 Variabilität der Erträge

Seit MARKOWITZ (1952) stellt die Abweichung von einer erwarteten Größe, gemessen anhand der Varianz (oder der Standardabweichung), ein Maß für das Risiko dar. Obwohl damit sowohl positive als auch negative Abweichungen gleichgewichtig in die Bestimmung der Maßzahl einfließen und deshalb eine Vielzahl an verschiedenen Risikokonzepten entwickelt wurde,[403] nimmt die Volatilität dennoch eine zentrale Rolle innerhalb der Finanzwirtschaft ein.[404] Obwohl die Kovariabilität der Unternehmenserträge bezüglich eines Markts (wie oben beschrieben, ausgedrückt durch das Accounting-Beta) aufgrund der Analogie zum CAPM-Beta einen Einfluss vermuten lässt, ist die direkte Berücksichtigung der Schwankungsintensität der Erträge, die den Investoren entweder als thesaurierte Gewinne in Form von Wachstum oder durch direkte Ausschüttungen zur Verfügung stehen, unter Risikogesichtspunkten dennoch eine begründete Schlussfolgerung.[405] Größere Schwankungsbreiten stellen dabei allgemein ein höheres Risiko dar, da eben auch die negative Ausprägung realisiert werden kann. BOWMAN (1979) i. V. m. BOWMAN (1981) stellt in theoretischer Form einen positiven Zusammenhang zwischen Variabilität der Erträge und dem CAPM-Beta dar.[406] Es kann somit ein direkter Zusammenhang zwischen der Variabilität und dem Risiko unterstellt werden.[407] Als ein mit der Standardabweichung der Erträge verbundenes Pendant kann die Persistenz der Erträge gesehen werden.[408] Wenn Erträge eines Unternehmens regelmäßig wiederkehrend sind, können diese als nachhaltig angesehen werden und reduzieren somit das Risiko des In-

---

402 Vgl. BOWMAN (1979), Systematic risk and accounting variables, S. 624.

403 Dazu zählen u. a. Lower Partial Moments, Value at Risk sowie Conditional Value at Risk. Vgl. SPREMANN (2008), Portfoliomanagement, S. 112-119; HENSELMANN/KLEIN/FÜRST (2010), Einsatz von Value at Risk, S. 459-467; HULL (2011), Risikomanagement, S. 187-208.

404 Vgl. HULL (2011), Risikomanagement, S. 3.

405 Vgl. BEAVER/KETTLER/SCHOLES (1970), Accounting risk measures, S. 662.

406 Vgl. BOWMAN (1979), Systematic risk and accounting variables, S. 624-625; BOWMAN (1981), Systematic risk and accounting variables: Reply, S. 749.

407 Vgl. THOMPSON (1976), Sources of systematic risk, S. 179.

408 Vgl. FRANCIS ET AL. (2004), Costs of equity, S. 972.

vestors. Die Risikoreduzierung aufgrund der besseren Prognostizierbarkeit der Erträge ist mit einer Verringerung der geforderten Kapitalkosten und damit einer Verringerung des CAPM-Beta der Investition verbunden. Es ist somit ein negativer Zusammenhang zwischen Persistenz der Erträge und dem systematischen Risiko ableitbar. Anstelle der Schwankung der Erträge kann auch die Variabilität der Cash Flows[409] untersucht werden, da diese in die DCF-Bewertungsverfahren direkt einfließen. Um einen Wert zu erhalten, der innerhalb verschiedener Unternehmen vergleichbar ist, sollte die Standardabweichung durch Division des Erwartungswerts in eine standardisierte Form transformiert werden (Variationskoeffizient).[410]

4.1.3 Ausschüttungsverhalten

LOGUE/MERVILLE (1972) argumentieren, dass Dividenden gegenüber Kursgewinnen bei Investoren als vermeintlich sicherer gelten, so dass das Risiko für Anleger durch eine hohe Ausschüttungsquote reduziert wird.[411] MOYER/CHATFIELD (1983) sehen in Dividenden ein positives Signal für die zukünftige Performance des Unternehmens, weswegen ein negativer Zusammenhang zwischen der Ausschüttungsquote und des CAPM-Betas unterstellt wird.[412] Auch BEAVER/KETTLER/SCHOLES (1970) begründen theoretisch einen negativen Zusammenhang zum β^{CAPM}, da Firmen mit einer hohen Volatilität an Gewinnen (riskanter) eine geringere konstante Dividende wählen (wenn das Ziel eine Ausschüttungskontinuität darstellt) und somit die Ausschüttungsquote entsprechend gering ist.[413] Demgegenüber argumentieren VOULGARIS/RIZONAKI (2011), dass ggf. ein positiver Zusammenhang zwischen Ausschüttungsquote und systematischem Risiko existieren kann, wenn das Unternehmen auch in Zeiten geringer Gewinne die Ausschüttungen konstant halten möchte und diese durch Fremdkapitalaufnahme finanziert werden müssen.[414]

---

409 Vgl. KIM/ISMAIL (1998), Accounting analysis of the risk-return relationship, S. 176.
410 Vgl. VOS (1992a), Risk measurement in small businesses, S. 49.
411 Vgl. LOGUE/MERVILLE (1972), Financial policy, S. 41.
412 Vgl. MOYER/CHATFIELD (1983), Market power and systematic risk, S. 127.
413 Vgl. BEAVER/KETTLER/SCHOLES (1970), Accounting risk measures, S. 660.
414 Vgl. VOULGARIS/RIZONAKI (2011), Systematic, financial and operating risk, S. 210.

4.1.4 Wachstum

Das Wachstum eines Unternehmens kann auf verschiedene Arten ausgedrückt werden. Als wachsend kann ein Unternehmen gelten, wenn bspw. Umsatzerlöse, Cash Flows, diverse Ertragsgrößen oder die Größe des Unternehmens, gemessen an der Bilanzsumme, im Zeitverlauf ansteigen. Deshalb ist eine theoretische Fundierung des Wirkungszusammenhangs zwischen β^{CAPM} und Wachstum nicht offensichtlich. Eine positive Beziehung kann aufgrund des steigenden Finanzbedarfs begründet werden. Wird dieser bspw. durch eine Eigenfinanzierung gedeckt, reduzieren sich die Ausschüttungen an die Eigenkapitalgeber, was zu einer Erhöhung des Risikos führt (vgl. Unterabschnitt 4.1.3).[415] Weiterhin kann argumentiert werden, dass Unternehmen in Geschäftsfeldern wachsen, welche potentiell auch für Konkurrenten interessant sein können. Durch die erhöhte Konkurrenz steigt die Wahrscheinlichkeit negativer Ergebnisse für das Unternehmen und somit geringerer Erträge für die Investoren. Zwar können Hemmnisse (Patente oder besondere Fähigkeiten und Fertigkeiten) den Eintritt von Konkurrenten in das Wachstumsfeld beschränken, jedoch ist grundsätzlich davon auszugehen, dass der Einkommensstrom unsicherer ist als das bisherige Geschäft des Unternehmens.[416] Umsatz und Umsatzwachstum sind somit wesentliche Einflussgrößen für den Erfolg und damit auch für das Geschäftsrisiko eines Unternehmens.[417] Dennoch können auch Argumente für einen negativen Zusammenhang theoretisch schlüssig dargestellt werden. Eine hohe Wachstumsrate der Erträge sollte den Verschuldungsgrad des Unternehmens (durch einen c. p. höheren Marktwert des Eigenkapitals) verringern und deswegen ebenfalls das CAPM-Beta reduzieren.[418] Alternativ haben Unternehmen mit einem großen EBIT-Wachstum aufgrund hoher Erwartungen der Investoren einen relativ konstant hohen Aktienpreis, wogegen Unternehmen mit geringem Wachstum volatilere Aktienkurse aufweisen.[419]

Eine theoretische Herleitung des negativen Zusammenhangs zwischen Cash Flow Wachstum und CAPM-Beta ist in TURNBULL (1977)[420] sowie in MYERS/TURNBULL

---

[415] Vgl. LOGUE/MERVILLE (1972), Financial policy, S. 41.
[416] Vgl. BEAVER/KETTLER/SCHOLES (1970), Accounting risk measures, S. 661.
[417] Vgl. GINER/REVERTE (2006), Risk-relevance of accounting data, S. 186.
[418] Vgl. HONG/SARKAR (2007), Beta and its determinants, S. 435.
[419] Vgl. LEE/JANG (2007), Systematic risk determinants, S. 436, BORDE (1998), Risk diversity, S. 66.
[420] Vgl. TURNBULL (1977), Systematic risk, S. 1137.

(1977)[421] zu finden. Wird Wachstum als Wachstumsmöglichkeit (growth opportunity) im Sinne von MODIGLIANI/MILLER (1963) verstanden, kann BOWMAN (1979) theoretisch zeigen, dass dies keinen Einfluss auf das systematische Risiko aufweist.[422]

4.1.5 Profitabilität und operative Effizienz

Die Profitabilität eines Unternehmens kann auf verschiedenen Arten zum Ausdruck gebracht werden. Auf der einen Seite kann als Relation eine Flussgröße, wie bspw. der Umsatz, auf der anderen Seite eine Kapitalgröße herangezogen werden. Wird die Profitabilität eines Unternehmens als Gesamtkapitalrendite (Quotient aus EBIT und Gesamtkapital) gemessen, so ist diese in Umschlagshäufigkeit des Gesamtkapitals (Assets Turnover) und die Umsatzrendite aufspaltbar.[423] Somit gilt:

$$r_{GK} = \underbrace{\frac{S}{GK}}_{\text{Umschlagshäufigkeit des GK}} \cdot \underbrace{\frac{EBIT}{S}}_{\text{Umsatzrendite}} . \tag{106}$$

Die Umschlagshäufigkeit des Gesamtkapitals, kann als Proxy für die operative Effizienz eines Unternehmens interpretiert werden, da diese Maßzahl angibt, wie viel Umsatz mit den vorhandenen Vermögensgegenständen generiert werden kann. Einerseits ist ein positiver Zusammenhang zwischen CAPM-Beta und Profitabilität vorstellbar, da Investoren eine höhere Rendite von profitableren Unternehmen erwarten. Andererseits führt eine höhere operative Effizienz zu höheren Umsätzen, was i. d. R. zu höheren Gewinnen führt.[424] Damit reduziert eine gesteigerte Effizienz die Wahrscheinlichkeit von Verlusten der Eigenkapitalgeber, so dass ein negativer Zusammenhang zum systematischen Risiko hergeleitet werden kann.[425] Demgegenüber argumentiert BORDE (1998), dass die Unternehmen, die höhere Gewinne generieren, dieses nur auf Kosten einer aggressiven Geschäftsstrategie und somit durch höheres systematisches Risiko erreichen.[426] Ein eindeutiger Zusammenhang zwischen Profitabilität und systematischem Risiko ist somit aus theoretischen Überlegungen nicht ableitbar.

---

[421] Vgl. MYERS/TURNBULL (1977), Capital budgeting and the CAPM, S. 327.
[422] Vgl. BOWMAN (1979), Systematic risk and accounting variables, S. 627-628.
[423] Vgl. LOGUE/MERVILLE (1972), Financial policy, S. 41.
[424] Vgl. KIM/KIM/GU (2012), Determinants of systematic risk, S. 31.
[425] Vgl. LOGUE/MERVILLE (1972), Financial policy, S. 41; LEE/JANG (2007), Systematic risk determinants, S. 436.
[426] Vgl. BORDE (1998), Risk diversity, S. 66.

4.1.6 Grad der Fremdfinanzierung

Unter der Annahme von risikolosem Fremdkapital $(\beta_{FK} = 0)$ konnte, wie bereits in Unterabschnitt 2.8.2.1 dargestellt, HAMADA (1972) sowie RUBINSTEIN (1973) einen positiven Zusammenhang zwischen dem verschuldeten Eigenkapital-Beta β^{CAPM} und dem Verschuldungsgrad modelltheoretisch nachweisen.[427] BOWMAN (1979) zeigt, dass diese Beziehung auch bei ausfallgefährdetem Fremdkapital bestehen bleibt.[428] Aufgrund eines höheren Anteils an Fremdkapital und der damit verbundenen festgelegten Zinszahlung[429] erhöht sich die Volatilität der Jahresüberschüsse pro Aktie eines Unternehmens.[430] Tabelle 5 im Unterabschnitt 3.4.2 stellt diesen Sachverhalt exemplarisch dar. Auch MERTON (1974) kann in einem optionspreistheoretischen Modell zeigen, dass mit einer steigenden Verschuldung die Wahrscheinlichkeit einer Insolvenz und somit das Risiko für Eigenkapitalgeber steigt.[431] Damit kann die Verschuldung als kapitalstrukturinduziertes Risiko für die Eigenkapitalgeber angesehen werden.[432]

4.1.7 Operating Leverage

Der Operating Leverage stellt das Verhältnis der fixen zu den variablen Kosten dar[433] und kann demnach als Pendant des Verschuldungsgrades der Aktivseite aufgefasst werden. Die Investitionsentscheidungen eines Unternehmens beeinflussen somit die Kostenstruktur und sind Teil des leistungswirtschaftlichen Risikos.[434] Die Fähigkeit des Unternehmens auf Absatzveränderungen reagieren zu können und damit die Auswirkungen auf das Jahresergebnis zu minimieren, werden in erheblichem Maße durch den Fixkostenanteil determiniert. Im Falle einer guten wirtschaftlichen Situation eines Unternehmens wirkt ein hoher Fixkostenanteil rentabilitätssteigernd, da Absatzsteigerungen c. p. zum großen Anteil direkt ergebnissteigernd wirken. Im Zustand schlechter wirtschaftlicher Lage wirkt sich dieser Effekt jedoch negativ aus. Somit stellt, wie bereits in Unter-

---

427 Vgl. HAMADA (1972), Capital structure and systematic risk, S. 439, RUBINSTEIN (1973), Corporate financial theory, S. 177.

428 Vgl. BOWMAN (1979), Systematic risk and accounting variables, S. 621-622.

429 Vgl. HILL/STONE (1980), Risk-composition approach, S. 600.

430 Vgl. MOYER/CHATFIELD (1983), Market power and systematic risk, S. 126.

431 Vgl. MERTON (1974), Pricing of corporate debt, S. 463.

432 Vgl. BEAVER/KETTLER/SCHOLES (1970), Accounting risk measures, S. 661.

433 Vgl. LEV (1974), Operating leverage and risk, S. 627. Alternativ stellt auch der Anteil der variablen Kosten an den Gesamtkosten ein Maß des Operating Leverage dar.

434 Vgl. BAUER (1992), Risiko von Aktienanlagen, S. 70-71; STEINER/BAUER (1992), Fundamentale Analyse, S. 352.

abschnitt 3.4.2 aufgezeigt, der Operating Leverage eine wesentliche Einflussdeterminante auf das systematische Aktienrisiko dar. GAHLON/GENTRY (1982) entwickeln ein Modell in dem u. a. der Operating Leverage als Variable berücksichtigt wird. Dennoch kann keine exakte Aussage über die Richtung des Einflusses abgeleitet werden, da der Operating Leverage sowohl im Zähler als auch im Nenner der Gleichung in multiplikativ verknüpfter Form mit anderen Einflussvariablen vorkommt.[435] Somit lassen sich nur c. p.-Aussagen für die gemeinsamen Terme bestimmen. Andere Autoren sprechen sich für einen eindeutig positiven Zusammenhang aus, so dass eine Erhöhung des Operating Leverage theoretisch eine Steigerung des β^{CAPM} zur Folge hat.[436] ANG/PETERSON/PETERSON (1985) stellen einen direkten modelltheoretischen Zusammenhang zwischen Operating Leverage und systematischem Risiko her.[437] Zusammenfassend kann festgestellt werden, dass ein positiver Zusammenhang zwischen dem Anteil der Fixkosten und dem systematischen Risiko angenommen werden kann.

4.1.8 Deckungsgrad der fixen Verpflichtungen

Der Deckungsgrad der fixen Verpflichtungen wird häufig mit dem Zinsdeckungsgrad gleichgesetzt, welcher eng mit der Höhe des Verschuldungsgrades verbunden ist. Dennoch bestehen fixe Verpflichtungen nicht nur in Form von Zinszahlungen, sondern auch durch Tilgungsleistungen. Der Zinsdeckungsgrad berechnet sich als Quotient einer Erfolgsgröße der GuV (üblicherweise EBIT) zum Zinsaufwand.[438] Analog kann das Verhältnis aus Cash Flow zur Summe aus Fremdkapital und Vorzugsaktien als Proxy für die Deckung der fixen Zahlungsansprüche dienen. Die Verhältniszahlen beschreiben die Fähigkeit des Unternehmens, den Verpflichtungen aus Fremdkapitalansprüchen (und Vorzugsaktien) nachzukommen.[439] Je größer der Zinsdeckungsgrad, desto größer ist die Wahrscheinlichkeit, dass das Unternehmen nicht zahlungsunfähig wird. Somit wird das Risiko für Investoren reduziert, weswegen ein negativer Zusammenhang zwischen

---

435 Vgl. GAHLON/GENTRY (1982), Systematic risk and the DOL and DFL, S. 18.

436 Vgl. MEITNER/STREITFERDT (2011), Unternehmensbewertung, S. 123-124; DAMODARAN (2006), Valuation, S. 51; LEV (1974), Operating leverage and risk, S. 632; PENMAN (2010), Financial Statement Analysis, S. 669.

437 Vgl. ANG/PETERSON/PETERSON (1985), Determinants of risk, S. 9.

438 Vgl. BERK/DEMARZO (2011), Finanzwirtschaft, S. 50.

439 Vgl. BILDERSEE (1975), Alternative measures of risk, S. 83.

β^{CAPM} und Zinsdeckung unterstellt werden kann.[440] Wichtig ist an dieser Stelle darauf hinzuweisen, dass aufgrund der Verbindung des Zinsdeckungsgrades zur Höhe der Verschuldung ggf. ein Auftreten von Kollinearität beobachtbar ist, was in empirischen Untersuchungen zu berücksichtigen ist.

4.1.9 Liquiditätsgrad der Vermögensgegenstände

Die Vermögensgegenstände eines Unternehmens lassen sich nach ihrem Liquiditätsgrad in Anlagevermögen und Umlaufvermögen unterteilen. Es ist vorstellbar, dass liquidere Vermögensgegenstände des Umlaufvermögens weniger Risiko aufweisen als Gegenstände des Anlagevermögens. Kassenbestand als ein Teil des Umlaufvermögens spiegelt den höchsten Liquiditätsgrad wider und hat dabei sowohl eine nominale Rendite als auch eine Standardabweichung der Rendite von null.[441] Fällige Zahlungen eines Unternehmens können bei einer höheren Liquidität eher bedient werden, so dass die Unterbrechung des operativen Geschäfts nicht gefährdet ist. Die mit einer Unterbrechung verbundenen Einbrüche des Umsatzes bzw. Ertrages bleiben aus und das Risiko für die Anteilseigner wird reduziert, so dass ein negativer Zusammenhang zwischen β^{CAPM} und dem Liquiditätsgrad zu vermuten wäre.[442] Der Liquiditätsgrad kann somit auch als das Risiko betrachtet werden, das aufgrund unverzinslich überlassener Verbindlichkeiten des operativen Geschäfts (Operating Liability Leverage) entsteht.[443] Unternehmen, dessen Verhältnis aus Umlaufvermögen zu Anlagevermögen größer ist, sollten demnach ein geringeres β^{CAPM} aufweisen, als Unternehmen, bei denen c. p. dieses Verhältnis kleiner ist.

4.1.10 Unternehmensgröße

Große Firmen stellen sich für einen Investor weniger risikoreich dar, da diese makroökonomische, politische oder soziale Veränderungen besser abfedern können.[444] Ein Erklärungsansatz dafür könnte der zunehmende Grad an Diversifikation innerhalb des

[440] Vgl. VOULGARIS/RIZONAKI (2011), Systematic, financial and operating risk, S. 209.
[441] Vgl. BEAVER/KETTLER/SCHOLES (1970), Accounting risk measures, S. 662.
[442] Vgl. JÄHNCHEN (2009), Kapitalkosten von Versicherungsunternehmen, S. 93.
[443] Vgl. BRIMBLE/HODGSON (2007), Risk relevance of accounting variables, S. 560.
[444] Vgl. SULLIVAN (1978), Cost of capital and the market power, S. 216.

Unternehmens sein.[445] Aufgrund der Größe ist es eher vorstellbar, dass Unternehmen sowohl in ihrer Produktion als auch den Absatzkanälen geografisch diversifiziert sind. Nicht zuletzt aufgrund der ‚Economies of Scale' besteht eine höhere Wahrscheinlichkeit für eine größere Profitabilität dieser Unternehmen, weshalb große Unternehmen als weniger risikoreich gelten können.[446] Mit wachsender Größe eines Unternehmens wird häufig eine stärkere Marktmacht verbunden. Die Marktmacht großer Unternehmen mündet in vergleichsweise höheren Erträgen, weswegen diese als risikoärmer einzustufen sind.[447] Es ist demnach zu vermuten, dass eine inverse Beziehung zwischen β^{CAPM} und der Größe eines Unternehmens existiert.

4.1.11 Branchen-Beta

Wie in Abschnitt 2.7 beschrieben, können bei der Bewertung von Unternehmen Rückgriffe auf Kennzahlen einer Peer Group sinnvoll sein. In vereinfachender Form kann die Vergleichsgruppe anhand der Branchenzugehörigkeit gebildet werden. Innerhalb einer empirischen Untersuchung von Gutachten zur Bewertung von Unternehmen in Rahmen von deutschen Squeeze Outs können HACHMEISTER/KÜHNLE/LAMPENIUS (2009) feststellen, dass für die Bestimmung des unternehmensspezifischen CAPM-Betas Peer Group- bzw. Branchen-Betas verwendet werden.[448] In der Schweizer Gutachterpraxis werden überwiegend Peer Group- bzw. Branchen-Betas zur Bestimmung des systematischen Risikos herangezogen.[449] BOWMAN/BUSH (2006) nutzen Branchen-Betas für die Erklärung des CAPM-Betas des zu bewertenden Unternehmens in die Untersuchung auf. Ist das Geschäftsgebiet ein guter Stellvertreter für eine Peer Group, so ist ein positiver Erklärungszusammenhang zu erwarten. Zunächst werden die CAPM-Betas der Unternehmen einer Branche bestimmt. Danach wird der Finanzierungseffekt eliminiert (Unlevered Beta)[450] und ein aggregiertes Unlevered Branchen Beta ermittelt. Das Levered Branchen Beta, welches letztlich in die Untersuchung einfließt, beinhaltet den Ver-

---

[445] Vgl. LEV (1983), Economic determinants of earnings, S. 36.
[446] Vgl. TITMAN/WESSELS (1988), Determinants of capital structure, S. 6.
[447] Vgl. ANG/PETERSON/PETERSON (1985), Determinants of risk, S. 8; MOYER/CHATFIELD (1983), Market power and systematic risk, S. 125.
[448] Vgl. HACHMEISTER/KÜHNLE/LAMPENIUS (2009), Squeeze-Out, S. 1243.
[449] Vgl. HÜTTCHE (2012), Unternehmensbewertung in der Schweiz, S. 210.
[450] Vgl. Unterabschnitt 2.8.2.1.

schuldungsgrad zu Marktwerten des Bewertungsobjekts.[451] Somit ist dieses Vorgehen nicht direkt auf nicht börsennotierte Unternehmen anwendbar.

4.1.12 Weitere Untersuchungsvariablen

Neben den bereits besprochenen Größen, welche mehrfach als Erklärungsvariablen in Studien untersucht wurden, existieren zusätzliche Determinanten, die vereinzelt Anwendung fanden. Teilweise sind diese auch nicht direkt für eine Erklärung bei nicht börsennotierten Unternehmen nutzbar. Mitunter wurde bspw. Industriekonzentration[452], Buchwert-Marktwert-Verhältnis[453] (als Surrogat von Wachstumspotentialen im Unternehmen), Unternehmenssteuersatz[454], Handelsvolumen der Aktien[455] sowie Umsatz-Forderungen-Verhältnis[456] untersucht. Dabei ist zu beachten, dass die vorgenannten Einflussvariablen möglicherweise stellvertretend für andere Determinanten stehen. Es ist somit zu prüfen, ob zwischen den Variablen ggf. Multikollinearität vorherrscht.

4.2 Qualitative Aufspaltung des fundamentalen Risikos

Mithilfe theoretischer Überlegung kann das (fundamentale) systematische Risiko auch analog eines DuPont-Schemas in einzelne Einflussdeterminanten zerlegt werden.[457] In einer ersten Aufteilung wird das systematische Risiko in das Geschäftsrisiko (Operating Risk), das Finanzierungsrisiko (Financial Risk) und das Wachstumsrisiko (Growth Risk) zerlegt.[458] Geschäftsrisiko und Finanzierungsrisiko spiegeln dabei die Unsicherheit des Investors wider, die erwartete Rendite zu erhalten (Return on Equity Risk). Demgegenüber stellt das Wachstumsrisiko die Unsicherheit über die Investitionsmöglichkeiten und die damit verbundenen Umsatz- bzw. Gewinnsteigerungen dar. Abbil-

---

451 Vgl. BOWMAN/BUSH (2006), Comparable companies, S. 73.
452 Vgl. MOYER/CHATFIELD (1983), Market power and systematic risk, S. 127.
453 Vgl. ROSENBERG/MCKIBBEN (1973), Systematic and specific risk, S. 324; ZIMMERMANN (1997), Betawerte, S. 286; BOWMAN/BUSH (2006), Comparable companies, S. 74; BRIMBLE/HODGSON (2007), Risk relevance of accounting variables, S. 560; HASSAN ET AL. (2011), Voluntary disclosure and risk, S. 38.
454 Vgl. HONG/SARKAR (2007), Beta and its determinants, S. 435-436.
455 Vgl. BREEN/LERNER (1973), Market measures of risk, S. 342.
456 Vgl. ELDOMIATY/DHAHERY/SHUKRI (2009), Fundamental determinants of systematic risk, S. 67.
457 Vgl. BRIMBLE/HODGSON (2007), Risk relevance of accounting variables, S. 555.
458 Vgl. GINER/REVERTE (2006), Risk-relevance of accounting data, S. 184.

dung 11 stellt die Vorgehensweise von PENMAN (2010) dar und soll als Basis für die Ausführungen im kommenden Abschnitt dienen.

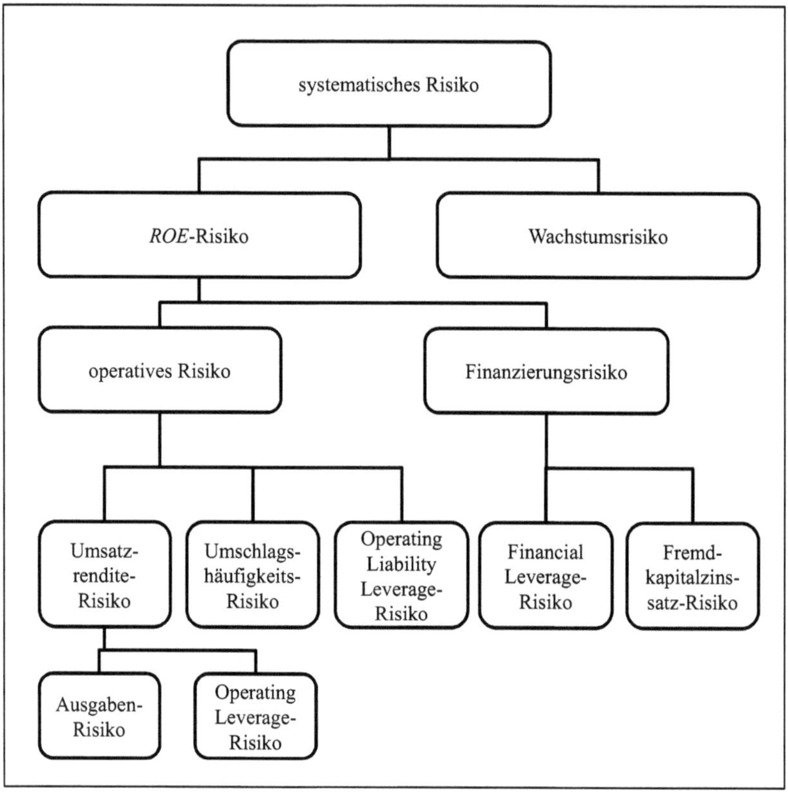

Abbildung 11: Einflussgrößen des fundamentalen Risikos

Quelle: In Anlehnung an PENMAN (2010), Financial Statement Analysis, S. 668.

Ausgehend von der MODIGLIANI/MILLER-These II (ohne Steuern)[459] kann die Eigenkapitalrendite (Return on Equity, *ROE* oder Return on Common Equity bezeichnet) aus buchhalterischer Sicht auch analog durch Formel (107) dargestellt werden:[460]

[459] Vgl. dazu Unterabschnitt 2.8.2.1.

[460] Vgl. dazu und im Folgenden PENMAN (2010), Financial Statement Analysis, S. 669.

$$ROE = RNOA + \frac{FK}{EK}(RNOA - r_{FK}) \tag{107}$$

mit:

$RNOA$...Return on Net Operating Assets.

$RNOA$ ist die Rendite, welche durch die operativen Vermögensgegenstände des Unternehmens erwirtschaftet wird und demnach (aufgrund der Ausgeglichenheit der Aktiv- und Passivseite der Bilanz) als Gesamtkapitalrendite bezeichnet werden kann. Diese Rendite wird maßgeblich durch das Gewinnmargenrisiko (Profit Margin Risk; $EBIT$ zu Umsatz) und Risiko der Umschlagshäufigkeit (Asset Turnover Risk; Umsatz zu nettobetriebsnotwendigem Vermögen NOA) beeinflusst. Durch unternehmensexterne Faktoren, wie bspw. einem neuen Konkurrenten, können Umsätze aufgrund von geringerem Absatz oder Preis sinken. Können NOA nicht im gleichen Maße reduziert werden, da diese ggf. langfristig im Unternehmen gebunden sind (bspw. Spezialmaschinen), reduziert dies zwangläufig die Umschlagshäufigkeit und damit den $RNOA$. Das Gewinnmargenrisiko setzt sich aus Kostenrisiko (Expense Risk) und dem Operating Leverage Risiko zusammen. Das Kostenrisiko subsumiert die Risiken, so dass die umsatzanteiligen Ausgaben, wie bspw. für Löhne oder Vorprodukte, steigen. Das Operating Leverage Risiko stellt dabei auf die Kostenstruktur, also dem Verhältnis fixer und variabler Kosten, ab. Ähnlich dem Risiko der Umschlagshäufigkeit stellt ein hoher Operating Leverage das Risiko dar, dass bei sinkenden Umsätzen aufgrund hoher Fixkostenanteile der $RNOA$ sinkt. Des Weiteren wirkt eine Veränderung der Quote aus ‚Verbindlichkeiten aus Lieferungen und Leistungen sowie anderen unverzinslich überlassenen Verbindlichkeiten des operativen Geschäfts' (Operating Liabilities) und NOA auf $RNOA$ aus.[461]

Nachdem der erste Teil der rechten Seite von Formel (107) sich direkt mit $RNOA$ befasst, verdeutlicht der zweite Teil das Finanzierungsrisiko, welches von einem Anleger übernommen wird. Dabei kann eine Unsicherheit bezüglich der Höhe des Verschuldungsgrades (Financial Leverage Risk) risikosteigernd wirken. Der Beitrag des Verschuldungsgrades wurde bereits im Abschnitt 4.1 diskutiert. Zudem kann der Renditespread ($RNOA - r_{FK}$; Operating Spread) durch eine steigende Fremdkapitalverzinsung sinken, was grundsätzlich negative Veränderungen des $RNOA$ zur Folge hat.

[461] Vgl. PENMAN (2010), Financial Statement Analysis, S. 669.

Sollte der Operating Spread negativ werden, wirkt der Verschuldungsgrad direkt reduzierend auf den ROE. Eine Steigerung des Verschuldungsgrads erhöht die Wahrscheinlichkeit eines Ausfalls durch fixierte Fremdkapitalzahlungen und kann somit zu einem negativen Operating Spread führen.[462]

Für einen gegebenen Verschuldungsgrad erhöht sich der Marktwert des Eigenkapitals durch eine Steigerung des nettobetriebsnotwendigen Vermögens (NOA). Das Risiko, welches mit der Unsicherheit des Wachstums des NOA zusammenhängt, wird als Wachstumsrisiko bezeichnet. Sollte die Umschlagshäufigkeit konstant sein, so ist die Veränderung der NOA direkt abhängig von den Veränderungen des Umsatzes.[463] Demnach sind nicht nur die erwarteten Umsätze, sondern auch das erwartete Umsatzwachstum als Risikofaktor zu identifizieren.

Aufgrund unterschiedlichster Interdependenzen innerhalb der verschiedenen Einflussfaktoren ist eine eindeutige Aussage bezüglich der Richtung des Risikos (Erhöhung oder Verringerung) aufgrund von Umsatzveränderungen schwierig. In Abbildung 12 wird von einer Verringerung des Umsatzes ausgegangen, was bspw. in einer Verringerung der Umschlagshäufigkeit und einem geringeren Wachstum der NOA mündet. Zusätzlich ist vorstellbar, dass der Umsatzrückgang Auswirkungen auf die geforderte Fremdkapitalverzinsung und die Höhe der Operating Liabilities hat. Eine erhöhte Insolvenzwahrscheinlichkeit aufgrund geringerer Gewinne stellt dann die Folge dar.

462 Vgl. GINER/REVERTE (2006), Risk-relevance of accounting data, S. 186.
463 Vgl. PENMAN (2010), Financial Statement Analysis, S. 670.

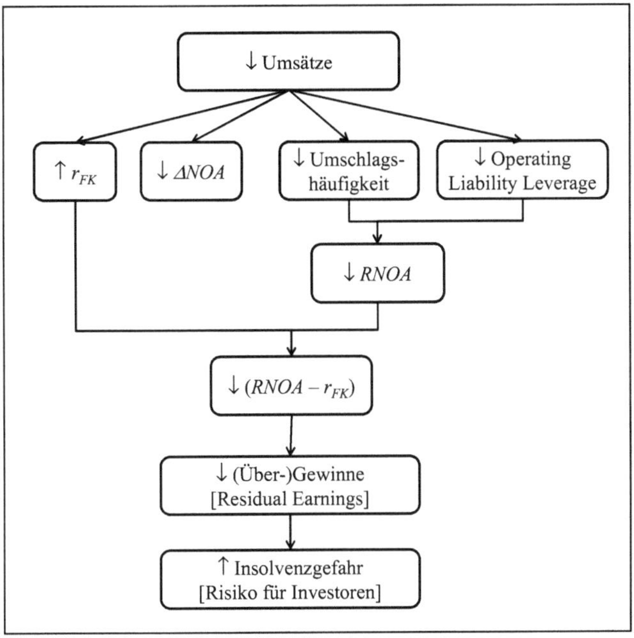

Abbildung 12: Auswirkungen von Umsatzrückgängen

Quelle: Eigene Darstellung in Anlehnung an PENMAN (2010), Financial Statement Analysis, S. 670.

Eine empirische Überprüfung des Modells von PENMAN erfolgte durch GINER/REVERTE (2006) anhand von 47 Unternehmen, welche an der Madrider Börse gelistet sind, im Untersuchungszeitraum 1987 bis 2002. Als abhängige Variable wird jedoch nicht das CAPM-Beta, sondern die Eigenkapitalkosten gewählt. Das Ergebnis der multiplen linearen Regression stellt einen positiven signifikanten Zusammenhang der Einflussvariablen Gewinnmarge, Umschlagshäufigkeit, Operating Liabilities Leverage, Verschuldungsgrad und Wachstum dar. Einzig die Fremdkapitalkosten liefern keinen signifikanten Erklärungszusammenhang.[464] Nach Kenntnis des Autors dieser Arbeit stellt die Studie von GINER/REVERTE (2006) die einzige empirische Untersuchung des Modells von PENMAN dar, die alle Determinanten einschließt. Weitere Arbeiten beschränken sich auf

[464] Vgl. GINER/REVERTE (2006), Risk-relevance of accounting data, S. 199.

die Berücksichtigung nur einzelner Einflussfaktoren des PENMAN-Modells. BRIMBLE/HODGSON (2007) untersuchten den Einfluss auf das systematische Risiko bei 129 australischen Börsenunternehmen zwischen 1991 und 2000. Sie betrachteten neben weiteren Größen vier des PENMAN-Modells. Es ergaben sich signifikante Zusammenhänge bei Gewinnmarge, Operating Liabilities Leverage und Wachstum. Der Verschuldungsgrad hatte innerhalb dieser Studie keinen signifikanten Einfluss auf das CAPM-Beta.[465]

4.3 Mathematische Aufspaltung des systematischen Risikos

Eine Alternative der Aufspaltung des systematischen Risikos durch theoretische Überlegungen stellen mathematisch geschlossene Dekompositionsmodelle dar. Der Ausgangspunkt dieser Modelle ist der in Formel (84) dargestellte Zusammenhang des CAPM-Betas:

$$\beta_j^{CAPM} = \beta_j = \frac{Cov\left(R_j, R_M\right)}{Var\left[R_M\right]}. \tag{84}$$

Eine Aufspaltung des CAPM-Betas mithilfe mathematischer Transformationen versucht die Darstellung der Einflussfaktoren mithilfe ökonomisch messbarer Größen aufzuzeigen. Bereits in den Modellen von HAMADA (1972), LEV (1974) und BOWMAN (1979) wurden einzelne Einflussdeterminanten des systematischen Risikos berücksichtigt. HILL/STONE (1980) berücksichtigen den gemeinsamen Zusammenhang zwischen Geschäftsrisiko (Operating Risk) und Finanzierungsrisiko,[466] indem eine Analogie zum CAPM-Beta auf Basis von Jahresabschlussdaten genutzt wird. Unter den Annahmen einer gegebenen Kapitalstruktur und nicht ausfallgefährdeten Fremdkapitals stellt das Ergebnis von HILL/STONE (1980) ein Gegenstück zu HAMADA (1972)[467] dar. Im Gegensatz zu HAMADA (1972) wird jedoch das β_j^0 relativ zu einem Marktindex gemessen, der aus Return on Assets ROA gebildet wird:[468]

$$\beta_j^0 = \frac{Cov\left(ROA_j, ROA_M\right)}{Var\left[ROA_M\right]}. \tag{108}$$

[465] Vgl. BRIMBLE/HODGSON (2007), Risk relevance of accounting variables, S. 563.
[466] Vgl. HILL/STONE (1980), Risk-composition approach, S. 602.
[467] Vgl. dazu Unterabschnitt 2.8.2.1.
[468] Vgl. HILL/STONE (1980), Risk-composition approach, S. 605.

Das Modell von MANDELKER/RHEE (1984) beinhaltet ebenfalls die explizite Berücksichtigung von Geschäftsrisiko und Finanzierungsrisiko. Der Grad des Geschäftsrisikos (Degree of Operating Leverage, DOL) wird dabei als Elastizität von EBIT bezüglich der Absatzmenge Q definiert. DOL stellt demnach die prozentuale Veränderung des Jahresüberschusses bei einer Veränderung der Absatzmenge um ein Prozent dar und ist ein Grad für die Sensitivität des Gewinns des Unternehmens bezüglich Absatzveränderungen:[469]

$$DOL_{j,t} = \frac{\left(\frac{\widetilde{EBIT}_{j,t}}{EBIT_{j,t-1}} - 1\right)}{\left(\frac{\widetilde{Q}_{j,t}}{Q_{j,t-1}} - 1\right)}. \qquad (109)$$

Analog wird der Grad des Finanzierungsrisikos (Degree of Financial Leverage, DFL) als Elastizität von Jahresüberschuss $JÜ$ zum $EBIT$ bestimmt:

$$DFL_{j,t} = \frac{\left(\frac{\widetilde{JÜ}_{j,t}}{JÜ_{j,t-1}} - 1\right)}{\left(\frac{\widetilde{EBIT}_{j,t}}{EBIT_{j,t-1}} - 1\right)}. \qquad (110)$$

Wird angenommen, dass der Deckungsbeitrag pro Produkt (Preis $p -$ variable Kosten c_{var}) sowie die Fixkosten c_{fix} im Unternehmen konstant sind, lässt sich Formel (109) folgendermaßen darstellen.[470] Mit:

$$EBIT = \left[Q \cdot (p - c_{var}) - c_{fix}\right] \qquad (111)$$

folgt aus Formel (109):

$$DOL = \frac{\frac{\left[Q_t \cdot (p - c_{var}) - c_{fix}\right] - \left[Q_{t-1} \cdot (p - c_{var}) - c_{fix}\right]}{\left[Q_{t-1} \cdot (p - c_{var}) - c_{fix}\right]}}{\frac{Q_t - Q_{t-1}}{Q_{t-1}}} \qquad (112)$$

[469] Vgl. MANDELKER/RHEE (1984), Operating and financial leverage, S. 49; CHUNG (1989), Demand volatility and leverages on systematic risk, S. 346; MENSAH (1992), Determinants of market beta, S. 189 und auch Darstellungen im Unterabschnitt 3.4.2.

[470] Vgl. O'BRIEN/VANDERHEIDEN (1987), Empirical measurement of operating leverage, S. 45-46.

$$DOL = \frac{[Q_t - Q_{t-1}] \cdot (p - c_{var})}{\left[Q_{t-1} \cdot (p - c_{var}) - c_{fix}\right]} \cdot \frac{Q_{t-1}}{Q_t - Q_{t-1}} \tag{113}$$

$$DOL = \frac{Q_{t-1} \cdot (p - c_{var})}{Q_{t-1} \cdot (p - c_{var}) - c_{fix}} . \tag{114}$$

Aus Formel (114) ist somit ersichtlich, dass der *DOL* c. p. steigt, wenn der Fixkostenanteil der Produktion steigt. Weiterhin ist erkennbar, dass die Kennzahl *DOL* unter den obigen Annahmen eine deterministische Größe ist, da für die Bestimmung keine stochastischen Größen verwendet werden müssen.[471]

Der *DFL* aus Formel (110) kann bei Anwendung von Formel (111) und analogem Vorgehen wie in Formel (115) dargestellt werden:

$$DFL = \frac{Q_{t-1} \cdot (p - c_{var}) - c_{fix}}{Q_{t-1} \cdot (p - c_{var}) - c_{fix} - Zinsen} . \tag{115}$$

Das Ergebnis der Dekomposition von MANDELKER/RHEE (1984) ist ein direkter multiplikativer Zusammenhang zwischen dem systematischen Risiko sowie *DOL* und *DFL*, welcher in Formel (116) dargestellt ist:

$$\beta_{j,t}^{CAPM} = DFL_{j,t} \cdot DOL_{j,t} \cdot \frac{Cov\left(\left(\frac{J\ddot{U}_{j,t-1}}{S_{j,t-1}} \cdot \frac{\tilde{S}_{j,t}}{EK_{j,t-1}}\right), \tilde{R}_{M,t}\right)}{Var\left[\tilde{R}_{M,t}\right]} \tag{116}$$

mit:

$\tilde{S}_{j,t}$...Umsätze (Sales) des Unternehmens j zum Zeitpunkt t (stochastisch).

Der dritte Term der Gleichung (116) kann auch hier wieder als Unlevered Beta β_0 interpretiert werden, welches das Geschäftsrisiko widerspiegelt [472]Eine ausführliche Herleitung des Modells nach MANDELKER/RHEE (1984) findet sich im Anhang B.1.

---

[471] Vgl. MANDELKER/RHEE (1984), Operating and financial leverage, S. 49, Fn 3.
[472] Vgl. MANDELKER/RHEE (1984), Operating and financial leverage, S. 49.

GAHLON/GENTRY (1982) leiten ein Dekompositionsmodell des systematischen Risikos her, welches neben rechnungswesenbasierten Größen auch makroökonomische Größen beinhaltet, die unternehmensunspezifisch sind:

$$\beta_j^{CAPM} = \frac{r_f \cdot DOL_j \cdot DFL_j \cdot \frac{\sigma(S_j)}{E[S_j]} \cdot \rho(JÜ_j;JÜ_M)}{\sigma(R_M) - \left[(E[R_M]-r_f) \cdot DOL_j \cdot DFL_j \cdot \frac{\sigma(S_j)}{E[S_j]} \cdot \rho(JÜ_j;JÜ_M)\right]}. \tag{117}$$

Neben DOL und DFL gehen die skalierte Umsatzvolatilität und die Korrelation des Jahresüberschusses des Unternehmens $JÜ_j$ zum Jahresüberschuss der Gesamtmarktes $JÜ_M$ als Risikokomponenten in das systematische Risiko ein. Dieser Korrelationskoeffizient spiegelt die Sensitivität des Unternehmensertrages auf makroökonomische Änderungen wider und steht somit stellvertretend für die Zyklizität der Erträge des Unternehmens.[473] Einer c. p.-Betrachtung folgend haben DOL und DFL einen theoretisch positiven Zusammenhang mit dem systematischen Risiko. Innerhalb des Aufsatzes wird das theoretische Modell nicht empirisch getestet, da u. a. eine Bestimmung des Korrelationskoeffizienten als schwierig anzusehen ist. Als ein Proxy kann hier ggf. die historische Korrelation der Jahresüberschüsse des Unternehmens zum Bruttoinlandsprodukt einer Volkswirtschaft herangezogen werden.[474]

RHEE (1986) zerlegt das systematische Risiko in drei Komponenten:[475]

1. Geschäftsrisiko i. e. S. (Business Risk),
2. operatives Risiko (Operating Risk),
3. Finanzierungsrisiko.

Für das Dekompositionsmodell von RHEE (1986) ergibt sich zu:

$$\beta^{CAPM} = \beta^0 + (1-s) \cdot \left(\beta^0 - \beta_{c_{fix}}\right) \cdot \frac{BW(c_{fix})}{EK} + (1-s)\left(\beta^0 - \beta_{FK}\right) \cdot \frac{FK}{EK} \tag{118}$$

---

[473] Vgl. GAHLON/GENTRY (1982), Systematic risk and the DOL and DFL, S. 18.
[474] Vgl. GAHLON/GENTRY (1982), Systematic risk and the DOL and DFL, S. 21.
[475] Vgl. RHEE (1986), Decomposition of systematic risk, S. 202.

mit:

$BW\left(c_{fix}\right)$...risikoadjustierter Barwert der Fixkosten c_{fix},

$\beta_{c_{fix}} = \frac{Cov\left(c_{fix}, R_M\right)}{BW\left(c_{fix}\right) \cdot Var\left[R_M\right]}$...Beta der fixen Kosten.

Die Aufspaltung des Geschäftsrisikos i. w. S. in Geschäftsrisiko i. e. S. und in das operative Risiko stellt dabei eine Neuerung innerhalb der Dekompositionsmodelle dar. Das Business Risk spiegelt das Risiko des Geschäftsbetriebs ohne Operating Leverage und Verschuldung wider. Das operative Risiko beinhaltet den Risikoaspekt, den ein Unternehmen durch die Kostenstruktur (Fixkosten vs. variable Kosten) eingeht. Die Nachfrageunsicherheit wird durch das Unlevered-Beta β^0 dargestellt. Wenn β^0 größer ist als Fixkosten Beta erhöht der Operating Leverage $\left(\frac{BW\left(c_{fix}\right)}{EK}\right)$ das systematische Risiko. Der Verschuldungsgrad stellt auch hier das Maß für den Financial Leverage dar und steigert das CAPM-Beta, da β^0 regelmäßig größer ist als β_{FK}.[476]

CHUNG (1989) inkludiert innerhalb seines Modells explizit das Risiko der Umsatzsensitivität eines Unternehmens gegenüber Veränderungen der Umsätze eines Marktes im Umsatz-Beta β^S:[477]

$$\beta_{j,t}^{CAPM} = \underbrace{\frac{EK_{M,t-1}}{S_{M,t-1}} \cdot \frac{dS_{M,t}}{dJÜ_{M,t}}}_{\substack{\text{unternehmens-}\\ \text{unabhängige Größen}}} \cdot \frac{JÜ_{j,t-1}}{EK_{j,t-1}} \cdot DFL_{j,t} \cdot DOL_{j,t} \cdot \frac{Cov\left(\frac{dS_{j,t}}{S_{j,t-1}}, \cdot \frac{dS_{M,t}}{S_{M,t-1}}\right)}{Var\left[\frac{dS_{M,t}}{S_{M,t-1}}\right]} \tag{119}$$

mit:

d...Differenzoperator,

$$\beta_{j,t}^{CAPM} = \frac{EK_{M,t-1}}{S_{M,t-1}} \cdot \frac{dS_{M,t}}{dJÜ_{M,t}} \cdot \frac{JÜ_{j,t-1}}{EK_{j,t-1}} DFL_{j,t} \cdot DOL_{j,t} \cdot \beta_{j,t}^S. \tag{120}$$

Für die Nutzung dieses Modelles ist somit die Kenntnis über die Kovarianz der Umsätze von Unternehmen und Gesamtmarkt notwendig. Ähnlich den vorangegangenen Ansät-

[476] Vgl. RHEE (1986), Decomposition of systematic risk, S. 204.
[477] Vgl. CHUNG (1989), Demand volatility and leverages on systematic risk, S. 347.

zen ist auch hier ein multiplikativer Zusammenhang zwischen DOL und DFL zum systematischen Risiko vorhanden. Eine detaillierte Herleitung des Modells von CHUNG (1989) ist im Anhang B.2 zu finden.

SCHLUETER/SIEVERS (2012) erweitern das Modell von CHUNG (1989), indem das Wachstumsrisiko, ausgedrückt durch β^S, in das Einkommensrisiko (Income Risk) und das Produktivitätsrisiko (Productivity Risk) zerlegt wird.[478]

Somit ergibt sich das formale Dekompositionsmodell, welches in Gleichung (121) dargestellt ist:

$$\beta_{j,t}^{CAPM} = DOL_{j,t} \cdot DFL_{j,t} \cdot \underbrace{\frac{1}{Var\left[\frac{dS_{M,t}}{S_{M,t-1}}\right]} \cdot Cov\left(\frac{dJÜ_{j,t}}{JÜ_{j,t-1}}, \frac{dS_{M,t}}{S_{M,t-1}}\right)}_{\text{Einkommensrisiko}} \cdot \underbrace{\frac{dS_{j,t}}{S_{j,t-1}} \cdot \frac{JÜ_{j,t-1}}{dJÜ_{j,t}}}_{\text{Produktivitätsrisiko}} \cdot \frac{JÜ_{j,t-1}}{EK_{j,t-1}} \cdot \frac{dS_{M,t}}{S_{M,t-1}} \cdot \frac{EK_{M,t-1}}{dJÜ_{M,t}} \cdot \tag{121}$$

Auch hier ist eine vollständige Darstellung der Herleitung von Formel (121) im Anhang B.3 zu finden.

Innerhalb der empirischen Untersuchung des Modells von CHUNG anhand 355 amerikanischer Unternehmen im Zeitraum 1965 bis 1983 konnte eine positive Beziehung zwischen DOL, DFL und β^S auf das CAPM-Beta nachgewiesen werden. Der Zusammenhang des Finanzierungsrisikos war dabei jedoch nicht statistisch signifikant von null verschieden.[479] SCHLUETER/SIEVERS (2012) untersuchten die Gültigkeit ihres Modells anhand Daten von 212 Unternehmen aus dem Zeitraum 1990 bis 1999. Entgegen der ökomischen Vermutung ergibt sich ein signifikant negativer Einfluss des DFL. Auch der Zusammenhang zwischen systematischem Risiko und DOL ist in dieser Studie negativ, jedoch nicht statistisch signifikant. In Übereinstimmung mit der Theorie steht der

---

[478] Vgl. SCHLUETER/SIEVERS (2012), Determinants of market beta, S. 12-13.
[479] Vgl. CHUNG (1989), Demand volatility and leverages on systematic risk, S. 349.

signifikant positive Zusammenhang des Einkommensrisikos. Demgegenüber gestaltet sich der Einfluss der Variable des Produktivitätsrisikos statistisch signifikant negativ.[480]

Einen alternativen Weg zur modelltheoretischen Darstellung der Determinanten des systematischen Risikos beschreiten GARROD/MRAMOR (2004). Ausgehend von der verkürzten Darstellung der Gewinn- und Verlustrechnung [Formel (122)] kann eine weitere Dekomposition des CAPM-Betas hergeleitet werden:

$$J\ddot{U} = \left(S - c_{var} - c_{fix} - Zinsen\right)(1-s)\ . \tag{122}$$

Damit besteht auch eine Gleichheit, wenn die Barwerte der einzelnen Zahlungsflüsse bestimmt werden:[481]

$$\frac{BW\,(J\ddot{U})}{(1-s)} = \left[BW\,(S) - BW\,(c_{var}) - BW\,(c_{fix}) - BW\,(Zinsen)\right]. \tag{123}$$

Unter der Anwendung von:

$$Cov\left((A+B), R_M\right) = Cov\,(A, R_M) + Cov\,(B, R_M) \tag{124}$$

und Formel (84) ergibt sich Formel (123) zu:[482]

$$\beta^{CAPM}\left[\frac{BW(J\ddot{U})}{(1-s)}\right] = \beta^S BW(S) - \beta_{c_{var}} BW(c_{var}) - \beta_{c_{fix}} BW(c_{fix}) - \beta_{FK} BW(Zinsen). \tag{125}$$

Wenn $\frac{J\ddot{U}}{1-s} = EBIT - Zinsen$ und per Annahme die Betas bezüglich Fremdkapital und Fixkosten null sind $\left(\beta_{FK} = \beta_{c_{fix}} = 0\right)$ sowie die Höhe des Betas von Umsätzen und variablen Kosten gleich hoch ist $\left(\beta_{c_{var}} = \beta^S\right)$, vereinfacht sich Formel (125) zu:

[480] Vgl. SCHLUETER/SIEVERS (2012), Determinants of market beta, S. 56.

[481] Vgl. BREALEY/MYERS/ALLEN (2011), Corporate finance, S. 250-251.

[482] Vgl. GARROD/MRAMOR (2004), Accounting flows and systematic risk, S. 3. Bereits MYERS/TURNBULL (1977) konnten die lineare Additivität des Betas zeigen. Vgl. MYERS/TURNBULL (1977), Capital budgeting and the CAPM, S. 327. Vgl. auch DRUKARCZYK/SCHÜLER (2009), Unternehmensbewertung, S. 227.

$$\begin{aligned}\beta^{CAPM} &= \beta^{S} \cdot \frac{\left[BW(S) - BW(c_{var})\right]}{\left[BW(EBIT) - BW(Zinsen)\right]} \\ &= \beta^{S} \cdot \frac{\left[BW(EBIT) + BW(c_{fix})\right]}{\left[BW(EBIT) - BW(Zinsen)\right]}.\end{aligned} \tag{126}$$

Werden die Faktoren für die Bestimmung der Barwerte als identisch angenommen,[483] was als sehr kritisch zu beurteilen ist, da bspw. EBIT und Fixkostenzahlungen einem unterschiedlichen Risiko unterliegen, vereinfacht sich die Darstellung zu:

$$\begin{aligned}\beta^{CAPM} &= \frac{EBIT + c_{fix}}{EBIT - Zinsen} \cdot \beta^{S} \\ &= \frac{EBIT + c_{fix}}{EBIT - Zinsen} \cdot \underbrace{\frac{Cov\left(\frac{S_{j,t-1}}{\tilde{S}_{jt}}, \tilde{R}_{M,t}\right)}{Var\left[\tilde{R}_{M,t}\right]}}_{\beta^{S}}.\end{aligned} \tag{127}$$

Wird der Modellierung von MANDELKER/RHEE (1984) gefolgt, ist somit der erste Term der rechten Seite der Gleichung (127) als $DOL \cdot DFL = DTL$ (Degree of Total Leverage DTL) anzusehen, der den gemeinsamen Einfluss aus Fixkosten- und Fremdkapitalnutzung darstellt. Trotz der relativ einfachen theoretischen Zerlegung des CAPM-Betas innerhalb des Modells von GARROD/MRAMOR (2004) ist dieses nicht durch die Autoren empirisch überprüft worden, weswegen eine abschließende Beurteilung schwierig erscheint. Jedoch gerade die teilweise heroisch anmutenden Annahmen lassen vermuten, dass das Modell bei Verwendung realer Daten anderen Dekompositionsmodellen unterlegen sein dürfte.

Sollen die Dekompositionsmodelle empirisch überprüft werden, so ist es aufgrund fehlender direkter Messbarkeit notwendig, die theoretischen Einflussfaktoren zu operationalisieren. MANDELKER/RHEE (1984) schätzen DOL und DFL mithilfe der in Formel (128) und (129) dargestellten Modellen:[484]

$$\ln\left(\widetilde{EBIT}_{j,t}\right) = \alpha_j + DOL_j \cdot \ln\left(\tilde{S}_{j,t}\right) + \tilde{\varepsilon}_{j,t}, \tag{128}$$

$$\ln\left(\widetilde{JÜ}_{j,t}\right) = \alpha_j + DFL_j \cdot \ln\left(\widetilde{EBIT}_{j,t}\right) + \tilde{\varepsilon}_{j,t}. \tag{129}$$

[483] Vgl. GARROD/MRAMOR (2004), Accounting flows and systematic risk, S. 4.
[484] Vgl. MANDELKER/RHEE (1984), Operating and financial leverage, S. 50.

Dabei ist jedoch zu beachten, dass alle EBIT und Umsatzgrößen positiv sein müssen, um den natürlichen Logarithmus bestimmen zu können. Sollten negative Werte vorhanden sein, werden DOL und DFL über Variation der Schätzung bestimmt. Zunächst werden ebenfalls zwei univariate Regressionen durchgeführt:[485]

$$\widetilde{EBIT}_{j,t} = b_{j,0} + b_{j,1}\tilde{S}_{j,t} + \tilde{u}_{j,t}, \tag{130}$$

$$\widetilde{JÜ}_{j,t} = a_{j,0} + a_{j,1}\widetilde{EBIT}_{j,t} + \tilde{\varepsilon}_{j,t}. \tag{131}$$

Für die Operationalisierung von DOL und DFL werden nun noch die Schätzparameter $a_{j,1}$ und $b_{j,1}$ mit den Durchschnittswerten von EBIT, Jahresüberschuss und Umsatz $\left(\overline{EBIT}_j, \overline{JÜ}_j, \overline{S}_j\right)$ nach folgender Vorschrift standardisiert:[486]

$$DOL_j = \hat{b}_{1,j} \cdot \frac{\overline{S}_j}{\overline{EBIT}_j}, \tag{132}$$

$$DFL_j = \hat{a}_{1,j} \cdot \frac{\overline{EBIT}_j}{\overline{JÜ}_j}. \tag{133}$$

Da MANDELKER/RHEE (1984) die Querschnittsregression auf Portfoliobasis durchführen und diese Portfolios auf Grundlage von DOL und DFL gebildet werden, wird ein Instrumentenvariablen-Ansatz zur Schätzung verfolgt, um Verzerrungen zu vermeiden. Die Instrumentenvariable für DOL wird als durchschnittlicher Anteil des Anlagevermögens am Gesamtvermögen zu Buchwerten der vergangenen 20 Jahre bestimmt. Der DFL wird durch die durchschnittliche Fremdkapitalquote zu Buchwerten instrumentalisiert.[487]

SCHLUETER/SIEVERS (2012) nutzen einen zweistufigen Schätzprozess für die Bestimmung von DOL und DFL nach O'BRIEN/VANDERHEIDEN (1987)[488]. Dabei erfolgen zunächst jeweils zwei Zeitreihenregressionen der Einflussgrößen. Soll der DOL bestimmt werden, entspricht $X_{j,t}$ in diesem Fall dem EBIT und $Y_{j,t}$ den Umsätzen des Unternehmens j zum Zeitpunkt t. Wenn DFL ermittelt werden soll, wird für $X_{j,t}$

485 Vgl. CHUNG (1989), Demand volatility and leverages on systematic risk, S. 348.
486 Vgl. HUFFMAN (1989), Systematic risk of common stocks, S. 86.
487 Vgl. MANDELKER/RHEE (1984), Operating and financial leverage, S. 52.
488 Vgl. O'BRIEN/VANDERHEIDEN (1987), Empirical measurement of operating leverage, S. 47.

dem Jahresüberschuss und $Y_{j,t}$ dem EBIT des Unternehmens j zum Zeitpunkt t verwendet:

$$\ln\left(\widetilde{X}_{j,t}\right) = \ln\left(\widetilde{X}_{j,0}\right) + g_X t + \tilde{\varepsilon}^X_{j,t}, \tag{134}$$

$$\ln\left(\widetilde{Y}_{j,t}\right) = \ln\left(\widetilde{Y}_{j,0}\right) + g_Y t + \tilde{\varepsilon}^Y_{j,t} \tag{135}$$

Im Anschluss werden die Residuen der Zeitreihenregressionen $\tilde{\varepsilon}^X_{j,t}$ und $\tilde{\varepsilon}^Y_{j,t}$ in einer univariaten Regression benutzt, deren Steigungsparameter $\hat{\gamma}_j$ den geschätzten Wert für DOL (oder DFL) darstellt:[489]

$$\tilde{\varepsilon}^X_{j,t} = \hat{\gamma}_j \cdot \tilde{\varepsilon}^Y_{j,t} + u_{j,t}. \tag{136}$$

An den oben aufgezeigten Beispielen ist die Vielfalt der Operationalisierung von DOL und DFL zu erkennen. Gegebenenfalls stellt dies ein Grund für die teilweise unterschiedlichen empirischen Ergebnisse der jeweiligen Studien dar, welche die Einflüsse von DOL und DFL und weiteren Determinanten, die das Wachstumsrisiko widerspiegeln sollen auf das systematische Risiko von Unternehmen untersuchen.

Zusammenfassend lässt sich beurteilen, dass eine Aufspaltung des systematischen Risikos mithilfe mathematischer Transformation grundsätzlich ein vielversprechender Ansatz für die Bestimmung der Einflussdeterminanten des systematischen Risikos darstellt. Die Operationalisierung der jeweiligen Größen der unterschiedlichen Dekompositionsmodelle stellt bei einer Überprüfung anhand empirischer Daten eine erhebliche Schwierigkeit dar. Die Operationalisierungsmethoden der Größen DOL und DFL von MANDELKER/RHEE (1984) sowie O'BRIEN/VANDERHEIDEN (1987) sind nur bedingt geeignet, da für die Bestimmung Zeitreihendaten für Umsatz und EBIT der jeweiligen Unternehmen vorliegen müssen. Da es sich hierbei um Jahresabschlussdaten handelt, muss abgewogen werden, wie viel Daten für Schätzung verwendet werden sollen. Für die Verwendung vieler Daten spricht die potentielle Erhöhung der Güte der Regression. Fraglich bleibt, welche Informationen lang in der Vergangenheit liegenden Daten für die aktuellen Werte des DOL und DFL liefern. Bei der Verwendung nur weniger Datenpunkte kann jedoch die Hinzunahme einer weiteren Beobachtung die Stabilität des

[489] Vgl. SCHLUETER/SIEVERS (2012), Determinants of market beta, S. 17.

Schätzergebnisses erheblich beeinflussen. Die Schwierigkeit der Ableitung eines allgemeingültigen Betrachtungszeitraums stellt ein erhebliches Hindernis für diese Operationalisierungsmethoden dar.

Eine Verwendung des Beta-Faktors als Rechenoperator wie in Formel (125) ist nur dann berechtigt, wenn die einzelnen Positionen, ähnlich wie Wertpapiere eines Gesamtportfolios, separat handelbar wären. Nur unter dieser Annahme ergibt sich die lineare Additivität des Gesamtbetas aus den gewichteten Betas der Einzelpositionen.

Weiterhin eignen sich die vorgestellten Modelle für die Bewertung von nicht börsennotierten Unternehmen nur bedingt, da für die exakte Dekomposition des systematischen Risikos auch der Marktwert des Eigenkapitals des Unternehmens in $t-1$ $\left(EK_{j,t-1}\right)$ regelmäßig fehlt.

Aus den vorgenannten Gründen werden im folgenden Abschnitt verschiedenen Möglichkeiten der Operationalisierung anderer Einflussvariablen auf das systematische Risiko diskutiert und Ergebnisse weiterer empirischer Studien dargestellt.

4.4 Operationalisierung der Einflussfaktoren und empirischen Ergebnisse bisheriger Untersuchungen

Die Ausführungen des folgenden Abschnitts beziehen sich auf eine Auswertung von 41 wissenschaftlichen Studien aus den Jahren 1969-2012, welche Zusammenhänge zwischen dem beobachteten systematischen Risiko und verschiedener Variablen, die sich aus Jahresabschlüssen ableitbar sind, untersuchen. Frühere Arbeiten nutzen häufig univariate Regressionsmodelle bzw. Korrelationsbetrachtungen, wohingegen der Großteil aktueller Studien multiple Regressionsansätze verwendet.

4.4.1 Accounting-Beta

BALL/BROWN (1969) bestimmen durch mehrere Regressionsmodelle verschiedene Accounting-Betas für einen Querschnittsvergleich innerhalb von 261 Unternehmen. Als

Einkommen des Unternehmens und des Marktes wurden sowohl EBIT als auch Jahresüberschüsse verwendet. Zudem wurden auf der einen Seite die absoluten Werte und auf der anderen Seite die Veränderungen der Einkommenswerte als Eingangsvariablen verwendet.[490] Bei Verwendung der ersten Differenzen bezüglich des Jahresüberschusses ergibt sich ein SPEARMAN'scher Rangkorrelationskoeffizient i. H. v. 0,58 zwischen β^{CAPM} und β^{Acc}. Wurden die ersten Differenzen des EBIT betrachtet, steigt der positive Zusammenhang auf 0,64.[491] BEAVER/KETTLER/SCHOLES (1970) benutzen buchhalterische Eigenkapitalrenditen für die Bestimmung des Accounting-Betas:[492]

$$\beta_j^{Acc} = \frac{Cov\left(\frac{JÜ_{j,t}}{EK_{j,t-1}}, JÜ_{M,t}\right)}{Var\left[JÜ_{M,t}\right]} \tag{137}$$

mit:

$$JÜ_{M,t} = \frac{1}{n} \cdot \sum_{j=1}^{n} \frac{JÜ_{j,t}}{EK_{j,t-1}}.$$

Bei einer Aufteilung des gesamten Beobachtungszeitraums in zwei Subperioden (1947 bis 1956 sowie 1957 bis 1965) betragen die Rangkorrelationskoeffizienten zwischen β^{CAPM} mit β^{Acc} 0,68 bzw. 0,46. Dennoch wurde in einer schrittweisen Querschnittsregression das β^{Acc} als erklärende Variable abgelehnt, da bei Hinzunahme die Schätzfehler der Regression stiegen.[493] GONEDES (1973) untersucht 99 Unternehmen in einer Querschnittsregression in zwei Subperioden (1946 bis 1967 ohne 1960 sowie 1953 bis 1959).[494] Dabei wird ähnlich zu BALL/BROWN (1969) das β^{Acc} entweder durch absolute Einkommensgrößen, durch größenskaliertes Einkommen oder durch Differenzen des größenskalierten Einkommens bestimmt. In der Studie von GONEDES (1973) ergibt sich ein signifikant positiver Erklärungseinfluss des β^{Acc} bezüglich β^{CAPM} bei Verwendung der größenskalierten Daten.[495] Auch THOMPSON (1976) verwendet unterschiedliche Einkommensgrößen zur Bestimmung des β^{Acc} in seiner Studie. Dabei wurde der gesamte Untersuchungszeitraum in zwei Subperioden, 1951 bis 1959 und 1960 bis 1968, unter-

---

[490] Vgl. BALL/BROWN (1969), Portfolio theory and accounting, S. 318.
[491] Vgl. BALL/BROWN (1969), Portfolio theory and accounting, S. 320.
[492] Vgl. BEAVER/KETTLER/SCHOLES (1970), Accounting risk measures, S. 666.
[493] Vgl. BEAVER/KETTLER/SCHOLES (1970), Accounting risk measures, S. 672.
[494] Vgl. GONEDES (1973), Information content of accounting numbers, S. 412-413.
[495] Vgl. GONEDES (1973), Information content of accounting numbers, S. 430.

teilt. Es ergibt sich ein signifikant positiver Zusammenhang für beide Zeiträume, wenn sowohl absolute Größen als auch die β^{Acc}-Definition nach BEAVER/KETTLER/SCHOLES (1970) verwendet werden.[496] HILL/STONE (1980) bestimmen unterschiedliche buchhalterische Renditen (*ROA* und *ROE*) für die Kalkulation mehrerer β^{Acc}. Im Untersuchungszeitraum 1961 bis 1974 stellt sich jeweils ein signifikant positiver Zusammenhang dar.[497] Unter Verwendung von Quartalsdaten des *ROA* kann HOCHMAN (1983) einen empirisch positiven Zusammenhang im Zeitraum 1964 bis 1974 für den US-amerikanischen Markt feststellen.[498] ANG/PETERSON/PETERSON (1985) nutzen als Basis für die Bestimmung des β^{Acc} die Umsätze der Unternehmen und dem daraus bestimmten gleichgewichteten Marktindex der vergangenen zehn Jahre. Sie schätzen den Erklärungsgehalt des β^{Acc} in jedem Jahr im Zeitraum 1973 bis 1980 im Querschnitt. Die Ergebnisse stellen sich als heterogen heraus, wobei jedoch alle signifikanten Ergebnisse positive Vorzeichen besitzen.[499] Auch CHUNG (1989) verwendet ein β^{Acc}, welches auf Basis von Umsätzen berechnet wird. Innerhalb der 355 Unternehmen im Zeitraum von 1965 bis 1983 kann eine signifikant positive Beziehung zum β^{CAPM} nachgewiesen werden.[500] Die Basis für die Berechnung der Accounting-Betas durch KARPIK/BELKAOUI (1990) bilden Jahresüberschuss, Cash Flow sowie Brutto und Netto Value Added.[501] Die jeweiligen univariaten Untersuchungen im Zeitraum 1968 bis 1987 innerhalb von 103 Unternehmen führen in jedem Fall zu signifikant positiven Ergebnissen. Werden alle β^{Acc} gemeinsam betrachtet, besitzen nur noch die beiden Value Added-Betas einen signifikanten Erklärungsgehalt.[502] Auch BAUER (1992) und darauf aufbauend STEINER/BAUER (1992) sowie VOS (1992b) können einen signifikanten Einfluss des β^{Acc} nachweisen.[503] In der Untersuchung von MÜLLER (1992) besteht ebenfalls eine positive Kor-

---

[496] Vgl. THOMPSON (1976), Sources of systematic risk, S. 184.
[497] Vgl. HILL/STONE (1980), Risk-composition approach, S. 614.
[498] Vgl. HOCHMAN (1983), Beta-coefficient, S. 136.
[499] Vgl. ANG/PETERSON/PETERSON (1985), Determinants of risk, S. 10.
[500] Vgl. CHUNG (1989), Demand volatility and leverages on systematic risk, S. 349.
[501] Vgl. KARPIK/BELKAOUI (1990), Systematic risk and value added variables, S. 263-264. Der Brutto Value Added bestimmt sich durch: (Personalkosten + Unternehmenssteuern + Abschreibungen + Dividenden + Zinszahlungen + thesaurierte Gewinne) / Marktwert des Eigenkapitals zu Beginn der Periode. Für die Bestimmung Netto Value Added werden die Abschreibungen vernachlässigt.
[502] Vgl. KARPIK/BELKAOUI (1990), Systematic risk and value added variables, S. 268. Brutto Value Added: negatives Vorzeichen, Netto Value Added: positives Vorzeichen.
[503] Vgl. BAUER (1992), Risiko von Aktienanlagen, S. 202-203; STEINER/BAUER (1992), Fundamentale Analyse, S. 359; VOS (1992b), Risk measurement for unlisted businesses, S. 261.

relation zwischen β^{Acc} und β^{CAPM} für den deutschen Kapitalmarkt in den Perioden 1972-1978 sowie 1979-1985.[504] HONG/SARKAR (2007) nutzen anstelle des β^{Acc} die Korrelation zwischen EBIT eines Unternehmens mit den Renditen des Marktportfolios der vergangenen fünf Jahre. Zum Zeitpunkt 1999 ergibt sich ein positiver Zusammenhang zwischen dieser Kennzahl und der Erklärungsvariable β^{CAPM}.[505] BRIMBLE/HODGSON (2007) untersuchen 129 australische Unternehmen im Zeitraum zwischen 1991 bis 2000. Die Bestimmung des β^{Acc} anhand Formel (137) nach BEAVER/KETTLER/SCHOLES (1970) führt zu einem signifikant positiven Erklärungsgehalt.[506]

ROSENBERG/MCKIBBEN (1973) finden keinen signifikanten Einfluss des β^{Acc} für die Erklärung des β^{CAPM} in einer Querschnittsuntersuchung von 578 Unternehmen im Zeitraum zwischen 1954 bis 1970. Wird statt dem β^{Acc} die Varianz der Aktienrenditen als abhängige Variable genutzt, so ergibt sich ein negativer Zusammenhang, obwohl aufgrund des Risikocharakters des β^{Acc} eher ein positiver Zusammenhang zu erwarten wäre.[507] Auch in den Untersuchungen von ESKEW (1979)[508] anhand 210 Unternehmen im Zeitraum 1963 bis 1968 und ABDELGHANY (2005)[509] anhand 323 Unternehmen im Zeitraum von 1997 bis 2001 lässt sich kein signifikanter Zusammenhang zwischen β^{CAPM} und β^{Acc} feststellen.

BILDERSEE (1975) untersucht den Einfluss des β^{Acc} nach Formel (137) anhand von 71 Industrieunternehmen im Zeitraum 1956 bis 1966. Innerhalb dieser Arbeit ist ein signifikant negativer Zusammenhang zu beobachten, welcher den theoretischen Überlegungen widersprüchlich gegenübersteht.[510]

Zusammenfassend kann geurteilt werden, dass in 18 von 41 betrachteten Studien das β^{Acc} als Erklärungsvariable hinzugezogen wurde. Zum überwiegenden Teil stellte sich

504 Vgl. MÜLLER (1992), Bilanzinformation, S. 166.
505 Vgl. HONG/SARKAR (2007), Beta and its determinants, S. 444.
506 Vgl. BRIMBLE/HODGSON (2007), Risk relevance of accounting variables, S. 563.
507 Vgl. ROSENBERG/MCKIBBEN (1973), Systematic and specific risk, S. 325-326.
508 Vgl. ESKEW (1979), Accounting risk measures, S. 113.
509 Vgl. ABDELGHANY (2005), Accounting risk measures, S. 872.
510 Vgl. BILDERSEE (1975), Alternative measures of risk, S. 95.

dabei der Beziehung zum β^{CAPM} als signifikant positiv heraus. Nur wenige Arbeiten finden keinen bzw. einen negativen Einfluss.

4.4.2 Variabilität der Erträge

In 13 der 41 betrachteten Arbeiten wird die Variabilität der Erträge in die Untersuchung einbezogen. BEAVER/KETTLER/SCHOLES (1970), BILDERSEE (1975) sowie ESKEW (1979) messen die Variabilität durch die Standardabweichung der buchhalterischen Rendite der Stammaktionäre.[511] Die Studien zeigen jeweils einen positiven Zusammenhang mit dem β^{CAPM}.[512] ROSENBERG/MCKIBBEN (1973) betrachten die Standardabweichung des Wachstums der Gewinne pro Aktie und finden ebenfalls einen signifikant positiven Erklärungsgehalt für das β^{CAPM}.[513] AMIT/LIVNAT (1988) nutzen die Standardabweichung der buchhalterischen Rendite (im Zähler wird jedoch ausschließlich der Jahresüberschuss verwendet) und bestätigen den positiven Zusammenhang zum β^{CAPM}.[514] BAUER (1992) sowie STEINER/BAUER (1992) nutzen nicht die Standardabweichung einer Verhältniszahl, sondern die des ordentlichen Betriebsergebnisses bzw. des Umsatzes der vergangenen 20 Jahre. Dennoch ist auch hier ein signifikant positiver Erklärungsbeitrag zu berichten.[515] MÜLLER (1992) misst die Kennzahl Variabilität der Erträge als Varianz der Cashflows des Betrachtungszeitraums.[516] Für den deutschen Kapitalmarkt ist auch in dieser Untersuchung ein signifikant positiver Erklärungsgehalt bezüglich des systematischen Aktienrisikos nachweisbar.[517] Aktuelle Studien von BRIMBLE/HODGSON (2007)[518], HONG/SARKAR (2007)[519] sowie JARVELA/KOZYRA/POTTER (2009)[520] bekräftigen die positive Beziehung der Variabilität der Erträge mit dem β^{CAPM} eines Unternehmens bei Verwendung der Standardabweichung der buchhalterischen Rendite.

---

511 Vgl. BEAVER/KETTLER/SCHOLES (1970), Accounting risk measures, S. 662. Die buchhalterischen Rendite der Stammaktionäre = (Jahresüberschuss – Vorzugsdividende) / Marktkapitalisierung.

512 Vgl. BEAVER/KETTLER/SCHOLES (1970), Accounting risk measures, S. 669; BILDERSEE (1975), Alternative measures of risk, S. 91; ESKEW (1979), Accounting risk measures, S. 113.

513 Vgl. ROSENBERG/MCKIBBEN (1973), Systematic and specific risk, S. 326.

514 Vgl. AMIT/LIVNAT (1988), Systematic risk, S. 31.

515 Vgl. BAUER (1992), Risiko von Aktienanlagen, S. 181-182; STEINER/BAUER (1992), Fundamentale Analyse, S. 359.

516 Vgl. MÜLLER (1992), Bilanzinformation, S. 47.

517 Vgl. MÜLLER (1992), Bilanzinformation, S. 173.

518 Vgl. BRIMBLE/HODGSON (2007), Risk relevance of accounting variables, S. 563.

519 Vgl. HONG/SARKAR (2007), Beta and its determinants, S. 444.

520 Vgl. JARVELA/KOZYRA/POTTER (2009), Updating the BKS (1970) study, S. 6.

Den Studien, in denen ein positiver Einfluss nachgewiesen werden konnte, stehen Untersuchungen gegenüber, die keinen signifikanten Einfluss der Variabilität der Erträge auf das systematische Risiko finden. LOGUE/MERVILLE (1972) berichten einen Korrelationskoeffizienten i. H. v. -0,05 innerhalb einer Untersuchung von 287 Industrieunternehmen im Zeitraum 1966 bis 1970.[521] ABDELGHANY (2005) nutzt ebenfalls die Operationalisierung der Variabilität der Erträge durch das Verfahren von BEAVER/KETTLER/SCHOLES (1970) und kann keinen Zusammenhang zum β^{CAPM} nachweisen.[522] Innerhalb einer empirischen Untersuchung von 46 asiatischen Banken im Zeitraum 1998 bis 2003 können auch AGUSMAN ET AL. (2008) keinen Erklärungsgehalt belegen.[523] An dieser Stelle ist darauf hinzuweisen, dass sich die letztgenannte Arbeit von den restlichen betrachteten Studien unterscheidet, da hier keine Industrie-, sondern ausschließlich Finanzunternehmen betrachtet werden. Diese weisen aufgrund des Geschäftsmodelles gänzlich verschiedene ökonomische und fundamentale Risiken auf und sind somit wenig mit Industrieunternehmen vergleichbar.

4.4.3 Ausschüttungsverhalten

Im überwiegenden Teil der untersuchten Arbeiten wird das Ausschüttungsverhalten als Dividendenausschüttungsquote *Div* nach Formel (138) operationalisiert:

$$Div = \frac{\text{Bardividende der Stammaktionäre}}{\text{verfügbares Einkommen der Stammaktionäre}}. \tag{138}$$

Dabei werden häufig einfache oder gleitende Durchschnitte der Quotienten vergangener Jahre gebildet, um Verzerrungen aufgrund von Ausreißern zu vermeiden.[524] Als Alternative zur Vermeidung von Ausreißern empfehlen BEAVER/KETTLER/SCHOLES (1970) den Quotient der jeweiligen Summen des gesamten Untersuchungszeitraums zu bilden.[525] Vereinzelt findet auch die Dividendenrendite als Proxy für das Ausschüttungsverhalten Anwendung.[526]

---

521 Vgl. LOGUE/MERVILLE (1972), Financial policy, S. 41.

522 Vgl. ABDELGHANY (2005), Accounting risk measures, S. 872.

523 Vgl. AGUSMAN ET AL. (2008), Accounting and capital market measures of risk, S. 486.

524 Vgl. THOMPSON (1976), Sources of systematic risk, S. 181; BORDE (1998), Risk diversity, S. 67; BRIMBLE/HODGSON (2007), Risk relevance of accounting variables, S. 560.

525 Vgl. BEAVER/KETTLER/SCHOLES (1970), Accounting risk measures, S. 660.

526 Vgl. STEINER/BAUER (1992), Fundamentale Analyse, S. 358; ANG/PETERSON/PETERSON (1985), Determinants of risk, S. 9.

Die empirischen Ergebnisse für den Erklärungsgehalt des Ausschüttungsverhaltens folgen größtenteils der theoretischen Argumentation und entsprechen der erwarteten Richtung des Einflusses. BEAVER/KETTLER/SCHOLES (1970), BREEN/LERNER (1973), LEV/KUNITZKY (1974), MELICHER (1974) und THOMPSON (1976) publizieren einen negativen Zusammenhang zwischen Ausschüttungsquote und systematischem Risiko.[527] Die negative Beziehung wird auch durch MOYER/CHATFIELD (1983), ANG/PETERSON/PETERSON (1985), BORDE (1998) sowie aktuell durch ABDELGHANY (2005) und JARVELA/KOZYRA/POTTER (2009) bestätigt.[528] Demgegenüber können ROSENBERG/McKIBBEN (1973) und ESKEW (1979) in ihren Untersuchungen keinen signifikanten Zusammenhang aufzeigen.[529] Auch für den deutschen Kapitalmarkt kann zwischen 1974 und 1990 kein signifikanter Erklärungsgehalt der Ausschüttungsquote durch ZIMMERMANN (1997) festgestellt werden.[530] Aktuell können auch BOWMAN/BUSH (2006) sowie KIM/KIM/GU (2012) für den US-amerikanischen Markt, BRIMBLE/HODGSON (2007) für den australischen Markt, AL-QAISI (2011) für den jordanischen Markt sowie HASSAN ET AL. (2011) für den ägyptischen Markt keinen Erklärungsgehalt der Dividendenausschüttungsquote ableiten.[531] Entgegen der Vermutung, welche auf theoretische Überlegungen basiert, finden BAUER (1992) sowie darauf fußend STEINER/BAUER (1992) teilweise einen positiven Erklärungsgehalt in der Untersuchung von deutschen Unternehmen zwischen 1974-1986.[532] MÜLLER (1992) kann für den Untersuchungszeitraum 1972 bis 1978 einen signifikant positiven Zusammenhang, jedoch in der Betrachtungsperiode 1979 bis 1985 einen signifikant negativen Einfluss der Ausschüttungsquote für deutsche Unternehmen berichten.[533] Aktuell können VOULGARIS/RIZONAKI (2011) für den griechischen Kapitalmarkt eine positive Bezie-

---

[527] Vgl. BEAVER/KETTLER/SCHOLES (1970), Accounting risk measures, S. 669; BREEN/LERNER (1973), Market measures of risk, S. 343; LEV/KUNITZKY (1974), Risk of common stocks, S. 266; MELICHER (1974), Financial factors which influence beta, S. 238; THOMPSON (1976), Sources of systematic risk, S. 184.

[528] Vgl. MOYER/CHATFIELD (1983), Market power and systematic risk, S. 127; ANG/PETERSON/PETERSON (1985), Determinants of risk, S. 10; BORDE (1998), Risk diversity, S. 68; ABDELGHANY (2005), Accounting risk measures, S. 872; JARVELA/KOZYRA/POTTER (2009), Updating the BKS (1970) study, S. 6.

[529] Vgl. ROSENBERG/McKIBBEN (1973), Systematic and specific risk, S. 326; ESKEW (1979), Accounting risk measures, S. 113.

[530] Vgl. ZIMMERMANN (1997), Betawerte, S. 304-305.

[531] Vgl. BOWMAN/BUSH (2006), Comparable companies, S. 78-79; KIM/KIM/GU (2012), Determinants of systematic risk, S. 35; BRIMBLE/HODGSON (2007), Risk relevance of accounting variables, S. 563; AL-QAISI (2011), Economic determinants of systematic risk, S. 95; HASSAN ET AL. (2011), Voluntary disclosure and risk, S. 44.

[532] Vgl. BAUER (1992), Risiko von Aktienanlagen, S. 231; STEINER/BAUER (1992), Fundamentale Analyse, S. 362-363.

[533] Vgl. MÜLLER (1992), Bilanzinformation, S. 173.

hung erkennen. Als Erklärung dient den Autoren die Theorie, dass der Wunsch nach einer konstanten Dividende ggf. durch eine erhöhte Fremdfinanzierung befriedigt werden muss.[534] Dies ist jedoch nicht zu überprüfen, da die Korrelation von Dividendenquote und Verschuldungsgrad nicht publiziert wird.

4.4.4 Wachstum

In ungefähr der Hälfte der 41 betrachteten Arbeiten fließt eine Untersuchungsvariable ein, die das Wachstum des Unternehmens widerspiegeln soll. Überwiegend wird Wachstum dabei durch die Veränderung der Bilanzsumme innerhalb eines Zeitraums W_BS [bspw. BEAVER/KETTLER/SCHOLES (1970), LOGUE/MERVILLE (1972), MÜLLER (1992), ZIMMERMANN (1997) sowie BRIMBLE/HODGSON (2007)][535] nach Formel (139) operationalisiert:

$$W\_BS = \frac{\ln\left(\frac{GK_T^{BuW}}{GK_0^{BuW}}\right)}{T} . \tag{139}$$

Weiterhin ist auch die Anwendung des geometrischen Durchschnitts der jährlichen Veränderung der Bilanzsumme möglich.[536] Alternativ zur Bilanzsumme kann auch das Wachstum des Umsatzes [ROSENBERG/MCKIBBEN (1973) und BOWMAN/BUSH (2006)][537], die Veränderung des EBIT [BORDE (1998) und LEE/JANG (2007)][538] oder die Entwicklung des Jahresergebnisses [BREEN/LERNER (1973), MOYER/CHATFIELD (1983) und HONG/SARKAR (2007)][539] zur Bestimmung genutzt werden. Eine weitere Instrumentenvariable für das Wachstum wird durch HOCHMAN (1983) in Form der Dividendenrendite verwendet, da diese eine starke negative Korrelation zum Wachstum aufweist.[540]

---

534 Vgl. VOULGARIS/RIZONAKI (2011), Systematic, financial and operating risk, S. 215.

535 Vgl. BEAVER/KETTLER/SCHOLES (1970), Accounting risk measures, S. 661; LOGUE/MERVILLE (1972), Financial policy, S. 41; ZIMMERMANN (1997), Betawerte, S. 286; MÜLLER (1992), Bilanzinformation, S. 47; BRIMBLE/HODGSON (2007), Risk relevance of accounting variables, S. 560.

536 Vgl. BILDERSEE (1975), Alternative measures of risk, S. 83-84.

537 Vgl. ROSENBERG/MCKIBBEN (1973), Systematic and specific risk, S. 324; BOWMAN/BUSH (2006), S. 75.

538 Vgl. BORDE (1998), Risk diversity, S. 67; LEE/JANG (2007), Systematic risk determinants, S. 436-437.

539 Vgl. BREEN/LERNER (1973), Market measures of risk, S. 341-342; MOYER/CHATFIELD (1983), Market power and systematic risk, S. 127; HONG/SARKAR (2007), Beta and its determinants, S. 461.

540 Vgl. HOCHMAN (1983), Beta-coefficient, S. 135.

Die nicht einheitliche Richtung des Einflusses des Wachstums auf das systematische Risiko eines Unternehmens aufgrund theoretischer Überlegungen wird in den empirischen Untersuchungen bestätigt. BEAVER/KETTLER/SCHOLES (1970) und ESKEW (1979) können einen positiven Zusammenhang nachweisen, wenn Wachstum durch die Veränderung der Bilanzsumme gemessen wird. HOCHMAN (1983) kann einen empirisch signifikanten positiven Zusammenhang zwischen Wachstum und systematischem Risiko im Zeitraum 1964-1974 im US-amerikanischen Kapitalmarkt berichten.[541] Für den deutschen Kapitalmarkt kann SPINDLER (1988) in konjunkturell günstigen Zeitabschnitten zwischen 1966 und 1981 einen positiven Zusammenhang feststellen.[542] Aktuelle Untersuchungen durch BRIMBLE/HODGSON (2007) für den australischen und VOULGARIS/ RIZONAKI (2011) für den griechischen Kapitalmarkt bestätigen diese Beziehung. ROSENBERG/MCKIBBEN (1973) finden keinen Einfluss, wenn Wachstum durch Bilanzsummen- oder Umsatzveränderung instrumentalisiert wird, jedoch einen positiven Zusammenhang, wenn das Wachstum der Jahresergebnisse als Proxy aufgenommen wird.[543] In der Studie von BOWMAN/BUSH (2006) ist ein positiver Erklärungsgehalt der Umsatzveränderung vorhanden.[544] BREEN/LERNER (1973) weisen größtenteils eine positive Verknüpfung nach, wenn Veränderungen des Jahresergebnisses genutzt werden.[545] Auch BORDE (1998) sowie ABDELGHANY (2005) bestätigen diese Richtung des Einflusses des Wachstums auf das β^{CAPM}.[546] MÜLLER (1992) kann im Betrachtungszeitraum 1979-1985 einen signifikant negativen Zusammenhang zwischen Bilanzsummenwachstum und systematischem Risiko berichten. In der zuvor von ihm betrachteten Periode 1972-1978 ist diese Beziehung jedoch nicht existent auf dem deutschen Kapitalmarkt.[547]

Die Ergebnisse der Untersuchungen für den US-amerikanischen Kapitalmarkt von LOGUE/MERVILLE (1972), LEV/KUNITZKY (1974) und BILDERSEE (1975) zeigen keinen signifikanten Einfluss des Wachstums des Unternehmens auf das systematische Risi-

[541] Vgl. HOCHMAN (1983), Beta-coefficient, S. 136-137.
[542] Vgl. SPINDLER (1988), Diversifikation in Konjunkturkrisen, S. 870.
[543] Vgl. ROSENBERG/MCKIBBEN (1973), Systematic and specific risk, S. 326
[544] Vgl. BOWMAN/BUSH (2006), Comparable companies, S. 78.
[545] Vgl. BREEN/LERNER (1973), Market measures of risk, S. 344-346.
[546] Vgl. BORDE (1998), Risk diversity, S. 68; ABDELGHANY (2005), Accounting risk measures, S. 872.
[547] Vgl. MÜLLER (1992), Bilanzinformation, S. 173.

ko.[548] Auch BAUER (1992) und darauf basierend STEINER/BAUER (1992) können keinen Einfluss für den deutschen Kapitalmarkt nachweisen.[549]

Findet die logarithmierte Veränderung der Bilanzsumme als Wachstumsproxy Anwendung, so wird diese Kennzahl in der Untersuchung von ZIMMERMANN (1997) bei der schrittweisen Regression nur in zwei von siebzehn Betrachtungszeitpunkten in das Modell aufgenommen. Das Vorzeichen der Regressionskoeffizienten ist in beiden Fällen positiv. Wird dagegen das Wachstum des Marktwertes des Eigenkapitals verwendet, findet diese Variable in knapp 60 % der siebzehn Betrachtungszeitpunkte Anwendung. Jedoch stellt sich der Einfluss als sehr heterogen heraus, da vier Koeffizienten negative und sechs Koeffizienten positive Vorzeichen aufweisen.[550]

Aktuellere Studien für den US-amerikanischen Markt von HONG/SARKAR (2007) und LEE/JANG (2007) können einen negativen Zusammenhang zwischen Wachstum und β^{CAPM} im Querschnitt aufzeigen.[551] Auch HASSAN ET AL. (2011) bestätigen für den ägyptischen Markt die Theorie einer negativen Beziehung, da historisches Wachstum auch zukünftig angenommen werden kann und deshalb eher konstant hohe Aktienpreise zu vermuten sind.[552]

Es ist festzustellen, dass die empirischen Belege keinen eindeutigen Schluss auf die Richtung des Einflusses zulassen. Unabhängig von der verwendeten Operationalisierung, betrachtenden Untersuchungsperiode oder geografischer Fokussierung der Studie ist kein unzweifelhaftes Muster zu erkennen. Dennoch besitzt das Wachstum im Großteil der betrachteten Arbeiten einen positiven Gehalt in der Erklärung des systematischen Risikos im Querschnitt.

---

548 Vgl. LOGUE/MERVILLE (1972), Financial policy, S. 42; LEV/KUNITZKY (1974), S. 266; BILDERSEE (1975), Alternative measures of risk, S. 91.

549 Vgl. BAUER (1992), Risiko von Aktienanlagen, S. 168-169; STEINER/BAUER (1992), Fundamentale Analyse, S. 360.

550 Vgl. ZIMMERMANN (1997), Betawerte, S. 286, 304-305.

551 Vgl. HONG/SARKAR (2007), Beta and its determinants, S. 444; LEE/JANG (2007), Systematic risk determinants, S. 439.

552 Vgl. HASSAN ET AL. (2011), Voluntary disclosure and risk, S. 44. Zur theoretischen Begründung vgl. auch Abschnitt 4.1.

4.4.5 Unternehmensgröße

Ähnlich dem Wachstum kann auch die Variable Unternehmensgröße in unterschiedlicher Form operationalisiert werden. Im überwiegenden Fall der betrachteten Arbeiten geschieht dies mithilfe der Bilanzsumme zu Buchwerten, welche in logarithmierter Form verwendet wird. Die ln-Transformation sorgt für eine eher symmetrische und normale Verteilung der Werte im Querschnitt.[553] Im Gegensatz zur Operationalisierung der Unternehmensgröße mithilfe des Logarithmus der Bilanzsumme zu Buchwerten findet bei den Untersuchungen von BREEN/LERNER (1973), BILDERSEE (1975), BRIMBLE/HODGSON (2007) und HASSAN ET AL. (2011) der natürliche Logarithmus der Marktkapitalisierung des Unternehmens Verwendung.[554] BOWMAN/BUSH (2006) verwenden sowohl die Marktkapitalisierung als auch die Umsätze zur Operationalisierung der Unternehmensgröße für die Erklärung des systematischen Risikos. Die Autoren berichten, dass die Regressionsergebnisse bei Nutzung der Marktkapitalisierung weniger signifikant sind, als bei Operationalisierung der Größe durch den Umsatz des Unternehmens („Results taking the market vaule of equity…were less significant“[555]). Auch LEV/KUNITZKY (1974) gebrauchen den Durchschnitt der Umsätze als Proxy für die Größe.[556] MOYER/CHATFIELD (1983) verwenden sowohl Umsätze als auch die Bilanzsumme und können empirisch keinen signifikanten Einfluss auf das systematische Risiko feststellen.[557] Dieses Ergebnis wird auch durch die Arbeiten von BEAVER/KETTLER/SCHOLES (1970), ROSENBERG/MCKIBBEN (1973), LEV/KUNITZKY (1974), BILDERSEE (1975) und VOULGARIS/RIZONAKI (2011) bestätigt.[558] Übereinstimmend mit der theoretischen Begründung aus Abschnitt 4.1, dass große Unternehmen risikoärmer sind als kleine, finden LOGUE/MERVILLE (1972), ESKEW (1979), ANG/PETERSON/PETERSON (1985), ABDELGHANY (2005) sowie BOWMAN/BUSH (2006) empirische Belege für einen negativen Zusammenhang zwischen der Unternehmensgröße und β^{CAPM} im Querschnitt. BREEN/LERNER (1973) können im überwiegenden Teil der betrachteten Einzel-

---

[553] Vgl. BEAVER/KETTLER/SCHOLES (1970), Accounting risk measures, S. 662.
[554] Vgl. BREEN/LERNER (1973), Market measures of risk, S. 342; BILDERSEE (1975), Alternative measures of risk, S. 83; BRIMBLE/HODGSON (2007), Risk relevance of accounting variables, S. 560; HASSAN ET AL. (2011), Voluntary disclosure and risk, S. 39.
[555] BOWMAN/BUSH (2006), Comparable companies, S. 75, FN. 8.
[556] Vgl. LEV/KUNITZKY (1974), Risk of common stocks, S. 265.
[557] Vgl. MOYER/CHATFIELD (1983), Market power and systematic risk, S. 127.
[558] Vgl. BEAVER/KETTLER/SCHOLES (1970), Accounting risk measures, S. 672; ROSENBERG/MCKIBBEN (1973), Systematic and specific risk, S. 326; LEV/KUNITZKY (1974), S. 266; BILDERSEE (1975), Alternative measures of risk, S. 90; VOULGARIS/RIZONAKI (2011), Systematic, financial and operating risk, S. 241.

monate ebenfalls einen Erklärungsgehalt mit negativen Vorzeichen berichten.[559] THOMPSON (1976) verwendet zur Operationalisierung der Unternehmensgröße Bilanzsumme, Umsatz und Jahresergebnis. Diese Arbeit unterteilt den Untersuchungszeitraum in zwei Subperioden. Dabei wird im ersten Zeitraum (1951 bis 1959) ein positiver und im zweiten Zeitraum (1960 bis 1968) ein negativer Zusammenhang aller Größenvariablen mit dem systematischen Risiko nachgewiesen.[560] Für den deutschen Kapitalmarkt können SPINDLER (1988) im Untersuchungszeitraum 1966 bis 1981 sowie BAUER (1992) zwischen 1966 bis 1986 einen positiven Zusammenhang beobachten, was gegen die theoretischen Überlegungen bezüglich des Erklärungsgehalts der Unternehmensgröße auf das systematische Risiko spricht.[561] Dieser positive Zusammenhang zwischen Unternehmensgröße und systematischem Aktienrisiko in Deutschland kann durch MÜLLER (1992) sowohl im Untersuchungszeitraum 1972 bis 1978 sowie 1979 bis 1985 bestätigt werden.[562] Auch ZIMMERMANN (1997), welcher die Unternehmensgröße anhand der logarithmierten Buchwerte des Grundkapitals bzw. des Gesamtkapitals des Unternehmens misst, ermittelt eine positive Beziehung zum systematischen Aktienrisiko am deutschen Kapitalmarkt.[563] MELICHER (1974) berichtet einen positiven Zusammenhang für den US-amerikanischen Markt zwischen (1967 bis 1971).[564] Auch aktuelle Untersuchungen auf den nicht-amerikanischen Kapitalmärkten von BRIMBLE/HODGSON (2007), AL-QAISI (2011) und HASSAN ET AL. (2011) weisen empirisch diese positive Erklärungsbeziehung nach.[565] In einer Querschnittsuntersuchung innerhalb der US-amerikanischen Luftfahrtbranche können auch LEE/JANG (2007) die Unternehmensgröße als Einflussdeterminante mit positivem Vorzeichen belegen.[566]

Aufgrund der Heterogenität der Ergebnisse der empirischen Untersuchungen ist eine Prognose der Einflussrichtung der Variable schwierig. Speziell für den deutschen Kapitalmarkt ist in einer empirischen Untersuchung ein positiver Zusammenhang zwischen Unternehmensgröße und systematischem Risiko zu erwarten. Obwohl dieser Einfluss

---

[559] Vgl. BREEN/LERNER (1973), Market measures of risk, S. 343.
[560] Vgl. THOMPSON (1976), Sources of systematic risk, S. 184.
[561] Vgl. SPINDLER (1988), Diversifikation in Konjunkturkrisen, S. 870; BAUER (1992), Risiko von Aktienanlagen, S. 213.
[562] Vgl. MÜLLER (1992), Bilanzinformation, S. 168, 170.
[563] Vgl. ZIMMERMANN (1997), Betawerte, S. 304-305, 308.
[564] Vgl. MELICHER (1974), Financial factors which influence beta, S. 238.
[565] Vgl. BRIMBLE/HODGSON (2007), Risk relevance of accounting variables, S. 563; AL-QAISI (2011), Economic determinants of systematic risk, S. 94; HASSAN ET AL. (2011), Voluntary disclosure and risk, S. 44.
[566] Vgl. LEE/JANG (2007), Systematic risk determinants, S. 439.

grundsätzlich den Ergebnissen der theoretischen Überlegungen entgegensteht, wurde dieser durch mehrere Studien aufgezeigt. Aufgrund der Fokussierung auf nicht börsennotierte Unternehmen ist jedoch eine Operationalisierung durch die Bilanzsumme oder den Umsatz des Unternehmens am sinnvollsten.

4.4.6 Grad der Fremdfinanzierung

Der Großteil der in dieser Arbeit ausgewerteten Untersuchungen betrachtet die Variable Verschuldung in der einen oder anderen Art. Häufig fließt der Finanzierungseffekt eines Unternehmens als Verhältniszahl zwischen Fremdkapital und Bilanzsumme (oder auch zwischen Fremdkapital und Eigenkapital) in die Querschnittsuntersuchungen ein.[567] Vielfach werden dabei Marktwerte des Eigenkapitals berücksichtigt, jedoch ist auch der Einsatz von Buchwerten nicht unüblich.[568] Eine alternative Operationalisierung des Verschuldungsrisikos ist mithilfe des *DFL* möglich. Der unternehmensspezifische *DFL* wird in den Arbeiten als Anstieg einer Kleinsten-Quadrate-Regression des Jahresüberschusses und des EBIT nach Formel (129) i. V. m. Formel (131) bestimmt.[569]

Eine Vielzahl der Studien bestätigt die theoretischen Überlegungen, dass das systematische Aktienrisiko positiv durch das Finanzierungsrisiko beeinflusst wird. Frühe Untersuchungen in den 1970er Jahren können die direkte Beziehung für den US-amerikanischen Kapitalmarkt nachweisen.[570] Auch wenn der Verschuldungsgrad in der multiplen Regression innerhalb der Arbeit von BEAVER/KETTLER/SCHOLES (1970) keine signifikante Einflussvariable darstellt, ist dennoch ein positiver Korrelationskoeffizient zum systematischen Risiko i. H. v. 0,23 (1947 bis 1956) bzw. 0,22 (1957 bis 1965) vor-

---

[567] Vgl. BEAVER/KETTLER/SCHOLES (1970), Accounting risk measures, S. 661; BREEN/LERNER (1973), Market measures of risk, S. 341; HILL/STONE (1980), Risk-composition approach, S. 603; STEINER/BAUER (1992), Fundamentale Analyse, S. 358.

[568] Vgl. MOYER/CHATFIELD (1983), Market power and systematic risk, S. 126; GINER/REVERTE (2006), Risk-relevance of accounting data, S. 190; AL-QAISI (2011), Economic determinants of systematic risk, S. 89; HASSAN ET AL. (2011), Voluntary disclosure and risk, S. 39; VOULGARIS/RIZONAKI (2011), Systematic, financial and operating risk, S. 212.

[569] Vgl. CHUNG (1989), Demand volatility and leverages on systematic risk, S. 348; HUFFMAN (1989), Systematic risk of common stocks, S. 85; GRIFFIN/DUGAN (2003), Systematic risk and revenue volatility, S. 183.

[570] Vgl. LOGUE/MERVILLE (1972), Financial policy, S. 42; ROSENBERG/MCKIBBEN (1973), Systematic and specific risk, S. 326; MELICHER (1974), Financial factors which influence beta, S. 238; BILDERSEE (1975), Alternative measures of risk, S. 91.

handen.[571] BREEN/LERNER (1973) beobachten in vier von zehn betrachteten Monaten einen positiven, aber auch in zwei von zehn Monaten einen negativen und in vier von zehn Monaten keinen signifikanten Erklärungszusammenhang.[572] THOMPSON (1976) kann in der ersten Subperiode der Untersuchung (1951 bis 1959) keine, hingegen im zweiten Zeitraum (1960 bis 1968) eine positive Beziehung feststellen.[573] Im Untersuchungszeitraum 1964 bis 1974 kann HOCHMAN (1983) eine empirisch positive Beziehung zwischen systematischem Risiko und Verschuldung für den Kapitalmarkt der USA nachweisen.[574] Auch spätere Untersuchungen der 1980er[575] und 2000er[576] Jahre bestätigen diesen positiven Zusammenhang für den US-amerikanischen Markt. Für den deutschen Kapitalmarkt kann MÜLLER (1992) eine schwach positive Korrelation zwischen Verschuldungsgrad und systematischem Aktienrisiko nachweisen, wenn die Betrachtung auf Unternehmensebene durchgeführt wird. Wird dagegen die Gesamtanzahl der Unternehmen (120) in 40 Portfolios aufgeteilt, so weist der Korrelationskoeffizient ein negatives Vorzeichen auf.[577] Aktuelle Untersuchungen, die den geografischen Fokus nicht auf Amerika legen, zeigen ebenfalls eine direkte Beziehung zwischen β^{CAPM} und Verschuldung im Querschnitt.[578] Dennoch werden teilweise auch nicht signifikante Zusammenhänge und vereinzelt negative Beziehungen berichtet. LEV/KUNITZKY (1974), ESKEW (1979) sowie MOYER/CHATFIELD (1983) finden empirisch keinen signifikanten Erklärungsgehalt des Verschuldungsgrades bezüglich des systematischen Risikos.[579] Als Begründung kann hier potentielle Multikollinearität mit anderen Untersuchungsvariablen (Wachstum, Größe oder Ausschüttungsverhalten) angeführt werden, welche den signifikanten Einfluss des Verschuldungsgrades überdecken.[580] BAUER (1992) und darauf basierend STEINER/BAUER (1992) können zwar innerhalb verschiedener univariaten Regressionen teilweise einen positiven Zusammenhang feststellen, dieser wird jedoch

---

571 Vgl. BEAVER/KETTLER/SCHOLES (1970), Accounting risk measures, S. 669.
572 Vgl. BREEN/LERNER (1973), Market measures of risk, S. 344-346.
573 Vgl. THOMPSON (1976), Sources of systematic risk, S. 184.
574 Vgl. HOCHMAN (1983), Beta-coefficient, S. 136-137.
575 Vgl. HILL/STONE (1980), Risk-composition approach, S. 625; ANG/PETERSON/PETERSON (1985), Determinants of risk, S. 10; AMIT/LIVNAT (1988), Systematic risk, S. 31; HUFFMAN (1989), Systematic risk of common stocks, S. 89.
576 Vgl. JARVELA/KOZYRA/POTTER (2009), Updating the BKS (1970) study, S. 6; KIM/KIM/GU (2012), Determinants of systematic risk, S. 35.
577 Vgl. MÜLLER (1992), Bilanzinformation, S. 42, 166.
578 Vgl. ELDOMIATY/DHAHERY/SHUKRI (2009), Fundamental determinants of systematic risk, S. 54; AL-QAISI (2011), Economic determinants of systematic risk, S. 94; HASSAN ET AL. (2011), Voluntary disclosure and risk, S. 44.
579 Vgl. LEV/KUNITZKY (1974), Risk of common stocks, S. 266; ESKEW (1979), Accounting risk measures, S. 113; MOYER/CHATFIELD (1983), Market power and systematic risk, S. 127.
580 Vgl. HILL/STONE (1980), Risk-composition approach, S. 628.

größtenteils in einer multiplen Regression auch durch andere Erklärungsvariablen eliminiert.[581]

Auch ZIMMERMANN (1997) findet keinen stabilen positiven Zusammenhang zwischen Verschuldung und systematischem Risiko. Die Fremdkapitalquote auf Basis von Marktwerten besitzt nur in sieben von 17 Fällen einen signifikant positiven Einfluss, jedoch wird in der stufenweisen Regression diese Kennzahl nie in das Modell inkludiert. Wird stattdessen die Fremdkapitalquote auf Basis von Buchwerten berücksichtigt, so wird diese für das Betrachtungsjahr 1978 in das Modell aufgenommen.[582] BORDE (1998), ABDELGHANY (2005), BRIMBLE/HODGSON (2007), HONG/SARKAR (2007) sowie AGUSMAN ET AL. (2008) können empirisch ebenso keine signifikante Beziehung nachweisen.[583] Entgegen der Theorie finden GRIFFIN/DUGAN (2003) für die USA und VOULGARIS/RIZONAKI (2011) für Griechenland einen negativen Erklärungszusammenhang zwischen Verschuldung und systematischem Risiko, der ggf. durch die Operationalisierung des Verschuldungsgrades (bei VOULGARIS/RIZONAKI (2011) durch Buchwerte) verursacht wird.[584] Jedoch können GINER/REVERTE (2006) bei Verwendung von Buchwerten einen signifikant positiven Einfluss für den spanischen Kapitalmarkt berichten.[585]

Aufgrund der theoretischen Überlegungen ist ein positiver Zusammenhang zwischen Fremdkapitalfinanzierung und systematischem Risiko zu erwarten. Die betrachteten empirischen Ergebnisse sind jedoch äußerst heterogen und somit speziell für eine Prognose der Richtung des Einflusses eher wenig zu gebrauchen. Dennoch soll nicht zuletzt aufgrund der Ergebnisse von MODIGLIANI/MILLER (1958)[586] der Grad der Verschuldung in der weiteren Untersuchung explizit weiter betrachtet werden. Für die Operationalisie-

---

[581] Vgl. BAUER (1992), Risiko von Aktienanlagen, S. 168, 213; STEINER/BAUER (1992), Fundamentale Analyse, S. 363.

[582] Vgl. ZIMMERMANN (1997), Betawerte, S. 304-305, 308.

[583] Vgl. BORDE (1998), Risk diversity, S. 68; ABDELGHANY (2005), Accounting risk measures, S. 872; BRIMBLE/HODGSON (2007), Risk relevance of accounting variables, S. 563; HONG/SARKAR (2007), Beta and its determinants, S. 444; AGUSMAN ET AL. (2008), Accounting and capital market measures of risk, S. 486.

[584] Vgl. GRIFFIN/DUGAN (2003), Systematic risk and revenue volatility, S. 186; VOULGARIS/RIZONAKI (2011), Systematic, financial and operating risk, S. 214.

[585] Vgl. GINER/REVERTE (2006), Risk-relevance of accounting data, S. 199.

[586] Die Autoren zeigen die lineare Abhängigkeit der verschuldeten Eigenkapitalkosten (und somit des systematischen Risikos) vom Verschuldungsgrad. Vgl. MODIGLIANI/MILLER (1958), Cost of capital, S. 271.

rung ist sowohl die Verwendung des Kleinste-Quadrate-Schätzprozesses nach Formel (129) als auch der Quotient aus Fremd- und Eigenkapital vorstellbar. Dabei ist jedoch auf die Buchwerte des Kapitals zurückzugreifen, um einer Anwendung bei nicht börsennotierten Unternehmen gerecht zu werden.

4.4.7 Deckungsgrad der fixen Verpflichtungen

Der Zinsdeckungsgrad spiegelt die Fähigkeit eines Unternehmens wider, die aus Fremdfinanzierung entstehenden Verpflichtungen zu bedienen. Diese Kennzahl steht somit auch in einem wechselseitigen Verhältnis zur Verschuldung. Aufgrund dieser möglichen Kollinearität wurde diese Erklärungsvariable eher selten in die empirischen Untersuchungen aufgenommen. BILDERSEE (1975) operationalisiert den Deckungsgrad als Quotient aus Cash Flow zur Summe aus Fremdkapital und Vorzugsaktien.[587] THOMPSON (1976), BAUER (1992) und VOULGARIS/RIZONAKI (2011) bestimmen den Zinsdeckungsgrad aus dem Verhältnis des Vorsteuergewinns zu Zinszahlungen.[588] BRIMBLE/HODGSON (2007) nutzen ein ähnliches Vorgehen, addieren jedoch im Zähler zum Vorsteuergewinn die Zinszahlungen hinzu.[589] BRIMBLE/HODGSON (2007) und VOULGARIS/RIZONAKI (2011) weisen einen positiven Zusammenhang nach, welcher im Kontrast zu den theoretischen Überlegungen steht.[590] BILDERSEE (1975) findet keine signifikante Relation,[591] was ggf. auf die gleichzeitige Hinzunahme des Verschuldungsgrads als Untersuchungsvariable zurückzuführen sein könnte. Die empirischen Ergebnisse der Untersuchung von THOMPSON (1976) bezüglich des Zinsdeckungsgrades bestätigen diejenigen hinsichtlich der Verschuldung. Im ersten Untersuchungszeitraum (1951-1959) existieren keine signifikanten Zusammenhänge, wohingegen die zweite Periode (1960-1968) einen negativen Erklärungsgehalt für den amerikanischen Markt aufweist.[592] BAUER (1992) kann für den deutschen Kapitalmarkt ebenfalls keine ausreichenden Erklärungsgehalte dieser Kennzahl für das systematische Risiko nachweisen. Nur in zwei von zwanzig Fällen im Untersuchungszeitraum 1967-1986 weist der Deckungsgrad der

---

587 Vgl. BILDERSEE (1975), Alternative measures of risk, S. 83.

588 Vgl. THOMPSON (1976), Sources of systematic risk, S. 181; BAUER (1992), Risiko von Aktienanlagen, S. 129; VOULGARIS/RIZONAKI (2011), Systematic, financial and operating risk, S. 212.

589 Vgl. BRIMBLE/HODGSON (2007), Risk relevance of accounting variables, S. 560.

590 Vgl. BRIMBLE/HODGSON (2007), Risk relevance of accounting variables, S. 563; VOULGARIS/RIZONAKI (2011), Systematic, financial and operating risk, S. 214.

591 Vgl. BILDERSEE (1975), Alternative measures of risk, S. 91.

592 Vgl. THOMPSON (1976), Sources of systematic risk, S. 184.

fixen finanziellen Verpflichtungen ein signifikant von null verschiedenes Bestimmtheitsmaß auf.[593]

4.4.8 Liquidität der Vermögensgegenstände

Der Einfluss der Liquidität der Vermögensgegenstände eines Unternehmens wurde in 13 der betrachteten 41 Arbeiten empirisch untersucht. Dabei wurden sowohl die Liquidität des 2. (Quick Ratio, *QR*)[594] und 3. (Current Ratio, *CR*) [595] Grades verwendet. Die Liquidität 2. Grades bestimmt sich nach Formel (140):[596]

$$QR=\frac{\text{Barmittel+Wertpapiere des UV+Forderungen des UV}}{\text{kurzfristige Verbindlichkeiten}} \tag{140}$$

mit:

UV...Umlaufvermögen.

Für die Berechnung der Liquidität 3. Grades wird das gesamte UV in der Zählergröße verwendet:

$$CR=\frac{\text{UV}}{\text{kurzfristige Verbindlichkeiten}}\,. \tag{141}$$

Anstelle der Liquiditätsgrade, welche Aktiv- und Passivseite miteinander kombinieren, kann auch der Anteil der kurzfristigen Vermögensgegenstände am Gesamtvermögen als Operationalisierung der Liquidität genutzt werden.[597]

BEAVER/KETTLER/SCHOLES (1970), ESKEW (1979) und LEE/JANG (2007) können keinen Zusammenhang für den US-amerikanischen Kapitalmarkt berichten.[598] Auch bei einer Betrachtung deutscher Unternehmen ist größtenteils keine Beziehung zwischen der *QR*

---

[593] Vgl. BAUER (1992), Risiko von Aktienanlagen, S. 168.

[594] Vgl. ROSENBERG/MCKIBBEN (1973), Systematic and specific risk, S. 324; LEE/JANG (2007), Systematic risk determinants, S. 436.

[595] Vgl. z. B. BEAVER/KETTLER/SCHOLES (1970), Accounting risk measures, S. 662; MOYER/CHATFIELD (1983), Market power and systematic risk, S. 126; VOULGARIS/RIZONAKI (2011), Systematic, financial and operating risk, S. 212.

[596] Vgl. PERRIDON/STEINER/RATHGEBER (2012), Finanzwirtschaft, S. 603.

[597] Vgl. BORDE (1998), Risk diversity, S. 67; AGUSMAN ET AL. (2008), Accounting and capital market measures of risk, S. 484.

[598] Vgl. BEAVER/KETTLER/SCHOLES (1970), Accounting risk measures, S. 672; ESKEW (1979), Accounting risk measures, S. 113; LEE/JANG (2007), Systematic risk determinants, S. 439.

und systematischem Risiko durch BAUER (1992) nachweisbar.[599] BILDERSEE (1975) und MOYER/CHATFIELD (1983) finden einen negativen Zusammenhang, der jedoch jeweils nicht signifikant von null verschieden ist.[600] THOMPSON (1976) kann zwischen 1951-1959 keinen und zwischen 1960 bis 1968 einen negativen signifikanten Zusammenhang feststellen.[601] MELICHER (1974) misst den Anteil des langfristigen Vermögens am Gesamtvermögen und berichtet einen positiven Zusammenhang zum β^{CAPM}.[602] Den Ergebnissen aus theoretischen Überlegungen widersprechender positiver Zusammenhang zwischen Liquidität und systematischen Risiko wird durch ROSENBERG/MCKIBBEN (1973), BORDE (1998) und ABDELGHANY (2005) für den US-amerikanischen Markt dargelegt.[603]

Aufgrund der Häufigkeit der Verwendung in vorhandenen Studien und damit verbundenen Vergleichbarkeit untereinander ist eine Operationalisierung durch die Liquidität 3. Grades zu bevorzugen. Aus den Ergebnissen vergangener Untersuchungen ableitend, wird der Einfluss der Liquidität eher schwach negativ oder nicht ausgeprägt sein.

4.4.9 Profitabilität und operative Effizienz

Wie bereits in den theoretischen Überlegungen des Unterabschnitts 4.1.5 ersichtlich wurde, besteht ein enger Zusammenhang zwischen der Profitabilität und operativen Effizienz eines Unternehmens. Die Profitabilität kann als Rendite bezogen auf eine Kapitalgröße, z. B. *ROA* (Ergebnisgröße / Gesamtkapital)[604] oder *ROE* (Ergebnisgröße / Eigenkapital)[605] bestimmt werden. Alternativ wird durch BILDERSEE (1975), ZIMMERMANN (1997) und BRIMBLE/HODGSON (2007) als Zählergröße der Cash Flow, der für die Stammaktionäre verfügbar ist, genutzt.[606] Andererseits kann auch der Ge-

---

599 Vgl. BAUER (1992), Risiko von Aktienanlagen, S. 172.

600 Vgl. BILDERSEE (1975), Alternative measures of risk, S. 91; MOYER/CHATFIELD (1983), Market power and systematic risk, S. 127

601 Vgl. THOMPSON (1976), Sources of systematic risk, S. 184.

602 Vgl. MELICHER (1974), Financial factors which influence beta, S. 238.

603 Vgl. ROSENBERG/MCKIBBEN (1973), Systematic and specific risk, S. 326; BORDE (1998), Risk diversity, S. 68; ABDELGHANY (2005), Accounting risk measures, S. 872.

604 Vgl. BORDE (1998), Risk diversity, S. 67; LEE/JANG (2007), Systematic risk determinants, S. 436; KIM/KIM/GU (2012), Determinants of systematic risk, S. 31.

605 Vgl. MELICHER (1974), Financial factors which influence beta, S. 238; BORDE (1998), Risk diversity, S. 67; BOWMAN/BUSH (2006), Comparable companies, S. 75; VOULGARIS/RIZONAKI (2011), Systematic, financial and operating risk, S. 213.

606 Vgl. BILDERSEE (1975), Alternative measures of risk, S. 83; ZIMMERMANN (1997), Betawerte, S. 286; BRIMBLE/HODGSON (2007), Risk relevance of accounting variables, S. 560.

samtumsatz als Basis dienen, um die Umsatzrentabilität (Ergebnisgröße / Umsatz) als ein Maß der Profitabilität zu bestimmen.[607] *ROA* wird nach Formel (106) multiplikativ aus Umsatzrentabilität und operativer Effizienz bestimmt. Die operative Effizienz wird häufig durch die Umschlagshäufigkeit (Umsatz / Gesamtkapital) operationalisiert.[608] Die durch die Theorie zu vermutende negative Beziehung zwischen Umschlagshäufigkeit und systematischem Risiko wird durch die empirischen Ergebnisse häufig nicht bestätigt. LOGUE/MERVILLE (1972), BILDERSEE (1975), LEE/JANG (2007) und KIM/KIM/GU (2012) finden keinen signifikanten Zusammenhang.[609] Einzig ELDOMIATY/DHAHERY/SHUKRI (2009) können in den betrachteten Arbeiten einen negativen Erklärungsgehalt berichten.[610] Die Umsatzrentabilität als Maß der Profitabilität hat für den amerikanischen Kapitalmarkt einen negativen[611] und für den australischen Markt einen positiven[612] Einfluss auf das β^{CAPM}. Auch für die Profitabilität, bezogen auf eine Kapitalgröße, stellen sich die empirischen Ergebnisse sehr heterogen dar, welches durch die unterschiedlichen theoretischen Ansätze erklärt werden kann.[613] BILDERSEE (1975), VOULGARIS/RIZONAKI (2011) sowie KIM/KIM/GU (2012) können keinen signifikanten Erklärungszusammenhang nachweisen.[614] BORDE (1998), BOWMAN/BUSH (2006) sowie LEE/JANG (2007) finden eine negative Beziehung zum systematischen Aktienrisiko.[615] Dagegen berichtet MELICHER (1974) einen positiven Zusammenhang.[616]

Für deutsche Aktien stellt sich der Einfluss der Kapitalrentabilität auf das systematische Risiko ebenfalls als heterogen heraus. Während die Eigenkapitalrentabilität in der Untersuchung von MÜLLER (1992) in beiden Betrachtungsperioden eine negative Korrela-

---

607 Vgl. LOGUE/MERVILLE (1972), Financial policy, S. 41; BRIMBLE/HODGSON (2007), Risk relevance of accounting variables, S. 560.

608 Vgl. LOGUE/MERVILLE (1972), Financial policy, S. 41; LEE/JANG (2007), Systematic risk determinants, S. 436; ELDOMIATY/DHAHERY/SHUKRI (2009), Fundamental determinants of systematic risk, S. 60; KIM/KIM/GU (2012), Determinants of systematic risk, S. 31. Eine vergleichbare reziproke Variable (Sachanlagevermögen / Umsatz) wird durch ZIMMERMANN (1997), Betawerte, S. 286 untersucht.

609 Vgl. LOGUE/MERVILLE (1972), Financial policy, S. 42; BILDERSEE (1975), Alternative measures of risk, S. 91; LEE/JANG (2007), S. 439; KIM/KIM/GU (2012), Determinants of systematic risk, S. 35.

610 Vgl. ELDOMIATY/DHAHERY/SHUKRI (2009), Fundamental determinants of systematic risk, S. 54.

611 Vgl. LOGUE/MERVILLE (1972), Financial policy, S. 42.

612 Vgl. BRIMBLE/HODGSON (2007), Risk relevance of accounting variables, S. 563.

613 Vgl. Unterabschnitt 4.1.5.

614 Vgl. BILDERSEE (1975), Alternative measures of risk, S. 91; VOULGARIS/RIZONAKI (2011), Systematic, financial and operating risk, S. 214; KIM/KIM/GU (2012), Determinants of systematic risk, S. 35.

615 Vgl. BORDE (1998), Risk diversity, S. 68; BOWMAN/BUSH (2006), Comparable companies, S. 78; LEE/JANG (2007), S. 439.

616 Vgl. MELICHER (1974), Financial factors which influence beta, S. 238.

tion aufweist, besteht für die Gesamtkapitalrentabilität zwischen 1979 bis 1985 ein positiver Zusammenhang zum β^{CAPM}.[617] In stufenweisen Regressionen durch ZIMMERMANN (1997) wird im Zeitraum von 1974 bis 1990 die Cash Flow-Rendite (bezogen auf das Gesamtkapital) in vier von 17 Fällen aufgenommen und weist stets einen negativen Schätzkoeffizienten auf.[618] Zwar lässt sich die Volatilität der Aktienrendite durch Rentabilitätskennzahlen ausreichend gut erklären, jedoch ist dies nicht für den Erklärungsgehalt des β^{CAPM} in der Studie von BAUER (1992) gültig.[619]

Da sowohl Profitabilität als auch operative Effizienz ebenfalls für nicht börsennotierte Unternehmen messbar sind, wenn Buchwerte des Gesamt- bzw. Eigenkapitals benutzt werden, kann eine Hinzunahme dieser Untersuchungsvariablen sinnvoll sein. Aufgrund der vorhandenen empirischen Ergebnisse vergangener Arbeiten ist jedoch die Richtung des Zusammenhangs schwer prognostizierbar. Des Weiteren ist zu beachten, dass innerhalb der Untersuchungsvariablen keine Kollinearität vorhanden ist. Es besteht die Gefahr, dass die Umsatzrentabilität ggf. auch ein Proxy für den Operating Leverage sein könnte.[620]

4.4.10 Operating Leverage

Wie in Unterabschnitt 4.1.7 dargestellt, ist der Operating Leverage als Maß für den Fixkostenanteil eines Unternehmens anzusehen. Für empirische Untersuchungen stellt sich dabei regelmäßig die Schwierigkeit der Datenbeschaffung, da eine Aufspaltung der detaillierten Kostenstruktur in öffentlich verfügbaren Jahresabschlussdaten nicht vorhanden ist. Stattdessen wird auf öffentlich verfügbare Proxys zurückgegriffen, die einen hohen Zusammenhang mit der Kostenstruktur vermuten lassen.[621] Alternativ wird der Anteil der variablen Kosten $c_{var}^{\%}$ als Anstieg einer Zeitreihenregression zwischen Gesamtkosten Ges_kost und Umsätzen S geschätzt:[622]

[617] Vgl. MÜLLER (1992), Bilanzinformation, S. 168, 170.
[618] Vgl. ZIMMERMANN (1997), Betawerte, S. 304-305.
[619] Vgl. BAUER (1992), Risiko von Aktienanlagen, S. 169.
[620] Vgl. PENMAN (2010), Financial Statement Analysis, S. 669.
[621] Vgl. STEINER/BAUER (1992), Fundamentale Analyse, S. 358, die das leistungswirtschaftliche Risiko u. a. durch die Maschinenquote operationalisieren.
[622] Vgl. LEV (1974), Operating leverage and risk, S. 633.

$$Ges\_kost_t = \gamma_0 + c_{var}^{\%} \cdot S_t + \varepsilon_t \; . \tag{142}$$

Die Durchführung dieser Schätzung führt jedoch nur dann zu einem korrekten Ergebnis, wenn die Fixkosten über die Betrachtungsperiode in absoluter Höhe konstant bleiben.[623] Der Grad der operativen Verschuldung *DOL* misst das Ausmaß des Effekts der leistungswirtschaftlichen Verschuldung als Elastizität des EBIT bezüglich der Umsätze (prozentuale Abweichung des EBIT vom erwarteten Wert bei einer einprozentigen Abweichung des Umsatzes vom erwarteten Wert) nach Formel (109).[624] Dabei sind jedoch die Abweichungen vom Erwartungswert nicht direkt beobachtbar, so dass Operationalisierungsmöglichkeiten genutzt werden müssen. MANDELKER/RHEE (1984) sowie HUFFMAN (1989)[625] nutzen eine Zeitreihenregression des Umsatzes auf das EBIT nach Formel (128), um den *DOL* als Anstieg abzuschätzen.[626] Auch ANG/PETERSON/PETERSON (1985) und CHUNG (1989) nutzen den Anstieg dieser Zeitreihenregression zur Instrumentalisierung des *DOL*.[627] AL-QAISI (2011) verwendet für die Bestimmung des Operating Leverage den Anteil des Anlagevermögens am Gesamtvermögen des Unternehmens.[628] Dabei wird angenommen, dass die Abschreibungen des Anlagevermögens fixe Kosten darstellen und somit Unternehmen mit einem hohen Anlagevermögensanteil auch einen hohen Operating Leverage aufweisen. In Dienstleitungsunternehmen ist der Anteil des Anlagevermögens eher gering, wohingegen die Fixkosten z. B. aufgrund von Gehälter an Spezialisten eher hoch sind. Somit ergibt sich ein großer *DOL* im Gegensatz zu einem geringen Anteil des Anlagevermögens am Gesamtvermögen.[629] BAUER (1992) sowie darauf aufbauend STEINER/BAUER (1992) messen den Grad des Operating Leverage ebenfalls statisch nach folgender Berechnungsvorschrift:[630]

$$DOL = \frac{J\ddot{U} + Zinsen + c_{fix}}{J\ddot{U} + Zinsen}. \tag{143}$$

Dabei wird versucht, auf Positionen der GuV abzustellen, um der ursprünglichen Definition des Operating Leverage (c_{fix} / c_{var}) gerecht zu werden. Jedoch stellt sich hierbei

623 Vgl. O'BRIEN/VANDERHEIDEN (1987), Empirical measurement of operating leverage, S. 48.
624 Vgl. GAHLON/GENTRY (1982), Systematic risk and the DOL and DFL, S. 22.
625 Vgl. HUFFMAN (1989), Systematic risk of common stocks, S. 85.
626 Vgl. dazu Abschnitt 4.3. Beim Vorliegen von negativen Werten erfolgt die Schätzung von *DOL* nach Formel (132) i. V. m. Formel (130).
627 Vgl. CHUNG (1989), Demand volatility and leverages on systematic risk, S. 348; ANG/PETERSON/PETERSON (1985), Determinants of risk, S. 12.
628 Vgl. AL-QAISI (2011), Economic determinants of systematic risk, S. 89.
629 Vgl. O'BRIEN/VANDERHEIDEN (1987), Empirical measurement of operating leverage, S. 49.
630 Vgl. BAUER (1992), S. 129; STEINER/BAUER (1992), Fundamentale Analyse, S. 358.

wieder die Schwierigkeit der Messbarkeit der variablen Kosten in einem Unternehmen. ROSENBERG/MCKIBBEN (1973) nutzen den Quotient aus Fixkosten zu EBIT, um den Operating Leverage zu operationalisieren.[631] Eine weitere Operationalisierungsmethode ist der Quotient aus Veränderungen des EBIT zu Veränderungen des Umsatzes S.[632] Alternativ ist auch die jeweilige prozentuale Veränderung nutzbar.[633] Es gilt:

$$Operating\ Leverage = \frac{\Delta EBIT}{EBIT} \cdot \frac{S}{\Delta S} \,. \tag{86}$$

GRIFFIN/DUGAN (2003) folgen dem Ansatz von O'BRIEN/VANDERHEIDEN (1987), welcher im Abschnitt 4.3 beschrieben wurde.[634] Dabei werden zunächst zwei autoregressive (AR-1) Zeitreihenregressionen (ln*(EBIT)* und ln*(Umsatz)*) geschätzt. Im Anschluss werden die Residuen der EBIT-Schätzung auf die Residuen der Umsatz-Schätzung regressiert, um den DOL als Anstieg zu erhalten. Im Gegensatz zu den statischen Instrumenten verspricht der Ansatz auf Basis der Zeitreihenregression verbesserte Schätzergebnisse für den DOL. Das Vorgehen von MANDELKER/RHEE (1984) führt jedoch nur dann zu korrekten Ergebnissen, wenn die Fixkosten über die Zeit konstant sind. Weiterhin besteht die Notwendigkeit einer möglichst großen Anzahl an Beobachtungszeitpunkten, um die Güte der Schätzung zu maximieren.

Somit besteht in Abhängigkeit der Datenverfügbarkeit die Möglichkeit der Anwendung des zweistufigen Schätzverfahrens nach O'BRIEN/VANDERHEIDEN (1987) oder eines vereinfachten statischen Ansatzes bspw. nach BOWMAN/BUSH (2006).

Die Richtung der empirischen Ergebnisse entspricht teilweise den Erwartungen, die aus der theoretischen Betrachtung abgeleitet wurde. LEV (1974), MANDELKER/RHEE (1984), CHUNG (1989), BOWMAN/BUSH (2006) sowie BRIMBLE/HODGSON (2007) können empirisch einen statistisch signifikant positiven Zusammenhang zwischen Operating Leverage und systematischem Risiko bestätigen.[635] ANG/PETERSON/PETERSON (1985) untersu-

---

631 Vgl. ROSENBERG/MCKIBBEN (1973), Systematic and specific risk, S. 324.

632 Vgl BOWMAN/BUSH (2006), Comparable companies, S. 75; ANG/PETERSON/PETERSON (1985), Determinants of risk, S. 8.

633 Vgl. ROSS/WESTERFIELD/JAFFE (2008), Corporate finance, S. 349; BAUER (1992), Risiko von Aktienanlagen, S. 200.

634 Vgl. GRIFFIN/DUGAN (2003), Systematic risk and revenue volatility, S. 183.

635 Vgl. LEV (1974), Operating leverage and risk, S. 637; MANDELKER/RHEE (1984), Operating and financial leverage, S. 53; CHUNG (1989), Demand volatility and leverages on systematic risk, S. 349-

chen den Einfluss innerhalb der einzelnen Jahre zwischen 1973 und 1980. Dabei konnte zweimal ein positiver und einmal ein negativer Zusammenhang nachgewiesen werden. In den restlichen Jahren hat der Operating Leverage keinen signifikanten Erklärungsgehalt für das β^{CAPM} in dieser Untersuchung.[636] AL-QAISI (2011) kann einen positiven Zusammenhang feststellen, der jedoch nicht statistisch signifikant von null verschieden ist.[637] Auch ROSENBERG/MCKIBBEN (1973) können keine signifikante Beziehung nachweisen.[638] Ein, den Ergebnissen der theoretischen Betrachtung widersprechender negativer Zusammenhang zwischen Operating Leverage und systematischem Risiko, wird von GRIFFIN/DUGAN (2003) und VOULGARIS/RIZONAKI (2011) berichtet.[639] Dies kann auf der einen Seite durch eine Heterogenität innerhalb verschiedener Branchen begründet sein.[640] Auf der anderen Seite kann die Hinzunahme von Unternehmen, die negative Jahresergebnisse aufweisen, zu verzerrten Schätzungen führen.[641]

Sowohl die theoretischen Überlegungen als auch die Mehrheit der empirischen Ergebnisse lassen einen positiven Zusammenhang zwischen Operating Leverage und systematischem Risiko vermuten.

4.4.11 Weitere Untersuchungsvariablen

In den vorangegangenen Abschnitten wurden Einflussvariablen besprochen, deren Einfluss auf das systematische Risiko häufig in empirischen Studien untersucht wurde. Daneben existieren weitere Untersuchungsvariablen, die vereinzelt Eingang in die Regressionsmodelle fanden. THOMPSON (1976) findet einen signifikant positiven Zusammenhang zwischen β^{CAPM} und einer Reihe varianzbasierter Einflussvariablen (Varianz der Umsätze, Varianz der Profitabilität sowie Varianz der Dividende).[642] Diese Ergebnisse unterstützen den theoretisch positiven Zusammenhang, dass die Varianz als Risikomaß

350; BOWMAN/BUSH (2006), Comparable companies, S. 78; BRIMBLE/HODGSON (2007), Risk relevance of accounting variables, S. 563.

636 Vgl. ANG/PETERSON/PETERSON (1985), Determinants of risk, S. 10.

637 Vgl. AL-QAISI (2011), Economic determinants of systematic risk, S. 95.

638 Vgl. ROSENBERG/MCKIBBEN (1973), Systematic and specific risk, S. 326.

639 Vgl. GRIFFIN/DUGAN (2003), Systematic risk and revenue volatility, S. 188; VOULGARIS/RIZONAKI (2011), Systematic, financial and operating risk, S. 214.

640 Vgl. VOULGARIS/RIZONAKI (2011), Systematic, financial and operating risk, S. 215; LEV (1974), Operating leverage and risk, S. 631-632.

641 Vgl. HAYN (1995), Information of losses, S. 149.

642 Vgl. THOMPSON (1976), Sources of systematic risk, S. 184.

wahrgenommen wird. GINER/REVERTE (2006) bestätigen diese Forschungsergebnisse durch empirisch signifikante positive Zusammenhänge zwischen systematischem Aktienrisiko und Varianz der Umsatzrendite, Varianz der Umschlagshäufigkeit sowie Varianz des Umsatzwachstums.[643] Auch FRANCIS ET AL. (2004) können einen negativen Zusammenhang zwischen dem systematischen Aktienrisiko und der Persistenz der Jahresergebnisse pro Aktie (gemessen als Anstieg eines autoregressiven AR-1 Models) nachweisen, was im Einklang mit den theoretischen Überlegungen steht.[644] MOYER/CHATFIELD (1983) lassen die Marktmacht des Unternehmens in die Untersuchung einfließen und finden einen negativen Zusammenhang zur Erklärungsvariable, der den theoretischen Überlegungen entspricht. Hat ein Unternehmen eine hohe Marktmacht, so kann es höhere Verkaufspreise durchsetzen, womit regelmäßig eine größere Profitabilität verbunden ist.[645] Das Buchwert-zu-Marktwert Verhältnis des Eigenkapitals weist zweimal einen positiven[646], einmal einen negativen[647] und zweimal keinen[648] signifikanten Erklärungszusammenhang in den empirischen Untersuchungen auf. Die Anzahl der gehandelten Aktien als Erklärungsvariable wurde durch BREEN/LERNER (1973) und ROSENBERG/MCKIBBEN (1973) untersucht. Eine Erklärung für eine gesteigerte Handelsaktivität können die unterschiedlichen Erwartungen der Investoren über die Entwicklung des Unternehmens und somit einhergehend ein gesteigertes Risiko sein.[649] Dieser positive Zusammenhang kann empirisch bestätigt werden.[650] ELDOMIATY/DHAHERY/SHUKRI (2009) können eine negative Beziehung zwischen systematischem Risiko und der Variable Cash Flow zu Buchwert pro Aktie nachweisen.[651] Die Untersuchungsgröße beschreibt die Profitabilität i. w. S. und besitzt somit ein Vorzeichen, welches den theoretischen Überlegungen entspricht. Das Niveau der freiwilligen Angaben innerhalb eines Jahresabschlusses wird durch HASSAN ET AL. (2011) untersucht. Je mehr Informationen die Investoren über ein Unternehmen erhalten, desto geringer ist die deren Informationsasymmetrie zum Unternehmensmanagement. Die verringerte Informations-

[643] Vgl. GINER/REVERTE (2006), Risk-relevance of accounting data, S. 199.

[644] Vgl. FRANCIS ET AL. (2004), Costs of equity, S. 980, 990.

[645] Vgl. MOYER/CHATFIELD (1983), Market power and systematic risk, S. 127.

[646] Vgl. ROSENBERG/MCKIBBEN (1973), Systematic and specific risk, S. 326; HASSAN ET AL. (2011), Voluntary disclosure and risk, S. 44.

[647] Vgl. HONG/SARKAR (2007), Beta and its determinants, S. 444.

[648] Vgl. BOWMAN/BUSH (2006), Comparable companies, S. 78; BRIMBLE/HODGSON (2007), Risk relevance of accounting variables, S. 563.

[649] Vgl. BREEN/LERNER (1973), Market measures of risk, S. 342.

[650] Vgl. BREEN/LERNER (1973), Market measures of risk, S. 344-346; ROSENBERG/MCKIBBEN (1973), Systematic and specific risk, S. 326.

[651] Vgl. ELDOMIATY/DHAHERY/SHUKRI (2009), Fundamental determinants of systematic risk, S. 67.

asymmetrie reduziert die Kapitalkosten des Unternehmens.[652] HASSAN ET AL. (2011) bestätigen den theoretisch negativen Zusammenhang zum systematischen Risiko in ihrer empirischen Untersuchung.[653] Für den Grad der Produktdiversifikation innerhalb eines Unternehmens finden AMIT/LIVNAT (1988) keinen Zusammenhang zum systematischen Risiko.[654] Als Surrogat des leistungswirtschaftlichen Risikos wird die Maschinenquote, als Anteil der Maschinen und maschinellen Anlagen am Gesamtvermögen, für die Erklärung für des systematischen Risikos durch BAUER (1992) sowie ZIMMERMANN (1997) untersucht. Sie können für den deutschen Kapitalmarkt einen negativen Zusammenhang nachweisen, der jedoch grundsätzlich den theoretischen Überlegungen widerspricht.[655] Auch ROSENBERG/MCKIBBEN (1973) finden eine negative Beziehung der Maschinenquote zum systematischen Risiko für den US-amerikanischen Kapitalmarkt.[656] MÜLLER (1992) eruiert den Einfluss der Intensität des Umlaufvermögens (Umlaufvermögen / Gesamtkapital) und stellt einen signifikant negativen Erklärungsgehalt bezüglich des systematischen Risikos in den Querschnittsregressionen fest.[657]

Einen zusammenfassenden und vergleichenden Überblick über die Ergebnisse der betrachteten Studien bietet die Tabelle im Anhang C. Diese stellt die Richtung des Einflusses jeder einzelnen Untersuchungsvariablen auf das betrachtete Risiko innerhalb der Studien dar. Ein Pluszeichen weist auf einen positiven, ein Minuszeichen auf einen negativen Zusammenhang hin. Die null wird verwendet, um zu kennzeichnen, dass die Variable zwar untersucht wurde, jedoch keine signifikante Beziehung zum systematischen Risiko erkennbar ist. Werden mehrere Symbole pro Einflussparameter berichtet, so ist er Zusammenhang innerhalb einer Arbeit, bspw. innerhalb verschiedener Betrachtungsperioden, nicht eindeutig nachweisbar. Mithilfe dieser zusammengefassten Ergebnisse können potentielle Einflussparameter des systematischen Risikos für die eigene empirische Untersuchung im folgenden Kapitel abgeleitet werden.

[652] Vgl. DIAMOND/VERRECCHIA (1991), Disclosure and liquidity, S. 1326.
[653] Vgl. HASSAN ET AL. (2011), Voluntary disclosure and risk, S. 44.
[654] Vgl. AMIT/LIVNAT (1988), Systematic risk, S. 31.
[655] Vgl. BAUER (1992), Risiko von Aktienanlagen, S. 205, 213; ZIMMERMANN (1997), Betawerte, S. 308.
[656] Vgl. ROSENBERG/MCKIBBEN (1973), Systematic and specific risk, S. 326.
[657] Vgl. MÜLLER (1992), Bilanzinformation, S. 48, 173.

5 Empirische Untersuchung

Im Folgenden sollen die Ergebnisse der vorangestellten theoretischen Betrachtung genutzt werden, um den Einfluss verschiedener Variablen auf das systematische Risiko empirisch zu untersuchen. Obwohl keine abschließende Theorie über die zu untersuchenden Einflussfaktoren existiert, soll dennoch auch in dieser Arbeit der Einfluss verschiedener erklärender Variablen auf das systematische Risiko mithilfe der multiplen Regression untersucht werden. Dabei wird teilweise ein linearer Zusammenhang, teilweise auch ein logarithmierter Zusammenhang, unterstellt. Die Anwendung multipler Regressionsmodelle ist an dem Forschungsaufbau früherer Studien angelehnt, um somit eine teilweise Vergleichbarkeit mit Ergebnissen vorangegangener Arbeiten herstellen zu können. Die Höhe des Einflusses der einzelnen Untersuchungsgrößen wird mit der Kleinste-Quadrate-Methode (KQ-Methode)[658] geschätzt. Der Fokus der vorliegenden Arbeit ist auf nicht börsennotierte Unternehmen gelegt worden. Gleichwohl wird für die empirische Untersuchung auf Daten des Kapitalmarkts zurückgegriffen. Diese, zunächst paradox anmutende, Vorgehensweise lässt sich damit begründen, dass gerade das systematische Aktienrisiko, welches aus Aktienrenditen geschätzt wird, erklärt werden soll. Des Weiteren werden Unternehmensdaten börsennotierter Unternehmen aufgrund der besseren Datenverfügbarkeit verwendet. Jedoch werden für die Erklärungsvariablen nur diejenigen Daten in Betracht gezogen, die sich theoretisch auch bei nicht börsennotierten Unternehmen beobachten lassen. Die Verwendung des Buch-zu-Marktwertverhältnisses als Regressor ist damit bspw. ausgeschlossen. Im weiteren Verlauf des Kapitels werden zwei verschiedene Mehrfachregressionsmodelle für die Erklärung des systematischen Unternehmensrisikos untersucht. Aufgrund der verschiedenen Erklärungsvariablen in den einzelnen Querschnittsuntersuchungen und der damit notwendigen unterschiedlichen Datenbasis unterscheiden sich die Stichproben, da eine Maximierung des Stichprobenumfangs priorisiert wurde. Zunächst werden im Abschnitt 5.1 das lineare Regressionsmodell und dessen Annahmen im Allgemeinen beschrieben. Im Anschluss werden die beiden Untersuchungsmodelle abgeleitet und deren Datenbasis dargestellt sowie die Ergebnisse diskutiert.

---

[658] Vgl. FAHRMEIR/KAUFMANN/KREDLER (1996), Regressionsanalyse, S. 97-101.

5.1 Lineares Regressionsmodell

5.1.1 Darstellung des Modells

Für die Erklärung des systematischen Risikos sollen multiple lineare Querschnittsregressionen durchgeführt werden, deren unbeobachtbare Regressionsfunktion der Grundgesamtheit in Formel (144) dargestellt ist:

$$\begin{aligned} Y_j &= \gamma_0 + \gamma_1 \cdot X_{1,j} + \gamma_2 \cdot X_{2,j} + \ldots + \gamma_K \cdot X_{K,j} + \varepsilon_j \\ &= \gamma_0 + \sum_{k=1}^{K} \gamma_k \cdot X_{k,j} + \varepsilon_j \end{aligned} \tag{144}$$

mit:

Y_j......Regressand
$X_{k,j}$...Regressoren
γ_k......wahrer (unbeobachtbarer) Regressionskoeffizient des k-ten Regressors
ε_j......Störterm.

Die endogene Größe (Regressand) Y_j (mit $j = 1,\ldots,n$) soll demnach von mehreren exogenen Variablen (Regressoren) $X_{k,j}$ (mit $k = 1,\ldots,K$ und $j = 1,\ldots,n$) erklärt werden. Die Matrixschreibweise des Modells ist in Formel (145) dargestellt, wobei $\mathbf{Y}$ den Vektor der endogenen Variablen, $\mathbf{X}$ die Matrix der exogenen Variablen, $\boldsymbol{\gamma}$ den Vektor der wahren Regressionskoeffizienten und $\boldsymbol{\varepsilon}$ den Vektor der Störterme bezeichnen:

$$\mathbf{Y} = \mathbf{X}\boldsymbol{\gamma} + \boldsymbol{\varepsilon}\,. \tag{145}$$

Die Schätzgleichung für die Stichprobe des linearen Modells wird durch Formel (146) beschrieben:

$$\hat{Y}_j = \hat{\gamma}_0 + \hat{\gamma}_1 \cdot X_{1,j} + \hat{\gamma}_2 \cdot X_{2,j} + \ldots + \hat{\gamma}_K \cdot X_{K,j} \tag{146}$$

mit:

$\hat{\gamma}_k$...geschätzer Regressionskoeffizient des k-ten Regressors.

Das Dachsymbol über den Regressionskoeffizienten (bspw. $\hat{\gamma}_1$) gibt an, dass es sich um eine Schätzung des unbeobachtbaren Parameters der Grundgesamtheit γ_1 handelt.[659]

[659] Vgl. HATEKAR (2010), Econometrics, S. 193.

Der Kleinste-Quadrate-Schätzer des Vektors der unbeobachtbaren Parameter ergibt sich zu:

$$\hat{\gamma} = (\mathbf{X'X})^{-1}\mathbf{X'Y}. \tag{147}$$

5.1.2 Annahmen an das lineare Regressionsmodell und Beurteilung der Güte

Damit die Parameterschätzer des linearen Regressionsmodells bei der Verwendung der KQ-Methode die Eigenschaften der Erwartungstreue und der Effizienz aufweisen, müssen verschiedene Annahmen erfüllt sein.[660] Die Annahmen beziehen sich dabei sowohl allgemein auf das Modell als auch speziell auf notwendige Eigenschaften des Störterms.[661]

1. Das Modell ist linear in den Regressionskoeffizienten γ_k. Die Variablen sollen ohne systematische Fehler gemessen werden.
2. Der Stichprobenumfang ist größer als die Anzahl der zu schätzenden Regressionskoeffizienten.
3. Zwischen den Regressoren $X_{1,j},\ldots,X_{K,j}$ darf keine perfekte lineare Abhängigkeit (Multikollinearität) bestehen.
4. Die Korrelation zwischen Regressor und Störterm ist null.
5. Der Erwartungswert der Störterme ist null.
6. Die Störterme müssen homoskedastisch (konstante Varianz) sein und dürfen keine (Auto-)Korrelation untereinander aufweisen.

Das Ausmaß der Multikollinearität kann mithilfe des Varianzinflationsfaktors (VIF) überprüft werden.[662] Dabei wird jede unabhängige Variable auf die restlichen unabhängigen Variablen regressiert. Durch die Bestimmtheitsmaße der einzelnen Regressionen kann der VIF wie folgt ermittelt werden:[663]

---

660 Vgl. BACKHAUS ET AL. (2011), Multivariate Analysemethoden, S. 86.

661 Vgl. HANDL (2010), Multivariate Analysemethoden, S. 204-05; WATSON/TEELUCKSINGH (2002), Econometric methods, S. 8-9; BACKHAUS ET AL. (2011), Multivariate Analysemethoden, S. 85-86; OHR (2010), Lineare Regression, S. 645-651; HATEKAR (2010), Econometrics, S. 273-274; HAIR ET AL. (2010), Multivariate data analysis, S. 185; FAHRMEIR/KNEIB/LANG (2009), Regression, S. 60-63.

662 Vgl. OHR (2010), Lineare Regression, S. 655; HAIR ET AL. (2010), Multivariate data analysis, S. 201.

663 Vgl. BELSLEY/KUH/WELSCH (2004), Regression diagnostics, S. 93.

$$VIF_i = \frac{1}{1-R_i^2} \tag{148}$$

mit:

R_i^2...Bestimmtheitsmaß der Regression der unabhängigen Variable *i* auf alle anderen unabhängigen Variablen.

Exakte Schwellenwerte des *VIF* sind nicht existent, jedoch deuten Werte größer als zehn auf eine Multikollinearität zwischen den Regressorvariablen hin, deren Ausmaß in einem nicht zu akzeptierenden Bereich liegt.[664] Als Alternative zum *VIF* kann der Condition Index der Matrix der unabhängigen Variablen **X** durch:

$$\text{Condition Index} = \sqrt{\frac{Eig\_V_{\mathbf{X'X}}^{\max}}{Eig\_V_{\mathbf{X'X}}^{\min}}} \tag{149}$$

mit:

$Eig\_V_{\mathbf{X'X}}^{\max}$...maximaler Eigenwert von **X'X**
$Eig\_V_{\mathbf{X'X}}^{\min}$...minimaler Eigenwert von **X'X**

bestimmt werden.[665] Auch bei der Nutzung des Condition Index existiert kein eindeutiger Maßstab für die Beurteilung eines akzeptablen Ausmaßes der Multikollinearität. In der vorliegenden Arbeit wird der *VIF* als Gradmesser verwendet. Für die Überprüfung auf Nichtexistenz der Autokorrelation der Störterme kann die DURBIN-WATSON-Statistik herangezogen werden.[666] Kritische Werte für die Ablehnung der Nullhypothese auf Nichtexistenz der Autokorrelation zugunsten einer positiven bzw. negativen Autokorrelation der Störterme sind mithilfe von Tabellen zu ermitteln.[667] Eine Autokorrelation der Störterme ist ein häufig anzutreffendes Problem bei Zeitreihenregressionen.[668] Eine existierende Autokorrelation der Störterme kann bei Querschnittsuntersuchungen auf eine Modellfehlspezifikation hindeuten.[669] Zur Überprüfung der Existenz möglicher Hetero-

---

664 Vgl. WATSON/TEELUCKSINGH (2002), Econometric methods, S. 330. Auch FAHRMEIR/KNEIB/LANG (2009) beschreiben den Wert von zehn als Grenzwert für ein deutliches Multikollinearitätsproblem. Vgl. FAHRMEIR/KNEIB/LANG (2009), S. 171. Jedoch muss beachtet werden, dass dieser Wert eine multiple Korrelation der untersuchten unabhängigen Variable gegenüber den restlichen unabhängigen Variablen i. H. v. 0,95 beschreibt. Vgl. HAIR ET AL. (2010), Multivariate data analysis, S. 204.

665 Vgl. BELSLEY/KUH/WELSCH (2004), Regression diagnostics, S. 104.

666 Vgl. DURBIN/WATSON (1950), Testing for serial correlation, S. 424.

667 Vgl. WATSON/TEELUCKSINGH (2002), Econometric methods, S. 71-72.

668 Vgl. AUER (2005), Ökonometrie, S. 383.

669 Vgl. FAHRMEIR/KNEIB/LANG (2009), Regression, S. 68, OHR (2010), Lineare Regression, S. 650.

skedastizität der Störterme kann der BREUSCH-PAGAN-Test verwendet werden.[670] Alternativ können auch der GOLDFELD-QUANDT-Test, der WHITE-Test und das Verfahren von GLESJER angewendet werden, um Heteroskedastizität der Störgrößen aufzudecken.[671] Sind die Störgrößen heteroskedastisch, führt die Anwendung der gewöhnlichen KQ-Methode zu fehlerhaften Standardfehlern der Koeffizienten und somit zu irrtümlichen Aussagen über die Signifikanz der Einflussparameter des Untersuchungsmodells.[672] Als Gegenmaßnahme können heteroskedastie-robuste Schätzer der Standardfehler verwendet werden. Ein häufig genutzter Schätzer dieser Art ist der WHITE-Schätzer.[673]

Im Fall der Homoskedastizität ist die Varianz-Kovarianz-Matrix der geschätzten Koeffizienten $\hat{\boldsymbol{\gamma}}$ $\left(Cov\left[\hat{\boldsymbol{\gamma}}\right]\right)$, auf deren Diagonale die Varianzen der Koeffizientenschätzer ablesbar sind, durch Formel (150) gegeben.[674]

Aus Formel (147):

$$\begin{aligned} Cov\left[\hat{\boldsymbol{\gamma}}\right] &= Cov\left[\left(\mathbf{X'X}\right)^{-1}\mathbf{X'Y}\right] \\ &= Cov\left[\left(\mathbf{X'X}\right)^{-1}\mathbf{X'}\left(\mathbf{X}\boldsymbol{\gamma}+\boldsymbol{\varepsilon}\right)\right] \\ &= \left(\mathbf{X'X}\right)^{-1}\mathbf{X'}Cov\left[\boldsymbol{\varepsilon}\right]\mathbf{X}\left(\mathbf{X'X}\right)^{-1} \end{aligned} \tag{150}$$

mit:

$$Cov\left[\boldsymbol{\varepsilon}\right] = \sigma_{\varepsilon}^{2}\mathbf{I}_{n} \qquad \left(\text{Homoskedastizität}\right) \tag{151}$$

folgt:

$$Cov\left[\hat{\boldsymbol{\gamma}}\right] = \sigma_{\varepsilon}^{2}\left(\mathbf{X'X}\right)^{-1}. \tag{152}$$

Tritt Heteroskedastizität in den Fehlertermen auf, ist also die Varianz der Fehlerterme nicht konstant, so gilt Formel (151) nicht mehr. Stattdessen ist die Varianz-Kovarianz-Matrix der Fehlerterme nach Formel (153) determiniert:

---

670 Vgl. BREUSCH/PAGAN (1979), Test for heteroscedasticity, S. 1293; FAHRMEIR/KNEIB/LANG (2009), Regression, S. 131-132.

671 Vgl. BACKHAUS ET AL. (2011), Multivariate Analysemethoden, S. 91-92; OHR (2010), Lineare Regression, S. 658; HATEKAR (2010), Econometrics, S. 356.

672 Vgl. BALTAGI (2011), Econometrics, S. 100; FOX (1997), Applied Regression Analysis, S. 306. Siehe dazu auch Formel (158).

673 Vgl. WHITE (1980), Heteroskedasticity-consistent covariance matrix estimator, S. 817-838.

674 Vgl. FOX (1997), Applied Regression Analysis, S. 305.

$$Cov[\boldsymbol{\varepsilon}] = diag\{\sigma_1^2,\ldots,\sigma_n^2\} = diag\{\sigma_i^2\} \quad \text{(Heteroskedastizität)}. \tag{153}$$

WHITE kann zeigen, dass $Cov[\boldsymbol{\varepsilon}]$ mithilfe der geschätzten Residuen der KQ-Schätzung geschätzt werden kann. Der Schätzer der Varianz-Kovarianz-Matrix der Schätzkoeffizienten mit heteroskedastie-robusten Standardfehlern (WHITE-Schätzer) ergibt sich zu:[675]

$$\widehat{Cov\left[\hat{\boldsymbol{\gamma}}\right]} = (\mathbf{X'X})^{-1}\left(\sum_{j=1}^{n}\hat{\varepsilon}_j^2\mathbf{X}_j\mathbf{X}_j'\right)(\mathbf{X'X})^{-1}, \tag{154}$$

wobei $\mathbf{X}_j$ der j-te Zeilenvektor von $\mathbf{X}$ ist. Die mit der nach Formel (154) geschätzten Varianz-Kovarianz-Matrix verbundenen Standardfehler und somit t-Statistiken sind heteroskedastie-konsistent und können dann richtigerweise für die Evaluierung der Signifikanz der Schätzkoeffizienten genutzt werden.[676] Werden die Standardfehler für den Fall der Homoskedastizität bestimmt, obwohl Heteroskedastizität vorliegt, besteht die Gefahr, dass fälschlicherweise statistisch signifikante Einflüsse festgestellt werden. Für die folgenden Querschnittsregressionen wird der WHITE–Schätzer verwendet, welcher in der Statistik-Software EViews 7® implementiert ist.

Die Güte eines gesamten Schätzmodells kann u. a. mithilfe des Bestimmtheitsmaßes R^2 beurteilt werden, welches den Anteil der durch die Regression erklärten Streuung an der Gesamtstreuung beschreibt. Der Wert des Bestimmtheitsmaßes liegt im Bereich zwischen null und eins. Je größer der Wert des Bestimmtheitsmaßes ist, desto besser erklärt das Modell die vorhandenen empirischen Daten:[677]

$$R^2 = \frac{\sum_{j=1}^{n}\left(\hat{Y}_j - \overline{Y}\right)^2}{\sum_{j=1}^{n}\left(Y_j - \overline{Y}\right)^2} \tag{155}$$

---

675 Vgl. WHITE (1980), Heteroskedasticity-consistent covariance matrix estimator, S. 820-821, LONG/ERVIN (2000), Heteroscedasticity consistent standard errors, S. 218.

676 Vgl. BALTAGI (2011), Econometrics, S. 100.

677 Vgl. HANDL (2010), Multivariate Analysemethoden, S. 215-17; FAHRMEIR/KAUFMANN/KREDLER (1996), Regressionsanalyse, S. 108-109; FAHRMEIR/KNEIB/LANG (2009), Regression, S. 98-99; KÄHLER (2012), Regressionsanalyse, S. 39.

mit:

R^2...Bestimmtheitsmaß,
Y_j....realisierte Beobachtungen mit $j = 1,...,n$,
$\hat{Y}_j$....Schätzwerte mit $j = 1,...,n$,
$\overline{Y}$.....arithmetisches Mittel.

Das adjustierte Bestimmtheitsmaß $adj.\,R^2$ verringert das R^2 um einen Korrekturterm, der die Aufnahme irrelevanter Regressoren in das Modell bestraft:[678]

$$adj.\,R^2 = R^2 - \frac{K \cdot \left(1 - R^2\right)}{n - K - 1} \tag{156}$$

mit:

K...Anzahl der Regressoren im Schätzmodell mit Absolutglied.

Obwohl die Verwendung des adjustierten Bestimmtheitsmaßes aufgrund der zu konservativen Bestrafung zusätzlich aufgenommener Variablen nicht unumstritten ist,[679] soll dennoch dieser Maßstab für die Güte der Querschnittsregressionen in der vorliegenden Arbeit genutzt werden. Dies kann mit einer, innerhalb der wissenschaftlichen Literatur, weiten Verbreitung dieser Kennzahl begründet werden.

Darüber hinaus können mit Hilfe des Overall-F-Tests[680] Aussagen über die Wesentlichkeit der Regressoren des Modells getroffen werden, indem getestet wird, ob mindestens ein Schätzkoeffizient ungleich null ist. Die Teststatistik des Overall-F-Tests, auch *F-Wert* genannt, wird nach Formel (157) berechnet:

$$F - Wert = \frac{R^2}{1 - R^2} \cdot \frac{n - K - 1}{K}. \tag{157}$$

Ist der *F-Wert* größer als das jeweilige Quantil der F-Verteilung (abhängig vom jeweiligen Signifikanzniveau, der Anzahl der Beobachtungen und der Anzahl der Regressoren) deutet dies auf ein grundsätzlich brauchbares Regressionsmodell hin.[681]

Mithilfe des zweiseitigen t-Tests kann überprüft werden, ob einzelne Regressionskoeffizienten einen signifikanten Erklärungsgehalt im Modell liefern. Die Nullhypothese

---

678 Vgl. BACKHAUS ET AL. (2011), Multivariate Analysemethoden, S. 76.
679 Vgl. FAHRMEIR/KNEIB/LANG (2009), Regression, S. 160-161.
680 Vgl. FAHRMEIR/KAUFMANN/KREDLER (1996), Regressionsanalyse, S. 109.
681 Vgl. WATSON/TEELUCKSINGH (2002), Econometric methods, S. 34-35.

H_0: $\gamma_k = 0$ wird dabei gegenüber der Alternativhypothese H_1: $\gamma_k \neq 0$ überprüft. Die empirische Teststatistik des zweiseitigen t-Tests $(t-Statistik)$ wird wie folgt berechnet:[682]

$$t-Statistik = \frac{\hat{\gamma}_k}{se(\hat{\gamma}_k)} \tag{158}$$

mit:

$$se(\hat{\gamma}_k) = \sqrt{\frac{\frac{1}{n-K}\sum_{j=1}^{n}\hat{\varepsilon}_j^2}{\sum_{j=1}^{n}\left(X_{k,j}-\overline{X}_k\right)^2}} \quad \text{(Standardfehler von } \hat{\gamma}_k\text{)}.$$

Die Nullhypothese kann mit einer statistischen Irrtumswahrscheinlichkeit zu Gunsten der Alternativhypothese abgelehnt werden, wenn der Absolutbetrag der $t-Statistik$ aus Formel (158) größer als das Quantil der *t*-Verteilung des jeweiligen Signifikanzniveaus mit der jeweiligen Anzahl an Freiheitsgraden ist.[683] Je größer der Absolutbetrag des Schätzkoeffizienten und je kleiner der Standardfehler des Schätzkoeffizienten ist, desto größer ist der Wert der Teststatistik. Größere Werte der Teststatistik erlauben eine Aussage hinsichtlich des signifikanten Erklärungsgehalts einzelner geschätzter Regressionskoeffizienten $\hat{\gamma}_k$ mit einer geringeren statistischen Irrtumswahrscheinlichkeit, da die Quantile der t-Verteilung c. p. mit wachsendem Signifikanzniveau ansteigen.

5.2 Schätzung des CAPM-Betas

Da das systematische Aktienrisiko keine direkt beobachtbare Größe darstellt, muss dieses geschätzt werden, um es in den Querschnittsregressionen der Untersuchungsmodelle als abhängige Variable nutzen zu können. Dabei bildet eine einheitliche Vorgehensweise bei der Schätzung des β^{CAPM} (hinsichtlich des Renditeintervalls, Beobachtungszeitraums, Proxy für das theoretische Marktportfolio und Annahmen bezüglich der bedingten Varianz der Störgrößen) die Basis für eine Vergleichbarkeit der Ergebnisse der verschiedenen Querschnittsuntersuchungsmodelle.

---

682 Vgl. KÄHLER (2012), Regressionsanalyse, S. 44.
683 Vgl. KNOLL (2010), Signifikanz des Beta-Faktors, S. 1106-1107.

5.2.1 Modellspezifikationen und ökonometrische Schätzmethoden

Sind die Annahmen des Unterabschnitts 5.1.2 erfüllt, wird das β^{CAPM} regelmäßig über das Marktmodell (Single Index-Modell)[684] durch eine Regression der Aktienrenditen des Unternehmens auf Renditen eines Marktproxys mithilfe der KQ-Methode geschätzt.[685] Die KQ-Methode liefert nur dann effiziente Schätzer für das systematische Risiko, wenn die Störgrößen keine Autokorrelation aufweisen und die Varianz der Störgrößen konstant ist (Homoskedastizität).[686] Im Folgenden wird die Bezeichnung KQ-Modell aus Vereinfachungsgründen verwendet, wenn ein Modell unter der Annahme von Homoskedastizität und der Annahme, dass keine Autokorrelation vorliegt, beschrieben wird, da dieses durch die Minimierung der Fehlerquadratsumme (KQ) effizient geschätzt werden kann. Dieses Modell und die Annahmen an die Störgrößen sind in Formel (159) bis Formel (166) beschrieben:

$$R_{j,t} = a_j + \beta_j^{CAPM} \cdot R_{M,t} + \varepsilon_{j,t}, \tag{159}$$

$$E\left[\varepsilon_{j,t}\right] = 0, \tag{160}$$

$$Var\left[\varepsilon_{j,t}\right] = \sigma_\varepsilon^2 = const., \tag{161}$$

$$Cov\left(\varepsilon_{j,t}, \varepsilon_{k,t}\right) = 0 \tag{162}$$

mit:

$$j \neq k, \tag{163}$$

$$t = 1, 2 \ldots T. \tag{164}$$

Werden diese wünschenswerten Eigenschaften der Residuen nicht erfüllt, können GARCH-Modelle Anwendung finden. Das GARCH(*p,q*)-Modell ist eine Erweiterung des Modells in Formel (159) und unterscheidet sich in der Modellierung der bedingten Varianz der Störgrößen.[687]

$$\left(\varepsilon_{j,t} \middle| \Im_{t-1}\right) \sim N\left(0, h_{j,t}\right), \tag{165}$$

---

684 Vgl. KÄHLER (2012), Regressionsanalyse, S. 32.
685 Vgl. DÖRSCHELL ET AL. (2008), CAPM-basierte Risikozuschläge, S. 1154.
686 Vgl. BERNER ET AL. (2005), Unternehmensindividuelles Risiko, S. 712.
687 Vgl. BOLLERSLEV (1986), GARCH, S. 309.

mit:

$$h_{j,t} = \omega_j + \sum_{m=1}^{q} \alpha_{j,m} \cdot \varepsilon_{j,t-m}^2 + \sum_{m=1}^{p} \phi_{j,m} \cdot h_{j,t-m}. \tag{166}$$

Dabei beschriebt $h_{j,t}$ die Varianz der Störgröße $\varepsilon_{j,t}$ und $\Im_{t-1}$ die Menge der Informationen zum Zeitpunkt $t-1$.[688] In dieser Arbeit findet das in der Finanzwirtschaft weit verbreitete GARCH(1,1)-Modell Anwendung. Somit reduziert sich Formel (166) zu:

$$h_{j,t} = \omega_j + \alpha_j \cdot \varepsilon_{j,t-1}^2 + \phi_j \cdot h_{j,t-1}. \tag{167}$$

Die Schätzungen des β^{CAPM} im GARCH-Modell erfolgen durch die Maximierung der Likelihood Funktion (Maximum Likelihood-Methode).[689]

Die geschätzen β^{CAPM} sind Operationalisierungen der endogenen Größe der Querschnittsuntersuchungen und werden deshalb folgend in den Querschnittsmodellen ohne Dachsymbol dargestellt.

5.2.2 Forschungsdesign und verwendete Daten

Wie im Unterabschnitt 3.4.3 dargestellt, wird die empirische Schätzung des β^{CAPM} durch verschiedene Faktoren beeinflusst. Im Folgenden soll untersucht werden, welchen Einfluss der Beobachtungszeitraum der historischen Renditen der Aktien und des Marktproxys sowie das Renditeintervall für die Ermittlung des β^{CAPM} besitzen. In der Literatur haben sich dabei folgende Kombinationen für Beobachtungszeitraum und Renditeintervall bei der Schätzung des systematischen Risikos etabliert:[690]

1. 1 Jahr Beobachtungszeitraum; (handels-)tägliche Renditen,
2. 2 Jahre Beobachtungszeitraum; wöchentliche Renditen,
3. 5 Jahre Beobachtungszeitraum; monatliche Renditen.

---

688 Vgl. DANKENBRING/MISSONG (1997), GARCH-Effekte, S. 312.

689 Vgl. BOLLERSLEV (1986), GARCH, S. 315-317.

690 Vgl. WATRIN/STAHLBERG/KAPPENBERG (2011), Einfluss des Wochentags auf den Betafaktor, S. 183, STELLBRINK/BRÜCKNER (2011), Beta-Schätzung, S. 6; DÖRSCHELL ET AL. (2008), CAPM-basierte Risikozuschläge, S. 1155.

Die diskrete Rendite, welche den relativen Zuwachs des Aktienkurses bezogen auf den Aktienkurs der Vorperiode widerspiegelt, bestimmt sich durch:

$$r_j = \frac{Aktienkurs_{j,t}}{Aktienkurs_{j,t-1}} - 1. \tag{168}$$

Um Verzerrungen aufgrund von Dividendenausschüttungen zu vermeiden, werden die adjustierten Aktienkurse zur Bestimmung der Rendite genutzt.[691] Für die wöchentlichen Rendite werden Mittwochsschlusskurse und für die monatlichen Renditen Schlusskurse des 15. eines Monats verwendet. Alternativ könnte das systematische Risiko auch als Durchschnitt der fünf CAPM-Betas bestimmt werden, wenn jeder Wochenhandelstag (Montag bis Freitag) als Grundlage der Wochenrendite berücksichtigt würde.[692] Um die Frage nach der bestmöglichen Parameterkombination beantworten zu können, werden deutsche Unternehmen betrachtet, die im gesamten zehnjährigen Untersuchungszeitraum (01.01.2002 bis 31.12.2011) an der Frankfurter Wertpapierbörse gelistet sind. Nach Bereinigung des ursprünglichen Datensamples um Unternehmen der Finanzbranche und um Unternehmen, welche Tagesrenditen von null in mehr als der Hälfte des Beobachtungszeitraums aufweisen, ergibt sich ein endgültiger Stichprobenumfang von $n = 405$ Unternehmen.

Die Wahl eines Proxys für den theoretischen Markt des CAPM ist eine weitere Determinante für die Bestimmung des systematischen Aktienrisikos. Als Marktproxy kommen regelmäßig breitgestreute Aktienindizes zum Einsatz. In der vorliegenden Arbeit werden Indizes mit geografischem Fokus auf

1. Deutschland (CDAX),
2. Europa (MSCI EUROPE) und
3. weltweit (MSCI WORLD)

verwendet. Es ist darauf zu achten, dass die jeweiligen Performance-Varianten der Indizes genutzt werden, die eine hypothetische Thesaurierung der Dividende unterstellen.

---

[691] Der Thomson-Reuters Datastream Datenbank sieht dafür den Return Index einer Aktie vor, der mithilfe des Mnemonics ‚RI' abrufbar ist.

[692] Vgl. WATRIN/STAHLBERG/KAPPENBERG (2011), Einfluss des Wochentags auf den Betafaktor, S. 194.

Aufgrund der verschiedenen Ausprägungen der jeweiligen Einflussdeterminanten (Beobachtungszeitraum, Renditeintervall, Modell/Schätzmethode, Marktproxy) sind insgesamt 18 Modellausprägungen denkbar, welche in Abbildung 13 dargestellt sind.

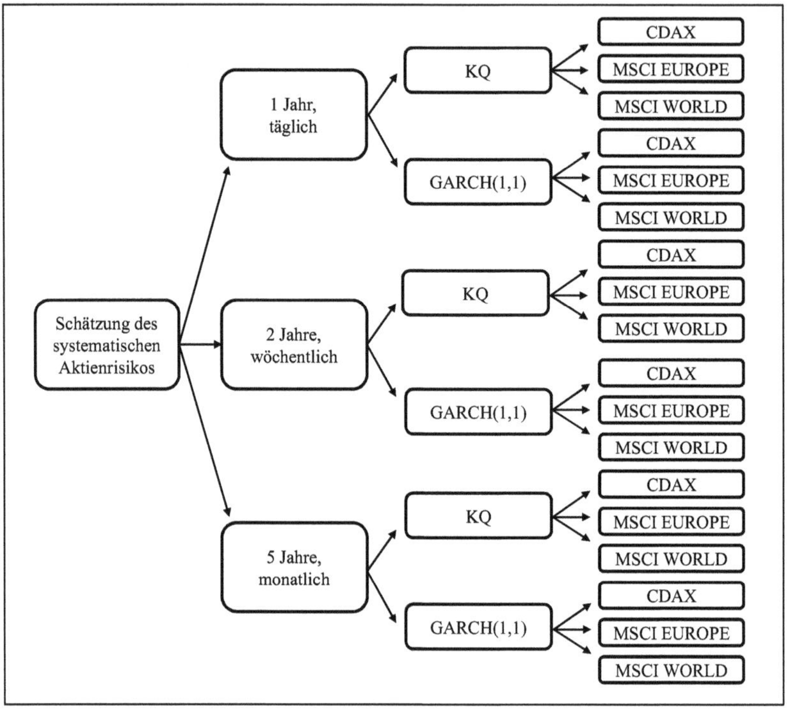

Abbildung 13: Parameterkombinationen zur Schätzung des systematischen Aktienrisikos

Quelle: Eigene Darstellung.

Die Wahl der zu präferierenden Parameterspezifikation ist anhand geeigneter Gütekriterien durchzuführen. In einer ersten Entscheidungsstufe wird einerseits der Anteil signifikanter Schätzkoeffizienten[693] (zum Signifikanzniveau 5 % bzw. 10 %) und andererseits

[693] Vgl. STELLBRINK/BRÜCKNER (2011), Beta-Schätzung, S. 8; Unterabschnitt 5.1.2.

der Median des adjustierten Bestimmtheitsmaßes *adj.* R^2 [694] betrachtet, da diese über alle Parameterspezifikationen hinweg eingesetzt werden können. Die Informationskriterien von AKAIKE (*AIC*) und SCHWARZ (*BIC*)[695] werden in der zweiten Stufe genutzt, um Aussagen über die Güte der Regressionen innerhalb der drei Beobachtungszeitraum-Renditeintervall-Varianten treffen zu können. Die Informationskriterien können nicht über alle Parameterspezifikationen gleichzeitig verwendet werden, da die absolute Dimension der endogenen bzw. exogenen Variablen (Tagesrenditen vs. Wochenrenditen vs. Monatsrenditen) und somit der Residuen unterschiedlich groß ist.

Der gesamte Untersuchungszeitraum wird in zehn Kalenderjahre aufgeteilt, so dass bei der einjährigen Betrachtung mittels Tagesrenditen jeweils zehn Regressionen mithilfe der beiden Schätzmethoden und der drei Surrogate des theoretischen Marktportfolios durchgeführt werden. Bei zweijährigem Beobachtungszeitraum mittels Wochenrenditen werden einzelne Kalenderjahre rollierend aufgenommen, was in Summe jeweils neun Regressionen ergibt. Analog wird bei der fünfjährigen Betrachtungsperiode mit Monatsrenditen verfahren, so dass sich als Resultat jeweils sechs Regressionen pro weitere Parameterspezifikation ergeben. In Summe werden somit unter Verwendung von n=405 Unternehmen 60.750 Einzelregression durchgeführt (vgl. Tabelle 7).

Tabelle 7: Darstellung der Anzahl durchgeführter Regressionen

	# Unternehmen	# Schätzmethoden	# Marktproxies	# einzelner Beobachtungsperioden	# Regressionen
1 Jahr, täglich	405	2	3	10	24.300
2 Jahre, wöchentlich				9	21.870
5 Jahre, monatlich				6	14.580
				Summe:	60.750

[694] Der Median wird genutzt, da dieser im Vergleich zum arithmetischen Mittelwert weniger sensitiv auf Ausreißer reagiert. Auch wenn aufgrund des Wertebereichs des *adj.* R^2 zwischen null und eins nicht sofort auf das potentielle Vorhandensein von Ausreißern geschlossen werden kann, so ist dies jedoch nicht auszuschließen, wenn berücksichtigt wird, dass jede kardinale Stichprobe auf diesen Wertebereich normiert werden kann.

[695] Vgl. AKAIKE (1974), Statistical model identification, S. 719 (*AIC* = Akaike Information Criterion); SCHWARZ (1978), Dimension of a model, S. 462-463. (*BIC* = Bayesian Information Criterion).

Die Zeitreihenregressionen können mithilfe ökonometrischer Software, in dieser Arbeit bspw. durch EViews 7®, durchgeführt werden.

5.2.3 Ergebnisse der Schätzung des CAPM-Betas

Die aggregierten Ergebnisse der Einzelregressionen werden in Tabelle 8 präsentiert und im Folgenden ausgewertet.

Tabelle 8: Übersicht aggregierter Ergebnisse der Schätzungen des CAPM-Betas

	KQ			GARCH(1,1)		
	CDAX	MSCI EUROPE	MSCI WORLD	CDAX	MSCI EUROPE	MSCI WORLD
1 Jahr, tägliche Renditen						
Median β^{CAPM}	0,3533	0,4165	0,4011	0,3188	0,3747	0,3536
Anteil signifikanter β^{CAPM} (5 %)	0,5267	0,5328	0,4684	0,5415	0,5514	0,4857
Anteil signifikanter β^{CAPM} (10 %)	0,5844	0,5879	0,5257	0,5958	0,5965	0,5432
Median *adj.* R^2	0,0141	0,0147	0,0093	0,0109	0,0117	0,0063
Median *AIC*	-4,2144	-4,2166	-4,2166	-4,3084	-4,3090	-4,2847
Median *BIC*	-4,1871	-4,1893	-4,1893	-4,2399	-4,2406	-4,2163
2 Jahre, wöchentliche Renditen						
Median β^{CAPM}	0,5284	0,6093	0,6198	0,4993	0,5777	0,5861
Anteil signifikanter β^{CAPM} (5 %)	0,5750	0,5523	0,5251	0,5819	0,5726	0,5424
Anteil signifikanter β^{CAPM} (10 %)	0,6313	0,6217	0,5857	0,6401	0,6294	0,5942
Median *adj.* R^2	0,0429	0,0396	0,0327	0,0354	0,0329	0,0264
Median *AIC*	-2,8015	-2,7903	-2,7903	-2,9031	-2,8957	-2,8732
Median *BIC*	-2,7506	-2,7394	-2,7394	-2,7762	-2,7693	-2,7468
5 Jahre, monatliche Renditen						
Median β^{CAPM}	0,7578	0,8589	0,8270	0,7111	0,8049	0,7639
Anteil signifikanter β^{CAPM} (5 %)	0,6531	0,6333	0,6012	0,6955	0,6671	0,6226
Anteil signifikanter β^{CAPM} (10 %)	0,7218	0,7021	0,6737	0,7428	0,7255	0,6761
Median *adj.* R^2	0,0991	0,0929	0,0777	0,0864	0,0815	0,0655
Median *AIC*	-1,4458	-1,4378	-1,4378	-1,5608	-1,5624	-1,5246
Median *BIC*	-1,3759	-1,3680	-1,3680	-1,3862	-1,3879	-1,3501

Werden die Mediane des β^{CAPM} der einzelnen Modellspezifikationen miteinander verglichen, so ist für diese Untersuchung festzuhalten, dass mit steigendem Renditeintervall und steigendem Beobachtungszeitraum die durchschnittlichen β^{CAPM} ebenfalls größer werden. Dieses Ergebnis steht teilweise im Widerspruch zu Resultaten früherer Untersuchungen am deutschen Kapitalmarkt. BERNER ET AL. (2005) stellen tendenziell einen negativen Zusammenhang zwischen Beobachtungslänge und Höhe der β^{CAPM} fest.[696] Es ist jedoch zu beachten, dass die Autoren jeweils auf wöchentliche Renditen zurückgreifen und somit den alleinigen Effekt des Beobachtungszeitraums analysieren. BAETGE/KRAUSE (1994) untersuchen CAPM-Betafaktoren auf Basis von wöchentlichen Renditen und einem Beobachtungszeitraum von einem Jahr sowie monatlichen Renditen mit einem Beobachtungszeitraum von vier Jahren. Ein Vergleich der Bestimmtheitsmaße unterschiedlicher Regressionen führt zu nicht eindeutigen Ergebnissen bezüglich der vorzuziehenden Modellspezifikation. Jedoch weisen die Autoren auf unternehmensspezifische Besonderheiten hin, welche die Anwendung des CAPM im Einzelfall verbieten.[697] FRANTZMANN (1990) prüft den Effekt unterschiedlicher Intervalllänge auf das β^{CAPM} und findet tendenziell steigende durchschnittliche Faktoren mit steigender Intervalllänge.[698] Werden die beiden Effekte zusammengefasst betrachtet, scheint somit der Intervalling-Effekt[699] in vorliegender Untersuchung zu dominieren.

Im ersten Schritt des Vergleichs der 18 Spezifikationen für die Entscheidung der zu favorisierenden Variante wird, wie bereits beschrieben, anhand des Anteils signifikanter β^{CAPM} und des Medians des $adj.\,R^2$ durchgeführt. Es ist dasjenige Modell für die Schätzung des systematischen Risikos zu favorisieren, welches den höchsten Anteil signifikanter Schätzwerte bzw. den höchsten Wert des Medians des $adj.\,R^2$ liefert. Es ist festzuhalten, dass sich diese Gütemaße mit steigendem Renditeintervall und steigendem Beobachtungszeitraum tendenziell erhöhen. Genauer betrachtet sind die jeweiligen Maximalwerte in der Modellspezifikation „5-Jahre, monatliche Rendite, CDAX“ zu finden. Jedoch deutet der Anteil signifikanter β^{CAPM} eher auf eine Verwendung des GARCH(1,1)-Modells. Der Median des $adj.\,R^2$ weist das Maximum bei der Schätzmethode KQ, also beim Modell mit homoskedastischen Residuen ohne Autokorrelation, auf. Deshalb werden in einem zweiten Schritt die beiden Modelle mit den verwendeten

---

696 Vgl. BERNER ET AL. (2005), Unternehmensindividuelles Risiko, S. 715.
697 Vgl. BAETGE/KRAUSE (1994), Risikos bei der Unternehmensbewertung, S. 444-447.
698 Vgl. FRANTZMANN (1990), Messung des Marktrisikos, S. 71-72.
699 Vgl. Unterabschnitt 3.4.3.

Schätzmethoden anhand des *AIC* und *BIC* miteinander verglichen. Dabei sind diejenigen Varianten zu bevorzugen, welche die geringsten Werte für *AIC* und *BIC* aufweisen.[700] In 17 von 18 Fällen sind sowohl *AIC* als auch *BIC* kleinere Werte beim GARCH(1,1)-Modell zu finden. Einzig in der Untersuchungsvariante „5-Jahre, monatliche Rendite, MSCI WORLD" ergeben sich leichte Vorteile für das Modell ohne Heteroskedastizität und Autokorrelation. Als Ergebnis ist im Folgenden das GACRH(1,1)-Modell aus Formel (159) i. V. m. Formel (167) für die Bestimmung des β^{CAPM} zu verwenden, dessen Parameter durch die Maximum Likelihood-Methode geschätzt werden. Als Renditeintervall kommt die Länge von einem Monat zum Einsatz, wobei der Beobachtungszeitraum fünf Jahre beträgt. Der CDAX stellt den Proxy des theoretischen Marktportfolios dar. Diese Vorgehensweise ist übereinstimmend mit der Literatur.[701] Nicht zuletzt bietet sich die Bestimmung des β^{CAPM} mit längerer Intervalllänge sowie Beobachtungszeitraum an, da die Daten der Regressoren der Querschnittsuntersuchungen aus Jahresabschlussdaten abgeleitet werden und diese regelmäßig nur in jährlicher Frequenz auftreten.

5.3 Modell 1 – BOWMAN/BUSH (2006)

Nachfolgend wird das Modell BOWMAN/BUSH (2006) für den deutschen Kapitalmarkt empirisch überprüft. Der Fokus des Modells liegt auf der Nutzung eines Peer Group-Betas für die statistische Erklärung des CAPM-Betas. Zusätzlich zum Peer Group-Beta finden diverse weitere Kontrollvariablen Eingang in die empirische Untersuchung.

5.3.1 Untersuchungsdesign

Der Untersuchungsaufbau orientiert sich am Modell von BOWMAN/BUSH (2006). Dabei wird versucht, einen Zusammenhang zwischen dem CAPM-Betas eines Unternehmens β_j^{CAPM} und dem durchschnittlichen CAPM-Beta einer Vergleichsgruppe für dieses Unternehmen $\beta_j^{CAPM,Peer}$ nachzuweisen. Die Nutzung eines Peer Group-Betas für die Be-

---

[700] Vgl. HATEKAR (2010), Econometrics, S. 312-313.

[701] Vgl. DÖRSCHELL ET AL. (2008), CAPM-basierte Risikozuschläge, S. 1162; STELLBRINK/BRÜCKNER (2011), Beta-Schätzung, S. 8; MERTON (1980), Estimating the expected return, S. 354.

stimmung der Kalkulationszinssätze wird regelmäßig in der Literatur empfohlen,[702] wenn die Ableitung eines CAPM-Betas für das Bewertungsobjekt nicht möglich oder nur mit unzureichender Schätzgüte durchführbar ist. Jedoch ist dieses Vorgehen oft mit Problemen behaftet, da zunächst unterstellt wird, dass börsennotierte und nicht börsennotierte Unternehmen sich theoretisch ausschließlich in dem Fakt der Börsennotierung unterscheiden. Weiterhin ist die Bestimmung der geeigneten Peer Group problematisch.[703] Dennoch stellt dieses Vorgehen auch in der Bewertungspraxis ein probates Mittel für die Ableitung des (nicht direkt beobachtbaren) CAPM-Betas für nicht börsennotierte Unternehmens dar und soll deshalb im ersten Untersuchungsmodell Berücksichtigung finden. Des Weiteren werden die Variablen Unternehmensgröße Gr_S_j, Operating Leverage Op_Lev_j, Wachstum W_S_j sowie Ausschüttungsquote Div_j in der Regression, analog zum Vorgehen von BOWMAN/BUSH (2006), verwendet. Das zugrunde liegende lineare Untersuchungsmodell ist in Formel (169) dargestellt.

$$\beta_j^{CAPM} = \gamma_0 + \gamma_1 \cdot Gr\_S_j + \gamma_2 \cdot Op\_Lev_j + \gamma_3 \cdot W\_S_j + \gamma_4 \cdot Div_j + \gamma_5 \cdot \beta_j^{CAPM,Peer} + \varepsilon_j \qquad (169)$$

mit:

$j = 1,...,n$ (jeweiliger Stichprobenumfang),
Gr_S_j..........Größe des Unternehmens j,
Op_Lev_j......Operating Leverage des Unternehmens j,
W_S_j...........Wachstumsrate des Unternehmens j,
Div_j..............Ausschüttungsquote des Unternehmens j,
$\beta_j^{CAPM,Peer}$.......Peer Group-Beta des Unternehmens j.

Da das Ziel der Arbeit die Erklärung des systematischen Aktienrisikos zur Ableitung von Kapitalkosten für die Bewertung von nicht börsennotierten Unternehmen ist, wird auf Hinzunahme weiterer exogener Variablen verzichtet, welche auf Kapitalmarktdaten basieren. Zunächst werden für verschiedene Stichtage einzelne Querschnittsregressionen sowohl auf Unternehmensebene als auch auf Portfolioebene ($\frac{1}{30}$-Quantil des

[702] Vgl. BEHRINGER (2012), Unternehmensbewertung der Mittel- und Kleinbetriebe, S. 163; KERN/MÖLLS (2010), Betafaktoren aus einer Peer Group, S. 442-448; FELDMAN (2005), Private firm valuation, S. 71-72; ARBEITSKREIS BEWERTUNG NICHT BÖRSENNOTIERTER UNTERNEHMEN DES IACVA (2012), Bewertung nicht börsennotierter Unternehmen, S. 354.

[703] Vgl. dazu die Ausführungen im Abschnitt. 2.7 und BECKMANN/MEISTER/MEITNER (2003), Multiplikatorverfahren, S. 104.

β^{CAPM})[704] geschätzt, um einen Überblick über die Stabilität der Ergebnisse zu erhalten. Im Anschluss werden einerseits eine zusammengefasste (gepoolte) Regression und andererseits eine Panelregression mit unternehmensspezifischen Effekten durchgeführt. Den Abschluss bildet eine Untersuchung auf Basis von langfristigen Durchschnitten der Variablen. In der Panelregression sind die vorhanden Daten sowohl im Querschnitt als auch in zeitlichen Ablauf verfügbar, so dass das Untersuchungsmodell um den Zeitindex t erweitert wird:[705]

$$\begin{aligned}\beta_{j,t}^{CAPM} &= \gamma_0 + \gamma_1 \cdot Gr\_S_{j,t} + \gamma_2 \cdot Op\_Lev_{j,t} \\ &+ \gamma_3 \cdot W\_S_{j,t} + \gamma_4 \cdot Div_{j,t} + \gamma_5 \cdot \beta_{j,t}^{CAPM,Peer} + \varepsilon_{j,t}\end{aligned} \tag{170}$$

mit:

$$\varepsilon_{j,t} = \eta_j + \varpi_{j,t}.$$

Der Fehlerterm $\varepsilon_{j,t}$ wird in einen zeitkonstanten, unbeobachtbaren firmenspezifischen Effekt η_j und einen verbleibenden Störterm $\varpi_{j,t}$ zerlegt.[706] Dabei lassen sich die firmenspezifischen Effekte in feste (Fixed Effects-Modell) und zufällige (Random Effects-Modell) Effekte aufteilen,[707] welche sich durch die Annahmen des firmenspezifischen Effekts unterscheiden.[708] Wenn angenommen wird, dass die η_j zufällig verteilt sind, also

$$\eta_j \sim IID\left(0, \sigma_\eta^2\right) \tag{171}$$

und

$$\varpi_{j,t} \sim IID\left(0, \sigma_\varpi^2\right) \tag{172}$$

gilt und somit Unabhängigkeit von den Regressorvariablen vorherrscht, liegt ein Random Effects-Modell vor.[709] Wird dagegen η_j als über die Zeit konstanter unternehmens-

---

[704] Die Wahl des Quantils für die Bildung der Portfolios erfolgte unter Berücksichtigung des Stichprobenumfangs der Einzelunternehmen in Verbindung mit einer notwendigen Stichprobengröße für die Querschnittsregression auf Portfolioebene und ist deshalb arbiträr. Je größer das Quantil gewählt wird, desto größer ist die Anzahl der Einzelunternehmen, die zu einem Portfolio aggregiert werden. Jedoch reduziert sich damit die Anzahl der gebildeten Portfolios, was sich negativ auf die Güte der Querschnittsregression auswirken kann. Das $\frac{1}{30}$ -Quantil stellt hierbei aus Sicht des Autors einen akzeptablen Kompromiss dar.

[705] Vgl. BROOKS (2008), Econometrics for Finance, S. 487.

[706] Vgl. SEDDIGHI (2012), Econometrics, S. 257; BALTAGI (2005), Analysis of panel data, S. 11.

[707] Vgl. MUNDLAK (1978), Pooling of data, S. 69.

[708] Vgl. BRÜDERL (2010), Paneldaten, S. 972.

[709] Vgl. BALTAGI (2005), Analysis of panel data, S. 14.

fester Parameter geschätzt, ist der bedingte Erwartungswert demnach in jeder Periode gleich, dann ist dieses Modell als Fixed Effects-Modell spezifiziert.[710] Um zwischen einer Verwendung des Random Effects-Modell und Fixed Effects-Modell zu entscheiden, kann der HAUSMAN-Spezifikationstest[711] durchgeführt werden.[712] Wird die Nullhypothese des HAUSMAN-Tests abgelehnt, sollte ein Modell mit festen Effekten verwendet werden. Da die Untersuchung jedoch darauf abzielt Einflussparameter des systematischen Risikos aus Bilanzdaten börsennotierter Unternehmen für die Verwendung bei nicht börsennotierten Unternehmen abzuschätzen, wird ein Random Effects-Modell unterstellt. Da die unternehmensspezifischen Effekte in dieser Modellvariante als zufällig aus einer Grundgesamtheit (mit dem Erwartungswert von null) modelliert werden,[713] ist hierbei die Out of Sample-Anwendung eher möglich. Fixed Effects-Modelle haben zum Nachteil, dass für jedes Unternehmen ein unternehmensspezifischer Effekt geschätzt wird und deshalb eine Out of Sample-Schätzung nicht unproblematisch ist. Da die geschätzten unternehmensspezifischen Effekte für die jeweiligen Unternehmen der Untersuchung spezifisch sind, können diese nicht auf Unternehmen außerhalb der Untersuchung angewendet werden. Durch die mehrmalige Beobachtung der einzelnen Variablen von einem Unternehmen zu aufeinanderfolgenden Zeitpunkten besteht eine offensichtliche Gefahr des Fehlens der Unabhängigkeit sowie Unkorreliertheit der Störgrößen.[714] Die Schätzung der Koeffizienten erfolgt deshalb mithilfe des WHITE-Schätzers,[715] um robuste Standardfehler zu erhalten und Aussagen über die statistische Signifikanz korrekter treffen zu können.[716] Die Verwendung von Paneldaten gegenüber Querschnittsdaten hat den Vorteil, dass aufgrund der gesteigerten Anzahl an Beobachtungen die Freiheitsgrade erhöht werden und somit die Güte der Schätzung der Koeffizienten des Modells verbessert wird.[717] Des Weiteren wird die, aufgrund einer schwierigen oder unmöglichen Messbarkeit, unbeobachtete Heterogenität der einzelnen Unternehmen (bspw. Standort oder Vernetzung der Unternehmensleitung) bei einer Panelregression beachtet, welche bei Nichtberücksichtigung zu Modellfehlspezifikationen führen kann.[718] Grundsätzlich lassen sich Paneldaten in einen balancierten und einen unba-

[710] Vgl. GREENE (2011), Econometric analysis, S. 359.
[711] Vgl. HAUSMAN (1978), Specification tests, S. 1251-1271.
[712] Vgl. GREENE (2011), Econometric analysis, S. 379-380; BRÜDERL (2010), Paneldaten, S. 976.
[713] Vgl. GUJARATI/PORTER (2009), Econometrics, S. 602-603.
[714] Vgl. ANDREAS (2011), Panelökonometrische Untersuchung, S. 114.
[715] Vgl. WHITE (1980), Heteroskedasticity-consistent covariance matrix estimator, S. 817-838.
[716] Vgl. BALTAGI (2005), Analysis of panel data, S. 14.
[717] Vgl. HSIAO (2003), Panel data, S. 3; GUJARATI/PORTER (2009), Econometrics, S. 592-593.
[718] Vgl. BRÜDERL (2010), Paneldaten, S. 970; BALTAGI (2005), Analysis of panel data, S. 4.

lancierten Datensatz unterscheiden.[719] Das balancierte Panel zeichnet sich dadurch aus, dass zu jedem Zeitpunkt für jedes Unternehmen jede Variable im Datensatz vorhanden ist. Viel häufiger ist jedoch in der empirischen Forschung anzutreffen, dass nicht immer alle Daten für jedes Unternehmen im gesamten Untersuchungszeitraum vorhanden sind. Diese Datensituation wird somit als unbalanciertes Panel bezeichnet.[720] Die Schätzung der Koeffizienten bei Paneldaten erfolgt, wie auch bei reinen Querschnittsregressionen, üblicherweise mithilfe statistischer Software. Im vorliegenden Fall kommt die Software EViews 7® sowie Stata 10® zum Einsatz, um die Modellschätzungen durchzuführen.

5.3.2 Operationalisierung der Variablen und verwendete Daten

Die zu erklärende Variable $\beta_{j,t}^{CAPM}$ wird wie in Abschnitt 5.2 mithilfe des GARCH(1,1)-Modells unter Verwendung von monatlichen Renditen über einen Beobachtungszeitraum von fünf Jahren bestimmt. Als Proxy des theoretischen Marktportfolios wird der CDAX genutzt. Die unabhängigen Kontrollvariablen werden aus veröffentlichten Daten der Jahresabschlüsse der jeweiligen Unternehmen bestimmt. Um eine möglichst gute Vergleichbarkeit mit den Ergebnissen von Bowman/Bush (2006) zu gewährleisten, wird dieselbe Operationalisierung der Variablen gewählt.[721] Die Größe eines Unternehmens $Gr\_S_{j,t}$ wird anhand des natürlichen Logarithmus des Umsatzes zum Stichtag bestimmt. Durch die Logarithmus-Transformation sind die Werte im Querschnitt eher normal- und symmetrisch verteilt.[722] Alternative Operationalisierungsmöglichkeiten, wie sie im Unterabschnitt 4.4.5 besprochen wurden, kommen an dieser Stelle nicht zum Einsatz. Der Operating Leverage $Op\_Lev_{j,t}$ wird als Veränderung des EBIT bezüglich der Veränderung des Umsatzes bestimmt und wird durch folgende Formel berechnet:

$$Op\_Lev_{j,t} = \frac{EBIT_{j,t} - EBIT_{j,t-1}}{S_{j,t} - S_{j,t-1}} \tag{173}$$

---

[719] Vgl. Dougherty (2007), Econometrics, S. 409.
[720] Vgl. Greene (2011), Econometric analysis, S. 348
[721] Vgl. Bowman/Bush (2006), Comparable companies, S. 75.
[722] Vgl. Beaver/Kettler/Scholes (1970), Accounting risk measures, S. 662.

mit:

$EBIT_{j,t}$...Gewinn vor Zinsen und Steuern des Unternehmens j zum Zeitpunkt t,

$S_{j,t}$.........Umsatz des Unternehmens j zum Zeitpunkt t.

Auf eine Bestimmung des Operating Leverage als Elastizität von EBIT bezüglich des Umsatzes wird wiederum aufgrund der Vergleichbarkeit mit der ursprünglichen Studie von BOWMAN/BUSH (2006) an dieser Stelle verzichtet. Das Wachstum des Unternehmens $W\_S_{j,t}$ wird als prozentuale Veränderung des Umsatzes zum Stichtag errechnet. Die Ausschüttungsquote stellt den prozentualen Anteil der Dividenden am ausschüttbaren Gewinn eines Unternehmens dar und ist direkt in der Datastream-Datenbank (Mnemonic: WC09504) abrufbar.

Für die Bestimmung des durchschnittlichen CAPM-Betas einer Vergleichsgruppe $\beta_{j,t}^{CAPM,Peer}$ ist ein, gegenüber den Kontrollvariablen, erhöhter Berechnungsaufwand notwendig. In der Theorie von MODIGLIANI/MILLER (1958) besitzen alle Unternehmen der gleichen Risikoklasse unverschuldete Eigenkapitalkosten (und damit auch unverschuldete Eigenkapitalbetas $\beta_{j,t}^{0}$) in gleicher Höhe. Deshalb sollen bei der Verwendung von Peer Group-Betas diese unverschuldeten Eigenkapitalbetas (unlevered Betas) der Einzelunternehmen betrachtet und aggregiert werden.[723] Aufgrund der Praktikabilität innerhalb einer empirischen Untersuchung wird zunächst auf das Konzept der gleichen Branche zurückgegriffen,[724] auch wenn aufgrund der Heterogenität der Unternehmen innerhalb eines Sektors die Branchenzugehörigkeit häufig keinen zufriedenstellenden Schätzer für eine Vergleichsgruppe darstellt.[725] Die Branchenzugehörigkeit eines Unternehmens ist ebenfalls direkt aus der Datastream-Datenbank abrufbar, wobei eine Klassifizierung mit 15 Subsektoren (ohne Finanzbranche) gewählt wurde.[726] Mithilfe der

[723] Vgl. MEITNER/STREITFERDT (2012a), Betafaktor, S. 554.

[724] Vgl. CASEY (2012), Branchenspezifische Kapitalstrukturanalyse, S. 172; BHOJRAJ/LEE (2002), Who is my peer?, S. 410.

[725] Einen alternativen Ansatz für die Verwendung von Branchen-Betas für die Erklärung von CAPM-Betas der Einzelunternehmen wird durch ZIMMERMANN (1997) verfolgt. Er schätzt das zu einem Unternehmen gehörige Branchen-Beta aus der Regression der Zeitreihen von Aktienrendite und Branchensubindizes des Deutschen Aktienforschungsindex (DAFOX) der Universität Karlsruhe. Diese Methode liefert jedoch unbrauchbare Ergebnisse (höhere mittlere quadratische Abweichungen als andere untersuchte Verfahren) für die Prognose von CAPM-Betas. Vgl. ZIMMERMANN (1997), Betawerte, S. 318-329.

[726] Der Datastream Mnemonic für die Branchenzugehörigkeit ist INDC3. In Tabelle 32 im Anhang D ist eine Übersicht der einzelnen, an dieser Stelle verwendeten, Branchen zu finden.

HAMADA-Formel[727] kann, unter der vereinfachenden Annahme einer autonomen Finanzierungspolitik und nicht ausfallgefährdeten Fremdkapital, aus dem unternehmensspezifischen CAPM-Beta ein hypothetisches unverschuldetes Eigenkapital-Beta $\beta_{j,t}^{0}$ bestimmt werden. Es gilt:

$$\beta_{j,t}^{0} = \frac{\beta_{j,t}^{CAPM} \cdot EK_{j,t}}{EK_{j,t} + FK_{j,t} \cdot (1-s)}. \tag{174}$$

Um die Verschuldungseffekt zu eliminieren, müssen grundsätzlich die Marktwerte des Eigen- bzw. Fremdkapitals hinzugezogen werden. Da diese jedoch bei nicht börsennotierten Unternehmen inexistent sind, wird im Gegensatz zu BOWMAN/BUSH (2006), jedoch im Einklang mit FERNANDEZ (2007), das $\beta_{j,t}^{0}$ auf Basis von Buchwerten bestimmt.[728] Der theoretische unternehmensspezifische Steuersatz ist kaum (bzw. unmöglich für externe Bewerter) zu bestimmen, so dass aus Vereinfachungsgründen ein für alle Unternehmen gleicher und über die Zeit konstanter proportionaler Steuersatz von 30 % angenommen wird.[729] Weiterhin unterscheidet sich das Vorgehen zur Bestimmung des $\beta_{j,t}^{CAPM,Peer}$ in dieser Arbeit gegenüber der Methode von BOWMAN/BUSH (2006), da die Anzahl verfügbarer Daten von deutschen Unternehmen signifikant geringer ist als es bei US-amerikanischen Unternehmen der Fall ist. Für jedes Unternehmen des Untersuchungssamples wird ein eigenes unverschuldetes Peer Group-Beta des Unternehmens j $\left(\beta_{j,t}^{0,Peer}\right)$ bestimmt.[730] Um das $\beta_{j,t}^{0,Peer}$ zu schätzen, werden die unverschuldeten Betas von jedem weiteren Unternehmen der relevanten Branche des Unternehmens j mithilfe von Formel (175) errechnet:

$$\beta_{j,t}^{0} = \frac{\beta_{j,t}^{CAPM} \cdot EK_{j,t}^{Buchwert}}{EK_{j,t}^{Buchwert} + FK_{j,t}^{Buchwert} \cdot (1-s)}. \tag{175}$$

---

727 Vgl. Unterabschnitt 2.8.2.1.

728 Für das Unlevern wurden der Buchwert des Fremdkapitals (Mnemonic: WC03351) sowie der Buchwert des Gesamtkapitals (Mnemonic: WC02999) verwendet. Als Robustheitscheck werden ebenfalls Marktwerte des Eigenkapitals zum Un- bzw. Relevern genutzt. Dabei unterscheiden sich die qualitativen Ergebnisse nicht, was exemplarisch für den Stichtag 31.12.2011 in Tabelle 34 im Anhang D dargestellt ist.

729 Robustheitsuntersuchungen mit einem Steuersatz von 25 % ergaben keine qualitativen Unterschiede in den Schätzergebnissen der Gesamtuntersuchung.

730 BOWMAN/BUSH (2006) bestimmen für jede Branche ein einziges unverschuldetes Peer Group-Beta aus einer Testgruppe und relevern dieses dann entsprechend für jeweils 4 Unternehmen einer Kontrollgruppe. Vgl. BOWMAN/BUSH (2006), Comparable companies, S. 74.

Diese unverschuldeten Betas der Unternehmen werden danach durch das arithmetische Mittel zu $\beta_{j,t}^{0,Peer}$ aggregiert.[731] Ist dieses $\beta_{j,t}^{0,Peer}$ quantifiziert, so kann das Finanzierungsrisiko des Unternehmens *j* mithilfe der Formel (176) wieder hinzugerechnet werden:

$$\beta_{j,t}^{CAPM,Peer} = \beta_{j,t}^{0,Peer} + (1-s) \cdot \frac{FK_{j,t}^{Buchwert}}{EK_{j,t}^{Buchwert}} \cdot \beta_{j,t}^{0,Peer}. \qquad (176)$$

Zur Verdeutlichung des Vorgehens ist der Ablauf des Bestimmungsprozesses des $\beta_{j,t}^{CAPM,Peer}$ exemplarisch für das *k*-te Unternehmen in Abbildung 14 dargestellt. Hierbei ist darauf hinzuweisen, dass aufgrund der Übersichtlichkeit die Methode für nur eine einzelne Branche gezeigt wird. Für die empirische Untersuchung ist die Bestimmung des $\beta_{j,t}^{CAPM,Peer}$ für jedes Unternehmen und somit auch bei mehreren Branchen notwendig.

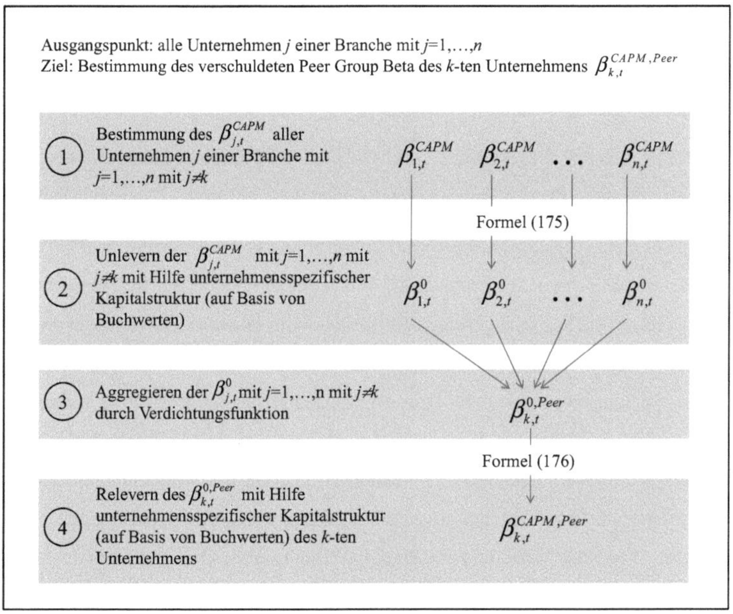

Abbildung 14: Bestimmungsprozess des verschuldeten Peer Group-Betas
Quelle: Eigene Darstellung.

[731] Die Verwendung des Medians der unverschuldetes Peer Group-Beta einer Branche als Robustheitscheck ergaben keine qualitativen Unterschiede in den Schätzergebnissen der Gesamtuntersuchung.

Die so ermittelten Variablen können nun mithilfe der verschiedenen Methoden (mehrfache multiple Querschnittsregression, zusammengefasste (gepoolte) Querschnittsregression sowie Panelregression) ausgewertet werden, um den Einfluss verschiedener Parameter auf das systematische Risiko zu bestimmen.

Der gesamte Untersuchungszeitraum umfasst eine Dekade und beginnt mit dem Stichtag 31.12.2002. Für dieses Modell werden deutsche börsennotierte Unternehmen betrachtet, welche zum jeweiligen Stichtag in der Datastream-Datenbank von Thomson Reuters vorhandene Daten aufweisen und nicht der Finanzbranche zuzuordnen sind. Dabei werden diejenigen Unternehmen ausgeschlossen, bei denen bekannt ist, dass das Geschäftsjahr nicht zum 31. Dezember eines Jahres endet. Im Anschluss erfolgt eine Bereinigung der Daten um nicht vollständige Datensätze sowie offensichtliche Datenfehler (bspw. negativer Umsatz oder Fremdkapital größer Gesamtkapital). Weiterhin werden in die Untersuchung nur diejenigen Unternehmen aufgenommen, welche positive EBIT in den Beobachtungszeitpunkten t und $t-1$ aufweisen, um verzerrte Schätzungen der Koeffizienten zu vermeiden und die Schätzgüte zu erhöhen.[732] Um eine gute Schätzqualität für die abhängige Variable $\beta_{j,t}^{CAPM}$ zu gewährleisten, werden alle diejenigen Unternehmen aus der jeweiligen Stichprobe eliminiert, welche ein größeres Signifikanzniveau als 10 % für den Parameter aufweisen. Obwohl in der ökonomischen Theorie negative $\beta_{j,t}^{CAPM}$ existieren können, werden diejenigen Unternehmen ebenfalls aus der Stichprobe entfernt. Zur Vermeidung von Ausreißern bei der Einflussvariablen Operating Leverage, die aus sehr geringen Änderungen des Umsatzes zwischen zwei Jahren resultieren können, werden die Werte für die Unternehmen in der Stichprobe zu den einzelnen Stichtagen auf das 5 %- bzw. 95 %- Quantil winsorisiert. Eine weitere Ausreißerbereinigung erfolgt auf Basis des Verschuldungsgrades zu Buchwerten, der für das Un- bzw. Relevern des Betas notwendig ist. Hierbei werden diejenigen Unternehmen aus der nach dem Verschuldungsgrad zu Buchwerten geordneten Stichprobe entfernt, deren Werte des Verschuldungsgrades zu Buchwerten kleiner als das 2,5 %- bzw. größer als das 97,5 %-Quantil sind. Zuletzt werden alle Unternehmen einer Branche eliminiert, wenn in der verbleibenden Stichprobe weniger als drei Unternehmen in der jeweiligen Branche vorliegen. Tabelle 9 stellt die Entwicklung des Stichprobenumfangs dieser Untersuchung dar.

[732] Vgl. HAYN (1995), Information of losses, S. 149.

Tabelle 9: Ableitung der Stichprobe für Modell 1

zum Stichtag (t) 31.12...	**2002**	**2003**	**2004**	**2005**	**2006**	**2007**	**2008**	**2009**	**2010**	**2011**
Anzahl Unternehmen (ohne Finanzbranche)	490	558	413	510	534	541	544	551	581	584
Geschäftsjahr endet zum 31.12...	414	473	364	461	485	492	495	502	532	536
vollständige Datensätze	235	259	279	360	376	363	339	342	360	339
nicht negative Werte und sonstige Bereinigungen	128	132	148	214	241	240	219	201	226	239
Signifikanzniveau des $\beta_{j,t}^{CAPM}$ < 10 %	77	83	105	160	184	177	188	163	190	203
Anzahl der Unternehmen pro Branche >= 3	73	74	99	157	176	166	181	157	186	195
zwischen 2,5 %- bzw. 97,5 % Quantil Verschuldungsgrad = endgültiger Stichprobenumfang	**69**	**70**	**95**	**149**	**168**	**158**	**171**	**149**	**176**	**185**

Es ist erkennbar, dass der Stichprobenumfang eine steigende Tendenz im Zeitablauf aufweist. Einzig zum Stichtag 31.12.2009 sinkt der Stichprobenumfang, verglichen mit dem vorherigen Zeitpunkt, was sich auf das Löschen der negativen Werte des EBIT zurückführen lässt. Aufgrund der Krise im Jahr 2009 ist der Anteil der Unternehmen größer, welche negative Ergebnisse vor Zinsen und Steuern aufweisen. Zusammengefasst betrachtet, stellen die jeweiligen Stichprobenumfänge eine genügend große Anzahl für eine Querschnittsschätzung dar.

Die Ergebnisse der einzelnen Schätzungen werden im folgenden Unterabschnitt beschrieben und diskutiert. Dabei werden zunächst die deskriptiven Statistiken präsentiert, um danach die Ergebnisse der induktiven Statistik darzustellen.

5.3.3 Ergebnisse

5.3.3.1 Deskriptive Statistik

Der Tabelle 10 sind die deskriptiven Ergebnisse der einzelnen Beobachtungszeitpunkte auf Unternehmensebene zu entnehmen. Die über alle Perioden betrachteten durchschnittlichen Mittelwerte des $\beta_{j,t}^{CAPM}$ sowie $\beta_{j,t}^{CAPM,Peer}$ betragen 0,8158 (Minimum: 0,5745; Maximum: 0,9012) sowie 0,9063 (Minimum: 0,6470; Maximum: 0,9960) und sind somit nah genug am Wert eins, um einen ausreichend guten Querschnitt der Unternehmen annehmen zu können.

Tabelle 10: Mittelwerte und Standardabweichungen der Untersuchungsvariablen auf Unternehmensebene (Basis für Peer Group-Beta: Branchenzugehörigkeit)

Stichtag (t): 31.12…	**2002**	**2003**	**2004**	**2005**	**2006**
n	69	70	95	149	168
β^{CAPM}	0,5745 (0,3275)	0,6360 (0,4063)	0,8374 (0,4931)	0,8888 (0,4311)	0,8827 (0,4486)
Gr_S	13,8450 (2,1666)	13,3821 (2,2286)	13,1958 (2,1808)	12,7276 (2,1844)	12,7465 (2,1455)
Op_Lev	1,1091 (3,7717)	0,3976 (1,0035)	0,2606 (0,3904)	0,1988 (0,4032)	0,1849 (0,3376)
W_S	0,0108 (0,1375)	0,0117 (0,1907)	0,1292 (0,3045)	0,1712 (0,6144)	0,2079 (0,4241)
Div	0,4037 (0,2967)	0,3466 (0,2868)	0,3145 (0,2573)	0,2987 (0,2582)	0,2777 (0,261)
$\beta^{CAPM,Peer}$	0,6470 (0,3322)	0,7648 (0,4685)	0,9804 (0,5069)	0,9946 (0,4403)	0,9960 (0,464)
Stichtag (t): 31.12…	**2007**	**2008**	**2009**	**2010**	**2011**
n	158	171	149	176	185
β^{CAPM}	0,8894 (0,4423)	0,8633 (0,3582)	0,9012 (0,4089)	0,8641 (0,3924)	0,8205 (0,3692)
Gr_S	12,9037 (2,0418)	12,7748 (2,0712)	12,8590 (2,0253)	12,8172 (2,2416)	12,7947 (2,1312)
Op_Lev	0,1760 (0,3472)	0,0773 (0,6848)	0,2012 (0,5759)	0,2497 (0,2798)	0,1352 (0,4276)
W_S	0,1476 (0,2637)	0,1016 (0,1786)	-0,0085 (0,1659)	0,1296 (0,2126)	0,1241 (0,1686)
Div	0,2851 (0,2319)	0,2769 (0,2539)	0,3571 (0,2792)	0,3446 (0,2494)	0,3228 (0,2537)
$\beta^{CAPM,Peer}$	0,9824 (0,4073)	0,9226 (0,3333)	0,9597 (0,3461)	0,9295 (0,3408)	0,8857 (0,3394)

Standardabweichungen der Variablen sind in Klammern angegeben.

Der Durchschnitt der Unternehmensgröße $Gr\_S_{j,t}$, gemessen am logarithmierten Umsatz des Jahres, schwankt relativ konstant um den Wert von 13, obwohl der Durchschnitt des Wachstums der Unternehmensumsätze ca. 10 % beträgt. Dies ist damit zu erklären, dass kleine Unternehmen bei der Bestimmung des arithmetischen Mittelwerts mit dem gleichen Gewicht eingehen wie große Unternehmen, die kleinen Unternehmen jedoch eher größere Umsatzwachstumsraten aufweisen, da absolute Umsatzänderungen relativ einen stärkeren Effekt aufweisen. Werden die Unternehmen in kleine und große nach dem 50 %-Quantil der Variable $Gr\_S_{j,t}$ aufgeteilt, ist dieser Effekt in Tabelle 11 deutlich zu erkennen.

Tabelle 11: Unternehmensgröße und -wachstum von großen bzw. kleinen Unternehmen

	Mittelwert	Standardabweichung
kleine Unternehmen:		
Gr_S	11,1988	1,0004
W_S	13,45 %	39,29 %
große Unternehmen:		
Gr_S	14,6193	1,5286
W_S	9,49 %	20,80 %

An dieser Stelle sei nochmals darauf hingewiesen, dass aufgrund der verbesserten Schätzgüte die Stichprobe ausschließlich Unternehmen beinhaltet, welche ein positives EBIT aufweisen, weshalb die durchschnittlichen Wachstumsraten für den gesamten Markt deutlich überschätzt sind. Die durchschnittliche Dividendenausschüttungsquote $Div_{j,t}$ beträgt 32,28 % bei einer Standardabweichung von 3,87 % und kann somit als relativ konstant angesehen werden. Trotz der Winsorisierung der Werte des $Op\_Lev_{j,t}$ beträgt der durchschnittliche Mittelwert 0,2975 bei einer Standardabweichung von 0,2829. Die weite Entfernung vom theoretischen Durchschnitt i. H. v. eins ist unter Umständen auf die Operationalisierung der Variable zurückzuführen. Um die Vergleichbarkeit zum ursprünglichen Modell aufrecht zu erhalten, ist eine veränderte Operationalisierung, wie sie in Unterabschnitt 4.4.10 dargestellt wurde, an dieser Stelle nicht vorgesehen und verbleibt für die Untersuchung im folgenden Modell.[733]

5.3.3.2 Ergebnisse der Querschnittsregressionen einzelner Betrachtungszeitpunkte

Zunächst werden zehn einzelne Querschnittsregressionen nach dem Modell aus Formel (169) auf Unternehmensebene durchgeführt, um ggf. zeitstabile Schätzmuster zu erkennen. In Tabelle 12 sind die Schätzkoeffizienten und die zugehörigen WHITE-robusten Standardfehler sowie das $adj. R^2$ und der $F-Wert$ der Schätzung zusammen-

[733] Vgl. Abschnitt 5.4.

gefasst dargestellt. Für die Bestimmung des $\beta_{j,t}^{CAPM,Peer}$ wurde ein konstanter Steuersatz i. H. v. 30 % angenommen und der gleichgewichtete arithmetische Mittelwert als Verdichtungsfunktion genutzt.[734]

Tabelle 12: Zusammengefasste Ergebnisse (Unternehmensebene, Branchenzugehörigkeit)

$\widehat{\beta_{j,t}^{CAPM}} = \hat{\gamma}_0 + \hat{\gamma}_1 \cdot Gr\_S_{j,t} + \hat{\gamma}_2 \cdot op\_Lev_{j,t} + \hat{\gamma}_3 \cdot W\_S_{j,t} + \hat{\gamma}_4 \cdot Div_{j,t} + \hat{\gamma}_5 \cdot \beta_{j,t}^{CAPM,Peer}$ für $j = 1,\ldots,n$

Stichtag (t): 31.12...	**2002**	**2003**	**2004**	**2005**	**2006**
n	69	70	95	149	168
Konstante	-0,0127	0,7761 **	1,4856 ***	1,2633 ***	1,1770 ***
	(0,2562)	(0,3135)	(0,3278)	(0,2156)	(0,2106)
Gr_S	0,0486 ***	0,0044	-0,0381	-0,0265	-0,0232
	(0,0173)	(0,0227)	(0,0238)	(0,0166)	(0,0159)
Op_Lev	-0,0003	-0,0068	0,1384	0,0330	-0,0169
	(0,0103)	(0,0495)	(0,1272)	(0,0861)	(0,0993)
W_S	-0,2071	0,1365	0,0479	-0,0304	0,0148
	(0,2689)	(0,2634)	(0,17)	(0,0573)	(0,0818)
Div	-0,3382 ***	-0,3282 *	-0,5141 **	-0,3305 **	-0,4425 ***
	(0,1263)	(0,1808)	(0,2027)	(0,1428)	(0,1336)
$\beta^{CAPM,Peer}$	0,0834	-0,1104	-0,0264	0,0607	0,1249 *
	(0,1128)	(0,1095)	(0,1014)	(0,0803)	(0,0745)
$adj.\ R^2$	0,1437	-0,0155	0,0717	0,0441	0,0882
$F-Wert$	3,2827 **	0,7893	2,4524 **	2,3643 **	4,2317 ***
Stichtag (t): 31.12...	**2007**	**2008**	**2009**	**2010**	**2011**
n	158	171	149	176	185
Konstante	0,9319 ***	0,5405 ***	0,5998 ***	0,3353 *	0,1292
	(0,2191)	(0,1746)	(0,2246)	(0,1778)	(0,1605)
Gr_S	0,0078	0,0149	0,0176	0,0361 ***	0,0471 ***
	(0,017)	(0,0145)	(0,0178)	(0,0131)	(0,013)
Op_Lev	-0,0835	0,0045	-0,0662	0,0073	-0,0406
	(0,0957)	(0,0398)	(0,0589)	(0,1021)	(0,061)
W_S	0,3922 ***	0,2140	-0,0736	0,2463 *	0,2790 *
	(0,1315)	(0,1551)	(0,2131)	(0,1351)	(0,1535)
Div	-0,5630 ***	-0,0995	-0,1000	-0,2331 **	-0,1591
	(0,1482)	(0,1149)	(0,1262)	(0,1143)	(0,1054)
$\beta^{CAPM,Peer}$	-0,0258	0,1499 *	0,1285	0,1215	0,1254
	(0,0896)	(0,0865)	(0,1016)	(0,0861)	(0,0798)
$adj.\ R^2$	0,1193	0,0232	0,0005	0,0831	0,0985
$F-Wert$	5,2533 ***	1,8083	1,0145	4,1724 ***	5,0224 ***

Signifikanzniveau: ***...1 %; **...5 %; *...10 %

Standardfehler der Regressionskoeffizienten sind in Klammern angegeben.

[734] Die Verwendung eines konstanten Steuersatzes i. H. v. 25 % und des Median als Verdichtungsfunktion lieferte qualitativ ähnliche Ergebnisse, welche in Tabelle 33 im Anhang D dargestellt sind.

Innerhalb dieser Untersuchung ist der Einfluss der Variable Unternehmensgröße $Gr\_S_{j,t}$ aus den Ergebnissen nicht eindeutig ableitbar. In sieben von zehn Querschnittsregressionen ist ein positiver Einfluss vorhanden, der in drei Fällen (31.12.2002, 31.12.2010, 31.12.2011) statistisch signifikant ist. Diese Beziehung ist nur schwer mit den Ergebnissen der theoretischen Überlegungen vereinbar, da große Unternehmen aufgrund des höheren Diversifikationsgrads besser auf exogene Veränderungen (politische, makroökonomische, u. a.) reagieren können und somit als risikoärmer angenommen werden können. Jedoch ist dieser positive Zusammenhang für den deutschen Kapitalmarkt bereits durch BAUER (1992), MÜLLER (1992) sowie ZIMMERMANN (1997) aufgezeigt worden.[735] Eine mögliche Erklärung für diesen positiven Zusammenhang können grundsätzlich höhere (Investitions-)Risiken deutscher Großunternehmen sein, die eingegangen wurden, um weiter zu wachsen. Aufgrund der steigenden Internationalisierung der Produktions- und Absatzmärkte kann die Unternehmensgröße (und damit verbundene Größenvorteile) als eventuelle Abwehrstrategie gegenüber ausländischen Konkurrenten angesehen werden. In vier Beobachtungszeitpunkten ist ein negativer Zusammenhang nachweisbar, der jedoch nie statistisch signifikant ist.

Eng verbunden mit der Unternehmensgröße ist das Wachstum der Unternehmen $W\_S_{j,t}$. In sieben von zehn Querschnittsuntersuchungen ist ein positiver Zusammenhang zum $\beta_{j,t}^{CAPM}$ nachweisbar, wobei in drei dieser Fälle (31.12.2007, 31.12.2010, 31.12.2011) der Einfluss statistisch signifikant ist. Diese Ergebnisse sprechen für die Theorie, dass deutsche Unternehmen in diesen Perioden eine Wachstumsstrategie verfolgen, welche sich risikosteigernd auf das Unternehmen auswirkt. Die Variable Operating Leverage $Op\_Lev_{j,t}$ hat in keiner der zehn Einzelquerschnittsregressionen einen signifikanten Erklärungsgehalt und weist in 60 % der Fälle ein negatives und somit in 40 % der Fälle ein positives Vorzeichen auf. Auch in der Studie von BOWMAN/BUSH (2006) ist kein signifikanter Einfluss des Operating Leverage für den amerikanischen Kapitalmarkt nachweisbar.[736] Dies ist ggf. auf die Methode der Operationalisierung dieser Variable zurückzuführen. Im folgenden Modell im Abschnitt 5.4 sollen stattdessen

---

[735] Vgl. BAUER (1992), Risiko von Aktienanlagen, S. 213; MÜLLER (1992), S. 168, 170; ZIMMERMANN (1997), S. 304-305, 308. VOGLER (2009) kann eine negative durchschnittliche Rendite für den *SMB*-Faktor in Deutschland feststellen, was ebenfalls den positiven Schätzkoeffizienten des Parameters untermauert. Vgl. VOGLER (2009), Fama-French-Modell, S. 386-387.

[736] Vgl. BOWMAN/BUSH (2006), Comparable companies, S. 78.

alternative Messmethoden verwendet werden. Ein deutlich negativer Zusammenhang mit dem $\beta_{j,t}^{CAPM}$ kann bei der Untersuchungsgröße Ausschüttungsquote $Div_{j,t}$ nachgewiesen werden, welcher auch durch die theoretischen Betrachtungen unterstützt wird. In sieben von zehn Fällen ist dieser statistisch signifikant, wobei die Koeffizienten zwischen -0,5630 und -0,0995, bei einem Mittelwert von -0,3108, liegen. Eine Erhöhung der Ausschüttungsquote um 10 %-Punkte reduziert im Durchschnitt das systematische Risiko um 0,03. Aus der Theorie abgeleitet, sollte das $\beta_{j,t}^{CAPM,Peer}$ einen positiven Zusammenhang zum $\beta_{j,t}^{CAPM}$ mit einen Regressionskoeffizient nahe eins aufweisen. Die empirischen Ergebnisse sprechen jedoch gegen die Nutzung des $\beta_{j,t}^{CAPM,Peer}$, wenn die Operationalisierung, wie oben beschrieben, erfolgt. In sieben von zehn Fällen ist der Regressionskoeffizient zwar positiv, jedoch nur in zwei Betrachtungszeitpunkten signifikant von null verschieden und somit grundsätzlich weit vom Wert eins entfernt. In den restlichen drei Einzelregressionen (31.12.2003, 31.12.2004, 31.12.2007) weisen die Regressionskoeffizienten einen negativen Wert auf, welcher jedoch jeweils nicht statistisch signifikant von null verschieden ist. Diese, nur schwer mit der Theorie vereinbaren Regressionsergebnisse, können zum einem in der Bildung der Peer Group anhand von Branchen begründet sein. Alternativ bestehen Mängel in der Methode des Un- bzw. Releverns mithilfe einer unterstellten autonomen Finanzierung aller Unternehmen i. V. m. der Nutzung von Buchwerten der Kapitalstruktur.[737] Letzteres kann jedoch aufgrund der Zielsetzung der Arbeit nicht umgangen werden, so dass im folgenden Unterabschnitt überprüft werden soll, ob die Bildung der Peer Group anhand alternativer Klassifikationsmittel bessere Ergebnisse liefert. Die Konstante der einzelnen Regressionen ist in acht von zehn Fällen signifikant positiv, weist jedoch sehr volatile Werte zwischen 0,3353 und 1,4856 auf, so dass auch hierbei keine eindeutigen Ergebnisse ableitbar sind. Dennoch können signifikante Konstanten der Schätzungen darauf hindeuten, dass das Modell nicht ausreichend spezifiziert ist und für unbeobachtete Einflussgrößen ein Erklärungsgehalt existiert. Die Güte der Schätzungen, gemessen durch das $adj.\ R^2$ und der $F\text{-}Wert$, ist größtenteils als ausreichend zu bezeichnen. Nur in den Beobach-

[737] Im Anhang D, stellt Tabelle 34 zusätzlich die Ergebnisse der Querschnittsregression zum Betrachtungszeitpunkt 31.12.2011 dar, wenn zu Un- bzw. Relevering Verschuldungsgrade auf Basis von Marktwerten verwendet werden. Obwohl bei Berücksichtigung der Marktwerte das Peer Group-Beta auf Basis von Branchenzugehörigkeit einen signifikant positiven Einfluss (im Gegensatz zum positiven, nicht signifikanten Einfluss bei der Verwendung von Buchwerten) besitzt, soll dennoch aufgrund der Zielsetzung der Arbeit dieser Ansatz [in Abweichung zu BOWMAN/BUSH (2006)] nicht weiter Anwendung finden.

tungszeitpunkten zum Ende der Jahre 2003, 2008 sowie 2009 kann die Nullhypothese des F-Tests nicht bis zu einem Signifikanzniveau von 10 % abgelehnt werden. Weiterhin liegen die Werte des $adj.\ R^2$ bei diesen Regressionen um den Wert null, so dass hier eine ungenügende Schätzgüte für das Modell vorliegt. Erklärbar ist die schlechte Schätzgüte zum Stichtag 31.12.2008 sowie 31.12.2009 durch die in diesem Zeitraum andauernde Finanzkrise, welche sich durch schlechtere Ergebnisse in den Bilanzen der Unternehmen widerspiegelt und somit die Schätzqualität negativ beeinflusst. Das Ausmaß der Multikollinearität zwischen den unabhängigen Variablen ist in keiner der Regressionen ein auftretendes Problem, da die einzelnen *VIF* deutlich unter dem Wert von zehn liegen.

5.3.3.2.1 Bestimmung des Peer Group-Betas mithilfe von Methoden der Clusteranalyse

Da die Schätzergebnisse für den Koeffizienten des $\beta_{j,t}^{CAPM,Peer}$ in keinen der zehn betrachteten Perioden in der Nähe des zu erwarteten Wertes von eins liegen, sollen nachfolgend mathematische Clusterverfahren verwendet werden, um eine höhere Gleichheit der Unternehmen innerhalb einer Peer Group (Cluster) zu gewährleisten.[738] Das grundsätzliche Ziel der Clusteranalyse ist die Identifizierung und Gruppierung derjenigen Objekte, die sich ähnlich sind und gleichzeitig die Trennung von Objekten, welche unähnlich sind. Dabei wird die Ähnlichkeit zweier Objekte durch die Distanz zueinander bestimmt, wofür verschiedene Distanzmaße zum Einsatz kommen können.[739] Bei metrisch skalierten Daten, wie sie in dieser Untersuchung vorliegen, ist ein häufig verwendetes Distanzmaß die euklidische Distanz.[740] Wenn m die Anzahl der Variablen darstellt, die für die Clusteranalyse genutzt werden soll, so bestimmt sich die euklidische Distanz $ed_{r,s}$ zwischen zwei Objekten r und s wie folgt:[741]

$$ed_{r,s} = \sqrt{\sum_{i=1}^{m} \left(x_{i,r} - x_{i,s}\right)^2} \tag{177}$$

738 Vgl. für eine Anwendung der Clusteranalyse zur Bildung einer Peer Group auf Basis von Überrenditen der Unternehmen CHAN/LAKONISHOK/SWAMINATHAN (2007), Industry classification, S. 65-66.

739 Vgl. HAIR ET AL. (2010), Multivariate data analysis, S. 521; HATZINGER/NAGEL (2009), Statistische Methoden, S. 327.

740 Vgl. SCHULZE (2007), Statistik, S. 222.

741 Vgl. KAUFMANN/PAPE (1996), Clusteranalyse, S. 449; HARTIGAN (1975), Clustering, S. 58.

mit:

$x_{i,r}$ = Realisation der Variable i des Objekts r

$x_{i,s}$ = Realisation der Variable i des Objekts s.

Es ist notwendig, dass die Ausprägungen der Variablen in standardisierter Form[742] vorliegen, da alle m Variablen mit gleicher Gewichtung in die Berechnung des Distanzmaßes einfließen. Wenn die Dimension der Variablen sehr heterogen ist, so würde die Verwendung nicht standardisierter Größen dazu führen, dass die Clusteranalyse durch einige wenige Variablen mit großer Dimension getrieben wird. Variablen mit kleiner Dimension würden somit einen unerheblichen Einfluss auf das Clusterergebnis aufweisen, was zu schlechteren Klassifikationsergebnissen führen kann.

Im Folgenden wird ein deterministisches Clusteranalyseverfahren verwendet, welches überlappungsfreie Clusterlösungen liefert. Mithilfe des k-means-Verfahrens,[743] welches einen Vertreter der partitionierenden Verfahren darstellt, werden die verschiedenen Unternehmen in einzelne Klassen eingeteilt.[744]

k-means-Verfahren

Das k-means-Verfahren teilt die zu klassifizierenden Objekte in Cluster ein, so dass die Streuungsquadratsumme $Sqs_{in}(k)$ innerhalb aller Cluster k zwischen einzelnen Objekten Clusters $x_{r,j}$ und dem Clusterzentrum $\bar{x}_{k,j}$ minimiert wird:[745]

$$Sqs_{in}(k) = \sum_{j} \sum_{r \in k} \left(x_{r,j} - \bar{x}_{k,j} \right)^2 \rightarrow \min! \tag{178}$$

742 Vgl. HAIR ET AL. (2010), Multivariate data analysis, S. 524-525. Hier kann bspw. eine Z-Transformation vorgenommen werden, die die Variablendimension in der Art anpasst, dass diese einen Mittelwert von null bei einer Standardabweichung von eins aufweisen. Vgl. BORTZ (2005), Statistik, S. 45.

743 Vgl. JAIN/DUBES (1988), Clustering data, S. 96-97.

744 Die Ergebnisse der Untersuchung wurden mithilfe des complete linkage-Ansatzes (furthest neighbour), als Vertreter der hierarchischen Verfahren, vgl. EVERITT ET AL. (2011), Cluster analysis, S. 76, auf Stabilität überprüft. Im Vergleich zum single linkage-Verfahren produziert das complete linkage-Verfahren in vielen Anwendungsfällen bessere Klassifikationsergebnisse. Vgl. ABONYI/FEIL (2007), Cluster analysis, S. 10.

745 Vgl. EVERITT ET AL. (2011), Cluster analysis, S. 114; KAUFMANN/PAPE (1996), Clusteranalyse, S. 475.

mit:

$$\bar{x}_{k,j} = \frac{\sum_{r \in k} x_{r,j}}{N_{k,j}}$$

$N_{k,j}$...Anzahl der Objekte j im Cluster k.

Dabei muss die Anzahl der zu verwendenden Cluster k im Vorhinein festgelegt werden. Der Algorithmus verläuft in vier Schritten, die im Folgenden dargestellt werden:[746]

1. Einteilung aller Objekte in die vorgegebene Anzahl an Clustern in zufälliger Art und Weise,
2. Bestimmung der jeweiligen Clusterzentren $\bar{x}_{k,j}$ und Berechnung der quadrierten euklidischen Distanz aller Objekte zu allen Clusterzentren,
3. Zuordnung der Objekte in dasjenige Cluster, bei dem die quadrierte euklidische Distanz minimal ist,
4. Wiederholung der Schritte 2 und 3 bis sich die Zuordnung der Objekte zu den Clustern nicht mehr ändert und somit die gesamte Streuungsquadratsumme nicht weiter minimiert werden kann.

Alternativ kann anstelle der Bildung der Clusterzentren auf Basis des arithmetischen Mittelwerts auch der Median oder der Modus genutzt werden.[747] Nachteile des k-means-Algorithmus stellen die vorherige Wahl der Anzahl der Cluster sowie die Wahl der Startzuordnung der Objekte dar.[748] Um robuste Ergebnisse bezüglich der Startzuordnung zu erhalten, empfiehlt es sich, die Clusteranalyse mehrfach mit zufällig gewählten Startwerten durchzuführen und im Anschluss diejenige Kombination zu wählen, die die Streuungsquadratsumme minimiert.[749]

Die Wahl der zu verwendenden Clusteranzahl innerhalb des k-means-Verfahrens ist Fokus einer Reihe wissenschaftlicher Untersuchungen.[750] Aus einer Vielzahl an Lö-

---

746 Vgl. JAIN/DUBES (1988), Clustering data, S. 96-97; STEINLEY/BRUSCO (2007), Initializing K-means batch clustering, S. 100; BACHER/PÖGE/WENZIG (2010), Clusteranalyse, S. 300; HARTIGAN (1975), Clustering, S. 85-86.

747 Vgl. EVERITT ET AL. (2011), Cluster analysis, S. 122.

748 Vgl. CHIANG/MIRKIN (2010), Number of clusters in K-means, S. 7; PEÑA/LOZANO/LARRAÑAGA (1999), Initialization methods for K-means, S. 1029.

749 Vgl. STEINLEY/BRUSCO (2007), Initializing K-means batch clustering, S. 106 und 118; PEÑA/LOZANO/LARRAÑAGA (1999), Initialization methods for K-means, S. 1039.

750 Vgl. KAUFMANN/PAPE (1996), Clusteranalyse, S. 472-486. Ein aktueller Literaturüberblick ist in MIRKIN (2011), Number of clusters, S. 254-257 zu finden.

sungsvorschlägen werden folgend das Variance Ratio Criterion $VRC(k)$[751] sowie die Regel von HARTINGAN[752] vorgestellt.[753]

Das $VRC(k)$ stellt die, durch die Clusteranzahl korrigierte, Differenz der gesamten Streuungsquadratsumme Sqs_{ges} mit der Streuungsquadratsumme bei Clusteranzahl k dar und lässt sich formal durch die Berechnung in Formel (179) bestimmen:[754]

$$VRC(k)=\frac{\left(Sqs_{ges}-Sqs_{in}(k)\right)/(k-1)}{Sqs_{in}(k)\Big/\left(\sum_{k}N_{k,j}-k\right)} \tag{179}$$

mit:

$$Sqs_{ges}=Sqs_{in}(1).$$

Die optimale Anzahl an Clustern ergibt sich beim Maximalwert von $VRC(k)$. Als Alternative wurde durch HARTINGAN (1975) eine heuristische Regel entwickelt, die sich an der Kennzahl $H(k)$ orientiert. Die Kennzahl stellt auf die prozentuale Verbesserung der Clusteranalyse bei der Hinzunahme eines weiteren Clusters ab. Dabei werden die Streuungsquadratsummen von k bzw. $k+1$ Cluster unter Berücksichtigung der Beobachtungsgröße n folgendermaßen miteinander verglichen:[755]

$$H(k)=\left(\frac{Sqs_{in}(k)}{Sqs_{in}(k+1)}-1\right)\cdot(n-k-1) \tag{180}$$

mit:

$$k=1,\ldots,k^{\max}.$$

Die optimale Anzahl an Clustern für den k-means-Algorithmus ist dann gefunden, wenn für ansteigende k die Kennzahl $H(k)$ das erste Mal den Wert von 10 unterschreitet.[756]

---

[751] Vgl. CALIŃSKIA/HARABASZA (1974), Method for cluster analysis, S. 10.

[752] Vgl. CHIANG/MIRKIN (2010), Number of clusters in K-means, S. 9; HARTIGAN (1975), Clustering, S. 89-91.

[753] Sowohl in der empirischen Untersuchung von MILLIGAN/COOPER (1985) als auch von CHIANG/MIRKIN (2010) stellten sich diese Kriterien als überlegen heraus.

[754] Vgl. HANDL (2010), Multivariate Analysemethoden, S. 421; EVERITT ET AL. (2011), Cluster analysis, S. 127; BACHER/PÖGE/WENZIG (2010), Clusteranalyse, S. 307.

[755] Vgl. CHIANG/MIRKIN (2010), Number of clusters in K-means, S. 9; HARTIGAN (1975), Clustering, S. 90.

[756] „Nevertheless, as a crude rule of thumb, large values of the ratio (say, >10) justify increasing the numbers of clusters from K to K+1." HARTIGAN (1975), Clustering, S. 91.

In der folgenden Untersuchung werden die Variablen Unternehmensgröße, Operating Leverage, Unternehmenswachstum sowie Ausschüttungsquote als Informationen für die Klassifikation herangezogen.[757] Die maximale Clusteranzahl $k^{\max}$ beträgt 30.[758]

Um die optimale Anzahl der Cluster zu bestimmen, wird jeweils eine Clusteranalyse für jeden Betrachtungszeitpunkt zehnmal durchgeführt und diejenige Klasseneinteilung gewählt, bei der die Summe der Streuungsquadratsumme minimal ist. Für diese Klassifizierung wird anschließend die HARTINGAN-Kennzahl für $k = 1,\ldots,k^{\max}$ mit $k^{\max} = 30$ berechnet und das Maximum ermittelt. Dieses Vorgehen wird 100-mal wiederholt und der Modalwert des Clusteroptimums der 100 Wiederholungen stellt die endgültige optimale Anzahl an Clustern dar.[759]

Tabelle 13 gibt einen Überblick über die so ermittelte optimale Clusteranzahl für jeden Betrachtungszeitpunkt. Bei der Verwendung des Median als Verdichtungsfunktion bleibt die festgestellte Anzahl der Cluster weitgehend stabil.

Tabelle 13: Optimale Clusteranzahl für das k-means-Verfahren

Stichtag (t): 31.12...	**2002**	**2003**	**2004**	**2005**	**2006**
Clusteranzahl	7	10	8	14	6
Stichtag (t): 31.12...	**2007**	**2008**	**2009**	**2010**	**2011**
Clusteranzahl	10	13	11	16	15

Mithilfe der jeweiligen Clusteranzahl wird im Folgenden die Zuordnung aller Unternehmen pro Jahr in die Klassen vorgenommen. Wie bereits beschrieben, wird dabei die Clusteranalyse mit zufälligen Startwerten für die Clusterzentren mehrfach wiederholt und diejenige Klassifizierung weiterverwendet, welche die Summe der Streuungsquad-

---

757 Im Rahmen von Robustheitsuntersuchungen sind auch 1.) m=3 (Unternehmensgröße, Unternehmenswachstum, Ausschüttungsquote) sowie 2.) m=2 (Unternehmensgröße, Ausschüttungsquote) für die Clusteranalyse verwendet worden. Dabei unterscheiden sich die Ergebnisse der anschließenden Querschnittsregressionen in den einzelnen Betrachtungszeitpunkten nicht signifikant voneinander. Vgl. Tabelle 16.

758 Die maximale Clusteranzahl entspricht der Anzahl der Portfolios, welche aus den Einzelunternehmen für die Untersuchung auf Portfolioebene gebildet werden. Vgl. hierzu Fußnote 704.

759 Die Verwendung des Variance Ratio Criterion ergibt keine sinnvollen Klassifikationen, da in 50 % der Beobachtungszeiträume das endgültige Optimum in der Nähe der maximalen Anzahl an Clustern liegt. Vgl. HANDL (2010), Multivariate Analysemethoden, S. 421 i. V. m. Anhang D, Tabelle 35.

rate aller Cluster minimiert. Für jeden Betrachtungszeitpunkt werden 5.000 Wiederholungen durchgeführt. Ergibt die Klassifikation eine Zuordnung der Unternehmen, bei der die minimale Anzahl der Unternehmen in einem Cluster kleiner als drei ist, so wird diese Klasse nicht weiter berücksichtigt, um sinnvolle Aggregationen der Werte zu gewährleisten.

Die so ermittelte Clusterzuordnung der Unternehmen in jedem Jahr wird anschließend für die Ermittlung des unternehmensspezifischen Peer Group-Betas $\beta_{j,t}^{CAPM,Peer}$ für jeden Betrachtungszeitpunkt nach Abbildung 14 genutzt. Zusätzlich zu den Variablen Unternehmensgröße $Gr\_S_{j,t}$, Operating Leverage $Op\_Lev_{j,t}$, Unternehmenswachstum $W\_S_{j,t}$ und Ausschüttungsquote $Div_{j,t}$ soll dieses für die Erklärung des systematischen Risikos im Querschnitt dienen. Die deskriptiven Ergebnisse der Untersuchungsvariablen sind in Tabelle 14 dargestellt. Diese unterscheiden sich von den deskriptiven Ergebnissen aus Tabelle 10, da die Stichprobe aufgrund von Bereinigungen verändert ist. Der überwiegende Teil der Unternehmen ist jedoch in beiden Untersuchungen enthalten, so dass Implikationen bezüglich der Grundgesamtheit beiderseits ableitbar sind.

Der Mittelwert des $\beta_{j,t}^{CAPM,Peer}$ ist in sieben von zehn Beobachtungsstichtagen zwischen 0,9309 und 1,0172. Dies spricht grundsätzlich für die Verwendung des k-means-Verfahren zur Bestimmung des $\beta_{j,t}^{CAPM,Peer}$, da der Wert nahe dem theoretischen Durchschnitt von eins liegt. Das Minimum des durchschnittlichen $\beta_{j,t}^{CAPM,Peer}$ von 0,6347 ist für den Stichtag 31.12.2002 zu berichten. Zu diesem Zeitpunkt verzeichnete jedoch auch das durchschnittliche $\beta_{j,t}^{CAPM,Peer}$ auf Basis der Branchenzugehörigkeit das Minimum des gesamten Untersuchungszeitraums.

Tabelle 14: Mittelwerte und Standardabweichungen der Untersuchungsvariablen (Basis für Peer Group-Beta: k-means-Clusteranalyse)

Stichtag (*t*): 31.12...	**2002**	**2003**	**2004**	**2005**	**2006**
N	69	74	94	143	171
β^{CAPM}	0,5583 (0,3336)	0,6538 (0,4279)	0,8333 (0,4951)	0,8917 (0,4344)	0,8734 (0,4365)
Gr_S	13,7307 (2,2552)	13,3351 (2,1686)	13,1834 (2,2385)	12,8431 (2,1502)	12,8170 (2,1771)
Op_Lev	0,2891 (1,3346)	0,3338 (0,9106)	0,2879 (0.3436)	0,1763 (0,3619)	0,1685 (0,314)
W_S	0,0115 (0,1375)	0,0155 (0,1882)	0,1329 (0.3054)	0,1105 (0,2547)	0,2101 (0,4209)
Div	0,3891 (0,297)	0,3420 (0,2888)	0,3170 (0,257)	0,3083 (0,257)	0,2804 (0,2598)
$\beta^{CAPM,Peer}$	0,6347 (0,2981)	0,7601 (0,3577)	0,9801 (0,4696)	1,0172 (0,4674)	0,9818 (0,3945)
Stichtag (*t*): 31.12...	**2007**	**2008**	**2009**	**2010**	**2011**
N	162	171	145	173	185
β^{CAPM}	0,8853 (0,4406)	0,8659 (0,354)	0,8955 (0,4081)	0,8668 (0,3893)	0,8176 (0,3745)
Gr_S	12,9337 (2,0748)	12,8249 (2,0795)	12,9030 (2,0287)	12,8841 (2,229)	12,8633 (2,116)
Op_Lev	0,1618 (0,3035)	0,0369 (0,5891)	0,1957 (0,5006)	0,2426 (0,2577)	0,1361 (0,358)
W_S	0,1499 (0,2608)	0,1082 (0,1816)	-0,0088 (0,1682)	0,1336 (0,2148)	0,1246 (0,1698)
Div	0,2797 (0,2332)	0,2705 (0,2493)	0,3550 (0,278)	0,3509 (0,2525)	0,3302 (0,2607)
$\beta^{CAPM,Peer}$	0,9767 (0,3486)	0,9309 (0,31)	0,9524 (0,295)	0,9336 (0,3346)	0,8796 (0,3099)

Standardabweichungen der Variablen sind in Klammern angegeben.

Für die Erläuterungen der deskriptiven Ergebnisse der verbleibenden Untersuchungsvariablen können die Ausführungen aus Unterabschnitt 5.3.3.1 genutzt werden, da die Schlüsse sehr ähnlich sind. Werden die Einflussvariablen für die Erklärung des systematischen Risikos in linearen Querschnittsregressionen der einzelne zehn Zeitpunkten genutzt, so ergeben sich die Ergebnisse auf Basis von WHITE-robusten Standardfehlern, welche in Tabelle 15 dargestellt sind.

Tabelle 15: Zusammengefasste Ergebnisse (Unternehmensebene, k-means)

$\widehat{\beta_{j,t}^{CAPM}} = \hat{\gamma}_0 + \hat{\gamma}_1 \cdot Gr\_S_{j,t} + \hat{\gamma}_2 \cdot op\_Lev_{j,t} + \hat{\gamma}_3 \cdot W\_S_{j,t} + \hat{\gamma}_4 \cdot Div_{j,t} + \hat{\gamma}_5 \cdot \beta_{j,t}^{CAPM,Peer}$ für $j = 1,...,n$

Stichtag (t): 31.12...	**2002**	**2003**	**2004**	**2005**	**2006**
N	69	74	94	143	171
Konstante	-0,0779 (0,2381)	1,1753 *** (0,3606)	2,0785 *** (0,3934)	1,8615 *** (0,257)	1,2017 *** (0,2245)
Gr_S	0,0606 *** (0,0182)	-0,0140 (0,0237)	-0,0665 *** (0,0246)	-0,0510 *** (0,0173)	-0,0118 (0,0153)
Op_Lev	-0,0294 (0,029)	-0,0159 (0,0542)	0,1722 (0,1408)	0,0572 (0,0948)	-0,0150 (0,1047)
W_S	-0,2227 (0,2715)	0,2266 (0,2639)	0,0169 (0,1656)	-0,0269 (0,1361)	0,0490 (0,0791)
Div	-0,2990 ** (0,1276)	-0,4287 ** (0,1758)	-0,4556 ** (0,1932)	-0,3376 ** (0,1387)	-0,5076 *** (0,1295)
$\beta^{CAPM,Peer}$	-0,1078 (0,1351)	-0,2458 * (0,1439)	-0,2812 ** (0,1132)	-0,2139 *** (0,0778)	-0,0436 (0,0846)
$adj.\ R^2$	0,1586	0,0507	0,1402	0,1171	0,0835
$F-Wert$	3,5632 ***	1,7790	4,0319 ***	4,7684 ***	4,0987 ***
Stichtag (t): 31.12...	**2007**	**2008**	**2009**	**2010**	**2011**
N	162	171	145	173	185
Konstante	1,1580 *** (0,2335)	0,5962 *** (0,1818)	0,5849 ** (0,2356)	0,4127 ** (0.1822)	0,2319 (0,1694)
Gr_S	0,0078 (0,0156)	0,0190 (0,0138)	0,0260 (0,018)	0,0367 *** (0,0134)	0,0491 *** (0,0135)
Op_Lev	0,0078 (0,1053)	-0,0032 (0,0461)	-0,0500 (0,0696)	-0,0547 (0,1127)	-0,0919 (0,0757)
W_S	0,5012 *** (0,1281)	0,2489 (0,1523)	-0,0951 (0,2128)	0,2032 (0,1359)	0,2300 (0,1573)
Div	-0,5980 *** (0,139)	-0,1126 (0,1156)	-0,0945 (0,1293)	-0,2057 * (0,115)	-0,1899 * (0,1063)
$\beta^{CAPM,Peer}$	-0,2898 *** (0,0972)	0,0317 (0,089)	0,0184 (0,1195)	0,0417 (0,0895)	0,0003 (0,0903)
$adj.\ R^2$	0,1588	0,0053	-0,0132	0,0585	0,0695
$F-Wert$	7,0780 ***	1,1796	0,6243	3,1368 ***	3,7471 ***

Signifikanzniveau: ***...1 %; **...5 %; *...10 %
Standardfehler der Regressionskoeffizienten sind in Klammern angegeben.

Auch wenn das Clusterverfahren k-means als Basis der Bestimmung des $\beta_{j,t}^{CAPM,Peer}$ berücksichtigt wird, sind die Schätzkoeffizienten der Einflussvariablen zeitinstabil. In acht von zehn Fällen ist die Konstante statistisch positiv signifikant zwischen 0,5962 und 2,0785. Das $\beta_{j,t}^{CAPM,Peer}$ besitzt nur in der Minderzahl der Untersuchungszeitpunkte einen statistisch signifikanten Einfluss. Die Einflussnahme auf das systematische Risiko ist in diesen Fällen jedoch negativ. Die empirischen Ergebnisse widersprechen somit den Resultaten der theoretischen Überlegungen, in denen ein Koeffizient in der Nähe von eins zu erwarten wäre. Die Unternehmensgröße $Gr\_S_{j,t}$ weist in 50 % der untersuchten Zeitpunkte eine statistische Signifikanz auf, jedoch ist der Einfluss sowohl positiv als auch negativ. Der Operating Leverage $Op\_Lev_{j,t}$ besitzt in dieser Untersuchung weiterhin keinen signifikanten Einfluss auf das systematische Risiko der Unternehmen. Die Beziehung des Unternehmenswachstums $W\_S_{j,t}$ zum systematischen Risiko ist in nur einem Fall (zum Stichtag 31.12.2007) statistisch signifikant positiv und sonst nicht nachweisbar. Die Ausschüttungsquote $Div_{j,t}$ besitzt im überwiegenden Teil der Untersuchungszeitpunkte einen signifikant negativen Erklärungsgehalt, der sich mit den Ergebnissen der theoretischen Überlegungen aus Unterabschnitt 4.1.3 deckt. Der Schätzkoeffizient schwankt dabei im Bereich von -0,598 bis -0,1899 mit einem Mittelwert von -0,3358. Im Mittel reduziert eine Erhöhung der Ausschüttungsquote um 10 %-Punkte demnach das β_j^{CAPM} um 0,0336.

Obwohl die Güte der einzelnen Regressionen gemessen am $adj.\,R^2$ bzw. dem $F-Wert$ in der Mehrzahl leicht verbessert ist, muss dennoch aufgrund der zusammengefassten Ergebnisse konstatiert werden, dass die Verwendung des Clusteralgorithmus k-means gegenüber der Branchenzugehörigkeit für die Bestimmung des $\beta_{j,t}^{CAPM,Peer}$ nicht zu wesentlich besseren Erklärungsergebnissen führt.

Um diese Ergebnisse auf Robustheit zu überprüfen, werden folgend weitere Querschnittsregressionen mit veränderter Anzahl an Clustern durchgeführt. Hierbei wird wieder der k-means-Algorithmus mit einer schrittweisen Erhöhung der Clusteranzahl $k = 1,\dots,k^{\max}$ mit $k^{\max} = 30$ durchgeführt. Die jeweilige Anzahl der Wiederholungen für die optimale Klassifizierung beträgt 1.000 für jedes k. Die so ermittelte Clusterzugehörigkeit der Unternehmen bei gegebenen k wird anschließend genutzt, um das jeweilige $\beta_{j,t}^{CAPM,Peer}$ zu bestimmen und die Querschnittsregression durchzuführen. Die Prozedur wird für alle zehn Betrachtungszeiträume wiederholt. Für eine gleichzeitige Überprüfung der Ergebnisse auf Veränderungen der Auswahl der Klassifizierungsvariablen werden ebenfalls

1. nur die Variablen Unternehmensgröße, Unternehmenswachstum sowie Ausschüttungsquote und
2. nur die Variablen Unternehmensgröße sowie Ausschüttungsquote

in die Clusteranalyse einbezogen.[760] Zusammengefasst werden somit für den Robustheitscheck 900.000 Clusteranalysen durchgeführt.[761] Zur übersichtlichen Darstellungen werden die Einzelergebnisse auf Basis der Betrachtungszeiträume aggregiert. Dazu wird der Anteil der signifikanten Regressionskoeffizienten jeder Variable für $k = 1,\ldots,k^{\max}$ (unterteilt nach drei Sets an Clustervariablen) berechnet. Die zusammengefassten Ergebnisse sind in Tabelle 16 dargestellt. Die Angaben in Klammern stellen den Anteil der signifikanten Koeffizienten in den 30 Regressionen dar. Sind alle Koeffizienten entweder zu 100 % signifikant oder zu 100 % nicht signifikant, so wird aus Gründen der Übersichtlichkeit die Zelle „signifikanter Anteil" leer gelassen. Die Auswertung der jeweiligen Regressionen ergab, dass entweder nur signifikant positive oder nur signifikant negative Regressionskoeffizienten vorliegen.

Tabelle 16: Übersicht der Ergebnisse der Robustheitsüberprüfung

		4 Variablen	**signifikanter Anteil**	**3 Variablen**	**signifikanter Anteil**	**2 Variablen**	**signifikanter Anteil**
2002	Konstante	0		0		0	
	Gr_S	+	('+' 97 %)	+	('+' 80 %)	+	('+' 67 %)
	Op_Lev	0		0		0	
	W_S	0	('–' 3 %)	0	('–' 17 %)	0	('–' 27 %)
	Div	–	('–' 90 %)	–	('–' 87 %)	–	('–' 70 %)
	$\beta^{CAPM,Peer}$	0		0		0	
2003	Konstante	+		+		+	('+' 93 %)
	Gr_S	0	('–' 20 %)	0	('–' 3 %)	0	
	Op_Lev	0	('+' 23 %)	0		0	
	W_S	0	('+' 10 %)	0	('+' 10 %)	+	
	Div	–	('–' 73 %)	–	('–' 90 %)	–	('–' 83 %)
	$\beta^{CAPM,Peer}$	0	('–' 40 %)	–	('–' 57 %)	0	('–' 37 %)
2004	Konstante	+		+		+	
	Gr_S	–	('–' 97 %)	–	('–' 97 %)	–	('–' 97 %)
	Op_Lev	0	('+' 20 %)	0		0	
	W_S	0	('+' 33 %)	0	('+' 13 %)	0	('+' 7 %)
	Div	–		–	('–' 87 %)	–	('–' 80 %)
	$\beta^{CAPM,Peer}$	–		–	('–' 97 %)	–	('–' 87 %)

Fortsetzung der Tabelle auf nächster Seite

[760] Obwohl die Auswahl willkürlich erscheinen mag, orientiert sich diese an den Variablen, die in den Regressionen als teilweise signifikant identifiziert wurden.

[761] Die Gesamtanzahl ergibt sich aus der Multiplikation von zehn Betrachtungszeitpunkte sowie der maximalen Anzahl an verwendeten Clustern unter Berücksichtigung von 1.000 Wiederholungen und der Verwendung von drei Sets an Clustervariablen.

Fortsetzung der Tabelle 16

		4 Variablen	signifikanter Anteil	3 Variablen	signifikanter Anteil	2 Variablen	signifikanter Anteil
2005	Konstante	+		+		+	
	Gr_S	–	('–' 93 %)	–	('–' 87 %)	–	('–' 70 %)
	Op_Lev	0		0		0	
	W_S	0		0		0	
	Div	–		–		–	
	$\beta^{CAPM,Peer}$	–	('–' 93 %)	–	('–' 60 %)	–	('–' 60 %)
2006	Konstante	+		+		+	
	Gr_S	0		0	('–' 30 %)	0	('–' 33 %)
	Op_Lev	0		0		0	
	W_S	0		0		0	
	Div	–		–		–	
	$\beta^{CAPM,Peer}$	0	('–' 7 %)	0	('–' 30 %)	0	('–' 30 %)
2007	Konstante	+		+		+	
	Gr_S	0	('+' 3 %)	0	('+' 3 %)	0	('+' 3 %)
	Op_Lev	0		0		0	
	W_S	+		+		+	
	Div	–		–		–	
	$\beta^{CAPM,Peer}$	–		–		–	
2008	Konstante	+		+		+	
	Gr_S	0		0	('+' 30 %)	0	('+' 30 %)
	Op_Lev	0		0		0	
	W_S	0		0	('+' 33 %)	0	
	Div	0		0	('–' 3 %)	0	('–' 10 %)
	$\beta^{CAPM,Peer}$	0		0		0	
2009	Konstante	+		+		+	
	Gr_S	0		0		0	
	Op_Lev	0		0		0	
	W_S	0		0		0	
	Div	0		0		0	
	$\beta^{CAPM,Peer}$	0		0		0	
2010	Konstante	+		+		+	
	Gr_S	+		+		+	
	Op_Lev	0		0		0	
	W_S	0		0		0	
	Div	0	('–' 40 %)	0	('–' 13 %)	0	('–' 3 %)
	$\beta^{CAPM,Peer}$	0		0		0	
2011	Konstante	0	('+' 23 %)	0		0	
	Gr_S	+		+		+	
	Op_Lev	0		0		0	
	W_S	0	('+' 23 %)	+	('+' 53 %)	+	('+' 53 %)
	Div	0	('–' 37 %)	0	('–' 7 %)	0	('–' 7 %)
	$\beta^{CAPM,Peer}$	0		0		0	

Signifikanzniveau: 10 %

Zeichenerklärung:
0 = Mindestens 50 % der 30 Regressionen haben keinen signifikant Koeffizienten.
+ = Mindestens 50 % der 30 Regressionen haben einen signifikant positiven Koeffizienten.
– = Mindestens 50 % der 30 Regressionen haben einen signifikant negativen Koeffizienten.

Grau unterlegt sind diejenigen Zeilen, in denen sich die mehrheitliche Richtung der Koeffizienten zwischen der Clusteranalyse mit unterschiedlichen Clustervariablen unterscheidet. Es ist zu erkennen, dass sich die Ergebnisse der Querschnittsuntersuchung stabil gegenüber Veränderungen der Variablenauswahl für die Clusteranalyse präsentieren, da sich die mehrheitliche Richtung der Koeffizienten insgesamt nur bei drei Variablen unterscheidet. Weiterhin kann geschlussfolgert werden, dass die Anzahl der Cluster für das k-means-Verfahren für die vorliegende Untersuchung keinen entscheidenden Einfluss auf die Richtung der Regressionskoeffizienten besitzt. Dies lässt den Schluss zu, dass in den vorhandenen Daten keine ausreichende Klassenstruktur vorhanden ist, so dass von einer weiteren Verwendung der Clusteranalyse im Rahmen dieser Arbeit abgesehen wird. Deshalb soll im nächsten Unterabschnitt wieder auf die Branchenzugehörigkeit als Peer Group-Kriterium abgestellt werden und die Regression zu den einzelnen Betrachtungszeitpunkten auf Portfolioebene fortgesetzt werden.

5.3.3.2.2 Schätzung auf Basis von Portfolios

Zur Steigerung der Schätzgüte der Regressionen (da der potentielle Einfluss einzelner Ausreißer abgemildert wird) und zur Überprüfung der Robustheit des Modells sollen die Einzelquerschnittsregressionen ebenfalls auf Ebene von Portfolios durchgeführt werden. Dazu werden alle Unternehmen eines Betrachtungszeitpunktes in 30 Portfolios, welche auf Basis der $\frac{1}{30}$-Quantile des $\beta_{j,t}^{CAPM}$ gebildet werden, zusammengefasst.[762] Die einzelnen Variablen auf Portfolioebene werden als gleichgewichteter arithmetischer Durchschnitt der Variablen der Einzelunternehmen im jeweiligen Portfolio gebildet. Die Bestimmung der unternehmensindividuellen $\beta_{j,t}^{CAPM,Peer}$ erfolgt wieder mithilfe des konstanten Steuersatzes 30 % und dem arithmetischen Mittelwert als Verdichtungsfunktion für die Branche. Die deskriptiven Statistiken der Untersuchungsvariablen auf Basis von Portfolios sind in Tabelle 17 dargestellt.

[762] Für die Wahl der Anzahl der Portfolios sei auf Fußnote 704 verwiesen.

Die Mittelwerte der betrachteten Variablen entsprechen in weiten Teilen denen auf Ebene der Einzelunternehmen, wohingegen die Streuung überwiegend geringer ausfällt. Die Mittelwerte des $\beta_{j,t}^{CAPM}$ sowie $\beta_{j,t}^{CAPM,Peer}$ befinden sich ausreichend nah am Wert eins, was als Anhaltspunkt für einen hinlänglich repräsentierten Gesamtmarkt angesehen werden kann. Die Ergebnisse des Schätzmodells sind Tabelle 18 zu entnehmen.

Tabelle 17: Mittelwerte und Standardabweichungen der Untersuchungsvariablen auf Portfolioebene (Basis für Peer Group-Beta: Branchenzugehörigkeit)

Stichtag (*t*): 31.12...	**2002**	**2003**	**2004**	**2005**	**2006**
n	30	30	30	30	30
β^{CAPM}	0,5742 (0,3255)	0,6360 (0,4078)	0,8374 (0,4965)	0,8868 (0,4289)	0,8816 (0,4443)
Gr_S	13,8481 (1,7905)	13,3891 (1,5925)	13,2646 (1,4775)	12,7606 (0,9482)	12,7657 (1,0059)
Op_Lev	1,2754 (2,8479)	0,4087 (0,7713)	0,2591 (0,2306)	0,2004 (0,1959)	0,1852 (0,1395)
W_S	0,0138 (0,1035)	0,0221 (0,1496)	0,1285 (0,1942)	0,1720 (0,2632)	0,2141 (0,1755)
Div	0,4098 (0,234)	0,3462 (0,1934)	0,3124 (0,1842)	0,3003 (0,1454)	0,2783 (0,1417)
$\beta^{CAPM,Peer}$	0,6393 (0,2466)	0,7758 (0,2999)	0,9848 (0,2869)	1,0005 (0,2666)	1,0001 (0,2023)
Stichtag (*t*): 31.12...	**2007**	**2008**	**2009**	**2010**	**2011**
n	30	30	30	30	30
β^{CAPM}	0,8843 (0,4218)	0,8618 (0,3569)	0,9006 (0,4085)	0,8627 (0,3894)	0,8192 (0,3673)
Gr_S	12,9273 (0,9108)	12,7856 (1,0101)	12,8809 (0,9632)	12,8392 (1,0346)	12,8062 (1,0532)
Op_Lev	0,1716 (0,1641)	0,0772 (0,2883)	0,2044 (0,2237)	0,2497 (0,1341)	0,1367 (0,222)
W_S	0,1460 (0,1301)	0,0985 (0,0703)	-0,0105 (0,0914)	0,1280 (0,1053)	0,1270 (0,0624)
Div	0,2863 (0,1119)	0,2739 (0,107)	0,3608 (0,1352)	0,3473 (0,1125)	0,3217 (0,1045)
$\beta^{CAPM,Peer}$	0,9813 (0,198)	0,9242 (0,1263)	0,9537 (0,1478)	0,9258 (0,1467)	0,8858 (0,1597)

Standardabweichungen der Variablen sind in Klammern angegeben.

Tabelle 18: Zusammengefasste Ergebnisse (Portfolioebene, Branchenzugehörigkeit)

$\widehat{\beta_{j,t}^{CAPM}} = \hat{\gamma}_0 + \hat{\gamma}_1 \cdot Gr\_S_{j,t} + \hat{\gamma}_2 \cdot op\_Lev_{j,t} + \hat{\gamma}_3 \cdot W\_S_{j,t} + \hat{\gamma}_4 \cdot Div_{j,t} + \hat{\gamma}_5 \cdot \beta_{j,t}^{CAPM,Peer}$ für $j = 1,...,n$

Stichtag (t): 31.12...	**2002**	**2003**	**2004**	**2005**	**2006**
n	30	30	30	30	30
Konstante	-0,1134	0,7785	2,5381 ***	3,6274 ***	0,6385
	(0,4983)	(0,7829)	(0,8688)	(1,0041)	(0,9996)
Gr_S	0,0664 *	0,0079	-0,0860	-0,1731 **	0,0199
	(0,0333)	(0,0504)	(0,0663)	(0,0755)	(0,0825)
Op_Lev	-0,0090	0,0175	0,1036	-0,2486	0,3086
	(0,0211)	(0,1046)	(0,3947)	(0,3666)	(0,4958)
W_S	-0,0085	0,2652	0,0719	-0,0729	0,1464
	(0,5617)	(0,5502)	(0,4973)	(0,2779)	(0,426)
Div	-0,6256 **	-0,6636	-1,0644 *	-1,2961 **	-1,8094 **
	(0,2551)	(0,4362)	(0,559)	(0,5541)	(0,6827)
$\beta^{CAPM,Peer}$	0,0574	-0,0403	-0,2681	-0,0801	0,4038
	(0,2291)	(0,2658)	(0,3688)	(0,2942)	(0,3706)
$adj.\ R^2$	0,1921	-0,0439	0,0907	0,2155	0,3501
$F-Wert$	2,3791 *	0,7560	1,5788	2,5930 *	4,1241 ***
Stichtag (t): 31.12...	**2007**	**2008**	**2009**	**2010**	**2011**
n	30	30	30	30	30
Konstante	1,6470 *	-0,6749	-0,8239	-1,4092	-1,9602 ***
	(0,9132)	(0,8829)	(1,1748)	(0,8279)	(0,639)
Gr_S	-0,0241	0,0623	0,0746	0,1619 *	0,1979 ***
	(0,0718)	(0,0789)	(0,1084)	(0,0799)	(0,063)
Op_Lev	-0,6027 *	0,1227	-0,6826	0,1924	0,0600
	(0,344)	(0,2395)	(0,4043)	(0,4899)	(0,2732)
W_S	1,2569 **	0,7438	-0,2112	0,3181	2,1037 **
	(0,5245)	(0,9746)	(0,8441)	(0,6511)	(0,9341)
Div	-1,7816 ***	-0,4354	-0,2042	-0,9354	-0,5164
	(0,5597)	(0,715)	(0,6011)	(0,5929)	(0,6346)
$\beta^{CAPM,Peer}$	-0,0211	0,8409	1,0213 *	0,4634	0,1537
	(0,36)	(0,5941)	(0,5763)	(0,5644)	(0,3873)
$adj.\ R^2$	0,4931	0,0264	0,0690	0,2715	0,4183
$F-Wert$	6,6429 ***	1,1576	1,4297	3,1619 **	5,1703 ***

Signifikanzniveau: ***...1 %; **...5 %; *...10 %
Standardfehler der Regressionskoeffizienten sind in Klammern angegeben.

Bis auf die Beobachtungszeiträume, welche das Ende der Dotcom-Blase (2003) sowie die Finanzkrise umfassen (2008 und 2009), erhöht sich die Schätzgüte des Regressionsmodells merklich. In den übrigen Schätzungen ist das $adj.\ R^2$ immer größer im Vergleich zur Regression auf Unternehmensebene. Das durchschnittliche $adj.\ R^2$ steigt auf einen Wert von 0,2083 bei einem Maximum von 0,4931 (Querschnittsregressionen zum Zeitpunkt 31.12.2007). Dennoch sind die Koeffizienten der Einzelregression auf Portfolioebene auch als heterogen im Zeitablauf zu bezeichnen. Die Variable $Div_{j,t}$

weist in allen Regressionen einen negativen Erklärungsgehalt bezüglich des $\beta_{j,t}^{CAPM}$ auf, der in der Hälfte der Fälle signifikant ist. Das $\beta_{j,t}^{CAPM,Peer}$ besitzt ausschließlich zum Beobachtungszeitpunkt 31.12.2009 einen signifikant positiven Erklärungsgehalt i. H. v. 1,0213, was grundsätzlich nahe am theoretischen Wert von eins liegt. Da jedoch die weiteren Kontrollvariablen in dieser Regression keinen signifikanten Erklärungsgehalt besitzen, liegt der Erklärungsgehalt nur bei einem $adj.\ R^2$ von 0,069. Somit können auf Basis dieser Regressionsergebnisse keine Allgemeinaussagen getroffen werden. Des Weiteren weisen die Koeffizienten der Variable $\beta_{j,t}^{CAPM,Peer}$ in den restlichen Querschnittsregressionen einen Wert auf, der merklich kleiner als eins und in vier Fällen sogar negativ ist. Für die Unternehmensgröße $Gr\_S_{j,t}$ ist weiterhin ein mehrheitlich positiver Einfluss nachweisbar, der in drei Fällen statistisch signifikant ist (31.12.2002, 31.12.2010, 31.12.2011). Nur eine Querschnittsregression zum Zeitpunkt 31.12.2005 weist einen statistisch negativen Zusammenhang zwischen $Gr\_S_{j,t}$ und $\beta_{j,t}^{CAPM}$ auf. Für die Einflussvariable Unternehmenswachstum $W\_S_{j,t}$ ist aufgrund der Heterogenität der Schätzergebnisse eine allgemeingültige Aussage bezüglich der Einflussrichtung und -stärke auf das systematische Risiko schwer ableitbar. In zwei Fällen ist der Einfluss signifikant positiv, in den restlichen Betrachtungszeitpunkten ist dagegen kein signifikanter Zusammenhang nachweisbar. Ähnlich verhält es sich mit der Untersuchungsvariable Operating Leverage $Op\_Lev_{j,t}$. Ausschließlich zum Zeitpunkt 31.12.2007 ist ein signifikanter Zusammenhang zum systematischen Risiko vorhanden. Dieser ist jedoch negativ und deshalb widersprüchlich zu den Ergebnissen der theoretischen Überlegungen aus Unterabschnitt 4.4.10.

5.3.3.3 Ergebnisse der Querschnittsregression der aggregierten Stichprobe

Da auch die Bildung von Portfolios für die Ableitung allgemeiner Aussagen nicht förderlich ist, sollen im Folgenden die einzelnen Beobachtungen auf Unternehmensebene zu einer Gesamtstichprobe zusammengefasst werden, um zunächst eine gepoolte Regression und im Anschluss eine Panelregression durchzuführen. Wird eine gepoolte Regression geschätzt, so wird der Stichprobenumfang dieser Regression deutlich erhöht, was im Allgemeinen eine positive Auswirkung auf die Schätzgüte zur Folge hat. Der große Nachteil ist jedoch, dass die Annahme der unabhängig und identisch verteilten Beobachtungen für die Regression mit Regelmäßigkeit nicht erfüllt ist. Da ein Großteil der Unternehmen mehrfach in der aggregierten Stichprobe vorkommt, weil es gleichzeitig zu mehreren Beobachtungszeitpunkten aufgenommen wird, ist eine Unabhängigkeit der Beobachtung nahezu auszuschließen. Dies gilt insbesondere bei der abhängigen Variable $\beta_{j,t}^{CAPM}$, da diese jeweils auf Basis von Monatsrenditen der vergangenen fünf Jahre zum Stichtag bestimmt wird und somit in zwei aufeinander folgenden Beobachtungszeiträumen 80 % der Renditen gleich sind. Die gewöhnliche Kleinste-Quadrate-Schätzmethode liefert nur dann unverzerrte Schätzungen für die Standardfehler der Koeffizienten, wenn die Fehlerterme unabhängig und identisch verteilt sind.[763] Weisen die Fehlerterme jedoch keine Unabhängigkeit auf, wie dies im oben beschriebenen Fall sehr wahrscheinlich ist, so wäre eine Schätzung der Standardfehler nach unten verzerrt, was sich negativ auf die Aussage des t-Tests über die Signifikanz eines Einflussparameters auswirkt.[764] Tendenziell werden aufgrund der Unterschätzung der Standardfehler Koeffizienten als signifikant diagnostiziert, obwohl dieser Einfluss ggf. nicht statistisch signifikant ist. Um diesem Problem entgegenzutreten, ist die Verwendung, nach den verschiedenen Unternehmen, geclusterter Standardfehler notwendig.[765] Zunächst wird eine gepoolte Regression mit robusten und geclusterten Standardfehlern geschätzt. Im Anschluss folgt eine Panelanalyse, um mögliche Auswirkungen der zeitlichen Struktur der einzelnen Querschnittsdaten berücksichtigen zu können. Für die Generierung eines unbalancierten Paneldatensatz, der sowohl für die gepoolte Schätzung als auch für die Panelregression verwendet werden kann, werden alle diejenigen Unternehmen in die zusammengefasste Stichprobe aufgenommen, bei denen zu mehr als einem Stichtag Beobachtungen vorliegen.[766] Der unbalancierte Paneldatensatz besteht aus 261 Unternehmen mit insgesamt 1.306 Beobachtungen innerhalb der Dekade.[767] Die Schätzergebnisse des gepoolten Modells ohne bzw. mit unternehmensspezifischen festen und zufälligen Effekten sind in Tabelle 19 dokumentiert.

---

763 Vgl. GREENE (2011), Econometric analysis, S. 62.

764 Vgl. CAMERON/GELBACH/MILLER (2011), Multiway clustering, S. 238.

765 Vgl. PETERSEN (2009), Standard errors in finance panel data, S. 440; DONALD/LANG (2007), Inference with difference-in-differences, S. 221; LIANG/ZEGER (1986), Longitudinal data analysis, S. 15-17; ROGERS (1993), Standard errors in clustered samples, S. 19-20; KÉZDI (2004), Robus standard error estimation, S. 96; CAMERON/GELBACH/MILLER (2011), Multiway clustering, S. 240-241.

766 Vgl. BRÜDERL (2010), Paneldaten, S. 979.

767 Die Summe aller Beobachtungen der einzelnen Stichtage beträgt 1.390 (bei 345 Unternehmen), so dass 84 Unternehmen mit nur jeweils einer Beobachtung zu einem einzelnen Stichtag eliminiert wurden.

Tabelle 19: Ergebnisse der gepoolten Regression ohne und mit Berücksichtigung unternehmensspezifischer Effekte

$\widehat{\beta_{j,t}^{CAPM}} = \hat{\gamma}_0 + \hat{\gamma}_1 \cdot Gr\_S_{j,t} + \hat{\gamma}_2 \cdot op\_Lev_{j,t} + \hat{\gamma}_3 \cdot W\_S_{j,t} + \hat{\gamma}_4 \cdot Div_{j,t} + \hat{\gamma}_5 \cdot \beta_{j,t}^{CAPM,Peer}$			für $j = 1,...,n$
	Gepoolte Regression	Panelregression mit festen Effekten	Panelregression mit zufälligen Effekten
Stichtag (t): 31.12...	**2002-2011**	**2002-2011**	**2002-2011**
n	1.306	1.306	1.306
Konstante	0,8409 *** (0,1298)	0,2665 (0,6876)	0,7084 *** (0,1276)
Gr_S	0,0003 (0,0093)	0,0415 (0,0531)	0,0085 (0,0096)
Op_Lev	-0,0055 (0,0074)	-0,0047 (0,006)	-0,0062 (0,0058)
W_S	0,0768 (0,0494)	-0,0310 (0,0538)	0,0012 (0,04)
Div	-0,2657 *** (0,0636)	-0,0727 (0,0628)	-0,1450 *** (0,0544)
$\beta^{CAPM,Peer}$	0,0949 ** (0,0433)	0,0816 (0,055)	0,0842 * (0,0438)
Within-R^2		0,0107	0,0078
Between-R^2		0,0123	0,0797
adj. (Overall) R^2	0,0465	0,0027	0,0363
F-Wert/Wald-Statistik[768]	5,70 ***	0,92	12,09 **

Signifikanzniveau: ***...1 %; **...5 %; *...10 %

Standardfehler der Regressionskoeffizienten sind in Klammern angegeben.

In der gepoolten Regression ohne unternehmensspezifische Effekte (linke Spalte der der Ergebnisse in Tabelle 19) liefert die Dividendenausschüttungsquote weiterhin einen statistisch signifikanten negativen Erklärungsgehalt für das systematische Risiko, was jedoch wenig überrascht, da der Einfluss in den Einzelregressionen sich bereits als zeitkonstant herausstellte. Wird im Besonderen das Peer Group-Beta betrachtet, so ist zu konstatieren, dass dieses in der gepoolten Regression zwar einen signifikant positiven Erklärungsgehalt aufweist, der Schätzkoeffizient $\hat{\gamma}_5$ jedoch erheblich weit entfernt vom theoretischen Wert eins ist. Somit erscheint auch in der zusammengefassten Regression eine Anwendung dieser Variable als Proxy für das systematische Risiko eines Unternehmens nicht sinnvoll.

---

[768] Anstelle des *F-Wert* wird im Random Effects-Modell die Wald-Statistik ausgewiesen, welche als alternative Teststatistik für die Überprüfung der Modellanpassung in Frage kommt. Vgl. GUJARATI/PORTER (2009), Econometrics, S. 259.

Zwar ist der $F-Wert$ ausreichend groß, damit die gesamte Schätzung als signifikant gilt (Nullhypothese des F-Tests kann zu Gunsten der Alternativhypothese verworfen werden), jedoch ist der Wert des $adj.\ R^2$ mit 0,0465 so gering, dass diese Schätzung zusammengefasst eine unzureichende Güte aufweist. Die weiteren Untersuchungsvariablen liefern keinen statistisch signifikanten Erklärungsgehalt in der gepoolten Regression. Einzig der Konstante im Regressionsmodell ist ein signifikanter Erklärungsgehalt zuzuschreiben, was wieder auf eine unzureichende Modellspezifikation hindeutet. Um die Schätzgüte potentiell zu verbessern, soll im Folgenden die unbeobachtete Heterogenität der einzelnen Unternehmen durch Panelregressionen mit festen und zufälligen Effekten berücksichtigt werden. Zunächst werden die beiden Modelle ohne geclusterte Standardfehler geschätzt, um den HAUSMAN-Test durchführen zu können. Aufgrund der HAUSMAN-Statistik i. H. v. 11,29 (p-Wert 0,0460) sollte das Modell mit festen unternehmensspezifischen Effekten verwendet werden. Da das Ziel verfolgt wird Einflusskoeffizienten abzuleiten, um diese bei Unternehmen anzuwenden, die nicht Teil der Stichprobe sind (Out of Sample), wird dennoch auch ein Modell mit zufälligen unternehmensspezifischen Effekten geschätzt.[769] Die Ergebnisse der Schätzungen beider Modelle mit WHITE-robusten geclusterten Standardfehlern sind in den beiden rechten Spalten von Tabelle 19 abgebildet. Im Modell mit festen unternehmensspezifischen Effekten ist keine statistisch signifikante Einflussvariable nachweisbar. Dies führt dazu, dass das gesamte Modell mit einem $F-Wert$ von 0,92 als unzureichend spezifiziert werden muss. Da die Panelregressionen sowohl die Variationen innerhalb eines Unternehmens über die Zeit (Within) als auch im Querschnitt zwischen den Unternehmen (Between) betrachtet,[770] können auch mehrere R^2 ausgewiesen werden. Durch das *Within-*R^2 wird der Anteil der erklärten Varianz innerhalb der Unternehmen gemessen, wobei die Varianz zwischen den Unternehmen nicht betrachtet wird.[771] Der sehr geringe Wert des *Within-*R^2 im Modell mit festen Effekten i. H. v. 0,0107 lässt darauf schließen, dass fast die gesamte nicht erklärte Varianz nicht auf unbeobachtbare Heterogenität, sondern auf unterschiedliche Situationen zwischen den Unternehmen zurückzuführen ist. Die Schätzergebnisse im Modell mit zufälligen Effekten bestätigen die Ergebnisse der gepoolten Querschnittsregression. Die Dividendenausschüttungsquote $Div_{j,t}$ besitzt einen statistisch signifikant negativen Einfluss auf das systematische Risiko $\beta_{j,t}^{CAPM}$.

[769] Vgl. Unterabschnitt 5.3.1.
[770] Vgl. BALTAGI (2005), Analysis of panel data, S. 5.
[771] Vgl. BRÜDERL (2010), Paneldaten, S. 982.

Der Schätzkoeffizient des $\beta_{j,t}^{CAPM,Peer}$ ist auch in dieser Modellvariante mit einem positiven Vorzeichen statisch signifikant von null verschieden. Dennoch muss weiterhin geschlossen werden, dass das $\beta_{j,t}^{CAPM,Peer}$ kein adäquater Schätzer für das $\beta_{j,t}^{CAPM}$ darstellt.

Alle weiteren betrachteten exogenen Variablen weisen keinen statistisch signifikanten Einfluss auf. Die Güte dieses Modells, gemessen durch den $F-Wert$ von 12,09 ist als angemessen zu bezeichnen. Jedoch ist der Wert des *Within-R*^{2} auch im Modell mit zufälligen unternehmensspezifischen Effekten mit 0,0078 sehr gering. Dieses Ergebnis lässt den Schluss zu, dass die Verwendung einer Panelregression mit unternehmensspezifischen Effekten nicht sinnvoll ist, da nur eine unnötig hohe Anzahl an Koeffizienten aus den vorhandenen Daten geschätzt werden muss (für jedes Unternehmen ein unternehmensspezifischer Effekt). Eine alternative Herangehensweise, welche das Problem berücksichtigt, dass die Beobachtungen in den Paneldaten aufgrund der Abhängigkeit nicht zufällig verteilt sind, ist die Verwendung langfristiger Mittelwerte der Variablen der einzelnen Unternehmen ($\overline{\beta_j^{CAPM}}$, $\overline{Gr\_S_j}$, $\overline{Op\_Lev_j}$, $\overline{W\_S_j}$, $\overline{Div_j}$, $\overline{\beta_j^{CAPM,Peer}}$).[772] Die so transformierten Daten werden daraufhin in einer einzigen Querschnittsregression verwendet. Dies hat zum Vorteil, dass alle vorhandenen Daten genutzt, jedoch aufgrund der Durchschnittsbildung eine potentiell hohe Streuung der Variablen sowie die Abhängigkeit der Fehlerterm vermieden werden. In Tabelle 20 sind die Ergebnisse der Regression auf Basis der Mittelwerte für den gesamten Beobachtungszeitraum 2002-2011 dargestellt.

Auch diese Schätzung bestätigt den signifikant negativen Einfluss der durchschnittlichen Ausschüttungsquote $\overline{Div_j}$ auf das systematische Risiko $\overline{\beta_j^{CAPM}}$ i. H. v. -0,4198 in diesem Untersuchungssample. Aufgrund von Informationsasymmetrien zwischen Investoren und Unternehmensmanagern besteht die Gefahr, dass thesaurierte Gewinne ggf. in schlechte Projekte investiert oder persönliche Vorteile für den Manager (zu großer Dienstwagen) aus Unternehmensmitteln finanziert werden. Je größer die Ausschüttungsquote, desto geringer ist somit das Risiko der Aktionäre verbunden mit geringen zukünftigen Erträgen.

---

[772] Vgl. DRISCOLL/KRAAY (1998), Estimation with spatially dependent panel data, S. 551.

Tabelle 20: Ergebnisse der Querschnittsregression mit langfristigen Durchschnitten der Variablen (31.12.2002 bis 31.12.2011)

$\widehat{\overline{\beta_j^{CAPM}}} = \hat{\gamma}_0 + \hat{\gamma}_1 \cdot \overline{Gr\_S}_j + \hat{\gamma}_2 \cdot \overline{Op\_Lev}_j + \hat{\gamma}_3 \cdot \overline{W\_S}_j + \hat{\gamma}_4 \cdot \overline{Div}_j + \hat{\gamma}_5 \cdot \overline{\beta_j^{CAPM,Peer}} + \hat{\varepsilon}_j$ für $j = 1,...,n$	
n	261
Konstante	0,6580 *** (0,1263)
$\overline{Gr\_S}$	0,0180 * (0,0095)
$\overline{Op\_Lev}$	-0,0240 (0,0541)
$\overline{W\_S}$	0,3382 ** (0,167)
$\overline{Div}$	-0,4198 *** (0,0984)
$\overline{\beta^{CAPM,Peer}}$	0,0547 (0,055)
$adj.\ R^2$	0,1325
$F-Wert$	5,54 ***

Signifikanzniveau: ***...1 %; **...5 %; *...10 %
Standardfehler der Regressionskoeffizienten sind in Klammern angegeben.

Das durchschnittliche Unternehmenswachstum $\overline{W\_S_j}$ besitzt einen statistisch signifikant positiven Einfluss auf das systematische Risiko mit einem Schätzkoeffizienten i. H. v. 0,3382, was bedeutet, dass Unternehmenswachstum in dieser Periode risikosteigernd wirkt. Dieses Ergebnis entspricht einer absoluten Steigerung des $\overline{\beta_j^{CAPM}}$ um 0,34 bei einer Steigerung des durchschnittlichen Unternehmenswachstums um 10 %-Punkte. Theoretisch lässt sich dieser Sachverhalt damit begründen, dass Wachstum nur durch eine Investition in Projekte realisiert werden kann, deren Erfolgsaussichten positiv sind. Dies kann jedoch in einer erhöhten Konkurrenzsituation münden, da diese Investitionsalternative von mehreren Unternehmen favorisiert wird. Die erhöhte Konkurrenz in diesem Bereich kann das Risiko für Anleger steigern.

Die durchschnittliche Unternehmensgröße $\overline{Gr\_S_j}$ weist einen signifikant positiven Erklärungsgehalt i. H. v. 0,0180 auf, was kaum theoretisch begründbar ist und somit zu einer schwierigen Interpretation dieses Koeffizienten führt. Dennoch berichteten BAUER (1992) und aufbauend STEINER/BAUER (1992) auch in ihren Untersuchung eine positive Beziehung der Unternehmensgröße zum systematischen Risiko im deutschen Kapitalmarkt.[773] Unter Umständen kann der Sachverhalt, dass große Unternehmen durchschnittlich größere systematische Risiken aufweisen, darauf zurückgeführt werden, dass der finanzielle Verschuldungsgrad in großen Unternehmen größer ist als in kleinen Unternehmen.[774] Um diese Hypothese zu untersuchen, wird der Verschuldungsgrad im nächsten Modell explizit als Erklärungsvariable betrachtet.

Wie bereits in den vorangegangen Schätzungen weist das $\overline{\beta_j^{CAPM,Peer}}$ einen Koeffizienten auf, der weit vom theoretischen Wert von eins entfernt ist. Innerhalb der Querschnittsregression auf Basis von langfristigen Durchschnitten ist der Wert zwar positiv, jedoch so gering, dass der t-Test die statistische Verschiedenheit von null nicht verwerfen kann.[775] Damit bestätigt sich das Resultat, dass ein Peer Group-Beta, welches auf Basis der Branchenzugehörigkeit gebildet wird, nicht als Proxy für das systematische Risiko dienen sollte.

Der durchschnittliche Operating Leverage $\overline{Op\_Lev_j}$ eines Unternehmens trägt in dieser Untersuchung nicht zur Erklärung des durchschnittlichen systematischen Risikos bei. Die Schätzgüte dieses Untersuchungsmodells ist mit einem $adj.\ R^2$ von 0,1325 sowie einem $F-Wert$ von 5,54 (die Nullhypothese des F-Tests kann zu einem Signifikanzniveau von 1 % abgelehnt werden) als ausreichend einzuordnen.

5.3.4 Zwischenfazit zum Modell 1

Die Überprüfung der Eignung des Peer Group-Betas als Proxy für das systematische Aktienrisiko mithilfe des Modells aus Formel (169) wurde im Zeitraum 2002-2011 anhand von Unternehmensdaten deutscher Unternehmen durchgeführt. Dabei wurden sowohl die Branchenzugehörigkeit als auch die Clusteranalyse zur Bildung der Vergleichsgruppe für jedes Unternehmen untersucht. Zusätzlich flossen die Kontrollvariablen Unternehmensgröße, Operating Leverage, Unternehmenswachstum sowie Ausschüt-

---

[773] Vgl. BAUER (1992), Risiko von Aktienanlagen, S. 213; STEINER/BAUER (1992), Fundamentale Analyse, S. 360.

[774] Vgl. HASSAN ET AL. (2011), Voluntary disclosure and risk, S. 45.

[775] Werden die Perioden der Finanzkrise (Betrachtungszeitpunkte: 31.12.2008 sowie 31.12.2009) nicht für die Berechnung der langfristigen Durchschnitte verwendet, ändert dies das Regressionsergebnis bezüglich der Untersuchungsvariable Peer Group-Beta nicht. Vgl. Anhang D, Tabelle 36.

tungsquote in die Betrachtung ein. Basierend auf Regressionen der einzelnen Beobachtungszeitpunkte ist zu schließen, dass das Peer Group-Beta, welches durch die Branchenzugehörigkeit abgeleitet wird, für die Erklärung des systematischen Aktienrisikos nicht geeignet erscheint. Der Schätzkoeffizient $\hat{\gamma}_5$ ist mehrheitlich positiv, teilweise statistisch von null verschieden. Dennoch sind die einzelnen Ausprägungen weit von dem erwarteten und theoretisch begründbaren Wert von eins entfernt, so dass einer Verwendung des Peer Group-Betas auf Basis der Branchenzugehörigkeit für die Ableitung des systematischen Risikos widersprochen werden muss.[776] Die alternative Bestimmung des Peer Group-Betas durch Methoden der Clusteranalyse leistet keinen Verbesserungsbeitrag in der Erklärung des systematischen Risikos. In vier Querschnittsregressionen stellt sich der Schätzkoeffizient als signifikant negativ heraus, was den theoretischen Überlegungen widersprüchlich gegenübersteht. In vier weiteren Betrachtungszeitpunkten ist der Koeffizient des Peer Group-Betas auf Basis der Clusteranalyse positiv, jedoch nicht statistisch signifikant und somit wiederum weit vom Wert eins entfernt. Obwohl die Verwendung der Clusteranalyse auf eine Verbesserung der Ergebnisse hoffen lassen konnte, kann auch der Verwendung eines so hergeleiteten Peer Group-Betas als Proxy für das systematische Risiko nicht zugestimmt werden.

Die Ergebnisse der Regressionen der gepoolten Stichprobe (ohne bzw. mit unternehmensspezifischen Effekten sowie auf Basis langfristiger Durchschnitte) bestätigen diese Schlussfolgerungen. Für die Untersuchungsvariablen Unternehmensgröße sowie Wachstum ist innerhalb der Einzelregressionen zum 31.12.2002 bis 31.12.2011 kein eindeutiges Bild über den jeweiligen Erklärungsgehalt ableitbar. Tendenziell ist jedoch für die Unternehmensgröße ein positiver Zusammenhang zum systematischen Aktienrisiko nachweisbar, der auch in der gepoolten Stichprobe statistisch signifikant ist. In Verbindung mit dem signifikant positiven Einfluss des durchschnittlichen Unternehmenswachstums in diesem Betrachtungszeitraum wird von deutschen Unternehmen eine Wachstumsstrategie verfolgt, die von Anlegern eher als risikoreich angesehen wird (ggf. als Abwehrhandlung gegenüber steigender ausländischer Konkurrenz). Der Operating Leverage, der ein Maß für die unterschiedliche Kostenstruktur der Unternehmen darstellen soll, ist in keiner der Regressionen ein Parameter mit signifikantem Erklärungsge-

[776] Obwohl die Operationalisierung der Branchen-Betas bei ZIMMERMANN (1997) anders erfolgt, kommt auch er zu dem Schluss, dass die Nutzung im Rahmen der Unternehmensbewertung nicht unproblematisch ist. ZIMMERMANN (1997), Betawerte, S. 351.

halt. Dies ist ggf. auf die Operationalisierung dieser Untersuchung zurückzuführen und soll deshalb im folgenden Modell in veränderter Art in die Untersuchung einfließen. Die Dividendenausschüttungsquote ist in dieser Untersuchung die einzige Variable, deren Signifikanz in nahezu jeder Schätzvariante bestätigt werden kann. Des Weiteren ist der negative Zusammenhang zum systematischen Aktienrisiko auch durch die Ergebnisse der theoretischen Überlegung fundiert. Deshalb wird auch im folgenden Modell diese Variable als Erklärungsparameter verwendet. Da die Konstante der einzelnen Regressionsmodelle häufig einen signifikanten Erklärungsgehalt aufweist und dies auf eine ungenügende Modellspezifikation hinweist, sollen im zweiten Modell im nächsten Abschnitt zusätzliche Faktoren berücksichtigt werden, die aus der Auswertung existierender Literatur zu diesem Thema[777] abgeleitet wurden.

5.4 Modell 2 – Eigener Erklärungsansatz

Im nachfolgend zu untersuchenden Modell werden diejenigen Erklärungsvariablen betrachtet, welche sich aus den Ergebnissen des Kap. 4 ableiten lassen. Dazu wird im nächsten Unterabschnitt der Untersuchungsaufbau generell beschrieben. Im Anschluss werden die verwendeten Operationalisierungen der Variablen sowie die Daten vorgestellt. Den Abschluss bilden die Darstellung sowie die Diskussion der Regressionsergebnisse.

5.4.1 Untersuchungsdesign

Analog zum vorangegangen Modell soll auch im folgenden Forschungsaufbau das systematische Risiko von deutschen Unternehmen mithilfe der linearen Einfachregression erklärt werden. Dazu wird zunächst der univariate Einfluss verschiedener Regressoren untersucht, welche sich auf die Betrachtung des Kap. 4 begründen lassen und für jeden Beobachtungszeitpunkt ermittelbar sind. Danach wird das durchschnittliche Bestimmtheitsmaß einer unabhängigen Variable, als einfaches arithmetisches Mittel der jeweiligen Bestimmtheitsmaße aller Beobachtungszeitpunkte dieser Erklärungsvariablen, errechnet. Anschließend werden diejenigen Regressoren einer im Detail im Unter-

---

[777] Vgl. Kap. 4.

abschnitt 5.4.2 vorgestellten Gruppe für die Verwendung im multiplen Erklärungsmodell ausgewählt. Den Ergebnissen des Modells 1 folgend werden aus den Untersuchungsvariablen der einzelnen Betrachtungszeitpunkte einfache arithmetische Mittelwerte (langfristige Durchschnitte) bestimmt. Zusätzlich werden für den multiplen Regressionsansatz exogene Variablen genutzt, welche auf Basis mehrerer Beobachtungszeitpunkte abgeleitet werden müssen. Eine detaillierte Beschreibung dieser zeitreihenbasierten Regressoren erfolgt ebenfalls im Unterabschnitt 5.4.2. Der Einfluss der betrachteten stichtagsbezogenen sowie zeitreihenbasierten Untersuchungsvariablen ist teilweise theoretisch fundiert, wohingegen andere Variablen als Ergebnis früherer Studien in das aktuelle Forschungsgerüst aufgenommen werden.[778] Grundsätzlich sollen als exogene Variablen Stellvertreter für

1. Unternehmensgröße,
2. leistungswirtschaftliches Risiko,
3. Unternehmenswachstum,
4. Ausschüttungsverhalten,
5. Profitabilität,
6. Accounting-Beta,
7. Variabilität der Erträge,
8. Finanzierungsrisiko sowie
9. Konkurrenzsituation des Unternehmens

betrachtet werden. Der zu analysierende Zusammenhang des multiplen Regressionsmodells der Querschnittsuntersuchung kann modelltheoretisch folgendermaßen formuliert werden, wobei zu berücksichtigen ist, dass es sich hierbei um das grundlegende Forschungsdesign handelt und eine Operationalisierung der einzelnen erklärenden Variablen erfolgen muss:

$$\begin{aligned}\beta_j^{CAPM} &= \gamma_0 + \gamma_1 \cdot Größe_j + \gamma_2 \cdot op\_Risiko_j + \gamma_3 \cdot Wachstum_j \\ &+ \gamma_4 \cdot Div_j + \gamma_5 \cdot Prof_j + \gamma_6 \cdot \beta_j^{Acc} + \gamma_7 \cdot Var\_Ert_j \\ &+ \gamma_8 \cdot fin\_Risiko_j + \gamma_9 \cdot Konkurrenz_j + \varepsilon_j\end{aligned} \quad (181)$$

mit:

$j = 1,...,n$ (jeweiliger Stichprobenumfang).

[778] Vgl. dazu Kap. 4 und den tabellarischen Überblick früherer Untersuchungsergebnisse im Anhang C.

Abschließend werden zusätzlich zum grundlegenden multiplen Regressionsmodell aus Formel (181) eine Reihe verschiedener Robustheitsuntersuchungen anhand variierender Modellspezifikationen durchgeführt. Dabei werden die Schätzkoeffizienten auf Stabilität überprüft und die Schätzgüte anhand des adjustieren Bestimmtheitsmaßes bewertet. Hierbei werden auch verschiedene Dummy-Variablen genutzt, um kategoriale Merkmale in das Modell zu integrieren.[779] Um das Ausmaß multikollinearer exogener Variablen auf das Regressionsergebnis zu begrenzen, werden die jeweiligen *VIF* betrachtet und bis zu einer Grenze von zehn für das Modell akzeptiert.[780]

5.4.2 Operationalisierung der Variablen und verwendete Daten

Analog zur Vorgehensweise des vorstehenden Modells 1 wird die zu erklärende Variable β_j^{CAPM} mithilfe des GARCH(1,1)-Modells unter Verwendung von monatlichen Aktienrenditen (jeweils zum 15. eines Monats) über einen Beobachtungszeitraum von fünf Jahren bestimmt. Der CDAX wird wiederum als Proxy des theoretischen Marktportfolios genutzt.[781]

Wie bereits oben besprochen, werden in diesem Modell zwei Kategorien von exogenen Untersuchungsvariablen integriert. Stichtagsbezogene Untersuchungsvariablen können direkt entweder aus dem jeweiligen Jahresabschluss eines Unternehmens als absolute Größe (ggf. unter Verwendung der Logarithmustransformation) oder als Verhältniskennzahl mehrerer Jahresabschlusspositionen ermittelt werden. Weiterhin werden in dieser Arbeit ebenfalls Variablen als stichtagsbezogen aufgefasst, für deren Berechnung Positionen aus zwei aufeinanderfolgenden Jahresabschlüssen notwendig sind. Die zweite Kategorie umfasst solche exogenen Variablen, für deren Bestimmung komplette Zeitreihendaten des gesamten Untersuchungszeitraums benötigt werden. Im Folgenden sollen die in die Untersuchung einfließenden Variablen nach vorangegangener Kategorisierung erläutert werden. Die zugehörige Operationalisierung der einzelnen Variablen beziehen sich auf die Ergebnisse des Abschnitts 4.4.

---

779 Vgl. FAHRMEIR/KNEIB/LANG (2009), Regression, S. 83.
780 Vgl. dazu Unterabschnitt 5.1.2.
781 Vgl. dazu die Ausführungen im Abschnitt 5.2.

5.4.2.1 Stichtagsbezogene Untersuchungsvariablen

Zunächst wird die Operationalisierung der stichtagsbezogenen Regressoren verbal beschrieben. Zur besseren Übersichtlichkeit folgt eine tabellarische Übersicht der mathematischen Operationalisierungen.

Die Untersuchungsvariablen der Gruppe „Unternehmensgröße“ werden durch die vier Jahresabschlusspositionen Bilanzsumme Gr_BS_j, Eigenkapital Gr_EK_j, Grundkapital Gr_GrK_j sowie Umsatz Gr_S_j zum Betrachtungszeitpunkt t in logarithmierter Form gemessen.

Stellvertretend für Variablen der Gruppe „leistungswirtschaftliches Risiko“ wird der Operating Leverage Op_Lev_j als Elastizität zwischen EBIT und Umsatz sowie die Liquiditätsgrad der Vermögensgegenstände Liq_j betrachtet. Der Liquiditätsgrad der Vermögensgegenstände, als Quotient aus kurzfristigen Vermögensgegenständen und kurzfristigen Verbindlichkeiten, misst die Fähigkeit eines Unternehmens, schnell auf unerwartete Zahlungsverpflichtungen reagieren zu können. Weiterhin kommen der Anteil der technischen Anlagen und Maschinen am Gesamtvermögen MQ_I_j sowie gemessen als Anteil am Umsatz MQ_II_j als Proxys des operativen Risikos zum Einsatz.

Die Gruppe „Unternehmenswachstum“ ist durch eine Vielzahl an exogenen Variablen gekennzeichnet. Dabei wird die relative Veränderung einer Bezugsgröße zum Vorjahreswert betrachtet. Als Bezugsgröße kommen hierbei die Jahresabschlusspositionen Bilanzsumme W_BS_j, Eigenkapital W_EK_j, Grundkapital W_GrK_j, Umsatz W_S_j, EBIT W_EBIT_j und Jahresüberschuss $W\_JÜ_j$ zur Anwendung. Das Wachstum der Dividenden eines Unternehmens, wie im GORDON-SHAPIRO-Modell[782], wird als Proxy nicht betrachtet, da im Fall wieder gezahlter Dividende nach einem dividendenlosen Jahr die Kennzahl unendlich groß wäre (mathematisch nicht erlaubte Division durch null).

[782] Vgl. Unterabschnitt 2.5.2.

Das „Ausschüttungsverhalten“ wurde bereits im Modell 1 untersucht und besitzt einen stabilen Erklärungsgehalt in Bezug auf das systematische Risiko. Aus diesem Grund wird das Ausschüttungsverhalten analog durch die Dividendenausschüttungsquote Div_j, als Anteil der ausgeschütteten Dividende am Jahresüberschuss, operationalisiert.

Die „Profitabilität“ des Unternehmens wird über verschiedene relative Erfolgsgrößen gemessen. Dabei werden als Zähler Stromgrößen der Gewinn-und-Verlustrechnung sowie der Kapitalflussrechnung genutzt und auf andere Stromgrößen bzw. Bilanzpositionen bezogen. Im Detail werden operative Gewinnmarge op_Mrg_j, operative Effizienz op_Eff_j, Eigenkapitalrentabilität ROE_j sowie Cash Flow Effizienz CF_Eff_j betrachtet. Weiterhin fließt die Elastizität bezüglich Umsatzveränderung zur Bilanzsummenveränderung dS_dBS_j in die Untersuchung ein, wodurch die unterschiedlich ausgeprägte Dynamik des Umsatzwachstums zwischen kleinen (jungen) und großen (etablierten) Unternehmen explizit berücksichtigt werden soll. Nach Kenntnisstand des Autors der vorliegenden Arbeit ist diese Kennzahl bis jetzt noch nicht Gegenstand diesbezüglicher Untersuchungen gewesen.

Das „Finanzierungsrisiko“ wird durch die beiden Variablen Verschuldungsgrad zu Buchwerten Fin_Lev_j sowie Zinsdeckungsgrad $Zinsdeck_j$ gemessen.

Die letzte Gruppe der stichtagsbezogenen Untersuchungsvariablen versucht die „Konkurrenzsituation“ eines Unternehmens in das Modell zu integrieren. Im einfachsten Fall wird der Marktanteil $MA_{j,k}$, gemessen am anteiligen Umsatz eines Unternehmens $S_{j,k}$ innerhalb einer Branche *k*, in das Modell integriert. Es gilt:

$$MA_{j,k} = \frac{S_{j,k}}{\sum_{j=1}^{n} S_{j,k}}. \tag{182}$$

Als zweite Variable der Gruppierung findet die Branchenkonzentration, gemessen durch den HERFINDAHL-HIRSCHMAN-Index der Branche[783] $HHI_{j,k}$, Eingang in das Untersuchungsmodell:

$$HHI_{j,k} = \sum_{j=1}^{n} \left(MA_{j,k} - \overline{MA_k} \right)^2 + \frac{1}{n} = \sum_{j=1}^{n} MA_{j,k}^2. \tag{183}$$

Je größer der Wert des $HHI_{j,k}$, desto stärker ist die Branche konzentriert und desto geringer ist die Konkurrenz innerhalb dieser Branche. Diese Interpretation des $HHI_{j,k}$ wird leicht ersichtlich, wenn die Extreme eines Monopols $\left(HHI_{j,k} = 1\right)$ sowie Polypols $\left(HHI_{j,k} \rightarrow 0 \quad \text{mit}\, j \rightarrow \infty\right)$ betrachtet werden. Es ist somit ein negativer Zusammenhang zum Risiko eines Unternehmens zu vermuten. Für die Querschnittsuntersuchung ist darauf zu achten, dass aufgrund der Konsequenzen eines Multikollinearitätsproblem der Untersuchungsvariablen der $HHI_{j,k}$ nicht gleichzeitig mit einer Branchenkodierung mit Dummy-Variablen verwendet wird, da auch der $HHI_{j,k}$ für alle Unternehmen einer Branche gleich groß ist.[784] Als dritte Variable wird ein standardisierter Marktanteil verwendet, der dem Sachverhalt Rechnung tragen soll, dass der erreichte Marktanteil des Unternehmens in Branchen mit unterschiedlicher Konzentration unterschiedlich bewertet werden sollte:[785]

$$std\_MA_{j,k} = \frac{MA_{j,k}}{HHI_{j,k}}. \tag{184}$$

Auch diese Größe ist nach Kenntnisstand des Autors der vorliegenden Arbeit noch nicht in Untersuchungen dieser Art verwendet worden.

Zusammenfassend ergibt sich somit folgende tabellarische Übersicht der exogenen stichtagsbezogenen Untersuchungsvariablen.

---

[783] Vgl. HOU/ROBINSON (2006), Industry concentration, S. 1933-1934.

[784] Die Branchenkodierung mittels der Dummy-Variablen richtet sich nach Tabelle 32 im Anhang D.

[785] Die Argumentation folgt der Logik, dass es c. p. für ein Unternehmen bspw. schwieriger sein sollte, einen Marktanteil i. H. v. 10 % innerhalb einer Branche mit hoher Branchenkonzentration zu generieren, als bei geringerer Branchenkonzentration.

Tabelle 21: Übersicht stichtagsbezogener exogener Variablen

Nr.	Variable	Operationalisierung
Größe		
1	Gr_BS_j	$\ln\left(GK_t^{BuW}\right)$
2	Gr_EK_j	$\ln\left(EK_t^{BuW}\right)$
3	Gr_GrK_j	$\ln\left(GrK_t\right)$
4	Gr_S_j	$\ln\left(S_t\right)$
leistungswirtschaftliches Risiko		
5	Op_Lev_j	$\left(\frac{EBIT_t - EBIT_{t-1}}{EBIT_{t-1}}\right)\cdot\left(\frac{S_{t-1}}{S_t - S_{t-1}}\right)$
6	Liq_j	$\left(\frac{kurzfr\_Verm}{kurzfr\_Verb}\right)_t$
7	MQ_I_j	$\frac{TAM_t}{GK_t^{BuW}}$
8	MQ_II_j	$\frac{TAM_t}{S_t}$
Profitabilität		
9	op_Mrg_j	$\left(\frac{op\_inc}{S}\right)_t$
10	op_Eff_j	$\frac{S_t}{0{,}5\cdot\left(GK_t^{BuW} + GK_{t-1}^{BuW}\right)}$
11	ROE_j	$\frac{JÜ_t}{EK_{t-1}}$
12	CF_Eff_j	$\frac{(FfO_t - I_t - Div\_zahl_t)}{0{,}5\cdot\left(GK_t^{BuW} + GK_{t-1}^{BuW}\right)}$
13	dS_dBS_j	$\left(\frac{S_t - S_{t-1}}{S_{t-1}}\right)\cdot\left(\frac{GK_t^{BuW}}{GK_t^{BuW} - GK_{t-1}^{BuW}}\right)$
Wachstum		
14	W_BS_j	$\left(\frac{GK_t^{BuW}}{GK_{t-1}^{BuW}}\right) - 1$
15	W_EK_j	$\left(\frac{EK_t}{EK_{t-1}}\right) - 1$
16	W_GrK_j	$\left(\frac{GrK_t}{GrK_{t-1}}\right) - 1$
17	W_S_j	$\left(\frac{S_t}{S_{t-1}}\right) - 1$
18	W_EBIT_j	$\left(\frac{EBIT_t}{EBIT_{t-1}}\right) - 1$
19	$W\_JÜ_j$	$\left(\frac{JÜ_t}{JÜ_{t-1}}\right) - 1$
Finanzierungsrisiko		
20	Fin_Lev_j	$\frac{FK_t}{GK_t^{BuW} - FK_t}$
21	$Zinsdeck_j$	$\left(\frac{EBIT}{Zinsen}\right)_t$
Ausschüttungsverhalten		
22	Div_j	$\left(\frac{div\_per\_share}{ear\_per\_share}\right)_t$
Konkurrenzsituation		
23	$MA_{j,k}$	Formel (182)
24	$HHI_{j,k}$	Formel (183)
25	$std\_MA_{j,k}$	Formel (184)

Legende:		
Jahresabschlusskennzahl	**Symbol**	**Datastream Mnemonic**
Bilanzsumme	GK^{BuW}	WC02999
Eigenkapital	EK^{BuW}	WC03501
Grundkapital	GrK	WC03480
Fremdkapital	FK	WC03351
Umsatz	S	WC01001
Gewinn vor Zinsen und Steuern	$EBIT$	WC18191
Jahresüberschuss	$JÜ$	WC01651
Technische Anlagen und Maschinen	TAM	WC18377
Dividendenausschüttungsquote	$\left(\frac{div\_per\_share}{ear\_per\_share}\right)$	WC09504
Operative Gewinnmarge	$\left(\frac{op\_inc}{S}\right)$	WC08316
Funds from Operations	FfO	WC04201
Investitionsausgaben	I	WC04601
Dividendenausschüttung	Div_zahl	WC04551
Liquiditätsgrad	$\left(\frac{kurzfr\_Verm}{kurzfr\_Verb}\right)$	WC08106
Zinsdeckungsgrad	$\left(\frac{EBIT}{Zinsen}\right)$	WC08291

5.4.2.2 Zeitreihenbasierte Untersuchungsvariablen

Im Folgenden werden diejenigen Regressoren für die Querschnittsuntersuchung dargestellt, welche zu ihrer Bestimmung mehr als zwei Jahresabschlusspositionen benötigen.

Die verschiedenen Accounting-Betas werden wie im Unterabschnitt 4.1.1 beschrieben als Anstieg der linearen Einfachregression zwischen Veränderung spezifischer Größen der GuV eines Unternehmens und eines synthetischen Marktindexes bestimmt. Generell gilt somit:

$$\beta_j^{Acc} = \frac{Cov\left(\frac{GuV_{j,t} - GuV_{j,t-1}}{GuV_{j,t-1}}, \frac{GuV_{M,t} - GuV_{M,t-1}}{GuV_{M,t-1}}\right)}{Var\left[\frac{GuV_{M,t} - GuV_{M,t-1}}{GuV_{M,t-1}}\right]} \tag{185}$$

mit:

$$GuV_{M,t} = \frac{1}{n} \cdot \sum_{j=1}^{n} GuV_{j,t} \qquad \text{für } j = 1,...,n$$

β^{Acc}.......auf GuV-Position basierendes Accounting-Beta

$GuV_{j,t}$....GuV-Position des Unternehmens j zum Zeitpunkt t

$GuV_{M,t}$...synthestische GuV-Position des Marktes M zum Zeitpunkt t.

Für die Bestimmung der Accounting-Betas eines Unternehmens kommen die GuV-Positionen Umsatz β_j^S, EBIT β_j^{EBIT} und Jahresüberschuss $\beta_j^{JÜ}$ zur Anwendung.[786]

Die Variabilität der Erträge wird in Form des Variationskoeffizienten gemessen, welcher als Quotient aus Standardabweichung zum Erwartungswert einer Zufallsvariable berechnet wird, um unterschiedliche Niveaus der Zufallsvariable miteinander vergleichbar zu gestalten.[787] Als Basis der Bestimmung werden die gleichen GuV-Positionen, wie für die Ermittlung der Accounting-Betas benutzt, so dass sich die drei Variationskoeffizienten auf Basis des Umsatzes $V\_K\_S_j$, des EBIT $V\_K\_EBIT_j$ und Jahresüberschusses $V\_K\_JÜ_j$ ergeben. Zusätzlich wird die Persistenz der bilanziellen Eigenkapitalrentabilität eines Unternehmens $Pers\_ROE_j$ als Steigungsparameter des AR(1)-Modells aus Formel (186) als Regressor bestimmt:[788]

$$ROE_{j,t} = \gamma_{0,j} + Pers\_ROE_j \cdot ROE_{j,t-1} + \varepsilon_{j,t}. \tag{186}$$

Persistenzwerte nahe eins deuten auf eine relativ konstante Eigenkapitalrentabilität und gut prognostizierbare Erträge für Investoren hin und stellen somit ein alternatives Maß der Variabilität der Erträge dar.

---

[786] In einer Voruntersuchung wurde ebenfalls der operative Erfolg des Unternehmens als Basis zur Bestimmung eines Accounting-Betas herangezogen. Diese Größe wies jedoch eine hohe Multikollinearität auf, so dass auf eine weitere Verwendung verzichtet wird.

[787] Vgl. MARTIN/BRIDGMON (2012), Statistical Research Methods, S. 10.

[788] Vgl. FRANCIS ET AL. (2004), Costs of equity, S. 980.

Zusätzlich zur Berücksichtigung der Heterogenität der Branchen durch Dummy-Variablen soll eine Kodierung bezüglich der allgemeinen Ertragskraft eines Unternehmens berücksichtigt werden. Diejenigen Unternehmen, deren Anteil negativer Jahresüberschüsse größer gleich 30 % (bzw. 50 %) aller Beobachtungszeitpunkte ausmacht, werden als „negativ" (Dummy-Variable $D\_J\ddot{U}\_0{,}3_j$ (bzw. $D\_J\ddot{U}\_0{,}5_j$) = 0) kodiert. Die restlichen Unternehmen erhalten den Wert eins für diese Dummy-Variable.[789]

Tabelle 22: Übersicht zeitreihenbasierter exogener Variablen

Nr.	Variable	Operationalisierung
Accounting-Beta		
26	β_j^S	$\dfrac{Cov\left(\dfrac{S_{j,t}-S_{j,t-1}}{S_{j,t-1}},\dfrac{S_{M,t}-S_{M,t-1}}{S_{M,t-1}}\right)}{Var\left[\dfrac{S_{M,t}-S_{M,t-1}}{S_{M,t-1}}\right]}$
27	β_j^{EBIT}	$\dfrac{Cov\left(\dfrac{EBIT_{j,t}-EBIT_{j,t-1}}{EBIT_{j,t-1}},\dfrac{EBIT_{M,t}-EBIT_{M,t-1}}{EBIT_{M,t-1}}\right)}{Var\left[\dfrac{EBIT_{M,t}-EBIT_{M,t-1}}{EBIT_{M,t-1}}\right]}$
28	$\beta_j^{J\ddot{U}}$	$\dfrac{Cov\left(\dfrac{J\ddot{U}_{j,t}-J\ddot{U}_{j,t-1}}{J\ddot{U}_{j,t-1}},\dfrac{J\ddot{U}_{M,t}-J\ddot{U}_{M,t-1}}{J\ddot{U}_{M,t-1}}\right)}{Var\left[\dfrac{J\ddot{U}_{M,t}-J\ddot{U}_{M,t-1}}{J\ddot{U}_{M,t-1}}\right]}$
Dummy-Variable der allgemeinen Ertragskraft eines Unternehmens		
29	$D\_J\ddot{U}\_x_j$	1… Der Anteil aller negativen Jahresüberschüsse eines Unternehmens zwischen 31.12.2001 und 31.12.2011 ist kleiner x mit $x \in \{0{,}3;0{,}5\}$ 0… Sonst

Fortsetzung der Tabelle auf nächster Seite

[789] Vgl. BRIMBLE/HODGSON (2007), Risk relevance of accounting variables, S. 560; ZIMMERMANN (1997), Betawerte, S. 306.

Fortsetzung der Tabelle 22

Variabilität der Erträge		
30	$V\_K\_S_j$	$\frac{\sqrt{Var[S_j]}}{E[S_j]}$
31	$V\_K\_EBIT_j$	$\frac{\sqrt{Var[EBIT_j]}}{E[EBIT_j]}$
32	$V\_K\_JÜ_j$	$\frac{\sqrt{Var[JÜ_j]}}{E[JÜ_j]}$
32	$Pers\_ROE_j$	$ROE_{j,t} = \gamma_{0,j} + Pers\_ROE_j \cdot ROE_{j,t-1} + \varepsilon_{j,t}$ mit: $ROE_{j,t} = \frac{JÜ_{j,t}}{EK^{BuW}_{j,t-1}}$

Legende:

Jahresabschlussposition	**Symbol**	**Datastream Mnemonic**
Eigenkapital	EK^{BuW}	WC03501
Umsatz	S	WC01001
Gewinn vor Zinsen und Steuern	$EBIT$	WC18191
Jahresüberschuss	$JÜ$	WC01651

5.4.2.3 Verwendete Daten

Für die Schätzung der endogenen Untersuchungsvariable CAPM-Beta zum jeweiligen Beobachtungszeitpunkt (31.12. eines Jahres) werden deutsche Aktienrenditen sowie CDAX-Renditen der vorherigen 60 Monate genutzt. Zur Vermeidung von Thin-Trading-Problemen und zur Behebung unzureichender Datenqualität werden alle diejenigen Unternehmen aus der jeweiligen Stichprobe gelöscht, welche in mehr als 25 % der Fälle eine Monatsrendite von 0 % aufweisen. Zusätzlich werden in der Querschnittsregression nur diejenigen CAPM-Betas verwendet, welche im GARCH(1,1)-Modell zum Niveau von 10 % statistisch signifikant geschätzt wurden. Weiterhin werden im Einklang mit dem Vorgehen des vorherigen Modells Beobachtungen mit negativen Werten des CAPM-Betas aus dem Untersuchungssample eliminiert.

Für die Bestimmung der exogenen Untersuchungsvariablen werden öffentlich verfügbare Jahresabschlussdaten (Datastream-Datenbank von Thomson Reuters) der jeweiligen Unternehmen zwischen 31.12.2001 bis 31.12.2011 genutzt. Dabei werden nur deutsche Unternehmen betrachtet, welche nicht der Finanzdienstleistungsbranche angehören und deren Geschäftsjahr zum 31.12. eines Jahres endet. Alle Datensätze, die unvollständig hinsichtlich mindestens einer Position sind, werden aus der Stichprobe entfernt. Weiterhin wird die Stichprobe um unplausible Daten (z. B. negative Werte für Umsatz und Auszahlungsquote, Fremdkapital größer als Bilanzsumme) bereinigt. Bei der Berechnung von Verhältniszahlen können diese teilweise extreme Werte annehmen, wenn der Nenner des Quotienten verhältnismäßig klein ist. Um diesem Sachverhalt zu entgegnen und damit die Schätzgüte der Regression zu erhöhen, werden die Daten von Liq_j, Op_Lev_j, ROE_j, op_Mrg_j, Fin_Lev_j, $Zinsdeck_j$, $V\_K\_S_j$, $V\_K\_EBIT_j$, $V\_K\_JÜ_j$ winsorisiert (2,5 %- und 97,5 %-Quantil).

Für die Berechnung des jeweiligen $HHI_{j,k}$ einer Branche müssen mindestens drei Unternehmen der Branche k in der Stichprobe enthalten sein, um sinnvolle Aussagen treffen zu können. Sind weniger als drei Unternehmen pro Branche in einem Jahr vorhanden, so wird die komplette Branche nicht betrachtet. Da für die Berechnung einiger stichtagsbezogener Untersuchungsvariablen zwei aufeinanderfolgende Jahresabschlüsse vorhanden sein müssen, führt dieses Vorgehen zu insgesamt zehn Beobachtungszeitpunkten (31.12.2002 bis 31.12.2011). Es ergeben sich unter Berücksichtigung aller vorgenannten Bereinigungsschritte folgende Stichprobenumfänge für die zehn Beobachtungszeitpunkte.

Tabelle 23: Stichprobenumfang des Modells 2

Stichtag (t): 31.12...	**2002**	**2003**	**2004**	**2005**	**2006**
n	65	80	120	151	148
Stichtag (t): 31.12...	**2007**	**2008**	**2009**	**2010**	**2011**
n	136	152	140	156	159

Aufgrund der Bildung langfristiger Durchschnitte werden im Anschluss die einzelnen Beobachtungszeitpunkte zu einer gepoolten Stichprobe zusammengefasst. Alle Unternehmen, die nur einmalig in dieser zusammengesetzten Stichprobe vorkommen, werden eliminiert, so dass einfache arithmetische Mittelwerte aus mindestens zwei Werten bestimmt werden können. Folgend werden zeitreihenbasierte Untersuchungsvariablen ebenfalls auf Basis der Jahresabschlüsse zwischen 31.12.2001 bis 31.12.2011 ermittelt. Hierbei müssen für alle Beobachtungszeitpunkte notwendige Daten abrufbar sein. Im Falle des Fehlens werden diese Unternehmen aus der Stichprobe für die multiple Querschnittsregression entfernt. Der finale Datensatz besteht aus 167 deutschen Unternehmen, welche alle geforderten Kriterien erfüllen.

Im folgenden Abschnitt werden zunächst die Ergebnisse der univariaten Untersuchungen der stichtagsbezogenen Untersuchungsvariablen dargestellt, um daraus diejenigen Regressoren abzuleiten, die im Anschluss für das multiple Regressionsmodell genutzt werden.

5.4.3 Ergebnisse

5.4.3.1 Ergebnisse der univariaten Querschnittsregressionen

Um aus der Vielzahl der stichtagsbezogenen exogenen Regressoren, welche auf das systematische Risiko eines Unternehmen wirken, diejenigen mit den höchsten Erklärungsgehalten zu ermitteln, wird für jeden Regressor zu jedem Beobachtungszeitpunkt eine Querschnittsregression durchgeführt. In der univariaten Regression stellt das (einfache) Bestimmtheitsmaß den quadrierten Korrelationskoeffizienten zwischen abhängiger und unabhängiger Variable dar. Je größer der Wert des Bestimmtheitsmaßes, desto größer ist dieser Zusammenhang. Mithilfe des F-Tests kann eine Aussage darüber abgeleitet werden, ob ein statistisch signifikanter Zusammenhang besteht, das Bestimmtheitsmaß demnach statistisch signifikant von null verschieden ist. Zur übersichtlicheren Darstellung der Regressionsergebnisse werden in Tabelle 24 für jeden Regressor die einfachen arithmetischen Mittelwerte des Bestimmtheitsmaßes $\overline{R^2}$ sowie die Anzahl der signifikant positiven bzw. negativen Korrelationen zum Signifikanzniveau 10 % berichtet. Die rechte Spalte enthält die Summe der signifikanten Zusammenhänge jeder exogener Variablen.

Tabelle 24: Aggregierte Darstellung univariater Erklärungsgehalte des CAPM-Betas

Erklärte Variable: systematisches Risiko β^{CAPM}				
2002 bis 2011	$\overline{R^2}$	# pos. signifikant	# neg. signifikant	# signifikant
Gr_BS	0,0315	1	3	4
Gr_EK	0,0189	0	3	3
Gr_GrK	0,0214	3	1	4
Gr_S	0,0432	2	4	6
Op_Lev	0,0055	0	0	0
Liq	0,0212	3	1	4
MQ_I	0,0273	0	6	6
MQ_II	0,0163	0	4	4
op_Mrg	0,0152	0	3	3
op_Eff	0,0173	1	2	3
ROE	0,0177	0	3	3
CF_Eff	0,0034	0	0	0
dS_dBS	0,0083	0	0	0
W_BS	0,0227	3	0	3
W_EK	0,0077	0	1	1
W_GrK	0,0267	3	0	3
W_S	0,0290	6	1	7
W_EBIT	0,0076	1	0	1
$W\_JÜ$	0,0043	0	0	0
Fin_Lev	0,0263	1	4	5
$Zinsdeck$	0,0095	0	1	1
Div	0,0577	0	9	9
MA	0,0058	0	0	0
HHI	0,0247	0	5	5
std_MA	0,0151	3	0	3

Grundsätzlich ist festzustellen, dass keine stichtagsbezogene exogene Variable einen alleinigen zufriedenstellenden Beitrag in der Erklärung des systematischen Risikos liefern kann. Das maximale durchschnittliche Bestimmtheitsmaß liefert die Ausschüttungsquote i. H. v. 0,0577. In neun von zehn Betrachtungszeitpunkten ist der Einfluss dieses Regressors statistisch signifikant. Auch in der univariaten Untersuchung des zweiten Modells bestätigt sich somit der stabile negative Zusammenhang zwischen systematischem Risiko und Ausschüttungsquote Div_j, welcher sich auch theoretisch begründen lässt.[790] Die nächstkleineren durchschnittlichen Bestimmtheitsmaße werden durch Größenproxies, gemessen durch logarithmierten Umsatz Gr_S_j und Bilanz-

[790] Vgl. Unterabschnitt 4.1.3.

summe Gr_BS_j, erreicht. Hierbei kann in den überwiegenden Fällen ein signifikant negativer Zusammenhang festgestellt werden, der mit den Ergebnissen der theoretischen Überlegungen aus Unterabschnitt 4.1.10 vereinbar ist. Im Bereich des leistungswirtschaftlichen Risikos tragen die Maschinenquoten MQ_I_j und MQ_II sowie der Liquiditätsgrad der Vermögensgegenstände Liq_j teilweise zur Erklärung bei. Das Umsatzwachstum W_S_j besitzt in sechs Betrachtungszeitpunkten einen statistisch positiven und einmal einen statistisch negativen Zusammenhang zum systematischen Risiko. Auch dies bestätigt grundsätzlich die Ergebnisse des vorher betrachteten Untersuchungsmodells. Die Erklärungsergebnisse der Profitabilitätsgrößen sind sehr heterogen und lassen an dieser Stelle keine eindeutigen Schlüsse zu. Ebenso verhält es sich mit dem Erklärungsgehalt des Verschuldungsgrades Fin_Lev_j. Zwar ist in fünf Beobachtungszeitpunkten ein statistisch signifikanter Zusammenhang nachweisbar. Jedoch ist die zu beobachtende Beziehung zum systematischen Risiko negativ, was im Widerspruch zu den theoretischen Modellen, speziell von MODIGLIANI/MILLER (1958), steht. Der Zusammenhang zwischen CAPM-Beta und Zinsdeckungsgrad ist in nur einem Fall statistisch signifikant, hier jedoch im Einklang mit den theoretischen Überlegungen. Von den Variablen, welche die Konkurrenzsituation des Unternehmens operationalisieren sollen, liefert der HERFINDAHL-HIRSCHMAN-Index $HHI_{j,k}$ die besten Erklärungsgehalte. Die Zusammenhänge sind, wenn statistisch signifikant, immer negativ. Auch dies steht im Einklang mit dem Ergebnis theoretischer Betrachtungen. Zu beachten ist jedoch, dass der $HHI_{j,k}$ für alle Unternehmen, welche in einer Branche tätig sind, einen gleich hohen Wert aufweist. Somit stellt der $HHI_{j,k}$ eine Branchenkodierung dar, welche gleichzeitig weitere unbeobachtbare Heterogenität zwischen verschiedenen Branchen misst. Werden CAPM-Betas zum Bilanzstichtag betrachtet, kann argumentiert werden, dass kursbeeinflussende Unternehmensinformationen den Anlegern noch nicht vollständig bekannt sind, da die Veröffentlichung des Jahresabschlusses regelmäßig deutlich nach dem Bilanzstichtag erfolgt. Zur Lösung dieses potentiellen Problems kann auf eine zeitversetzte Bestimmung des CAPM-Betas (Lag-Betrachtung) abgestellt werden.[791] In Tabelle 37 im Anhang D sind die Ergebnisse einer solchen zeitverschobenen Untersuchung für eine Zeitversetzung von 6 Monaten (Ermittlung des CAPM-Betas

---

[791] Vgl. ZIMMERMANN (1997), Betawerte, S. 300.

zum 30. Juni des auf den Bilanzstichtag folgenden Jahres) dargestellt. Die Ergebnisse gleichen grundsätzlich denen bei gleichzeitiger Stichtagsbetrachtung, da in der vorliegenden Untersuchung die CAPM-Betas aus 60 Monatsrenditen bestimmt werden. Eine Lag-Betrachtung von 6 Monaten ändert nur 10 % der Daten zur Bestimmung des CAPM-Betas, weshalb die Änderungen der Einflüsse im Querschnitt nur gering sind. Aus diesem Grund werden für die folgenden Betrachtungen die CAPM-Betas zum Bilanzstichtag bestimmt.

Tabelle 25: Univariate Erklärungsgehalte der Durchschnitte stichtagsbezogener Regressoren

Erklärte Variable: $\overline{\beta^{CAPM}}$				
∅ 2002 bis 2011	Koeffizient	R^2	F-Wert	p-Wert
$\overline{Gr\_BS}$	-0,0073	0,0017	0,2881	0,5922
$\overline{Gr\_EK}$	-0,0003	0,0000	0,0004	0,9848
$\overline{Gr\_GrK}$	0,0129	0,0031	0,5053	0,4782
$\overline{Gr\_S}$	-0,0075	0,0017	0,2859	0,5936
$\overline{Op\_Lev}$	0,0023	0,0042	0,6950	0,4057
$\overline{Liq}$	5,1944	0,0134	2,2350	0,1368
$\overline{MQ\_I}$	-0,3021	0,0519	9,0296	0,0031
$\overline{MQ\_II}$	-0,1535	0,0269	4,5621	0,0342
$\overline{op\_Mrg}$	-0,2087	0,0014	0,2280	0,6336
$\overline{op\_Eff}$	0,0003	0,0000	0,0001	0,9943
$\overline{ROE}$	0,0162	0,0001	0,0116	0,9143
$\overline{CF\_Eff}$	0,7930	0,0303	5,1589	0,0244
$\overline{dS\_dBS}$	-0,0001	0,0005	0,0806	0,7768
$\overline{W\_BS}$	0,7302	0,0646	11,4009	0,0009
$\overline{W\_EK}$	0,1031	0,0079	1,3108	0,2539
$\overline{W\_GrK}$	0,8153	0,0464	8,0238	0,0052
$\overline{W\_S}$	0,4273	0,0236	3,9903	0,0474
$\overline{W\_EBIT}$	0,0035	0,0148	2,4817	0,1171
$\overline{W\_JÜ}$	0,0078	0,0110	1,8301	0,1780
$\overline{Fin\_Lev}$	-0,0489	0,0227	3,8265	0,0521
$\overline{Zinsdeck}$	0,0006	0,0032	0,5346	0,4657
$\overline{Div}$	-0,4629	0,0675	11,9364	0,0007
$\overline{MA}$	0,0769	0,0016	0,2587	0,6117
$\overline{HHI}$	0,0247	0,0153	2,5567	0,1117
$\overline{std\_MA}$	0,0151	0,0076	1,2610	0,2631

Im Folgenden werden die Variablen eines Unternehmens mehrerer Beobachtungszeitpunkte zu langfristigen Durchschnittswerten (ungewichtetes arithmetisches Mittel)[792] aggregiert und univariate Regressionen mit diesen Variablendurchschnittswerten wiederholt. Durch die Zusammenfassung (und gleichzeitiger Löschung von Unternehmen mit nur einem Beobachtungszeitpunkt) beläuft sich die Stichprobengröße auf $n = 167$ Unternehmen.[793] Die zusammengefassten Ergebnisse dieser Untersuchung sind in Tabelle 25 dargestellt.

Werden zur Erkärung des durchschnittlichen systematischen Risikos eines Unternehmens Durchschnittswerte der exogenen Variablen genutzt, so lassen sich die vorherigen Feststellungen teilweise bestätigen. Folgende Aussagen zur statistischen Signifikanz bezüglich des Einflusses von Regressoren beziehen sich jeweils auf ein Signifikanzniveau von 10 %. Das Ausschüttungsverhalten $\overline{Div_j}$ stellt weiterhin diejenige exogene Größe dar, die im univariaten Fall den höchsten Erklärungsbeitrag liefert. Der signifikant negative Schätzkoeffizient i. H. v. -0,4629 ist auf ähnlichem Niveau wie im Modell 1 (-0,4198).[794] Die beiden Maschinenquoten $\overline{MQ\_I_j}$ und $\overline{MQ\_II_j}$, welche das leistungswirtschaftliche Risiko messen sollen, weisen einen signifikant negativen Erklärungsbeitrag auf. Obwohl dieser Zusammenhang im Widerspruch zu den Ergebnissen der theoretischen Überlegungen steht, ist dieser auch durch BAUER (1992) auf dem deutschen Kapitalmarkt belegt worden.[795] Einen möglichen Erklärungsansatz könnte die branchenspezifische Ausstattung der Unternehmen mit Anlagevermögen darstellen. Unternehmen mit einem hohen Anteil an Maschinen könnten eher Branchen angehören, welche weniger auf die allgemeine konjunkturelle Entwicklung reagieren (bspw. Energieversorger), als Unternehmen der Dienstleistungsbranche (z. B. Beratungsunternehmen). Es verbleibt somit die Überprüfung der statistischen Signifikanz dieser Variablen in Kombination mit Branchen-Dummy-Kontrollvariablen. Im Bereich der Regressoren, die das Wachstum operationalisieren, kann bei $\overline{W\_BS_j}$, $\overline{W\_GrK_j}$ und $\overline{W\_S_j}$ ein

---

[792] Durchschnittswerte der Variablen sind mit einem waagerechten Querstrich über der Variablenbezeichnung gekennzeichnet.

[793] Weiterhin werden Unternehmen aus der Stichprobe entfernt, welche keine vollständigen Datensätze zur Bestimmung der zeitreihenbasierten Variablen aufweisen.

[794] Dieses Ergebnis ist jedoch kaum verwunderlich, da der Stichprobenumfang der beiden Modelle relativ homogen ist.

[795] Vgl. BAUER (1992), Risiko von Aktienanlagen, S. 213.

statistisch signifikanter positiver Zusammenhang zum $\overline{\beta_j^{CAPM}}$ nachgewiesen werden. Auch diejenigen Wachstumsregressoren, die nicht statistisch signifikant sind, besitzen ein positives Vorzeichen, so dass der Schluss gezogen werden kann, dass das Unternehmenswachstum grundsätzlich in einer positiven Beziehung zum systematischen Unternehmensrisiko steht. Auch im Untersuchungsmodell auf Basis der langfristigen Durchschnitte der Variablen besitzt die Kennzahl Verschuldungsgrad einen signifikanten negativen Zusammenhang zum systematischen Risiko, der wie zuvor beschrieben im Widerspruch zur Theorie steht. Es bestätigt jedoch Ergebnisse früherer Untersuchungen für den deutschen Kapitalmarkt, die ebenfalls einen negativen[796] oder häufig keinen[797] Zusammenhang berichten. Im Gegensatz zu den Ergebnissen der univariaten Regressionen auf Basis einzelner Stichtage liefern die durchschnittlichen Variablen, die die Unternehmensgröße messen sollen, keinen signifikanten Erklärungsbeitrag, wenn diese als alleinige Regressoren benutzt werden. Da jedoch die Größenvariablen in einer Vielzahl von Studien sowohl für Deutschland als auch für internationale Kapitalmärkte Beachtung finden, sollen trotz der geringen univariaten Erklärungsbeiträge die Unternehmensgröße in eine multiple Regression aufgenommen werden. In der Untersuchungsgruppe „Profitabilität" besitzt einzig die Kennzahl Cash Flow-Effizienz $\overline{CF\_Eff}_j$ einen statistisch signifikanten Zusammenhang. Der univariate Zusammenhang ist jedoch positiv, was ebenso widersprüchlich zu den theoretischen Überlegungen erscheint. Jedoch ist zu beachten, dass der Cash Flow in dieser Definition als Differenz zwischen Funds from Operations sowie Investitionsausgaben und Dividendenauszahlung bestimmt wird[798] und somit ein reziproker Zusammenhang zwischen $\overline{CF\_Eff}_j$ und $\overline{Div}_j$ bestehen kann. Somit wäre auch eine positive Beziehung zwischen systematischem Risiko und Cash Flow-Effizienz begründbar. In der multiplen Regression muss somit auf eine mögliche multikollineare Erklärung dieser exogenen Variablen geachtet werden. Die restlichen stichtagsbezogenen exogenen Untersuchungsvariablen der Kategorie „Profitabilität" weisen keinen signifikanten Zusammenhang zum systematischen Risiko auf. Auch für Kennzahlen der Kategorie Konkurrenz lässt sich auf Basis der Durchschnitte kein statistischer Einfluss nachweisen.

---

[796] Vgl. MÜLLER (1992), Bilanzinformation, S. 166.
[797] Vgl. ZIMMERMANN (1997), Betawerte, S. 304-305; BAUER (1992), Risiko von Aktienanlagen, S. 168.
[798] Vgl. Tabelle 21.

Nach der Diskussion des Einflusses der stichtagsbezogenen Variablen sind in Tabelle 26 die Ergebnisse der univariaten Regressionen mit zeitreihenbasierten Untersuchungsvariablen (Kategorien: „Accounting-Beta“ und „Variabilität der Erträge“) dargestellt.

Tabelle 26: Univariate Erklärungsgehalte der zeitreihenbasierten Regressoren

Erklärte Variable: $\overline{\beta^{CAPM}}$				
∅ 2002 bis 2011	Koeffizient	R^2	$F\text{-}Wert$	p-Wert
β^S	-0,0021	0,0054	0,8914	0,3465
β^{EBIT}	0,0015	0,0014	0,2376	0,6266
$\beta^{JÜ}$	-0,0064	0,0124	2,0663	0,1525
V_K_S	0,5794	0,0721	12,8240	0,0004
V_K_EBIT	0,0062	0,0035	0,5719	0,4506
$V\_K\_JÜ$	-0,0055	0,0104	1,7406	0,1889
$Pers\_ROE$	0,0862	0,0069	1,1403	0,2871

Kein Accounting-Beta kann die Streuung des systematischen Risikos im Querschnitt der untersuchten Unternehmen ausreichend und verwertbar erklären. Der F-Test, welcher im univariaten Fall der Interpretation des t-Tests entspricht, kann bei keinem der drei Regressoren abgelehnt werden. Die Schätzkoeffizienten sind somit nicht statistisch signifikant von null verschieden und können nicht zur Erklärung beitragen. Anders verhält sich dies bei der Betrachtung der Bestimmtheitsmaße der Variationskoeffizienten. Der Variationskoeffizient auf Basis des Umsatzes $V\_K\_S_j$ weist einen signifikant von null verschiedenen Zusammenhang zum systematischen Risiko auf. Der Schätzkoeffizient von $V\_K\_S_j$ ist dabei positiv, was bedeutet, dass mit einer Steigerung der Variabilität des Umsatzes auch das systematische Risiko steigt. Dieses Ergebnis steht im Einklang mit theoretischen Überlegungen. Weiterhin bestätigt die vorliegende Untersuchung in dieser Hinsicht die Resultate der Untersuchung von BAUER (1992), welcher auch einen signifikanten Erklärungsgehalt der Umsatzvariabilität nachweisen kann.[799] Es ist jedoch festzuhalten, dass in der Studie von BAUER (1992) Variabilitäten ausschließlich als Standardabweichung der Bilanzpositionen gemessen werden und somit keine Standardisierung des Niveaus über den Variationskoeffizienten erfolgt.[800] Demgegenüber weisen der Variationskoeffizienten auf Basis des Jahresüberschusses

[799] Vgl. BAUER (1992), Risiko von Aktienanlagen, S. 180-181.
[800] Vgl. BAUER (1992), Risiko von Aktienanlagen, S. 130.

$V\_K\_JÜ_j$ sowie auf Basis des EBIT $V\_K\_EBIT_j$ keinen statistisch signifikanten Erklärungsbeitrag auf. Es ist jedoch vorstellbar, dass der buchhalterische Jahresüberschuss, welcher die Basis der Berechnung darstellt, aufgrund von bilanziellen Wahlrechten auf Seiten der Unternehmen für Investoren kein Stellvertreter für die eigentliche Ertragskraft darstellt. Die Persistenz des ROE $Pers\_ROE_j$ liefert keinen univariaten Beitrag zur Erklärung des systematischen Risikos in dieser Untersuchung.

Nachdem im vorangegangenen Abschnitt der alleinige Zusammenhang von stichtagsbezogenen und zeitreihenbasierten exogenen Variablen zum systematischen Risiko untersucht wurde, sollen die Ergebnisse im Folgenden genutzt werden, um den simultanen Erklärungsgehalt der Regressoren zu analysieren.

5.4.3.2 Ergebnisse der multiplen linearen Querschnittsregressionen

Unter Verwendung aller stichtagsbezogenen und zeitreihenbasierten Regressoren (insgesamt 32) ist es grundsätzlich möglich, ca. 4,3 Mrd. verschiedene multiple Regressionsgleichungen zu schätzen:

$$\sum_{k=1}^{K} \frac{\frac{K!}{(K-k)!}}{k!} - K = 4.294.967.263 \tag{187}$$

mit:

$K = 32$ (maximale Anzahl möglicher Regressoren).

Da dies weder sinnvoll ist, noch wissenschaftlich korrekt wäre, daraus die „besten" Ergebnisse zu berichten, soll an dieser Stelle eine Vorauswahl der zu benutzenden Regressoren getroffen werden. Um ein Regressionsmodell mit einer möglichst geringen Anzahl an Regressoren zu untersuchen, wird aus jeder Untersuchungskategorie diejenige Variable in das multiple Regressionsmodell aufgenommen, welche den größten univariaten Erklärungsgehalt ausweist. Dieses Vorgehen vermeidet eine potentielle Multikollinearität der Regressoren, da davon ausgegangen werden muss, dass Variablen einer Kategorie hohe Zusammenhänge aufweisen. Weiterhin wirkt sich eine möglichst geringe Anzahl an exogenen Variablen sowohl auf das korrigierte Bestimmtheitsmaß als auch auf den F-Test positiv aus. Im Bereich der Variablen, welche die „Größe" des Unternehmens operationalisieren, weist in der univariaten Betrachtung keine einen signifikanten Zusammenhang auf. Dennoch soll auch diese Kategorie in die multiple Regression einfließen, so dass hierfür das durchschnittliche logarithmierte Grundkapital $\overline{Gr\_GrK_j}$ genutzt wird. Als Proxy für das „Wachstum" kommt die durchschnittliche Veränderung der Bilanzsumme $\overline{W\_BS_j}$ und für das „Finanzierungsrisiko" der durchschnittliche Verschuldungsgrad zu Buchwerten $\overline{Fin\_Lev_j}$ zur Anwendung. Die Kategorie „leistungswirtschaftliches Risiko" wird durch die durchschnittliche Maschinenquote auf Basis der Bilanzsumme $\overline{MQ\_I_j}$ vertreten, wohingegen die „Profitabilität" des Unternehmens durch die durchschnittliche Cash Flow-Effizienz $\overline{CF\_Eff_j}$ gemessen wird. Zusätzlich wird die durchschnittliche Ausschüttungsquote $\overline{Div_j}$ und das Accounting-Beta auf Basis von Jahresüberschüssen $\beta_j^{JÜ}$ in das multiple Modell integriert. Die „Konkurrenzsituation" wird durch den durchschnittlichen HERFINDAHL-HIRSCHMAN-Index der Branche $\overline{HHI_{j,k}}$ berücksichtigt. Im Bereich der „Variationskoeffizienten" wird die Kennzahlen auf Basis von Umsätzen $V\_K\_S_j$ berücksichtigt. Aus diesen Überlegungen ergibt sich das in Formel (188) dargestellte multiple lineare Regressionsmodell in der Modellspezifikation MS 01:

$$\begin{aligned}\overline{\beta_j^{CAPM}} &= \gamma_0 + \gamma_1 \cdot \overline{Gr\_GrK_j} + \gamma_2 \cdot \overline{W\_BS_j} + \gamma_3 \cdot \overline{Fin\_Lev_j} \\ &+ \gamma_4 \cdot \overline{MQ\_I_j} + \gamma_5 \cdot \overline{CF\_Eff_j} + \gamma_6 \cdot \overline{Div_j} + \gamma_7 \cdot \overline{HHI_{j,k}} \\ &+ \gamma_8 \cdot \beta_j^{JÜ} + \gamma_9 \cdot V\_K\_S_j + \varepsilon_j\end{aligned} \tag{188}$$

mit:

$$j = 1,\dots,n \; .$$

In den Modellspezifikationen MS 01a bzw. MS 01b werden zusätzlich die Dummy-Variablen $D\_JÜ\_0{,}3$ bzw. $D\_JÜ\_0{,}5$, welche als Kodierung der allgemeinen Ertragskraft des Unternehmens angesehen werden können, in das Regressionsmodell einbezogen. Die Ergebnisse der linearen Regressionen der ersten drei Modellspezifikationen sind in Tabelle 27 dargestellt.

Tabelle 27: Regressionsergebnisse des Modells 2 (MS 01-MS 01b)

Erklärte Variable: $\overline{\beta^{CAPM}}$			
∅ 2002 bis 2011	MS 01	MS 01a	MS 01b
Konstante	0,5074 *** (0,1883)	0,5752 *** (0,1882)	0,5801 *** (0,2037)
$\overline{Gr\_GrK}$	0,0477 *** (0,0173)	0,0507 *** (0,0172)	0,0476 *** (0,0173)
$\overline{W\_BS}$	0,3417 (0,2387)	0,4170 * (0,238)	0,3730 (0,2412)
$\overline{Fin\_Lev}$	-0,0260 (0,0243)	-0,0315 (0,0241)	-0,0252 (0,0243)
$\overline{MQ\_I}$	-0,2081 ** (0,0949)	-0,2318 ** (0,0943)	-0,2230 ** (0,0963)
$\overline{CF\_Eff}$	0,7554 ** (0,3447)	0,7907 ** (0,3406)	0,7727 ** (0,3454)
$\overline{Div}$	-0,5210 *** (0,1318)	-0,3104 * (0,16)	-0,4671 *** (0,1439)
$\overline{HHI}$	-0,1897 (0,1512)	-0,2508 (0,1517)	-0,1917 (0,1513)
$\beta^{JÜ}$	-0,0052 (0,004)	-0,0040 (0,004)	-0,0046 (0,0041)
V_K_S	0,3347 ** (0,1694)	0,3090 * (0,1676)	0,3188 * (0,1703)
$D\_JÜ\_0,3$		-0,1643 ** (0,0726)	
$D\_JÜ\_0,5$			-0,0900 (0,0962)
Branchendummies	nein	nein	nein
$adj.\ R^2$	0,2148	0,2349	0,2142
$F-Wert$	6,0451 ***	6,0959 ***	5,5237 ***

Signifikanzniveau: ***...1 %; **...5 %;*...10 %
Standardfehler der Regressionskoeffizienten sind in Klammern angegeben.
Leere Zellen bedeuten nicht in die Untersuchung aufgenommene Regressoren.

Die Ergebnisse der Modellspezifikation MS 01 erweisen sich stabil gegenüber der zusätzlichen Verwendung einer Ertrags-Dummy-Variable (Modellspezifikation MS 01a und MS 01b). In allen Modellspezifikationen weist der Größenregressor $\overline{Gr\_GrK}_j$ einen signifikant positiven Zusammenhang auf. Ergebnissen der theoretischen Betrachtung folgend ist ein negativer Zusammenhang zwischen dieser Variable und dem systematischem Risiko ableitbar. Größeren Unternehmen wird eher die Fähigkeit zugeschrieben, besser makroökonomische Veränderungen ausgleichen zu können, da ein höherer Grad an innerbetrieblicher Produktdiversifikation vermutet werden kann.[801] Als potentieller Erklärungsansatz für den aufgezeigten positiven Zusammenhang kann eine hierarchie- und somit zeitintensivere Organisation des Unternehmens gelten. Anleger könnten mit der eingeschränkteren Fähigkeit des Reagierens des Unternehmens eine Risikosteigerung bezüglich ihrer Investition verbinden. Zusätzlich kann argumentiert werden, dass der Größenproxy ebenfalls stellvertretend für die Verschuldungsintensität angesehen werden kann[802] und dieser Effekt die voran genannten Diversifikationsmöglichkeiten überlagert.

Demgegenüber steht die Nichtsignifikanz des durchschnittlichen Verschuldungsgrades $\overline{Fin\_Lev}_j$. Obwohl ein positiver Zusammenhang zwischen Finanzierungsrisiko und systematischem Risiko modelltheoretisch begründbar ist, kann in der vorliegenden Untersuchung diese Beziehung nicht bestätigt werden. Dieses Resultat deckt sich jedoch mit Ergebnissen früherer Untersuchungen für den deutschen Kapitalmarkt.[803] Es ist jedoch kritisch zu hinterfragen, in wieweit eine Kennzahl zu Buchwerten ein guter Stellvertreter für den Verschuldungsgrad zu Marktwerten darstellt, der im Modell von MODIGLIANI/MILLER (1958) genutzt wird.

Das durchschnittliche Wachstum der Bilanzsumme $\overline{W\_BS}_j$ besitzt ein positives Vorzeichen in allen drei Modellspezifikationen und ist in der MS 01a statistisch signifikant zu einem Niveau von 10 %. In Modellspezifikation MS 01 und MS 01b betragen die p-Werte der Schätzungen 0,1543 sowie 0,1239, weswegen diese Koeffizienten nicht statistisch signifikant zu einem Niveau von 10 % sind. Dennoch kann grundsätzlich von einer positiven Beziehung zwischen Unternehmenswachstum und systematischem Risiko für diese Untersuchung gesprochen werden. Dieses Ergebnis lässt darauf schließen, dass Investoren eine Wachstumsstrategie eines Unternehmens im Durchschnitt risikoreicher auffassen. Es ist jedoch keine Aussage darüber möglich, ob dieses Verhalten in allen Wachstumsgrößen ähnlich ist oder ob bspw. eine Wachstumsrate existiert, die von

---

801 Das FAMA-FRENCH-Modell beinhaltet explizit den Renditeunterschied kleiner zu großer Unternehmen. Dabei wird die Größe eines Unternehmens durch die Marktkapitalisierung operationalisiert, welches in der vorliegenden Untersuchung jedoch nicht angebracht ist, da der Fokus auf nicht börsennotierte Unternehmen gelegt wird.

802 Vgl. HASSAN ET AL. (2011), Voluntary disclosure and risk, S. 45.

803 Vgl. BAUER (1992), Risiko von Aktienanlagen, S. 167-168; ZIMMERMANN (1997), Betawerte, S. 304-305; MÜLLER (1992), Bilanzinformation, S. 168, 170.

Anlegern als ‚gesund' und somit nicht risikosteigernd eingestuft wird, da im vorliegenden Modell nur lineare Zusammenhänge betrachtet werden. In zukünftigen Untersuchungen sollte deshalb ein intensiverer Fokus auf verschiedene Kategorien des Unternehmenswachstums gelegt werden.[804]

Das leistungswirtschaftliche Risiko, gemessen durch die durchschnittliche Maschinenquote $\overline{MQ\_I}_j$, besitzt auch in den multiplen Regressionen der Modellspezifikationen MS 01-MS 01b einen statistisch signifikant negativen Zusammenhang zum systematischen Risiko. Die Erhöhung des leistungswirtschaftlichen Risikos im Unternehmen sollte grundsätzlich zu einem gesteigerten systematischen Risiko führen, da es schwieriger wird auf Veränderungen der Volkswirtschaft zu reagieren. Als Erklärung für das vorliegende Resultat kann, wie im Unterabschnitt 5.4.3.1 beschrieben, die branchenspezifische Ausstattung der Unternehmen mit Anlagevermögen genannt werden. Es kann vermutet werden, dass die Maschinenquote einen unzureichenden Proxy des leistungswirtschaftlichen Risikos darstellt. Die Ermittlung des Verhältnisses von fixen zu variablen Kosten aus externen Daten ist nicht direkt möglich, so dass zukünftig weitere Untersuchungen bezüglich des Auffindens einer geeigneten Instrumentenvariable notwendig sind.

Der Profitabilitätsregressor $\overline{CF\_Eff}_j$ weist in der vorliegenden Untersuchung einen statistisch signifikant positiven Zusammenhang zum systematischen Risiko auf. Frühere Untersuchungen für den deutschen Kapitalmarkt zeichnen ein heterogenes Bild bezüglich des Einflusses der Profitabilität auf das systematische Risiko.[805] MÜLLER (1992) berichtet bspw. eine negative Beziehung zwischen systematischem Risiko und Eigenkapitalrendite sowie einen positiven Zusammenhang zur Gesamtkapitalrendite bei univariater Betrachtung.[806] Da die durchschnittliche Cash Flow-Effizienz auf Basis der Bilanzsumme gemessen wird, weist diese eine hohe Ähnlichkeit zur Gesamtkapitalrendite auf und ist somit im Einklang mit früheren Ergebnissen. Wenn die $\overline{CF\_Eff}_j$ als Rendite interpretiert wird, so ist der positive Zusammenhang auch inhaltlich erklärbar, da

---

[804] Vorstellbar ist hierbei die Nutzung verschiedener Dummy-Variablen oder alternativer Schätzmethoden.

[805] Vgl. Unterabschnitt 4.4.9.

[806] Vgl. MÜLLER (1992), Bilanzinformation, S. 168, 170.

risikoaverse Anleger mit einem gesteigerten systematischen Risiko auch eine höhere geforderte Verzinsung des Kapitals verlangen.

Wie bereits im ersten Modell (vgl. Abschnitt 5.3) sowie in der univariaten Betrachtung besteht auch im multiplen Regressionsmodell ein statistisch signifikant negativer Erklärungsbeitrag der durchschnittlichen Ausschüttungsquote $\overline{Div}_j$ für das systematische Risiko in den Modellspezifikationen MS 01-MS 01b. Da dieser negative Zusammenhang im Einklang mit den Ergebnissen der theoretischen Betrachtung steht, welche in den vorherigen Kapiteln ausführlich diskutiert wurden, soll an dieser Stelle darauf weitestgehend verzichtet werden. Es verbleibt eine Diskussion des Einflusses der Ertrags-Dummy-Variable auf den Schätzkoeffizienten des Ausschüttungsverhaltens. Wird die Dummy-Variable $D\_J\ddot{U}\_0{,}5_j$ in das Regressionsmodell aufgenommen, ist kein statistisch signifikanter Erklärungsbeitrag nachzuweisen. Bei der Integration der Dummy-Variable $D\_J\ddot{U}\_0{,}3_j$ in die Untersuchung ist erkennbar, dass dadurch ein signifikanter Erklärungsbeitrag für die Gesamtstreuung der endogenen Untersuchungsvariable geliefert wird. Gleichzeitig reduziert sich der Schätzkoeffizient der durchschnittlichen Ausschüttungsquote näherungsweise um den Betrag des Schätzkoeffizienten der Dummy-Variable. In der Konsequenz lässt sich schlussfolgern, dass somit beide exogenen Variablen einen gemeinsamen Einfluss auf das systematische Risiko messen, obwohl dies durch die *VIF* nicht zu vermuten ist. Inhaltlich ist es dadurch begründbar, dass die Dummy-Variable diejenigen Unternehmen kategorisiert, welche in weniger als 30 % der Beobachtungszeitpunkte einen positiven Jahresüberschuss aufwiesen und Ausschüttungen regelmäßig nur erfolgen, wenn das Unternehmen im Geschäftsjahr erfolgreich war (vereinzelt werden aufgrund der Dividendenkontinuität auch Ausschüttungen vorgenommen, wenn diese den ausschüttbaren Gewinn übersteigen). Da das korrigierte Bestimmtheitsmaß beider Modellspezifikationen ähnlich ist, soll von der weiteren Verwendung der Ertrags-Dummy-Variable abgesehen werden. Erstens besteht eine gewisse Willkürlichkeit in der Wahl der Dummy-Variable, da der Anteil negativer Jahresüberschüsse, der zu einer Kategorisierung führt, arbiträr vorgegeben wird. Zweitens reduziert sich damit die Anzahl der Regressoren und damit der zu schätzenden Koeffizienten, welches im Hinblick auf die Gütekriterien der Schätzung positiv zu bewerten ist.

Die Konkurrenzsituation, ausgedrückt durch die Variable $\overline{HHI}_{j,k}$, hat in den MS 01-MS 01b einen negativen Zusammenhang zum systematischen Risiko von Unternehmen, welcher grundsätzlich aus den theoretischen Überlegungen ableitbar ist. Je geringer der $\overline{HHI}_{j,k}$ ist, desto größer ist die Konkurrenzsituation innerhalb der Branche, womit ein höheres Risiko für das einzelne Unternehmen verbunden werden kann. Dieser stellt sich jeweils als statistisch nicht signifikant von null verschieden heraus. Jedoch ist die zugehörige Irrtumswahrscheinlichkeit des jeweiligen t-Tests teilweise nahe am Niveau von 10 %.[807]

Innerhalb der betrachteten zeitreihenbasierten exogenen Untersuchungsvariablen besitzt das Accounting-Beta keinen signifikanten Erklärungsgehalt für das systematische Risiko. Das Streuungsmaß Variationskoeffizient der Umsätze $V\_K\_S_j$ liefert hingegen einen signifikant positiven Erklärungsbeitrag, der sowohl im Einklang mit theoretischen Überlegungen als auch mit Ergebnissen früherer Studien für den deutschen Kapitalmarkt steht. Es ist jedoch zu hinterfragen, ob die Bestimmung eines Variationskoeffizienten mithilfe von elf Zahlenwerten (eine Beobachtung pro Jahr vom 31.12.2001 bis 31.12.2011) sinnvoll ist. Soll die Anzahl der Beobachtungen zur Berechnung des Streuungsmaßes erhöht werden, so müssen zwangsweise ältere Jahresabschlüsse berücksichtigt werden. Dabei muss jedoch der Informationsgehalt der älteren Daten kritisch hinterfragt werden. Alternativ kann statt der Verwendung jährlicher Daten auf Quartalsberichte zurückgegriffen werden. Hierbei ist jedoch zu beachten, dass nur ein geringer Anteil an Unternehmen in der Datenbank eine ausreichende Datenverfügbarkeit aufweist, so dass der Stichprobenumfang merklich reduziert wird. Eine umfassende Betrachtung der verschiedenen Alternativen unterbleibt an dieser Stelle und kann den Untersuchungsgegenstand zukünftiger Arbeiten bilden.

Der Schätzkoeffizient der Konstante des Regressionsmodells in den Modellspezifikationen MS 01 - MS 01b ist in jedem Fall positiv statistisch signifikant, was als systematisches Grundrisiko eines Unternehmens interpretiert werden kann. Dieses kann möglicherweise durch weitere exogenen Variablen erklärt werden.

---

[807] Die p-Werte der einzelnen Modellspezifikationen stellen sich wie folgt dar: MS 01 = 0,2115; MS 01a = 0,1002; MS 01b = 0,2072.

Zusätzlich zu den betrachten exogenen Untersuchungsvariablen soll in folgenden Modellspezifikationen die Zugehörigkeit des Unternehmens zu einer Branche durch die Integration von Branchendummies kontrolliert werden. Dadurch werden Unterschiede des systematischen Risikos, die auf Branchenspezifika zurückzuführen sind, explizit berücksichtigt, so dass eine gesteigerte Erklärungsgüte des Modells zu erwarten ist. Da aufgrund der Bestimmung des $\overline{HHI}_{j,k}$ eine hohe Gefahr der Multikollinearität zu den Branchendummies besteht, werden in Tabelle 28 zusätzlich zu den Schätzergebnissen der Regressionen die *VIF* der exogenen Variablen dargestellt.

Tabelle 28: Regressionsergebnisse und *VIF* des Modells 2 (MS 02 und MS 03)

Erklärte Variable: $\overline{\beta^{CAPM}}$				
	MS 02		MS 03	
∅ 2002 bis 2011	Regressionsergebnisse	*VIF*	Regressionsergebnisse	*VIF*
Konstante	0,3121 (0,3062)		0,4968 ** (0,2322)	
$\overline{Gr\_GrK}$	0,0413 ** (0,0175)	1,3202	0,0442 ** (0,0173)	1,2787
$\overline{W\_BS}$	0,2215 (0,2378)	1,5930	0,2125 (0,2375)	1,5904
$\overline{Fin\_Lev}$	-0,0134 (0,0252)	1,4014	-0,0159 (0,0251)	1,3856
$\overline{MQ\_I}$	-0,2132 ** (0,1021)	1,3769	-0,2141 ** (0,102)	1,3768
$\overline{CF\_Eff}$	0,7041 ** (0,3545)	1,4080	0,7475 ** (0,3512)	1,3834
$\overline{Div}$	-0,4225 *** (0,138)	1,3930	-0,4124 *** (0,1375)	1,3843
$\overline{HHI}$	0,7236 (0,7813)	34,0653		
β^{JO}	-0,0038 (0,0042)	1,2569	-0,0046 (0,0041)	1,2089
V_K_S	0,1962 (0,1835)	1,6802	0,2166 (0,182)	1,6559
Branchendummies	ja		ja	
$adj.\ R^2$	0,2857		0,2864	
$F-Wert$	4,0173 ***		4,1718 ***	

Signifikanzniveau: ***...1 %; **...5 %;*...10 %
Standardfehler der Regressionskoeffizienten sind in Klammern angegeben.
Leere Zellen geben nicht in die Untersuchung aufgenommene Regressoren an.

Im linken Teil von Tabelle 28 sind die Ergebnisse der Regression sowie die *VIF* der MS 02 dargestellt. Wie vermutet, besteht eine hohe Multikollinearität zwischen $\overline{HHI}_{j,k}$ und den Branchendummies.[808] Aus diesem Grund wird das Regressionsmodell angepasst und der $\overline{HHI}_{j,k}$ nicht weiter als exogene Variable betrachtet. Die Ergebnisse dieser reduzierten Modellspezifikation MS 03 sind im rechten Teil der Tabelle 28 abgebildet. Im Vergleich zur MS 01 behalten die Vorzeichen aller Schätzkoeffizienten die Richtung bei, so dass grundsätzlich von einer Robustheit der Regressionsergebnisse gesprochen werden kann. Einzig die Untersuchungsvariable $V\_K\_S_j$ ist in dieser Modellspezifikation nicht mehr statistisch signifikant (p-Wert: 0,2360). Dennoch erhöht sich der Gesamterklärungsgehalt der Schätzung, gemessen durch das korrigierte Bestimmtheitsmaß, auf 28,64 % (MS 01: 21,48 %).

Obwohl die Erklärungsgehalte hinsichtlich des systematischen Risikos der Variablen, welche die Unternehmensgröße messen sollen, in der univariaten Betrachtung durchgängig unbefriedigend ausfielen, wurde für die multiple Regression dennoch diejenige mit höchsten F-Werten genutzt. Als Robustheitscheck werden die verbleibenden drei Größenregressoren (aufgrund der Multikollinearität der Variablen untereinander) abwechselnd in einer Modellspezifikation verwendet. Die Ergebnisse der MS 03a-MS 03c sind im Anhang D in Tabelle 38 dargestellt.[809] Die alternativen Größenproxies weisen keinen signifikanten Erklärungsgehalt auf. Stattdessen erhöht sich der Betrag der Konstante in den jeweiligen Regressionen. Alle weiteren Schätzergebnisse behalten grundsätzlich ihre Aussagekraft. Daraus ist zu schließen, dass der Größenproxy $\overline{Gr\_GrK}_j$ den höchsten Erklärungsgehalt hinsichtlich des systematischen Risikos liefert, so dass dieser weiterhin verwendet wird.

Um das ursprüngliche Erklärungsmodell weiter auf Robustheit zu überprüfen, werden alle exogenen Variablen, dessen univariater Einfluss betrachtet wurde, in einer umfassenden multiplen Regression gemeinsam betrachtet. Dabei ist besonders bei dieser Modellspezifikation darauf zu achten, dass das Ausmaß der Multikollinearität innerhalb der

[808] Auf das Berichten der einzelnen Ergebnisse der Branchendummies wird zu Gunsten der Übersichtlichkeit der Darstellung verzichtet.

[809] Alle *VIF* der exogenen Variablen sind unter einem Wert von fünf, so dass auf eine explizite Darstellung dieser Kennzahl verzichtet wird.

Regressorvariablen in einem akzeptablen Toleranzbereich liegt. Die Ergebnisse dieser Untersuchung mit 28 Regressoren und zusätzlichen Branchendummies ist in Tabelle 29 dargestellt.[810]

Tabelle 29: Regressionsergebnisse und *VIF* des Modells 2 (MS 04)

Erklärte Variable: $\overline{\beta^{CAPM}}$			
∅ 2002 bis 2011	MS 04		*VIF*
Konstante	0,2760	(0,395)	
$\overline{Gr\_GrK}$	0,0571 *	(0,0301)	3,9432
$\overline{W\_BS}$	0,3143	(0,3391)	3,2787
$\overline{fin\_Lev}$	-0,0023	(0,0331)	2,4507
$\overline{MQ\_I}$	-0,4646 **	(0,1962)	5,1502
$\overline{CF\_Eff}$	1,1656 ***	(0,4225)	2,0244
$\overline{Div}$	-0,4060 **	(0,1708)	2,1591
$\beta^{JÜ}$	0,0026	(0,0055)	2,1800
V_K_S	0,1600	(0,2105)	2,2391
Branchendummies	ja		
$\overline{W\_EK}$	-0,1315	(0,0968)	1,6353
$\overline{W\_GrK}$	0,2610	(0,3167)	1,6458
$\overline{W\_S}$	0,1583	(0,3532)	3,7946
$\overline{W\_EBIT}$	0,0010	(0,0023)	1,5290
$\overline{W\_JÜ}$	0,0206 ***	(0,0077)	2,5052
$\overline{Zinsdeck}$	-0,0005	(0,001)	2,2652
$\overline{op\_Lev}$	-0,0013	(0,0026)	1,3461
$\overline{Liq}$	5,8345	(4,7925)	2,6758
$\overline{op\_Mrg}$	0,1229	(0,1778)	8,4881
$\overline{ROE}$	-0,4654	(0,7262)	3,9298
$\overline{dS\_dBS}$	-0,1223	(0,2609)	4,2764
$\overline{op\_Eff}$	0,0000	(0,0002)	1,3476
$\overline{std\_MA}$	0,0150	(0,07)	3,0166
β^{S}	0,4170	(0,335)	6,9869
β^{EBIT}	-0,1490	(0,1447)	6,7745
V_K_EBIT	-0,0010	(0,002)	1,1565
$V\_K\_JÜ$	0,0044	(0,003)	1,3751
$Pers\_ROE$	0,0152 *	(0,0086)	1,5672
$\overline{Gr\_GrK}$	-0,0009	(0,0043)	1,4718
$\overline{W\_BS}$	0,0583	(0,0799)	1,3879
$adj.\ R^2$	0,2942		
$F-Wert$	2,6878 ***		

Signifikanzniveau: ***...1 %; **...5 %; *...10 %

Standardfehler der Regressionskoeffizienten sind in Klammern angegeben.

---

[810] Um eine übersichtlichere Darstellung zu gewährleisten, sind die Schätzkoeffizienten zusammen mit den Standardfehlern in einer Zeile dargestellt. Zusätzlich werden die jeweiligen *VIF* berichtet.

Kein *VIF* einer exogene Variable ist größer als zehn, so dass Multikollinearität zwar vorhanden ist, diese sich jedoch innerhalb des Akzeptanzbereichs befindet.[811] Die Hinzunahme weiterer Regressoren in das Untersuchungsmodell verändert die Schätzergebnisse der Modellspezifikation MS 03 qualitativ nicht. Die Größenvariable $\overline{Gr\_GrK_j}$ und die Profitabilitätsvariable $\overline{CF\_Eff_j}$ weisen weiterhin einen statistisch signifikant positiven Zusammenhang zum systematischen Risiko auf. Der negative Erklärungsgehalt der leistungswirtschaftlichen Einflussgröße $\overline{MQ\_I_j}$ und der Ausschüttungsvariable $\overline{Div_j}$ bleibt ebenfalls bestehen. Der Einfluss der Variablen $\overline{W\_BS_j}$, $\overline{fin\_Lev_j}$, $\beta_j^{JÜ}$ sowie $V\_K\_S_j$ ist ferner statistisch nicht nachweisbar, so dass keine weiterführende Diskussion dieser Resultate notwendig ist. Von den weiteren betrachteten exogenen Variablen weisen bis auf zwei alle einen statistisch nicht signifikanten Zusammenhang mit dem systematischen Risiko auf. In der Kategorie Wachstum kann ein statistisch von null verschiedener positiver Einfluss des durchschnittlichen Wachstums der Jahresüberschüsse $\overline{W\_JÜ_j}$ nachgewiesen werden. Der Zusammenhang ist bereits in der univariaten Betrachtung positiv, jedoch an dieser Stelle nicht statistisch signifikant. Da auch der Großteil der weiteren Schätzkoeffizienten der Wachstumsproxies ein positives Vorzeichen aufweist, kann dieser Zusammenhang zum systematischen Risiko von Unternehmen als bestätigt angesehen werden.[812]

Anstelle des Streuungsmaßes $V\_K\_S_j$ in der Kategorie „Variabilität der Erträge" ist in der Modellspezifikation MS 04 der Variationskoeffizient auf Basis der EBIT $V\_K\_EBIT_j$ als Erklärungsvariable statistisch positiv signifikant. Auch wenn das systematische Risiko modelltheoretisch das Kovarianzrisiko zur Schwankung einer Marktgröße darstellt, kann dennoch die alleinige Streuung einer buchhalterischen Ertragsgröße als Risikofaktor aufgefasst werden. Der nachgewiesene Zusammenhang in dieser Untersuchung ist somit strenggenommen nicht modellkonform, aber dennoch vorhanden und bestätigt die Ergebnisse früherer Untersuchungen für den deutschen Ka-

---

811 Wird nur eine *VIF* von maximal fünf akzeptiert, so müssen die Variablen $\overline{MQ\_II_j}$ und $\overline{MA_j}$ aus der Modellspezifikation MS 04 eliminiert werden. Diese verändert jedoch die Ergebnisse nicht im Grundsatz, was Tabelle 39 im Anhang D zu entnehmen ist.

812 Einzig der Schätzkoeffizient der Variable „Wachstum des Grundkapitals" besitzt ein negatives Vorzeichen in dieser multiplen Modellspezifikation.

pitalmarkt.[813] Die Konstante der Modellspezifikation MS 04 ist weiterhin positiv, besitzt jedoch keine statistische Signifikanz (p-Wert: 0,4860). Es verbleibt die Frage, inwieweit ein systematisches Grundrisiko substantiell existieren kann und wie die Signifikanzaussage bezüglich des Absolutglieds der Regression zu interpretieren ist.

Die Güte der Regression, gemessen durch das korrigierte Bestimmtheitsmaß, ist sehr nahe dem Wert bei der Modellspezifikation MS 03, was bedeutet, dass die Hinzunahme einer Vielzahl weiterer Erklärungsvariablen die Gesamtstreuung des systematischen Risikos im Querschnitt nicht erheblich besser erklären kann. Um abschließend ein möglichst schlankes Regressionsmodell zu schätzen, werden einzig alle signifikanten Modellvariablen für die Modellspezifikation MS 05 verwendet. Die Ergebnisse dieser Schätzung sind in Tabelle 30 dargestellt.

Tabelle 30: Regressionsergebnisse und *VIF* des Modells 2 (MS 05)

Erklärte Variable: $\overline{\beta^{CAPM}}$			
∅ 2002 bis 2011	Schätzkoeffizienten	standardisierte Schätzkoeffizienten	*VIF*
Konstante	0,5035 ** (0,2176)		
$\overline{Gr\_GrK}$	0,0465 *** (0,0168)	0,2000	1,2624
$\overline{W\_JÜ}$	0,0159 *** (0,0056)	0,2142	1,3512
$\overline{MQ\_I}$	-0,2945 *** (0,0981)	-0,2221	1,3199
$\overline{CF\_Eff}$	0,9663 *** (0,3286)	0,2122	1,2550
$\overline{Div}$	-0,4396 *** (0,1314)	-0,2467	1,3102
V_K_EBIT	0,0107 (0,0074)	0,1020	1,2079
Branchendummies	ja		
$adj.\ R^2$	0,3115		
$F-Wert$	4,9526 ***		

Signifikanzniveau: ***...1 %; **...5 %; *...10 %
Standardfehler der Regressionskoeffizienten sind in Klammern angegeben.

[813] Vgl. BAUER (1992), Risiko von Aktienanlagen, S. 181-182; MÜLLER (1992), Bilanzinformation, S. 173.

Alle Schätzkoeffizienten behalten das Vorzeichen vorangegangener Modellspezifikationen und sind bis auf das Streuungsmaß $V\_K\_EBIT_j$ statistisch signifikant zum Niveau 5 %. Dennoch ist der Zusammenhang von $V\_K\_EBIT_j$ zum systematischen Risiko weiterhin positiv. Die Erklärungsgüte der Regression, ausgedrückt durch das korrigierte Bestimmtheitsmaß, steigt auf den Wert 31,15 %. Um die Stärke des Einflusses jeder einzelnen Variable ableiten zu können, sind die standardisierten Schätzkoeffizienten ebenfalls dargestellt. Es kann ein relativ homogener Einfluss aller Regressoren auf das systematische Risiko identifiziert werden. Den größten Betrag der standardisierten Koeffizienten ist für die Ausschüttungsquote auszumachen, was bedeutet, dass diese den höchsten Einfluss zum systematischen Risiko besitzt.

5.5 Abschließendes Fazit und kritische Diskussion

Zunächst ist zu hinterfragen, ob die gewählte Untersuchungsmethode für die Fragestellung geeignet ist. Das multiple lineare Regressionsmodell unterstellt einen linearen Zusammenhang zwischen der endogenen und den exogenen Untersuchungsvariablen. Der Gesamteinfluss auf die endogene Variable setzt sich dabei additiv aus den Einflüssen der einzelnen exogenen Variablen zusammen.[814] Weiterführende nichtlineare Wirkungszusammenhänge können nur durch eine Transformation der Variablen berücksichtigt werden.[815] Werden exponentielle Zusammenhänge modelltheoretisch unterstellt, können diese durch den Logarithmus in ein lineares Modell umgewandelt werden.[816] Jedoch ist die Frage nach der geeigneten Transformation häufig nur sehr schwer eindeutig zu beantworten. Aus diesem Grund wurde weitestgehend auf die Modifizierung der Daten verzichtet, welches auch ein Ergebnis früherer Studien ist. Des Weiteren sind die unterstellten Wirkungszusammenhänge linear in allen Niveaus, so dass keine dezidierten Aussagen über verschiedene Ausprägungsstärken der Regressorvariablen ableitbar sind.[817]

---

[814] Vgl. FAHRMEIR/KNEIB/LANG (2009), Regression, S. 20.

[815] Vgl. OHR (2010), Lineare Regression, S. 645.

[816] Vgl. GUJARATI/PORTER (2009), Econometrics, S. 159.

[817] Für die Regressorvariable, welche das Unternehmenswachstum operationalisieren soll, ist vorstellbar, dass anstelle eines einfachen linearen Zusammenhangs ein U-förmiger Wirkungszusammenhang realitätsnäher ist. Dieser könnte bspw. durch ein polynomiales Untersuchungsmodell erzeugt werden. Vgl. FAHRMEIR/KNEIB/LANG (2009), Regression, S. 75-76.

Zusätzlich muss beachtet werden, dass die endogene Variable der Querschnittsuntersuchungen, CAPM-Beta, eine nicht direkt beobachtbare latente Variable ist, sondern ebenfalls eine Schätzung auf Basis historischer Renditepaare darstellt. Um ein einheitliches Vorgehen in der Arbeit zu verfolgen, wurde zunächst eine, für alle weiteren Untersuchungen gültige, Parameterspezifikation für die Bestimmung abgeleitet. Dennoch kann es vorteilhaft sein, für jedes einzelne CAPM-Beta eine unternehmensspezifische Methode zu verwenden, deren Schätzgüte dominierend ist. Zudem ist die Annahme bezüglich der Stabilität des Betafaktors für die Ableitung zukünftiger Kapitalkosten im Rahmen der Unternehmensbewertung essentiell notwendig, jedoch gleichzeitig umstritten. Die Nutzung historischer CAPM-Beta gleicht somit der Fahrt eines Autos, welches durch den Blick in den Rückspiegel gesteuert wird, da keine eindeutig überlegenen Alternativverfahren zur Abschätzung zukunftsbezogener Betakoeffizienten existieren.

Eine kritische Betrachtung sowie die Diskussion vorhandener Limitationen des Modells nach BOWMAN/BUSH (2006) (Modell 1) erfolgte bereits in dem jeweiligen Abschnitt. Im Folgenden soll versucht werden, die beiden Untersuchungsmodelle der vorliegenden Arbeit gemeinsam zu würdigen.

Das Ausschüttungsverhalten stellt sich in beiden Modellen als signifikant negativer Erklärungsparater heraus. Dieses Ergebnis steht im Einklang mit theoretischen Überlegungen zur Prinzipal-Agenten-Theorie. Innerhalb dieser Untersuchungen kann somit die These der Irrelevanz der Dividendenpolitik widerlegt werden, da höhere Dividendenquoten mit einem geringeren systematischen Risiko einhergehen. Die daraus c. p. resultierenden geringeren Kapitalkosten lassen den Unternehmenswert steigen.

Ein Accounting-Beta, welches auf Basis von Jahresabschlusspositionen bestimmt wird, stellt sich im zweiten Modell für die Erklärung des systematischen Risikos als ungeeignet heraus. Einfache Streuungsmaße liefern hier einen besseren Erklärungsgehalt.

Auch der Verwendung eines Peer Group-Betas muss, mit Hinblick auf die Ergebnisse des ersten Modells, widersprochen werden. Obwohl, begründet auf das „Law of One Price“, gleiche Unternehmen gleiche Risiken aufweisen sollten, konnte dies in der vorliegenden Untersuchung im Querschnitt nicht bestätigt werden. Trotz der Betrachtung einer Vielzahl an Verfahrensweisen zur Bildung der Vergleichsgruppe, besitzt das Peer Group-Beta in keinem Fall einen zufriedenstellenden Erklärungsgehalt.

Der positive Zusammenhang zum Finanzierungsrisiko, welcher u. a. modelltheoretisch von MODIGLIANI/MILLER (1958) und BOWMAN (1979) abgeleitet wurde, konnte in den Untersuchungen nicht umfassend bestätigt werden. Der Verschuldungsgrad zu Buchwerten und der Zinsdeckungsgrad stellen sich als nicht signifikante Erklärungsvariablen heraus. Der Verschuldungsgrad zu Marktwerten bleibt aufgrund der Zielstellung der Arbeit unberücksichtigt.

Ferner konnten signifikante Zusammenhänge zwischen exogenen Variablen und dem systematischen Risiko nachgewiesen werden, deren Einflussrichtungen modelltheoretisch teilweise schwer begründbar sind. Positive Regressionskoeffizienten der Größenproxies in den einzelnen Untersuchungen sprechen gegen die These, dass große Unternehmen aufgrund eines erhöhten Produktdiversifikationsgrades besser auf Änderungen der gesamten Volkswirtschaft reagieren können. Als Erklärung kann hierbei, wie oben erläutert, eine zu schwerfällige organisatorische Struktur von Konzernen dienen. Auch der nicht eindeutig positive Zusammenhang der Proxies des leistungswirtschaftlichen Risikos zum systematischen Risiko innerhalb der beiden Modelle steht im Widerspruch zu Ergebnissen der theoretischen Überlegungen. Dieses Resultat kann auf eine unzureichende Operationalisierung des leistungswirtschaftlichen Risikos zurückgeführt werden, so dass hierfür weitere Untersuchungen hinsichtlich einer besseren Instrumentenvariable notwendig sind.

Werden die beiden Modelle hinsichtlich ihres Erklärungsgehalts gegenübergestellt, so kann konstatiert werden, dass das zweite Modell deutlich zu favorisieren ist. Der Erklärungszuwachs ist nicht zuletzt auf die Berücksichtigung der Heterogenität der Branchen durch die Verwendung von Dummy-Variablen begründet. Dennoch kann der Verwendung der Schätzergebnisse des zweiten Modells zur Ableitung von systematischen Risiken im Kontext der Unternehmensbewertung nicht börsennotierter Unternehmen nicht uneingeschränkt zugesprochen werden. Wird bspw. die Modellspezifikation MS 05 herangezogen, stellt gerade die Nutzung der Parameter, deren Richtung schwer begründbar ist, ein Hindernis dar. Dies gilt insbesondere für Unternehmensbewertungen, die im

Rahmen von Kaufpreisverhandlungen oder in einem steuerrechtlichen Kontext durchgeführt werden, da die Ableitung der einzelnen Einflussparameter für den Verhandlungspartner schlüssig und nachvollziehbar sein muss, um von diesem akzeptiert zu werden. Weiterhin ist zu berücksichtigen, dass die Ergebnisse der einzelnen Modelle auf historischen Daten beruhen. Sollen die Schätzmodelle für die Ableitung von Kapitalkosten genutzt werden, muss akzeptiert werden, dass diese retrospektive Sichtweise für die Zukunft fehlerbehaftet sein kann. Zusammenhänge, die in einer Stichprobe mit einem statistischen Signifikanzniveau gelten, können nicht vollkommen unreflektiert als Prognoseinstrumente verwendet werden. Das Vorhandensein eventueller Strukturbrüche innerhalb der Volkswirtschaft muss genauso berücksichtigt werden wie zukünftig geplante signifikante Änderungen relevanter Größen, wie bspw. der Ausschüttungsquote des Unternehmens, die der Operationalisierung der Untersuchungsvariablen dienen.

6 Zusammenfassung und Ausblick

Die vorliegende Arbeit soll Aufschluss über Möglichkeiten der Unternehmensbewertung nicht börsennotierter Unternehmen geben. Insbesondere sind die Ableitung der Kapitalkosten für DCF-Verfahren und damit verbunden die Bestimmung des systematischen Risikos im Kontext des CAPM Gegenstand der Arbeit.

Dazu wurden im Kap. 2 finanzmathematische Grundlagen dargestellt sowie die Bestimmung bewertungsrelevanter Zahlungsströme abgegrenzt. Anschließend wurde die Überlegenheit der DCF-Methode gegenüber alternativer Bewertungsansätze, z. B. Bewertung durch Multiplikatoren, herausgestellt. Die Darstellung der Ergebnisgleichheit einzelner Methoden des DCF-Ansatzes bei konsistenter Verwendung unterstreicht die führende Rolle dieser Bewertungsmethode in Wissenschaft und Praxis. Das Fazit aus Betrachtung und Diskussion möglicher Zu- bzw. Abschläge, welche die Besonderheiten nicht börsennotierter Unternehmen berücksichtigen sollen, stellte sich heterogen dar. Sowohl hinsichtlich theoretischer Aspekte als auch insbesondere in der empirischen Forschung sind eindeutige Ergebnisse nicht vorhanden. Für nahezu jedes Argument einer Adjustierung des Wertes des Unternehmens kann ein Gegenargument gefunden werden, so dass Zu- bzw. Abschläge weiterhin durch die Subjektivität des Bewerters getrieben sind. Wesentliche Punkte des Kap. 2 bilden die Diskussion der relevanten Kapitalkosten und deren Anpassungsformel zum Un- bzw. Relevern. In Abhängigkeit der unterstellten Finanzierungspolitik können dabei verschiedene Vorgehensweisen gewählt werden, deren Vor- und Nachteile kritisch beurteilt wurden.

Das Kap. 3 befasst sich inhaltlich mit der Ermittlung der Kapitalkosten im kapitalmarktorientierten Kontext des CAPM sowie Mehr-Faktoren-Modellen. Im Abschnitt 3.4 wurden grundsätzliche ökonomische Aspekte des CAPM-Betas diskutiert und Einflussgrößen für die Schätzung auf Basis historischer Aktienrenditen herausgearbeitet. Neben dem Renditeintervall sind das Beobachtungszeitfenster sowie der verwendete Proxy des theoretischen Marktportfolios Parameter, deren Eignung es zu überprüfen gilt. Ferner sind in diesem Kapitel alternative Kapitalmarktmodelle auf Basis der APT betrachtet und diskutiert worden. Aufgrund der Mehrheit der Ergebnisse empirischer Studien besteht eine Überlegenheit der Mehr-Faktoren-Modelle gegenüber dem CAPM hinsichtlich der Erklärung von historischen Aktienrenditen für den US-amerikanischen Kapitalmarkt. Für den Erklärungsgehalt deutscher Aktienrenditen ist diese Aussage nur eingeschränkt gültig. Zwar sind die Bestimmtheitsmaße bei einer Verwendung des FAMA-FRENCH-Modells grundsätzlich höher als bei der Nutzung des CAPM, jedoch weisen die zusätzlichen Faktoren *SMB* und *HML* sowohl positive als auch negative Vorzeichen auf.[818] Weiterhin ist der *SMB*-Faktor auf Basis monatlicher Renditen im Durchschnitt negativ, so dass der Größenfaktor in Deutschland nicht als Risikofaktor angesehen werden kann. Nicht zuletzt auch aufgrund einer entwickelten theoretischen Fundierung, stellt somit das CAPM das zu favorisierende Modell für die Ableitung von Kapitalkosten im Rahmen der Unternehmensbewertung dar.

Innerhalb des Kap. 4 sind Faktoren betrachtet worden, welche die Höhe des CAPM-Betas beeinflussen können. Dabei standen einerseits Einflussgrößen im Fokus, die aufgrund mathematischer Dekompositionsmodelle abgeleitet werden können und andererseits Kennzahlen, welche durch theoretische Überlegungen begründbar sind. Beispielsweise wurden *DOL*, *DFL* und Accounting-Betas sowie Unternehmensgröße, -wachstum und Ausschüttungsverhalten betrachtet. Eine Diskussion der Operationalisierungsmöglichkeiten der unterschiedlichen Parameter folgte im weiteren Verlauf des Kapitels. Anschließend wurden vorhandene Arbeiten innerhalb des Forschungsgebietes analysiert und die Ergebnisse systematisch erfasst. Das zentrale Resultat des Kap. 4 stellt eine tabellarische Übersicht untersuchter Einflussgrößen des systematischen Risikos früherer Studien dar, welche gleichzeitig die Basis eines eigenen Untersuchungsmodells bildet. Es bleibt zu konstatieren, dass sich sowohl die Existenz eines signifikanten Einflusses als auch die Richtung bei keiner, der in mehreren Studien betrachteten Variablen als eindeutig herausstellte. Vielmehr stellen sich die empirischen Ergebnisse vormaliger Untersuchungen teilweise als widersprüchlich zu Folgerungen theoretischer Überlegungen heraus. Somit können nur schwierig Hypothesen bezüglich der Einflussrichtung und -stärke abgeleitet werden.

Das Kap. 5 stellt den empirischen Teil der Arbeit dar, in dem grundsätzlich zwei verschiedene lineare Erklärungsmodelle des systematischen Risikos untersucht wurden.

---

[818] Vgl. ZIEGLER ET AL. (2007), Multifaktormodelle und deutsche Aktienrenditen, S. 379.

Hierzu wurde zunächst die Frage nach der Parameterspezifikation zur Bestimmung des systematischen Risikos im CAPM anhand der Ergebnisse von über 60.000 Einzelregressionen beantwortet. Die Schätzung auf Basis eines GARCH(1,1)-Modells mit monatlicher Aktienrenditen, einem Zeitfenster von fünf Jahren sowie dem CDAX als Proxy des theoretischen Marktportfolios lieferte die höchste Güte im Durchschnitt.

Das erste, aufbauend auf der Arbeit von BOWMAN/BUSH (2006), betrachtete Modell geht der Frage nach, inwieweit ein synthetisches CAPM-Beta, welches durch eine Peer Group abgeleitet wird, zur Erklärung des unternehmensspezifischen systematischen Risikos dienen kann. Für die vorliegende Untersuchung auf dem deutschen Markt konnte zwar teilweise ein signifikant von null verschiedener positiver Einfluss nachgewiesen werden, jedoch blieb der Schätzkoeffizient weit entfernt vom theoretischen Wert von eins. Dieses Ergebnis verhält sich stabil gegenüber mehreren Bestimmungsvarianten der Peer Group (Branchenzugehörigkeit oder Clusteranalyseverfahren). Die zusätzlich berücksichtigten Kontrollregressoren, welche auf Basis langfristiger Durchschnittswerte bestimmt wurden, erklären die Gesamtstreuung dieser Querschnittsregression maßgeblich. Die Untersuchungsvariablen Unternehmensgröße sowie -wachstum weisen einen signifikant von null verschiedenen positiven Zusammenhang auf. Das Ausschüttungsverhalten steht in negativer Beziehung zum CAPM-Beta.

Auf Grundlage der Ergebnisse des Kap. 4 wurde ein eigenes Regressionsmodell abgeleitet, welches den multiplen Einfluss von neun exogenen Variablen auf das systematische Risiko untersucht. Neben den signifikanten Untersuchungsvariablen des ersten Modells wurden das leistungswirtschaftliche Risiko, die Profitabilität, das Finanzierungsrisiko und die Konkurrenzsituation des Unternehmens in das Modell integriert, die ebenfalls als Mittelwerte der einzelperiodischen Größen bestimmt wurden. Zusätzlich wurde der Einfluss der Variabilität der Erträge sowie verschiedener Accounting-Betas untersucht. In der finalen Modellspezifikation bestätigte sich der signifikant positive Erklärungsgehalt der Regressoren Unternehmensgröße und -wachstum sowie der negative Zusammenhang des Ausschüttungsverhaltens. Zusätzlich weist die Profitabilität eine signifikant positive sowie das leistungswirtschaftliche Risiko eine signifikant negative Verbindung zum systematischen Risiko auf. Die Streuung der Erträge hat ebenfalls einen positiven Einfluss, jedoch ist dieser nicht statistisch signifikant zum Niveau von 10 %. Die Verwendung von Branchendummies erhöhte die Schätzgüte des Modells, gemessen durch das adjustierte Bestimmtheitsmaß, merklich auf einen Wert von 0,3115 für die Querschnittsregression.

Dies bedeutet jedoch, dass nahezu 70 % der Gesamtstreuung des systematischen Risikos durch das Untersuchungsdesign nicht erklärt werden können. Zur Erhöhung des Gesamterklärungsgehalts des Modells kann in zukünftigen Arbeiten anstelle einer generellen Parameterspezifikation hinsichtlich Renditeintervall, Zeitfenster und Marktproxy dasjenige unternehmensspezifische CAPM-Beta zur Erklärung genutzt werden, welches die jeweils größte Schätzgüte aufweist. Daneben stellt die zusätzliche Transformation exogener Variablen eine potentielle Möglichkeit der Steigerung der Regressionsgüte dar. Werden quadratische Zusammenhänge in das Regressionsmodell einbezogen, kann untersucht werden, ob bspw. die positive Abhängigkeit des CAPM-Beta vom Unternehmenswachstum strikt linear ist oder ggf. verschiedene Wachstumsniveaus risikomindernd wirken. Eine Ausweitung des Stichprobenumfangs in zukünftigen Forschungsarbeiten kann ebenfalls zu einer Verbesserung der Schätzgüte beitragen.

Eine Erweiterung der vorliegenden Arbeit kann durch die Betrachtung von Mehr-Faktoren-Modellen anstelle des CAPM für die kapitalmarktorientierte Bestimmung risikoangepasster Kapitalkosten erreicht werden. Der Einfluss verschiedener Regressoren auf mehrere endogene Variablen (Faktorsensitivitäten der Mehr-Faktoren-Modelle) kann mithilfe von Seemingly Unrelated Regressions-Modellen[819] gleichzeitig geschätzt werden.

Alternativ zur Umsetzung in der vorliegenden Arbeit, bei welcher fundamentale Unternehmenskennzahlen zur Bestimmung des systematischen Unternehmensrisikos im Sinne des CAPM verwendet wurden, können im Rahmen der Bewertung von Unternehmen Scoring Modelle zur Ableitung des Risikozuschlags herangezogen werden. Diese können für jeden Einzelfall separat angewendet werden und berücksichtigen somit das unternehmensspezifische Risiko. Eine Definition aller relevanten Kriterien stellt dabei eine weitere Herausforderung zukünftiger Forschung dar.

---

819 Vgl. BALTAGI (2005), Analysis of panel data, S. 107-108.

Anhang A: Mathematische Herleitungen

A.1 Herleitung Kapitalkosten eines (hypothetisch) unverschuldeten Unternehmens (Unlevering)

Aus MODIGLIANI/MILLER-These II:[820]

$$r_{EK} = r_0 + \frac{FK}{EK} \cdot (1-s) \cdot (r_0 - r_f)$$

$$r_{EK} = r_0 + \frac{FK}{EK} \cdot (1-s) \cdot r_0 - \frac{FK}{EK} \cdot (1-s) \cdot r_f$$

$$r_{EK} + \frac{FK}{EK} \cdot (1-s) \cdot r_f = r_0 + \frac{FK}{EK} \cdot (1-s) \cdot r_0$$

$$r_0 = \frac{r_{EK} + \frac{FK}{EK} \cdot (1-s) \cdot r_f}{1 + \frac{FK}{EK} \cdot (1-s)}$$

$$r_0 = \frac{r_{EK}}{\frac{EK}{EK} + \frac{FK}{EK} \cdot (1-s)} + \frac{\frac{FK}{EK} \cdot (1-s) \cdot r_f}{\frac{EK}{EK} + \frac{FK}{EK} \cdot (1-s)}$$

$$r_0 = \frac{r_{EK}}{\frac{EK + FK \cdot (1-s)}{EK}} + \frac{\frac{FK}{EK} \cdot (1-s) \cdot r_f}{\frac{EK + FK \cdot (1-s)}{EK}}$$

$$r_0 = r_{EK} \cdot \frac{EK}{EK + FK \cdot (1-s)} + r_f \cdot \frac{FK}{EK} \cdot (1-s) \cdot \frac{EK}{EK + FK \cdot (1-s)}$$

$$r_0 = r_{EK} \cdot \frac{EK}{EK + FK \cdot (1-s)} + r_f \cdot \frac{FK \cdot (1-s)}{EK + FK \cdot (1-s)}$$

[820] Vgl. MODIGLIANI/MILLER (1963), Corporate income taxes, S. 439

A.2 Unlevering und Relevering

MODIGLIANI-MILLER-Anpassungsformel mit Steuern (HAMADA-Formel):

$$r_{EK} = r_0 + \frac{FK}{EK} \cdot (1-s) \cdot (r_0 - r_f) \qquad \text{M/M II (1963, S. 439)}$$

$$r_{WACC} = r_{EK} \cdot \frac{EK}{GK} + r_f \cdot (1-s) \cdot \frac{FK}{GK} \qquad \text{gewichtete durchschnittliche Kapitalkosten}$$

$$r_{WACC} = \left(r_0 + \frac{FK}{EK} \cdot (1-s) \cdot (r_0 - r_f) \right) \cdot \frac{EK}{GK} + r_f \cdot (1-s) \cdot \frac{FK}{GK}$$

$$= r_0 \cdot \frac{EK}{GK} + (1-s) \cdot (r_0 - r_f) \cdot \frac{FK}{GK} + r_f \cdot (1-s) \cdot \frac{FK}{GK}$$

$$= r_0 \cdot \frac{EK}{GK} + (1-s) \cdot r_0 \cdot \frac{FK}{GK} - (1-s) \cdot r_f \cdot \frac{FK}{GK} + r_f \cdot (1-s) \cdot \frac{FK}{GK}$$

$$= r_0 \cdot \frac{EK}{GK} + (1-s) \cdot r_0 \cdot \frac{FK}{GK}$$

$$= r_0 \cdot \frac{EK}{GK} + r_0 \cdot \frac{FK}{GK} - s \cdot r_0 \cdot \frac{FK}{GK}$$

$$= r_0 \cdot \left(\frac{EK}{GK} + \frac{FK}{GK} \right) - s \cdot r_0 \cdot \frac{FK}{GK}$$

$$r_{WACC} = r_0 \cdot \left(1 - s \cdot \frac{FK}{GK} \right) \qquad \text{Modigliani-Miller-Anpassungsformel}$$

Gleichsetzen von: gewichtete durchschnittliche Kapitalkosten und Modigliani-Miller-Anpassungsformel:

$$r_{WACC} = r_{EK} \cdot \left(1 - \frac{FK}{GK} \right) + r_f \cdot (1-s) \cdot \frac{FK}{GK} = r_0 \cdot \left(1 - s \cdot \frac{FK}{GK} \right)$$

$$r_{EK} = r_0 \cdot \left(1 - s \cdot \frac{FK}{GK} \right) \cdot \frac{GK}{EK} - r_f \cdot (1-s) \cdot \frac{FK}{GK} \cdot \frac{GK}{EK}$$

$$r_{EK} = r_0 \cdot \frac{GK}{EK} - r_0 \cdot s \cdot \frac{FK}{EK} - r_f \cdot (1-s) \cdot \frac{FK}{EK}$$

$$r_{EK} = r_0 \cdot \left(\frac{FK}{EK} + \frac{EK}{EK} \right) - r_0 \cdot s \cdot \frac{FK}{EK} - r_f \cdot (1-s) \cdot \frac{FK}{EK}$$

$$r_{EK} = r_0 + r_0 \cdot \frac{FK}{EK} - r_0 \cdot s \cdot \frac{FK}{EK} - r_f \cdot (1-s) \cdot \frac{FK}{EK}$$

$$r_{EK} = r_0 + r_0 \cdot (1-s) \cdot \frac{FK}{EK} - r_f \cdot (1-s) \cdot \frac{FK}{EK}$$

$$r_{EK} = r_0 + \left(r_0 - r_f\right)\cdot(1-s)\cdot\frac{FK}{EK}$$

mit CAPM: $r_i = r_f + \beta_i \cdot \left(E[r_M] - r_f\right) = r_f + \beta_i \cdot MRP$

$$r_f + \beta^{CAPM}\cdot MRP = r_f + \beta^0 \cdot MRP + \left(r_f + \beta^0\cdot MRP - r_f\right)\cdot(1-s)\cdot\frac{FK}{EK}$$

$$\beta^{CAPM}\cdot MRP = \beta^0\cdot MRP + \left(\beta^0\cdot MRP\right)\cdot(1-s)\cdot\frac{FK}{EK}$$

$$\beta^{CAPM} = \beta^0\cdot\left(1+(1-s)\cdot\frac{FK}{EK}\right) \qquad \text{Hamada-Formel (1972)}$$

Herleitung HAMADA-Anpassungsformel ohne Berücksichtigung von Steuern

Herleitung der Hamada – Formel (1972) ohne Steuern

aus Steiner; Bauer (1992), S. 349:

$$E[r_{EK}] = \frac{E[r_0]\cdot(FK+EK) - E[r_{FK}]\cdot FK}{EK} \qquad (1)$$

im CAPM gilt:

$$E[r_{EK}] = r_f + \left(E[r_M] - r_f\right)\cdot\beta^{CAPM} \qquad (2)$$

$$E[r_0] = r_f + \left(E[r_M] - r_f\right)\cdot\beta^0 \qquad (3)$$

$$E[r_{FK}] = r_f + \left(E[r_M] - r_f\right)\cdot\beta_{FK} \qquad (4)$$

(3) und (4) in (1)

$$E[r_{EK}] = \frac{\left(r_f + \left(E[r_M]-r_f\right)\cdot\beta^0\right)\cdot(FK+EK) - \left(r_f + \left(E[r_M]-r_f\right)\cdot\beta_{FK}\right)\cdot FK}{EK}$$

$$E[r_{EK}] = \left(r_f + \left(E[r_M]-r_f\right)\cdot\beta^0\right) + \left(r_f + \left(E[r_M]-r_f\right)\cdot\beta^0\right)\cdot\frac{FK}{EK} - \left(r_f + \left(E[r_M]-r_f\right)\cdot\beta_{FK}\right)\cdot\frac{FK}{EK}$$

$$E[r_{EK}] = r_f + \left(E[r_M]-r_f\right)\cdot\left(\beta^0 + \left(\beta^0 - \beta_{FK}\right)\cdot\frac{FK}{EK}\right)$$

mit (2) ergibt sich:

$$\beta^{CAPM} = \beta^0 + \left(\beta^0 - \beta_{FK}\right)\cdot\frac{FK}{EK} \qquad (5)$$

$$= \beta^0\cdot\left(1+\frac{FK}{EK}\right) - \beta_{FK}\cdot\frac{FK}{EK} \qquad (5a)$$

wenn $\beta_{FK} = 0$, so folgt aus (5a):

$$\beta^{CAPM} = \beta^0\cdot\left(1+\frac{FK}{EK}\right) \qquad (6)$$

Herleitung der MILES-EZZEL-Relevering-Anpassungsformel[821]

$$\beta^0 = \beta^{CAPM} \cdot \left[\frac{1 - \frac{FK}{EK + FK}}{1 - \frac{s \cdot r_f \cdot \frac{FK}{EK + FK}}{1 + r_f}} \right] \qquad \left(\text{Vgl. Miles; Ezzell (1985), S. 1491, Formel 27}\right)$$

$$\beta^{CAPM} = \beta^0 \cdot \left[\frac{1 - \frac{s \cdot r_f \cdot \frac{FK}{EK + FK}}{1 + r_f}}{1 - \frac{FK}{EK + FK}} \right] \qquad \left| \cdot (1 + r_f) \cdot (EK + FK) \right.$$

$$\beta^{CAPM} = \beta^0 \cdot \left[\frac{(1 + r_f) \cdot (EK + FK) - s \cdot r_f \cdot FK}{(1 + r_f) \cdot (EK + FK) - (1 + r_f) \cdot FK} \right]$$

$$\beta^{CAPM} = \beta^0 \cdot \left[\frac{(1 + r_f) \cdot EK + (1 + r_f) \cdot FK - s \cdot r_f \cdot FK}{(1 + r_f) \cdot EK} \right]$$

$$\beta^{CAPM} = \beta^0 \cdot \left[1 + \frac{FK}{EK} - \left(\frac{s \cdot r_f}{(1 + r_f)} \right) \cdot \frac{FK}{EK} \right]$$

$$\beta^{CAPM} = \beta^0 \cdot \left[1 + \left(\frac{1 + r_f \cdot (1 - s)}{(1 + r_f)} \right) \cdot \frac{FK}{EK} \right]$$

[821] Vgl. MILES/EZZELL (1985), Tax shield valuation, S. 1491

Herleitung MILES-EZZEL-Anpassungsformel nach KRUSCHWITZ; LÖFFLER; LORENZ (2011)[822]

$$r_{WACC,t} = r_{0,t} - \frac{1+r_{0,t}}{1+r_f} \cdot s \cdot r_f \cdot \frac{FK_t}{EK_t + FK_t} \qquad \left(\text{Vgl. Kruschwitz; Löffler } (2006), \text{ S. } 72\right)$$

$$r_{WACC,t} = r_{EK,t} \cdot \frac{EK_t}{EK_t + FK_t} + r_{FK,t} \cdot \frac{FK_t}{EK_t + FK_t} \cdot (1-s)$$

$$r_{0,t} - \frac{1+r_{0,t}}{1+r_f} \cdot s \cdot r_f \cdot \frac{FK_t}{EK_t + FK_t} = r_{EK,t} \cdot \frac{EK_t}{EK_t + FK_t} + r_{FK,t} \cdot \frac{FK_t}{EK_t + FK_t} \cdot (1-s)$$

$$r_{0,t} - \frac{1+r_{0,t}}{1+r_f} \cdot s \cdot r_f \cdot \frac{FK_t}{EK_t + FK_t} - r_{FK,t} \cdot \frac{FK_t}{EK_t + FK_t} \cdot (1-s) = r_{EK,t} \cdot \frac{EK_t}{EK_t + FK_t}$$

$$r_{0,t} \cdot \frac{EK_t + FK_t}{EK_t} - \frac{1+r_{0,t}}{1+r_f} \cdot s \cdot r_f \cdot \frac{FK_t}{EK_t} - r_{FK,t} \cdot \frac{FK_t}{EK_t} \cdot (1-s) = r_{EK,t}$$

$$r_{0,t} + r_{0,t} \cdot \frac{FK_t}{EK_t} - \frac{1+r_{0,t}}{1+r_f} \cdot s \cdot r_f \cdot \frac{FK_t}{EK_t} - r_{FK,t} \cdot \frac{FK_t}{EK_t} \cdot (1-s) = r_{EK,t}$$

$$r_{0,t} + r_{0,t} \cdot \frac{FK_t}{EK_t} - \frac{1+r_{0,t}}{1+r_f} \cdot s \cdot r_f \cdot \frac{FK_t}{EK_t} - r_{FK,t} \cdot \frac{FK_t}{EK_t} + r_{FK,t} \cdot \frac{FK_t}{EK_t} \cdot s = r_{EK,t}$$

$$r_{EK,t} = r_{0,t} + \left(r_{0,t} - \frac{1+r_{0,t}}{1+r_f} \cdot s \cdot r_f - r_{FK,t} + r_{FK,t} \cdot s \right) \cdot \frac{FK_t}{EK_t}$$

$$r_{EK,t} = r_{0,t} + \left(r_{0,t} - r_{FK,t} + s \cdot \left(r_{FK,t} - \frac{1+r_{0,t}}{1+r_f} \cdot r_f \right) \right) \cdot \frac{FK_t}{EK_t}$$

mit CAPM: $r_i = r_f + MRP \cdot \beta_i$ unter der Annahme, dass r_f, MRP, β^0, β_{FK} und s konstant sind, folgt:

$$r_f + MRP \cdot \beta_t^{CAPM} = r_f + MRP \cdot \beta^0 + \left(\begin{array}{l} r_f + MRP \cdot \beta_0 - \left(r_f + MRP \cdot \beta_{FK} \right) \\ +s \cdot \left(r_f + MRP \cdot \beta_{FK} - \left(\dfrac{1 + r_f + MRP \cdot \beta^0}{1+r_f} \right) \cdot r_f \right) \end{array} \right) \cdot \frac{FK_t}{EK_t}$$

$$MRP \cdot \beta_t^{CAPM} = MRP \cdot \beta^0 + \left(MRP \cdot \left(\beta^0 - \beta_{FK} \right) + s \cdot \left(MRP \cdot \beta_{FK} - \frac{MRP \cdot \beta^0 \cdot r_f}{1+r_f} \right) \right) \cdot \frac{FK_t}{EK_t}$$

$$MRP \cdot \beta_t^{CAPM} = MRP \cdot \beta^0 + MRP \cdot \left(\beta^0 - \beta_{FK} + s \cdot \beta_{FK} - \frac{s \cdot \beta^0 \cdot r_f}{1+r_f} \right) \cdot \frac{FK_t}{EK_t}$$

822 Vgl. KRUSCHWITZ/LÖFFLER/LORENZ (2011), Unlevering und Relevering, S. 676ff.

$$\beta_{EK,t} = \beta_0 + \left(\beta_0 - \beta_{FK} \cdot (1-s) - \frac{s \cdot \beta_0 \cdot r_f}{1+r_f} \right) \cdot \frac{FK_t}{EK_t}$$

$$\beta_t^{CAPM} = \beta^0 + \beta^0 \cdot \frac{FK_t}{EK_t} - \beta_{FK} \cdot (1-s) \cdot \frac{FK}{EK} - \frac{s \cdot \beta^0 \cdot r_f}{1+r_f} \cdot \frac{FK_t}{EK_t}$$

$$\beta_t^{CAPM} = \beta^0 \cdot \left(1 + \frac{FK_t}{EK_t} - \frac{s \cdot r_f}{1+r_f} \cdot \frac{FK_t}{EK_t} \right) - \beta_{FK} \cdot (1-s) \cdot \frac{FK_t}{EK_t}$$

$$\beta_t^{CAPM} = \beta^0 \cdot \left(1 + \frac{FK_t}{EK_t} \cdot \left(1 - \frac{s \cdot r_f}{1+r_f} \right) \right) - \beta_{FK} \cdot (1-s) \cdot \frac{FK_t}{EK_t}$$

$$\beta_t^{CAPM} = \beta^0 \cdot \left(1 + \frac{FK_t}{EK_t} \cdot \left(\frac{1+r_f}{1+r_f} - \frac{s \cdot r_f}{1+r_f} \right) \right) - \beta_{FK} \cdot (1-s) \cdot \frac{FK_t}{EK_t}$$

$$\beta_t^{CAPM} = \beta^0 \cdot \left(1 + \frac{FK_t}{EK_t} \cdot \left(\frac{1+r_f (1-s)}{1+r_f} \right) \right) - \beta_{FK} \cdot (1-s) \cdot \frac{FK_t}{EK_t}$$

A.3 Herleitung des Capital Asset Pricing Model (CAPM)

Die Herleitung folgt COPELAND/WESTON/SHASTRI (2008), Finanzierungstheorie, S. 208ff. und STEINER/BRUNS/STÖCKL (2012), Wertpapiermanagement, S. 24ff i. V. m. SHARPE (1964), Capital asset prices, S. 438, Fußnote 22

Betrachtet wird ein Portfolio aus einem riskanten Wertpapier i und dem Marktportfolio M:

$$E[R_P] = w \cdot E[R_i] + (1-w) \cdot E[R_M]$$

$$\sigma_P = \left[w^2 \cdot \sigma_{R_i}^2 + (1-w)^2 \sigma_M^2 + 2 \cdot w \cdot (1-w) \sigma_{R_i} \cdot \sigma_M \cdot \sigma_{R_i M} \right]^{0,5}$$

mit:

w	…	Anteil des Portfolios am riskanten Wertpapier i
$E[R_P]$	…	erwartete Rendite des Portfolios aus i und M
$E[R_i]$	…	erwartete Rendite des Wertpapiers i
$E[R_M]$	…	erwartete Rendite des Marktportfolios
σ_P	…	Standardabweichung des Portfolios aus i und M
$\sigma_{R_i}^2$	…	Varianz der Rendite von i
σ_M^2	…	Varianz der Rendite von M
$\sigma_{R_i M}$	…	Kovarianz der Rendite von i und M

Bestimmung des Anstiegs des Portfolios aus i und M:

$$\frac{\partial E[R_P]}{\partial \sigma_P} = \frac{\partial E[R_P]}{\partial a} \cdot \frac{\partial w}{\partial \sigma_{PF}} = \frac{\dfrac{\partial E[R_P]}{\partial w}}{\dfrac{\partial \sigma_P}{\partial w}}$$

mit:

$$\frac{\partial E[R_P]}{\partial w}=E[R_i]-E[R_M]$$

$$\frac{\partial \sigma_P}{\partial w}=\frac{1}{2}\cdot\left[w^2\cdot\sigma_{R_i}^2+(1-w)^2\sigma_M^2+2\cdot w\cdot(1-w)\sigma_{R_i}\cdot\sigma_M\cdot\sigma_{R_iM}\right]^{-0,5}$$

$$\cdot\left[2\cdot w\cdot\sigma_{R_i}^2-2\cdot\sigma_M^2+2\cdot w\cdot\sigma_M^2+2\cdot\sigma_{R_iM}-4\cdot w\cdot\sigma_{R_iM}\right]$$

Da im Marktgleichgewicht alle Anleger 100 % in *M* investiert sind folgt *a*=0:

$$\left.\frac{\partial E[R_P]}{\partial w}\right|_{w=0}=E[R_i]-E[R_M]$$

$$\left.\frac{\partial \sigma_P}{\partial w}\right|_{w=0}=\frac{1}{2}\cdot\left[\sigma_M^2\right]^{-0,5}\cdot\left(-2\cdot\sigma_M^2+2\cdot\sigma_{R_iM}\right)=\frac{\left(\sigma_{R_iM}-\sigma_M^2\right)}{\sigma_M}.$$

Somit folgt für:

$$\left.\frac{\frac{\partial E[R_P]}{\partial w}}{\frac{\partial \sigma_P}{\partial w}}\right|_{w=0}=\frac{E[R_i]-E[R_M]}{\frac{\left(\sigma_{R_iM}-\sigma_M^2\right)}{\sigma_M}}.$$

Da *M* das Tangentialportfolio mit der CML darstellt, folgt:

$$\text{Anstieg der CML}=\left.\frac{\partial E[R_P]}{\partial \sigma_P}\right|_{w=0}$$

$$\frac{E[R_M]-r_f}{\sigma_M}=\frac{E[R_i]-E[R_M]}{\frac{\left(\sigma_{R_iM}-\sigma_M^2\right)}{\sigma_M}}$$

ein Umstellen nach $E[R_i]$ führt zu:

$$E[R_i]=r_f+\left(E[R_M]-r_f\right)\cdot\frac{\sigma_{R_iM}}{\sigma_M^2}$$

mit $\beta_i^{CAPM}=\frac{\sigma_{R_iM}}{\sigma_M^2}$

$E[R_i]=r_f+\left(E[R_M]-r_f\right)\cdot\beta_i^{CAPM}$ (Wertpapierlinie, SML)

A.4 Arithmetischer Mittelwert der Betafaktoren bei einem synthetisch gleichgewichteten Marktindex

Wenn: $R_M = \sum_{j=1}^{n} w_j \cdot R_j$ (synthetischer gleichgewichteter Marktindex)

mit:

R_M...zufällige relative Änderung eines Faktors ("Rendite") des synthetischem Marktindex M mit Realisiationen $r_{M,t}$ mit $t = 1,...,T$ (Anzahl der Beobachtung der Realisationen)

R_j...zufällige relative Änderung eines Faktors ("Rendite") des Unternehmens j mit Realisiationen $r_{j,t}$ mit $j = 1,...,n$ (Anzahl der Unternehmen) und $t = 1,...,T$ (Anzahl der Beobachtung der Realisationen)

$w_j = \frac{1}{n}$ für alle $j = 1,...,n$

folgt:

$$R_M = \frac{1}{n}\sum_{j=1}^{n} R_j$$

Zu zeigen ist, dass: $\frac{1}{n}\sum_{i=1}^{n}\beta_j = 1$ mit: $\beta_j = \frac{Cov(R_j, R_M)}{Var[R_M]}$.

$$\frac{1}{n}\sum_{j=1}^{n}\beta_j = \frac{1}{n}\sum_{j=1}^{n}\frac{Cov(R_j, R_M)}{Var[R_M]}$$

$$= \frac{1}{n}\frac{\sum_{j=1}^{n} Cov(R_j, R_M)}{Var[R_M]}$$

$$= \frac{1}{n}\frac{\sum_{j=1}^{n} Cov\left(R_j, \frac{1}{n}\sum_{j=1}^{n} R_j\right)}{Var\left[\frac{1}{n}\sum_{j=1}^{n} R_j\right]}$$

mit:

$$\sum_{j=1}^{n} Cov\left(R_j, \frac{1}{n}\sum_{j=1}^{n} R_j\right)$$

$$= \sum_{j=1}^{n}\left[\frac{1}{n}\sum_{i=1}^{n} Cov\left(R_j, R_i\right)\right]$$

$$= \frac{1}{n}\sum_{j=1}^{n}\sum_{i=1}^{n} Cov\left(R_j, R_i\right)$$

$$= \frac{1}{n}\left[\sum_{j=1}^{n} Var\left[R_i\right] + \sum_{j=1}^{n}\sum_{\substack{i=1\\ j\neq i}}^{n} Cov\left(R_j, R_i\right)\right]$$

und mit:

$$Var\left[\frac{1}{n}\sum_{j=1}^{n} R_j\right]$$

$$= \frac{1}{n^2} Var\left[\sum_{j=1}^{n} R_j\right]$$

$$= \frac{1}{n^2}\left[\sum_{j=1}^{n} Var\left[R_j\right] + \sum_{j=1}^{n}\sum_{\substack{i=1\\ j\neq i}}^{n} Cov\left(R_j, R_i\right)\right]$$

folgt:

$$\frac{1}{n}\sum_{j=1}^{n}\beta_j = \frac{\frac{1}{n}\frac{1}{n}\left[\sum_{j=1}^{n} Var\left[R_j\right] + \sum_{j=1}^{n}\sum_{\substack{i=1\\ j\neq i}}^{n} Cov\left(R_j, R_i\right)\right]}{\frac{1}{n^2}\left[\sum_{j=1}^{n} Var\left[R_j\right] + \sum_{j=1}^{n}\sum_{\substack{i=1\\ j\neq i}}^{n} Cov\left(R_j, R_i\right)\right]} = 1$$

Anhang B: Dekompositionsmodelle des systematischen Risikos

B.1 Darstellung der Herleitung des Modells von MANDELKER/RHEE (1984)

aus: $\beta_{j,t}^{CAPM} = \frac{Cov\left(\tilde{R}_{j,t}, \tilde{R}_{M,t}\right)}{Var\left[\tilde{R}_{M,t}\right]}$ mit: $R_{j,t} = \left(\frac{\widetilde{JÜ}_{j,t}}{EK_{j,t-1}}\right) - 1$

$$\beta_{j,t}^{CAPM} = \frac{Cov\left(\left(\frac{\widetilde{JÜ}_{j,t}}{EK_{j,t-1}}\right) - 1, \tilde{R}_{M,t}\right)}{Var\left[\tilde{R}_{M,t}\right]}$$

$$\beta_{j,t}^{CAPM} = \frac{Cov\left(\left(\frac{\widetilde{JÜ}_{j,t}}{EK_{j,t-1}}\right), \tilde{R}_{M,t}\right)}{Var\left[\tilde{R}_{M,t}\right]}$$

$$\beta_{j,t}^{CAPM} = \frac{Cov\left(\left(\frac{JÜ_{j,t-1}}{JÜ_{j,t-1}} \cdot \frac{\widetilde{JÜ}_{j,t}}{EK_{j,t-1}}\right) - 1, \tilde{R}_{M,t}\right)}{Var\left[\tilde{R}_{M,t}\right]}$$

$$\beta_{j,t}^{CAPM} = \frac{JÜ_{j,t-1}}{EK_{j,t-1}} \cdot \frac{Cov\left(\left(\frac{\widetilde{JÜ}_{j,t}}{JÜ_{j,t-1}}\right) - 1, \tilde{R}_{M,t}\right)}{Var\left[\tilde{R}_{M,t}\right]}$$

Degree of Financial Leverage (*DFL*):

$$DFL_{j,t} = \left(\frac{\widetilde{JÜ}_{j,t}}{JÜ_{j,t-1}} - 1\right) \Big/ \left(\frac{\widetilde{EBIT}_{j,t}}{EBIT_{j,t-1}} - 1\right)$$

$$\left(\frac{\widetilde{JÜ}_{j,t}}{JÜ_{j,t-1}}\right) - 1 = DFL_{j,t} \cdot \left(\frac{\widetilde{EBIT}_{j,t}}{EBIT_{j,t-1}} - 1\right)$$

Degree of Operating Leverage (DOL):

$$DOL_{j,t} = \left(\frac{\widetilde{EBIT}_{j,t}}{EBIT_{j,t-1}} - 1\right) \Bigg/ \left(\frac{\widetilde{Q}_{j,t}}{Q_{j,t-1}} - 1\right)$$

$$\left(\frac{\widetilde{EBIT}_{j,t}}{EBIT_{j,t-1}} - 1\right) = DOL_{j,t} \cdot \left(\frac{\widetilde{Q}_{j,t}}{Q_{j,t-1}} - 1\right)$$

$$\text{mit:}\left(\frac{\widetilde{J\ddot{U}}_{j,t}}{J\ddot{U}_{j,t-1}}\right) - 1 = DFL_{j,t} \cdot \left(\frac{\widetilde{EBIT}_{j,t}}{EBIT_{j,t-1}} - 1\right)$$

$$\left(\frac{\widetilde{J\ddot{U}}_{j,t}}{J\ddot{U}_{j,t-1}}\right) - 1 = DFL_{j,t} \cdot DOL_{j,t} \cdot \left(\frac{\widetilde{Q}_{j,t}}{Q_{j,t-1}} - 1\right)$$

$$\beta_{j,t}^{CAPM} = \frac{J\ddot{U}_{j,t-1}}{EK_{j,t-1}} \cdot \frac{Cov\left(DFL_{j,t} \cdot DOL_{j,t} \cdot \left(\frac{\widetilde{Q}_{j,t}}{Q_{j,t-1}} - 1\right), \widetilde{R}_{M,t}\right)}{Var\left[\widetilde{R}_{M,t}\right]}$$

$$\beta_{j,t}^{CAPM} = DFL_{j,t} \cdot DOL_{j,t} \cdot \frac{Cov\left(\left(\frac{J\ddot{U}_{j,t-1}}{EK_{j,t-1}} \cdot \frac{\widetilde{Q}_{j,t}}{Q_{j,t-1}} - 1\right), \widetilde{R}_{M,t}\right)}{Var\left[\widetilde{R}_{M,t}\right]}$$

$$\beta_{j,t}^{CAPM} = DFL_{j,t} \cdot DOL_{j,t} \cdot \frac{Cov\left(\left(\frac{J\ddot{U}_{j,t-1}}{Q_{j,t-1}} \cdot \frac{\widetilde{Q}_{j,t}}{EK_{j,t-1}}\right), \widetilde{R}_{M,t}\right)}{Var\left[\widetilde{R}_{M,t}\right]}$$

mit Sales $S = p \cdot Q$:

$$\beta_{j,t}^{CAPM} = DFL_{j,t} \cdot DOL_{j,t} \cdot \frac{Cov\left(\left(\frac{p}{p} \cdot \frac{J\ddot{U}_{j,t-1}}{Q_{j,t-1}} \cdot \frac{\widetilde{Q}_{j,t}}{EK_{j,t-1}}\right), \widetilde{R}_{M,t}\right)}{Var\left[\widetilde{R}_{M,t}\right]}$$

$$\beta_{j,t}^{CAPM} = DFL_{j,t} \cdot DOL_{j,t} \cdot \frac{Cov\left(\left(\frac{J\ddot{U}_{j,t-1}}{S_{j,t-1}} \cdot \frac{\widetilde{S}_{j,t}}{EK_{j,t-1}}\right), \widetilde{R}_{M,t}\right)}{Var\left[\widetilde{R}_{M,t}\right]}$$

$$\beta_{j,t}^{CAPM} = DFL_{j,t} \cdot DOL_{j,t} \cdot \beta_{j,t}^{0}$$

$$mit: \beta_{j,t}^{0} = \frac{Cov\left(\left(\frac{J\ddot{U}_{j,t-1}}{S_{j,t-1}} \cdot \frac{\widetilde{S}_{j,t}}{EK_{j,t-1}}\right), \widetilde{R}_{M,t}\right)}{Var\left[\widetilde{R}_{M,t}\right]}$$

B.2 Darstellung der Herleitung des Modells von CHUNG (1989)

$$\beta_{j,t}^{CAPM} = \frac{Cov\left(\widetilde{R}_{j,t}, \widetilde{R}_{M,t}\right)}{Var\left[\widetilde{R}_{M,t}\right]}$$

$$\text{mit}: R_{j,t} = \left(\frac{\widetilde{JÜ}_{j,t}}{EK_{jt-1}}\right) - 1 \quad \text{und} \quad R_{M,t} = \left(\frac{\widetilde{JÜ}_{M,t}}{EK_{M,t-1}}\right) - 1$$

$$\beta_{j,t}^{CAPM} = \frac{Cov\left(\left(\frac{\widetilde{JÜ}_{j,t}}{EK_{j,t-1}}\right) - 1, \left(\frac{\widetilde{JÜ}_{M,t}}{EK_{M,t-1}}\right) - 1\right)}{Var\left[\left(\frac{\widetilde{JÜ}_{M,t}}{EK_{M,t-1}}\right) - 1\right]} = \frac{Cov\left(\left(\frac{\widetilde{JÜ}_{j,t}}{EK_{j,t-1}}\right), \left(\frac{\widetilde{JÜ}_{M,t}}{EK_{M,t-1}}\right)\right)}{Var\left[\frac{\widetilde{JÜ}_{M,t}}{EK_{M,t-1}}\right]}$$

$$\beta_{j,t}^{CAPM} = \frac{\frac{1}{EK_{j,t-1} \cdot EK_{M,t-1}} Cov\left(\widetilde{JÜ}_{j,t}, \widetilde{JÜ}_{M,t}\right)}{\frac{1}{\left(EK_{M,t-1}\right)^2} \cdot Var\left[\widetilde{JÜ}_{M,t}\right]}$$

$$\beta_{j,t}^{CAPM} = \frac{EK_{M,t-1} \cdot Cov\left(\widetilde{JÜ}_{j,t}, \widetilde{JÜ}_{M,t}\right)}{EK_{j,t-1} \cdot Var\left[\widetilde{JÜ}_{M,t}\right]}$$

mit: $d\widetilde{JÜ}_{j,t} = \widetilde{JÜ}_{j,t} - \widetilde{JÜ}_{j,t-1}$ (d...Differenzopperator)

folgt: $Cov\left(\widetilde{JÜ}_{j,t}, \widetilde{JÜ}_{M,t}\right) = Cov\left(d\widetilde{JÜ}_{j,t} + \widetilde{JÜ}_{j,t-1}, \widetilde{JÜ}_{M,t}\right)$

$$= Cov\left(\frac{JÜ_{j,t-1}}{\widetilde{JÜ}_{j,t-1}}\left(d\widetilde{JÜ}_{j,t} + \widetilde{JÜ}_{j,t-1}\right), \widetilde{JÜ}_{M,t}\right)$$

$$= JÜ_{j,t-1} \cdot Cov\left(\left(\frac{d\widetilde{JÜ}_{j,t}}{\widetilde{JÜ}_{j,t-1}} + \frac{\widetilde{JÜ}_{j,t-1}}{\widetilde{JÜ}_{j,t-1}}\right), \widetilde{JÜ}_{M,t}\right)$$

$$= JÜ_{j,t-1} \cdot Cov\left(\left(\frac{d\widetilde{JÜ}_{j,t}}{\widetilde{JÜ}_{j,t-1}} + 1\right), \widetilde{JÜ}_{M,t}\right)$$

$$Cov\left(\widetilde{JÜ}_{j,t}, \widetilde{JÜ}_{M,t}\right) = JÜ_{j,t-1} \cdot Cov\left(\frac{d\widetilde{JÜ}_{j,t}}{\widetilde{JÜ}_{j,t-1}}, \widetilde{JÜ}_{M,t}\right)$$

durch Multiplikation von $\frac{d\widetilde{JÜ}_{j,t}}{\widetilde{JÜ}_{j,t-1}}$ mit $\frac{EBIT_{j,t-1}}{EBIT_{j,t-1}} \cdot \frac{dEBIT_{j,t}}{dEBIT_{j,t}} \cdot \frac{S_{j,t-1}}{S_{j,t-1}} \cdot \frac{dS_{j,t}}{dS_{j,t}}$

$$Cov\left(\widetilde{JÜ}_{j,t}, \widetilde{JÜ}_{M,t}\right) = JÜ_{j,t-1} \cdot Cov\left(\frac{d\widetilde{JÜ}_{j,t}}{\widetilde{JÜ}_{j,t-1}} \cdot \frac{EBIT_{j,t-1}}{EBIT_{j,t-1}} \cdot \frac{dEBIT_{j,t}}{dEBIT_{j,t}} \cdot \frac{S_{j,t-1}}{S_{j,t-1}} \cdot \frac{dS_{j,t}}{dS_{j,t}}, \widetilde{JÜ}_{M,t}\right)$$

$$Cov\left(\widetilde{JÜ}_{j,t},\widetilde{JÜ}_{M,t}\right)=JÜ_{j,t-1}\cdot Cov\left(\underbrace{\frac{d\widetilde{JÜ}_{j,t}}{dEBIT_{j,t}}\cdot\frac{EBIT_{j,t-1}}{\widetilde{JÜ}_{j,t-1}}}_{DFL_{jt}}\cdot\underbrace{\frac{dEBIT_{j,t}}{dS_{j,t}}\cdot\frac{S_{j,t-1}}{EBIT_{j,t-1}}}_{DOL_{jt}}\cdot\frac{dS_{j,t}}{S_{j,t-1}},\widetilde{JÜ}_{M,t}\right)$$

$$Cov\left(\widetilde{JÜ}_{j,t},\widetilde{JÜ}_{M,t}\right)=JÜ_{j,t-1}\cdot DFL_{j,t}\cdot DOL_{j,t}\cdot Cov\left(\frac{dS_{j,t}}{S_{j,t-1}},\widetilde{JÜ}_{M,t}\right)$$

mit: $Cov\left(\frac{dS_{j,t}}{S_{j,t-1}},\widetilde{JÜ}_{M,t}\right)=Cov\left(\frac{dS_{j,t}}{S_{j,t-1}},dJÜ_{M,t}+JÜ_{M,t-1}\right)=JÜ_{M,t-1}\cdot Cov\left(\frac{dS_{j,t}}{S_{j,t-1}},\frac{dJÜ_{M,t}}{JÜ_{M,t-1}}\right)$

durch Multiplikation von $\frac{dJÜ_{M,t}}{JÜ_{M,t-1}}$ mit $\frac{S_{M,t-1}}{S_{M,t-1}}\cdot\frac{dS_{M,t}}{dS_{M,t}}$ folgt:

$$Cov\left(\frac{dS_{j,t}}{S_{j,t-1}},\widetilde{JÜ}_{M,t}\right)=JÜ_{M,t-1}\cdot Cov\left(\frac{dS_{j,t}}{S_{j,t-1}},\frac{dJÜ_{M,t}}{JÜ_{M,t-1}}\cdot\frac{S_{M,t-1}}{S_{M,t-1}}\cdot\frac{dS_{M,t}}{dS_{M,t}}\right)$$

$$Cov\left(\frac{dS_{j,t}}{S_{j,t-1}},\widetilde{JÜ}_{M,t}\right)=JÜ_{M,t-1}\cdot Cov\left(\frac{dS_{j,t}}{S_{j,t-1}},\frac{dJÜ_{M,t}}{dS_{M,t}}\cdot\frac{S_{M,t-1}}{JÜ_{M,t-1}}\cdot\frac{dS_{M,t}}{S_{M,t-1}}\right)$$

da $\frac{dJÜ_{M,t}}{dS_{M,t}}\cdot\frac{S_{M,t-1}}{JÜ_{M,t-1}}$ eine Konstante darstellt, folgt:

$$Cov\left(\frac{dS_{j,t}}{S_{j,t-1}},\widetilde{JÜ}_{M,t}\right)=\left(\frac{dJÜ_{M,t}}{dS_{M,t}}\cdot\frac{S_{M,t-1}}{JÜ_{M,t-1}}\cdot JÜ_{M,t-1}\right)\cdot Cov\left(\frac{dS_{j,t}}{S_{j,t-1}},\cdot\frac{dS_{M,t}}{S_{M,t-1}}\right)$$

$$Cov\left(\frac{dS_{j,t}}{S_{j,t-1}},\widetilde{JÜ}_{M,t}\right)=\left(\frac{dJÜ_{M,t}}{dS_{M,t}}\cdot S_{M,t-1}\right)\cdot Cov\left(\frac{dS_{j,t}}{S_{j,t-1}},\cdot\frac{dS_{M,t}}{S_{M,t-1}}\right)$$

$$\beta_{j,t}^{CAPM}=\frac{EK_{M,t-1}\cdot Cov\left(\widetilde{JÜ}_{j,t},\widetilde{JÜ}_{M,t}\right)}{EK_{j,t-1}\cdot Var\left[\widetilde{JÜ}_{M,t}\right]}$$

mit: $Cov\left(\widetilde{JÜ}_{j,t},\widetilde{JÜ}_{M,t}\right)=JÜ_{j,t-1}\cdot DFL_{j,t}\cdot DOL_{j,t}\cdot Cov\left(\frac{dS_{j,t}}{S_{j,t-1}},\widetilde{JÜ}_{M,t}\right)$

$$\beta_{j,t}^{CAPM}=\frac{EK_{M,t-1}\cdot JÜ_{j,t-1}\cdot DFL_{j,t}\cdot DOL_{j,t}\cdot Cov\left(\frac{dS_{j,t}}{S_{j,t-1}},\widetilde{JÜ}_{M,t}\right)}{EK_{j,t-1}\cdot Var\left[\widetilde{JÜ}_{M,t}\right]}$$

mit: $Cov\left(\frac{dS_{j,t}}{S_{j,t-1}},\widetilde{JÜ}_{M,t}\right)=\left(\frac{dJÜ_{M,t}}{dS_{M,t}}\cdot S_{M,t-1}\right)\cdot Cov\left(\frac{dS_{j,t}}{S_{j,t-1}},\cdot\frac{dS_{M,t}}{S_{M,t-1}}\right)$

$$\beta_{j,t}^{CAPM}=\frac{EK_{M,t-1}\cdot JÜ_{j,t-1}\cdot DFL_{j,t}\cdot DOL_{j,t}\cdot\left(\frac{dJÜ_{M,t}}{dS_{M,t}}\cdot S_{M,t-1}\right)\cdot Cov\left(\frac{dS_{j,t}}{S_{j,t-1}},\cdot\frac{dS_{M,t}}{S_{M,t-1}}\right)}{EK_{j,t-1}\cdot Var\left[\widetilde{JÜ}_{M,t}\right]}$$

Aufspalten von: $Var\left[\widetilde{JÜ}_{M,t}\right]$

$$Var\left[\widetilde{JÜ}_{M,t}\right] = Var\left[dJÜ_{M,t} + JÜ_{M,t-1}\right]$$

da $JÜ_{M,t-1}$ eine Konstante ist, folgt:

$$Var\left[\widetilde{JÜ}_{M,t}\right] = Var\left[dJÜ_{M,t}\right]$$

Multiplikation von $dJÜ_{M,t}$ mit $\frac{dS_{M,t}}{dS_{M,t}} \cdot \frac{S_{M,t-1}}{S_{M,t-1}}$, folgt:

$$Var\left[\widetilde{JÜ}_{M,t}\right] = Var\left[dJÜ_{M,t} \cdot \frac{dS_{M,t}}{dS_{M,t}} \cdot \frac{S_{M,t-1}}{S_{M,t-1}}\right]$$

$$Var\left[\widetilde{JÜ}_{M,t}\right] = Var\left[\frac{dJÜ_{M,t}}{dS_{M,t}} \cdot S_{M,t-1} \cdot \frac{dS_{M,t}}{S_{M,t-1}}\right]$$

$$Var\left[\widetilde{JÜ}_{M,t}\right] = \left(\frac{dJÜ_{M,t}}{dS_{M,t}} \cdot S_{M,t-1}\right)^2 \cdot Var\left[\frac{dS_{M,t}}{S_{M,t-1}}\right]$$

somit:

$$\beta_{j,t}^{CAPM} = \frac{EK_{M,t-1} \cdot JÜ_{j,t-1} \cdot DFL_{j,t} \cdot DOL_{j,t} \cdot \left(\frac{dJÜ_{M,t}}{dS_{M,t}} \cdot S_{M,t-1}\right) \cdot Cov\left(\frac{dS_{j,t}}{S_{j,t-1}}, \cdot \frac{dS_{M,t}}{S_{M,t-1}}\right)}{EK_{j,t-1} \cdot \left(\frac{dJÜ_{M,t}}{dS_{M,t}} \cdot S_{M,t-1}\right)^2 \cdot Var\left[\frac{dS_{M,t}}{S_{M,t-1}}\right]}$$

$$\beta_{j,t}^{CAPM} = \frac{EK_{M,t-1} \cdot JÜ_{j,t-1} \cdot DFL_{j,t} \cdot DOL_{j,t} \cdot Cov\left(\frac{dS_{j,t}}{S_{j,t-1}}, \cdot \frac{dS_{M,t}}{S_{M,t-1}}\right)}{EK_{j,t-1} \cdot \left(\frac{dJÜ_{M,t}}{dS_{M,t}} \cdot S_{M,t-1}\right) \cdot Var\left[\frac{dS_{M,t}}{S_{M,t-1}}\right]}$$

$$\beta_{j,t}^{CAPM} = \underbrace{\frac{EK_{Mt-1}}{S_{M,t-1}} \cdot \frac{dS_{M,t}}{dJÜ_{M,t}}}_{\substack{\text{unternehmens-}\\ \text{unabhängige Größen}}} \cdot \frac{JÜ_{j,t-1}}{EK_{j,t-1}} DFL_{j,t} \cdot DOL_{j,t} \cdot \underbrace{\frac{Cov\left(\frac{dS_{j,t}}{S_{j,t-1}}, \cdot \frac{dS_{M,t}}{S_{M,t-1}}\right)}{Var\left[\frac{dS_{M,t}}{S_{M,t-1}}\right]}}_{\beta_{j,t}^{S}}$$

$$\beta_{j,t}^{CAPM} = \frac{EK_{Mt-1}}{S_{M,t-1}} \cdot \frac{dS_{M,t}}{dJÜ_{M,t}} \cdot \frac{JÜ_{j,t-1}}{EK_{j,t-1}} DFL_{j,t} \cdot DOL_{j,t} \cdot \beta_{j,t}^{S}$$

B.3 Darstellung der Herleitung des Modells von SCHLUETER/SIEVERS (2012)

$$\beta_{j,t}^{CAPM} = \frac{Cov\left(\widetilde{R}_{j,t}, \widetilde{R}_{M,t}\right)}{Var\left[\widetilde{R}_{M,t}\right]} \qquad \text{mit: } \widetilde{R}_{j,t} = \left(\frac{\widetilde{JÜ}_{j,t}}{EK_{j,t-1}}\right) - 1 \text{ und } \widetilde{R}_{M,t} = \left(\frac{\widetilde{JÜ}_{M,t}}{EK_{M,t-1}}\right) - 1$$

$$\beta_{j,t}^{CAPM} = \frac{Cov\left(\left(\frac{\widetilde{JÜ}_{j,t}}{EK_{j,t-1}}\right) - 1, \left(\frac{\widetilde{JÜ}_{M,t}}{EK_{M,t-1}}\right) - 1\right)}{Var\left[\left(\frac{\widetilde{JÜ}_{M,t}}{EK_{M,t-1}}\right) - 1\right]} = \frac{Cov\left(\left(\frac{\widetilde{JÜ}_{j,t}}{EK_{j,t-1}}\right), \left(\frac{\widetilde{JÜ}_{M,t}}{EK_{M,t-1}}\right)\right)}{Var\left[\frac{\widetilde{JÜ}_{M,t}}{EK_{M,t-1}}\right]}$$

$$\beta_{j,t}^{CAPM} = \frac{Cov\left(\left(\frac{\widetilde{JÜ}_{j,t}}{EK_{j,t-1}}\right), \left(\frac{\widetilde{JÜ}_{M,t}}{EK_{M,t-1}}\right)\right)}{\frac{1}{\left(EK_{M,t-1}\right)^2} Var\left[\widetilde{JÜ}_{M,t}\right]} = \frac{\left(EK_{M,t-1}\right)^2}{Var\left[\widetilde{JÜ}_{M,t}\right]} \cdot Cov\left(\left(\frac{\widetilde{JÜ}_{j,t}}{EK_{j,t-1}}\right), \left(\frac{\widetilde{JÜ}_{M,t}}{EK_{M,t-1}}\right)\right)$$

mit: $dJÜ_{M,t} = \widetilde{JÜ}_{M,t} - JÜ_{M,t-1} \rightarrow \widetilde{JÜ}_{M,t} = dJÜ_{M,t} + JÜ_{M,t-1}$ $\quad (d\text{...Differenzopperator})$

$Var\left[\widetilde{JÜ}_{M,t}\right] = Var\left[dJÜ_{M,t} + JÜ_{M,t-1}\right]$

da: $JÜ_{M,t-1}$ eine Konstante ist, folgt:

$Var\left[\widetilde{JÜ}_{M,t}\right] = Var\left[dJÜ_{M,t}\right]$

Multiplikation von $dJÜ_{M,t}$ mit $\frac{dS_{M,t}}{dS_{M,t}} \cdot \frac{S_{M,t-1}}{S_{M,t-1}}$, folgt:

$$Var\left[\widetilde{JÜ}_{M,t}\right] = Var\left[dJÜ_{M,t} \cdot \frac{dS_{M,t}}{dS_{M,t}} \cdot \frac{S_{M,t-1}}{S_{M,t-1}}\right]$$

$$Var\left[\widetilde{JÜ}_{M,t}\right] = Var\left[\frac{dJÜ_{M,t}}{dS_{M,t}} \cdot S_{M,t-1} \cdot \frac{dS_{M,t}}{S_{M,t-1}}\right]$$

$$Var\left[\widetilde{JÜ}_{M,t}\right] = \left(\frac{dJÜ_{M,t}}{dS_{M,t}} \cdot S_{M,t-1}\right)^2 \cdot Var\left[\frac{dS_{M,t}}{S_{M,t-1}}\right]$$

$mit: dJÜ_{j,t} = \widetilde{JÜ}_{j,t} - JÜ_{j,t-1} \rightarrow \widetilde{JÜ}_{j,t} = dJÜ_{j,t} + JÜ_{j,t-1}$

$$\beta_{j,t}^{CAPM} = \frac{\left(EK_{M,t-1}\right)^2}{Var\left[\widetilde{JÜ}_{M,t}\right]} \cdot Cov\left(\left(\frac{\widetilde{JÜ}_{j,t}}{EK_{j,t-1}}\right), \left(\frac{\widetilde{JÜ}_{M,t}}{EK_{M,t-1}}\right)\right)$$

$$\beta_{j,t}^{CAPM} = \frac{\left(EK_{M,t-1}\right)^2}{\frac{\left(dJÜ_{M,t}\right)^2}{\left(dS_{M,t}\right)^2} \cdot \left(S_{M,t-1}\right)^2 \cdot Var\left[\frac{dS_{M,t}}{S_{M,t-1}}\right]} \cdot Cov\left(\left(\frac{dJÜ_{j,t} + JÜ_{j,t-1}}{EK_{j,t-1}}\right), \left(\frac{dJÜ_{M,t} + JÜ_{M,t-1}}{EK_{M,t-1}}\right)\right)$$

da: $J\ddot{U}_{j,t-1}$ und $J\ddot{U}_{M,t-1}$ nicht stochastisch sind folgt:

$$\beta_{j,t}^{CAPM} = \frac{\left(EK_{M,t-1}\right)^2}{\frac{\left(dJ\ddot{U}_{M,t}\right)^2}{\left(dS_{M,t}\right)^2} \cdot \left(S_{M,t-1}\right)^2 \cdot Var\left[\frac{dS_{M,t}}{S_{M,t-1}}\right]} \cdot Cov\left(\left(\frac{dJ\ddot{U}_{j,t}}{EK_{j,t-1}}\right), \left(\frac{dJ\ddot{U}_{M,t}}{EK_{M,t-1}}\right)\right)$$

durch Erweiterung des ersten Terms von $Cov\left(\left(\frac{dJ\ddot{U}_{j,t}}{EK_{j,t-1}}\right), \left(\frac{dJ\ddot{U}_{M,t}}{EK_{M,t-1}}\right)\right)$ mit:

$\frac{dNOI_{j,t}}{dNOI_{j,t}} \cdot \frac{NOI_{j,t}}{NOI_{j,t}} \cdot \frac{S_{j,t-1}}{S_{j,t-1}} \cdot \frac{dS_{j,t}}{dS_{j,t}} \cdot \frac{dNI_{j,t}}{dNI_{j,t}} \cdot \frac{NI_{j,t-1}}{NI_{j,t-1}}$ und des zweiten Terms mit: $\frac{dS_{M,t}}{dS_{M,t}} \cdot \frac{S_{M,t-1}}{S_{M,t-1}}$ folgt:

$$Cov\left(\left(\frac{dJ\ddot{U}_{j,t}}{EK_{j,t-1}} \cdot \frac{dNOI_{j,t}}{dNOI_{j,t}} \cdot \frac{NOI_{j,t}}{NOI_{j,t}} \cdot \frac{S_{j,t-1}}{S_{j,t-1}} \cdot \frac{dS_{j,t}}{dS_{j,t}} \cdot \frac{dJ\ddot{U}_{j,t}}{dJ\ddot{U}_{j,t}} \cdot \frac{J\ddot{U}_{j,t-1}}{J\ddot{U}_{j,t-1}}\right), \left(\frac{dJ\ddot{U}_{M,t}}{EK_{M,t-1}} \cdot \frac{dS_{M,t}}{dS_{M,t}} \cdot \frac{S_{M,t-1}}{S_{M,t-1}}\right)\right)$$

$$= Cov\left(\left(\underbrace{\frac{dNOI_{j,t}}{NOI_{j,t}} \cdot \frac{S_{j,t-1}}{dS_{j,t}}}_{DOL_{j,t}} \cdot \underbrace{\frac{dJ\ddot{U}_{j,t}}{J\ddot{U}_{j,t-1}} \cdot \frac{NOI_{j,t}}{dNOI_{j,t}}}_{DFL_{j,t}} \cdot \frac{dJ\ddot{U}_{j,t}}{EK_{j,t-1}} \cdot \frac{dS_{j,t}}{dJ\ddot{U}_{j,t}} \frac{J\ddot{U}_{j,t-1}}{S_{j,t-1}}\right), \left(\frac{dJ\ddot{U}_{M,t}}{EK_{M,t-1}} \cdot \frac{dS_{M,t}}{dS_{M,t}} \cdot \frac{S_{M,t-1}}{S_{M,t-1}}\right)\right)$$

$$\beta_{j,t}^{CAPM} = \frac{\left(EK_{M,t-1}\right)^2}{\frac{\left(dJ\ddot{U}_{M,t}\right)^2}{\left(dS_{M,t}\right)^2} \cdot \left(S_{M,t-1}\right)^2 \cdot Var\left[\frac{dS_{M,t}}{S_{M,t-1}}\right]} \cdot$$
$$Cov\left(\left(DOL_{j,t} \cdot DFL_{j,t} \cdot \frac{dJ\ddot{U}_{j,t}}{EK_{j,t-1}} \cdot \frac{dS_{j,t}}{dJ\ddot{U}_{j,t}} \frac{J\ddot{U}_{j,t-1}}{S_{j,t-1}}\right), \left(\frac{dJ\ddot{U}_{M,t}}{EK_{M,t-1}} \cdot \frac{dS_{M,t}}{dS_{M,t}} \cdot \frac{S_{M,t-1}}{S_{M,t-1}}\right)\right)$$

$$\beta_{j,t}^{CAPM} = DOL_{j,t} \cdot DFL_{j,t} \cdot \frac{\left(EK_{M,t-1}\right)^2}{\frac{\left(dJ\ddot{U}_{M,t}\right)^2}{\left(dS_{M,t}\right)^2} \cdot \left(S_{M,t-1}\right)^2 \cdot Var\left[\frac{dS_{M,t}}{S_{M,t-1}}\right] \cdot EK_{M,t-1}} \cdot$$
$$Cov\left(\left(\frac{dJ\ddot{U}_{j,t}}{EK_{j,t-1}} \cdot \frac{dS_{j,t}}{dJ\ddot{U}_{j,t}} \frac{J\ddot{U}_{j,t-1}}{S_{j,t-1}}\right), \left(dJ\ddot{U}_{M,t} \cdot \frac{dS_{M,t}}{dS_{M,t}} \cdot \frac{S_{M,t-1}}{S_{M,t-1}}\right)\right)$$

$$\beta_{j,t}^{CAPM} = DOL_{j,t} \cdot DFL_{j,t} \cdot \frac{EK_{M,t-1}}{\frac{\left(dJ\ddot{U}_{M,t}\right)^2}{\left(dS_{M,t}\right)^2} \cdot \left(S_{M,t-1}\right)^2 \cdot Var\left[\frac{dS_{M,t}}{S_{M,t-1}}\right]} \cdot Cov\left(\left(\frac{dJ\ddot{U}_{j,t}}{EK_{j,t-1}} \cdot \frac{dS_{j,t}}{dJ\ddot{U}_{j,t}} \frac{J\ddot{U}_{j,t-1}}{S_{j,t-1}}\right), \left(dJ\ddot{U}_{M,t} \cdot \frac{dS_{M,t}}{dS_{M,t}} \cdot \frac{S_{M,t-1}}{S_{M,t-1}}\right)\right)$$

$$\beta_{j,t}^{CAPM} = DOL_{j,t} \cdot DFL_{j,t} \cdot \frac{EK_{M,t-1}}{\frac{dJ\ddot{U}_{M,t}}{dS_{M,t}} \cdot S_{M,t-1} \cdot Var\left[\frac{dS_{M,t}}{S_{M,t-1}}\right]} \cdot Cov\left(\left(\frac{dJ\ddot{U}_{j,t}}{EK_{j,t-1}} \cdot \frac{dS_{j,t}}{dJ\ddot{U}_{j,t}} \frac{J\ddot{U}_{j,t-1}}{S_{j,t-1}}\right), \frac{dS_{M,t}}{S_{M,t-1}}\right)$$

$$\beta_{j,t}^{CAPM} = DOL_{j,t} \cdot DFL_{j,t} \cdot \frac{1}{Var\left[\frac{dS_{M,t}}{S_{M,t-1}}\right]} \cdot Cov\left(\left(\frac{dJÜ_{j,t}}{EK_{j,t-1}} \cdot \frac{dS_{j,t}}{dJÜ_{j,t}} \frac{JÜ_{j,t-1}}{S_{j,t-1}} \cdot \frac{JÜ_{j,t-1}}{JÜ_{j,t-1}}\right), \frac{dS_{M,t}}{S_{M,t-1}}\right) \cdot \frac{EK_{M,t-1}}{S_{M,t-1}} \cdot \frac{dS_{M,t}}{dJÜ_{M,t}}$$

$$\beta_{j,t}^{CAPM} = DOL_{j,t} \cdot DFL_{j,t} \cdot \frac{1}{Var\left[\frac{dS_{M,t}}{S_{M,t-1}}\right]} \cdot Cov\left(\frac{dJÜ_{j,t}}{JÜ_{j,t-1}}, \frac{dS_{M,t}}{S_{M,t-1}}\right) \cdot \frac{EK_{M,t-1}}{S_{M,t-1}} \cdot \frac{dS_{M,t}}{dJÜ_{M,t}} \cdot \frac{dS_{j,t}}{EK_{j,t-1}} \cdot \frac{JÜ_{j,t-1}}{S_{j,t-1}} \cdot \frac{JÜ_{j,t-1}}{dJÜ_{j,t}}$$

$$\beta_{j,t}^{CAPM} = DOL_{j,t} \cdot DFL_{j,t} \cdot \underbrace{\frac{1}{Var\left[\frac{dS_{M,t}}{S_{M,t-1}}\right]} \cdot Cov\left(\frac{dJÜ_{j,t}}{JÜ_{j,t-1}}, \frac{dS_{M,t}}{S_{M,t-1}}\right)}_{\text{Einkommensrisiko}} \cdot \underbrace{\frac{dS_{j,t}}{S_{j,t-1}} \cdot \frac{JÜ_{j,t-1}}{dJÜ_{j,t}}}_{\text{Produktivitätsrisiko}} \cdot \frac{JÜ_{j,t-1}}{EK_{j,t-1}} \cdot \frac{dS_{M,t}}{S_{M,t-1}} \cdot \frac{EK_{M,t-1}}{dJÜ_{M,t}}$$

Anhang C: Ergebnisse früherer Studien

Tabelle 31: Literaturüberblick rechnungswesenbasierter Risikoeinflussfaktoren

	Accounting -Beta	Ausschüttungsquote	Unternehmenswachstum	Verschuldungsgrad	Größe	Liquiditätsgrad der Vermögensgegenstände	Variabilität der Erträge	Profitabilität	Stabilität des Ertragswachstums	Leistungswirtschaftliches Risiko (Op. Lev.)	Anzahl gehandelter Aktien	Maschinenquote	Historisches CAPM-Beta	Handelsvolumen der Aktien	Buchwert-Marktwert-Verhältnis	Stabilität der Umsätze	Stabilität der Ausschüttungen	Effizienz	Zinsdeckungsgrad	Konkurrenzsituation	Produktdiversifikation	(total) Economic Leverage	Peer Group-Beta	Operating Liability Leverage Verhältnis	Varianz der Umsatzrendite	Varianz der Kapitalumschlagshäufigkeit	Varianz der Fremdkapitalkosten	Varianz des Unternehmenswachstums	Steuersatz des Unternehmens	loan-loss-reserves-to-gross-loans	Buchwert des EK pro Aktie	Cash Flow-Buchwert des EK pro Aktie-Verhältnis	EBIT pro Aktie	Umsatz-Forderungen-Verhältnis	Grad der freiwilligen Angaben im Jahresabschluss	Quote der kurzfristigen Vermögensgegenstände
Gesamtanzahl ‚+‘	14	3	13	18	8	3	10	1	0	5	2	1	1	1	3	1	1	1	2	0	0	2	1	1	2	1	0	1	0	1	0	1	1	1	0	1
Gesamtanzahl ‚-‘	1	11	4	2	7	1	0	5	1	3	0	3	0	0	1	0	0	1	0	1	0	0	0	0	0	0	0	0	1	0	1	2	0	0	1	0
Gesamtanzahl ‚+‘; ‚-‘; ‚0‘	18	20	22	33	22	13	13	9	1	12	2	4	1	1	6	1	1	4	4	1	2	2	1	1	2	1	1	1	1	1	1	3	1	1	1	1
BALL/BROWN (1969)	+																																			
BEAVER/KETTLER/ SCHOLES (1970)	+	-	+	+	0	0	+																													
LOGUE/MERVILLE (1972)			0	+	-		0	-																												
BREEN/LERNER (1973)		-	+	+/-	-				-		+																									
GONEDES (1973)	+																																			
ROSENBERG/ MCKIBBEN (1973)	0	-/0	+	+	0	+	+			0		-	+	+	+																					
LEV (1974)										+																										
LEV/KUNITZKY (1974)		-	0	0	0											+	+																			
MELICHER (1974)		-		+	+			+			+	+																								
BILDERSEE (1975)	-		0	+	0	0	+	0										+	0																	
THOMPSON (1976)	+	-		+/0	+/-	-/0				+									0/-						+											
ESKEW (1979)	0	0	+	0	-	0	+																													
HILL/STONE (1980)	+			+																																
HOCHMAN (1983)	+		+	+																																
MOYER/CHATFIELD (1983)		-	-	0	0	0														-																
MANDELKER/RHEE (1984)				+						+																										
ANG/PETERSON/ PETERSON (1985)	+	-		+	-					-/+																										
AMIT/LIVNAT (1988)				+/0			+														0															
SPINDLER (1988)			+		+																0															
CHUNG (1989)	+			0						+																										
HUFFMAN (1989)				+						-																										
KARPIK/BELKAOUI (1990)	+																																			
BAUER (1992); STEINER/BAUER (1992)	+	+	0	0	+		+			0		-																								
MÜLLER (1992)	+	+/-	0/-	+	+	+/0	+																									+				+/0
VOS (1992)	+																																			
ZIMMERMANN (1997)			+									-			+																	-				
BORDE (1998)		-	+	0		+		-																												
GRIFFIN/DUGAN (2003)				-						-												+														
ABDELGHANY (2005)	0	-	+	0	-	+	0																													

Fortsetzung der Tabelle auf nächster Seite.

Fortsetzung der Tabelle 31

	Accounting-Beta	Ausschüttungsquote	Unternehmenswachstum	Verschuldungsgrad	Größe	Liquiditätsgrad der Vermögensgegenstände	Variabilität der Erträge	Profitabilität	Stabilität des Ertragswachstums	Leistungswirtschaftliches Risiko (Op. Lev.)	Anzahl gehandelter Aktien	Maschinenquote	Historisches CAPM-Beta	Handelsvolumen der Aktien	Buchwert-Marktwert-Verhältnis	Stabilität der Umsätze	Stabilität der Ausschüttungen	Effizienz	Zinsdeckungsgrad	Konkurrenzsituation	Produktdiversifikation	(total) Economic Leverage	Peer Group-Beta	Operating Liability Leverage Verhältnis	Varianz der Umsatzrendite	Varianz der Kapitalumschlagshäufigkeit	Varianz der Fremdkapitalkosten	Varianz des Unternehmenswachstums	Steuersatz des Unternehmens	loan-loss-reserves-to-gross-loans	Buchwert des EK pro Aktie	Cash Flow-Buchwert des EK pro Aktie-Verhältnis	EBIT pro Aktie	Umsatz-Forderungen-Verhältnis	Grad der freiwilligen Angaben im Jahresabschluss	Quote der kurzfristigen Vermögensgegenstände
Bowman/Bush (2006)		+	+		-			-		+					0								+													
Giner/Reverte (2006)				+																				+	+	+	0	+								
Brimble/Hodgons (2007)	+	0	+	0	+	-	+	-		+					0				+																	
Hong/Sakar (2007)	+		-	0			+								-														-							
Lee/Jang (2007)			-	+	+	0		-										0																		
Agusman/Monroe/ Gasbarro/Zumwalt (2008)				0		0	0																							+						
Eldomiaty/Dhahery/Shukri (2009)				+														-													-	-	+	+		
Jarvela/Kozyra/ Potter (2009)		-		+			+																													
Al-Qaisi (2011)		-		+	+					0																										
Hassan/Giorgioni/Romilly/ Power (2011)		0	-	+	+										+																				-	
Voulgaris/ Rizonaki (2011)		+	+	-	0	0		0		-									+			+														
Kim/Kim/Gu (2012)		0	+	+	-			0										0																		

Legende:

+ Positiver Zusammenhang der Einflussgröße zum jeweiligen betrachteten Risiko

- Negativer Zusammenhang der Einflussgröße zum jeweiligen betrachteten Risiko

0 Kein Zusammenhang der Einflussgröße zum jeweiligen betrachteten Risiko

Freie Zellen bedeuten nicht betrachtete Risikoeinflussfaktoren in der jeweiligen Studie. Sollte mehr als ein Symbol in einer Zelle vorhanden sein, so ist der Einfluss des betrachteten Faktors nicht eindeutig in der jeweiligen Studie.

Anhang D: Empirische Untersuchung

Tabelle 32: Datastream Subsektorklassifizierung (Level 3, Mnemonic: INDC3)

Nr.	Code	Englische Bezeichnung	Deutsche Bezeichnung
1	AUTMB	Automobiles & Parts	Automobil- und Automobilzulieferer
2	BRESR	Basic Resources	Rohstoffe
3	CHMCL	Chemicals	Chemie
4	CNSTM	Construct. & Material	Bau- und Baustoffe
5	FDBEV	Food & Beverage	Lebensmittel und Getränke
6	HLTHC	Healthcare	Gesundheit
7	INDGS	Industrial Goods & Services	Industriegüter
8	MEDIA	Media	Medien
9	OILGS	Oil & Gas	Öl und Gas
10	PERHH	Personal & Household Goods	Waren des persönlichen Bedarfs
11	RTAIL	Retail	Handelsunternehmen
12	TECNO	Technology	Software und IT-Dienstleister
13	TELCM	Telecommunications	Telekommunikation
14	TRLES	Travel & Leisure	Reise und Freizeit
15	UTILS	Utilities	Versorger

Tabelle 33: Ergebnisse des Modells 2 auf Unternehmensebene als Test auf Robustheit mit konstantem Steuersatz $s = 25$ % und Median als Verdichtungsfunktion

$\widehat{\beta_{j,t}^{CAPM}} = \hat{\gamma}_0 + \hat{\gamma}_1 \cdot Gr\_S_{j,t} + \hat{\gamma}_2 \cdot op\_Lev_{j,t} + \hat{\gamma}_3 \cdot W\_S_{j,t} + \hat{\gamma}_4 \cdot Div_{j,t} + \hat{\gamma}_5 \cdot \beta_{j,t}^{CAPM,Peer}$ für $j = 1,\ldots,n$					
Stichtag (t): 31.12…	**2002**	**2003**	**2004**	**2005**	**2006**
n	69	70	95	149	168
Konstante	0,0366 (0,2495)	0,7368 ** (0,3071)	1,4733 *** (0,3254)	1,2402 *** (0,2143)	1,2031 *** (0,2076)
Gr_S	0,0489 *** (0,0177)	0,0049 (0,0228)	-0,0391 (0,0236)	-0,0274 (0,0166)	-0,0245 (0,016)
Op_Lev	-0,0017 (0,0104)	-0,0054 (0,0496)	0,1373 (0,1284)	0,0379 (0,0859)	-0,0183 (0,0992)
W_S	-0,2164 (0,2699)	0,1250 (0,2631)	0,0494 (0,1699)	-0,0300 (0,0571)	0,0125 (0,082)
Div	-0,3369 ** (0,1271)	-0,3105 * (0,1787)	-0,5029 ** (0,1996)	-0,3144 ** (0,1431)	-0,4503 *** (0,1329)
$\beta^{CAPM,Peer}$	0,0029 (0,1261)	-0,1032 (0,1212)	-0,0053 (0,091)	0,0989 (0,081)	0,1346 * (0,0797)
$adj.\ R^2$	0,1363	-0,0201	0,0710	0,0501	0,0885
$F-Wert$	3,1463 **	0,7282	2,4378 **	2,5622 **	4,2418 ***
Stichtag (t): 31.12…	**2007**	**2008**	**2009**	**2010**	**2011**
n	158	171	149	176	185
Konstante	0,9292 *** (0,2185)	0,5410 *** (0,1745)	0,5932 *** (0,2249)	0,3429 * (0,1769)	0,1367 (0,1583)
Gr_S	0,0075 (0,017)	0,0158 (0,0143)	0,0183 (0,0176)	0,0369 *** (0,013)	0,0443 *** (0,0131)
Op_Lev	-0,0831 (0,0958)	0,0037 (0,0398)	-0,0662 (0,0589)	0,0058 (0,1021)	-0,0395 (0,0606)
W_S	0,3919 *** (0,1331)	0,2111 (0,1553)	-0,0653 (0,2136)	0,2449 * (0,1352)	0,2870 * (0,1528)
Div	-0,5610 *** (0,1478)	-0,0944 (0,1153)	-0,1022 (0,1261)	-0,2378 ** (0,1143)	-0,1504 (0,105)
$\beta^{CAPM,Peer}$	-0,0229 (0,0942)	0,1445 * (0,0825)	0,1327 (0,0986)	0,1119 (0,0822)	0,1628 ** (0,0779)
$adj.\ R^2$	0,1192	0,0236	0,0019	0,0824	0,1079
$F-Wert$	5,2477 ***	1,8233	1,0575	4,1415 ***	5,4487 ***

Signifikanzniveau: ***…1 %; **…5 %;*…10 %

Standardfehler der Regressionskoeffizienten sind in Klammern angegeben.

Tabelle 34: Ergebnisse des Modells 2 mit Verwendung des Verschuldungsgrades auf Basis von Buch- bzw. Marktwerten für das Unlevern bzw. Relevern als Test auf Robustheit für den Betrachtungszeitpunkt 31.12.2011

$\widehat{\beta_{j,t}^{CAPM}} = \hat{\gamma}_0 + \hat{\gamma}_1 \cdot Gr\_S_{j,t} + \hat{\gamma}_2 \cdot op\_Lev_{j,t} + \hat{\gamma}_3 \cdot W\_S_{j,t} + \hat{\gamma}_4 \cdot Div_{j,t} + \hat{\gamma}_5 \cdot \beta_{j,t}^{CAPM,Peer}$ für $j = 1,...,n$			
Stichtag (t): 31.12...	**2011**	**2011**	**2011**
Unlevering mit...	Buchwerten	Marktwerten	Marktwerten
Relevering mit...	Buchwerten	Buchwerten	Marktwerten
n	185	185	185
Konstante	0,1292 (0,1605)	0,1052 (0,1624)	0,0910 (0,1627)
Gr_S	0,0471 *** (0,013)	0,0468 *** (0,0129)	0,0465 *** (0,0128)
Op_Lev	-0,0406 (0,061)	-0,0358 (0,0611)	-0,0354 (0,0609)
W_S	0,2790 * (0,1535)	0,2703 * (0,1532)	0,2674 * (0,1529)
Div	-0,1591 (0,1054)	-0,1316 (0,1078)	-0,1254 (0,1076)
$\beta^{CAPM,Peer}$	0,1254 (0,0798)	0,1692 * (0,0966)	0,1668 ** (0,0841)
$adj.\ R^2$	0,0985	0,1015	0,1057
$F-Wert$	5,0224 ***	5,1575 ***	5,3513 ***

Signifikanzniveau: ***...1 %; **...5 %; *...10 %

Standardfehler der Regressionskoeffizienten sind in Klammern angegeben.

Tabelle 35: Optimale Clusteranzahl für k-means-Verfahren nach *VRC*

Stichtag (t): 31.12...	**2002**	**2003**	**2004**	**2005**	**2006**
Clusteranzahl	29	30	29	18	13
Stichtag (t): 31.12...	**2007**	**2008**	**2009**	**2010**	**2011**
Clusteranzahl	6	27	8	12	21

Tabelle 36: Ergebnisse der Querschnittsregression im Modell 1 mit langfristigen Durchschnitten der Variablen (2002 bis 2007 und 2010 bis 2011)

$\widehat{\overline{\beta_j^{CAPM}}} = \hat{\gamma}_0 + \hat{\gamma}_1 \cdot \overline{Gr\_S_j} + \hat{\gamma}_2 \cdot \overline{Op\_Lev_j} + \hat{\gamma}_3 \cdot \overline{W\_S_j} + \hat{\gamma}_4 \cdot \overline{Div_j} + \hat{\gamma}_5 \cdot \overline{\beta_j^{CAPM,Peer}}$	
Stichtag (t): 31.12...	**2002 bis 2011 ohne 2008 und 2009**
N	260
Konstante	0,8018 *** (0,1378)
$\overline{Gr\_S}$	0,0090 (0,01)
$\overline{Op\_Lev}$	-0,0097 (0,0512)
$\overline{W\_S}$	0,1660 (0,1418)
$\overline{Div}$	-0,4998 *** (0,1018)
$\overline{\beta^{CAPM,Peer}}$	0,0580 (0,0579)
$adj.\ R^2$	0,1246
$F-Wert$	5,97 ***

Signifikanzniveau: ***...1 %; **...5 %; *...10 %

Standardfehler der Regressionskoeffizienten sind in Klammern angegeben.

Tabelle 37: Univariate Erklärungsgehalte des systematischen Risikos (Zeitpunkt der Ermittlung des systematischen Risikos: 30. Juni des auf den Bilanzstichtag folgenden Jahres) durch stichtagsbezogenen Untersuchungsvariablen (Modell 2)

Erklärte Variable: β^{CAPM}				
2002 bis 2011	$\overline{R^2}$	# pos. signifikant	# neg. signifikant	# signifikant
Gr_BS	0,0334	1	4	5
Gr_EK	0,0209	0	2	2
Gr_GrK	0,0223	2	1	3
Gr_S	0,0441	1	4	5
Op_Lev	0,0022	0	0	0
Liq	0,0203	3	0	3
MQ_I	0,0351	0	7	7
MQ_II	0,0173	0	2	2
op_Mrg	0,0192	0	5	5
op_Eff	0,0218	2	2	4
ROE	0,0210	0	5	5
CF_Eff	0,0026	0	0	0
dS_dBS	0,0126	0	1	1
W_BS	0,0094	1	1	2
W_EK	0,0115	2	1	3
W_GrK	0,0191	3	0	3
W_S	0,0188	3	1	4
W_EBIT	0,0081	2	0	2
$W\_JÜ$	0,0059	0	0	0
Fin_Lev	0,0211	1	3	4
$Zinsdeck$	0,0126	0	2	2
Div	0,0665	0	9	9
MA	0,0099	1	1	2
HHI	0,0227	0	5	5
std_MA	0,0167	3	1	4

Tabelle 38: Regressionsergebnisse des Modells 2 (MS 03a-c)

Erklärte Variable: $\overline{\beta^{CAPM}}$			
Ø 2002-2011	MS 03a	MS 03b	MS 03c
Konstante	0,6942 *** (0,249)	0,6961 *** (0,2375)	0,6908 *** (0,2355)
$\overline{Gr\_S}$	0,0201 (0,0147)		
$\overline{Gr\_BS}$		0,0204 (0,014)	
$\overline{Gr\_EK}$			0,0210 (0,014)
$\overline{W\_BS}$	0,2062 (0,2419)	0,2007 (0,242)	0,1985 (0,2419)
$\overline{Fin\_Lev}$	-0,0142 (0,0259)	-0,0138 (0,0257)	-0,0049 (0,0251)
$\overline{MQ\_I}$	-0,2011 * (0,1037)	-0,2065 ** (0,1035)	-0,2031 * (0,1035)
$\overline{CF\_Eff}$	0,6493 * (0,3542)	0,6749 * (0,3547)	0,6815 * (0,3548)
$\overline{Div}$	-0,4040 *** (0,144)	-0,4073 *** (0,1437)	-0,4104 *** (0,1439)
β^{JO}	-0,0051 (0,0042)	-0,0048 (0,0042)	-0,0048 (0,0042)
V_K_S	0,2254 (0,1867)	0,2195 (0,1857)	0,2197 (0,1856)
Branchendummies	ja	ja	ja
$adj. R^2$	0,2636	0,2649	0,2655
$F-Wert$	3,8295 ***	3,8479 ***	3,8580 ***

Signifikanzniveau: ***...1 %; **...5 %; *...10 %

Standardfehler der Regressionskoeffizienten sind in Klammern angegeben.

Leere Zellen bedeuten nicht in die Untersuchung aufgenommene Regressoren.

Tabelle 39: Regressionsergebnisse und *VIF* des Modells 2 (MS 04a)

Erklärte Variable: $\overline{\beta^{CAPM}}$			
∅ 2002-2011	MS 04a		*VIF*
Konstante	0,1769	(0,3867)	
$\overline{Gr\_GrK}$	0,0673 **	(0,0291)	3,6900
$\overline{W\_BS}$	0,1961	(0,3264)	3,0385
$\overline{fin\_Lev}$	-0,0049	(0,033)	2,4270
$\overline{MQ\_I}$	-0,3591 ***	(0,1213)	1,9686
$\overline{CF\_Eff}$	1,2643 ***	(0,4146)	1,9499
$\overline{Div}$	-0,3635 **	(0,168)	2,0899
$\beta^{JÜ}$	0,0041	(0,0054)	2,1005
V_K_S	0,1174	(0,2032)	2,0872
Branchendummies	ja		
$\overline{W\_EK}$	-0,1139	(0,0958)	1,6025
$\overline{W\_GrK}$	0,2651	(0,3159)	1,6381
$\overline{W\_S}$	0,2290	(0,3389)	3,4942
$\overline{W\_EBIT}$	0,0006	(0,0023)	1,4468
$\overline{W\_JÜ}$	0,0207 ***	(0,0076)	2,4441
$\overline{Zinsdeck}$	-0,0008	(0,001)	2,1833
$\overline{op\_Lev}$	-0,0013	(0,0026)	1,3374
$\overline{Liq}$	6,8118	(4,7345)	2,6128
$\overline{op\_Mrg}$	-0,3985	(0,7219)	3,8847
$\overline{ROE}$	-0,1315	(0,2561)	4,1245
$\overline{dS\_dBS}$	0,0000	(0,0002)	1,3401
$\overline{op\_Eff}$	-0,0081	(0,0603)	2,2432
$\overline{std\_MA}$	-0,0194	(0,0976)	3,0855
β^{S}	-0,0009	(0,002)	1,1552
β^{EBIT}	0,0041	(0,003)	1,3501
V_K_EBIT	0,0161 *	(0,0085)	1,5577
$V\_K\_JÜ$	-0,0004	(0,0042)	1,4156
$Pers\_ROE$	0,0481	(0,0793)	1,3649
$adj. R^2$	0,2946		
$F-Wert$	2,7776 ***		

Signifikanzniveau: ***…1 %; **…5 %; *…10 %

Standardfehler der Regressionskoeffizienten sind in Klammern angegeben.

Literaturverzeichnis

ABDELGHANY, KHALED ELMOATASEM [Accounting risk measures; 2005]: Disclosure of market risk or accounting measures of risk: An empirical study, in: *Managerial Auditing Journal*, Vol. 20, No. 8, pp. 867-875.

ABONYI, JÁNOS; FEIL, BALÁZS [Cluster analysis; 2007]: Cluster analysis for data mining and system identification, Birkhauser.

AGUSMAN, AGUSMAN; MONROE, GARY S.; GASBARRO, DOMINIC & ZUMWALT, JAMES K. [Accounting and capital market measures of risk; 2008]: Accounting and capital market measures of risk: Evidence from Asian banks during 1998-2003, in: *Journal of Banking and Finance*, Vol. 32, No. 4, pp. 480-488.

AKAIKE, HIROTUGU [Statistical model identification; 1974]: A new look at the statistical model identification, in: *IEEE Transactions on Automatic Control*, Vol. 19, No. 6, pp. 716-723.

ALFORD, ANDREW W. [Comparable firms; 1992]: The effect of the set of comparable firms on the accuracy of the price-earnings valuation method, in: *Journal of Accounting Research*, Vol. 30, No. 1, pp. 94-108.

AL-QAISI, KHALDOUN M. [Economic determinants of systematic risk; 2011]: The Economic determinants of systematic risk in the Jordanian capital market, in: *International Journal of Business and Social Science*, Vol. 2, No. 20, pp. 85-95.

AMIT, RAPHAEL; LIVNAT, JOSHUA [Systematic risk; 1988]: Diversification, capital structure and systematic risk: An empirical investigation, in: *Journal of Accounting, Auditing and Finance*, Vol. 3, No. 1, pp. 19-43.

ANDREAS, JÖRN M. [Panelökonometrische Untersuchung; 2011]: Determinanten der Aufsichtsratsvergütung in deutschen Aktiengesellschaften: Eine panelökonometrische Untersuchung zur Effektuierung der Anreizorientierung, Mering: Rainer Hampp.

ANG, ANDREW; CHEN, JOSEPH [CAPM over the long run; 2007]: CAPM over the long run: 1926–2001, in: *Journal of Empirical Finance*, Vol. 40, No. 1, pp. 1-40.

ANG, JAMES; PETERSON, PAMELA & PETERSON, DAVID [Determinants of risk; 1985]: Investigations into the determinants of risk: A new look, in: *Quarterly Journal of Business and Economics*, Vol. 24, No. 1, pp. 3-20.

ARBEITSKREIS BEWERTUNG NICHT BÖRSENNOTIERTER UNTERNEHMEN DES IACVA [Bewertung nicht börsennotierter Unternehmen; 2012]: Bewertung nicht börsennotierter Unternehmen - Die Berücksichtigung von Insolvenzwahrscheinlichkeiten, in: SCHWETZLER, BERNHARD; ADERS, CHRISTIAN (Hrsg.): *Jahrbuch der Unternehmensbewertung*, Düsseldorf: Fachverlag der Verlagsgruppe Handelsblatt, S. 345-358.

ARTMANN, SABINE; FINTER, PHILIPP; KEMPF, ALEXANDER; KOCH, STEFAN & THEISSEN, ERIK [Cross-section of German stock returns; 2012]: The cross-section of German stock returns: New data and new evidence, in: *sbr Schmalenbach Business Review*, Jg. 64, Nr. 1, S. 20-43.

ARZAC, ENRIQUE R.; GLOSTEN, LAWRENCE R. [Tax shield valuation; 2005]: A reconsideration of tax shield valuation, in: *European Financial Management*, Vol. 11, No. 4, pp. 453-461.

AUER, LUDWIG VON [Ökonometrie; 2005]: Ökonometrie: Eine Einführung, 3. Auflage, Berlin Heidelberg: Springer.

AULIBAUER, ALEXANDER G.; HAHN, GUNTHER; THIEßEN, FRIEDRICH & WEBER, VOLKER [Portfoliotheorie; 2007]: Portfoliotheorie, in: HOCKMANN, HEINZ-JOSEF; THIEßEN, FRIEDRICH (Hrsg.): *Investment Banking*, 2., überarbeitete Auflage, Schäffer-Poeschel. S. 71-110.

AULIBAUER, ALEXANDER G.; THIEßEN, FRIEDRICH [CAPM; 2007]: Capital-Asset-Pricing-Model (CAPM), in: HOCKMANN, HEINZ-JOSEF; THIEßEN, FRIEDRICH (Hrsg.): *Investment Banking*, 2., überarbeitete Auflage, Schäffer-Poeschel. S. 111-131.

BACHER, JOHANN; PÖGE, ANDREAS & WENZIG, KNUT [Clusteranalyse; 2010]: Clusteranalyse - Anwendungsorientierte Einführung in Klassifikationsverfahren, 3., ergänzte, vollständig überarbeitete und neu gestaltete Auflage, München: Oldenbourg.

BACKHAUS, KLAUS; ERICHSON, BERND; PLINKE, WULFF & WEIBER, ROLF [Multivariate Analysemethoden; 2011]: Multivariate Analysemethoden: Eine anwendungsorientierte Einführung, 13., überarbeitete Auflage, Berlin: Springer.

BAETGE, JÖRG; KRAUSE, CLEMENS [Risikos bei der Unternehmensbewertung; 1994]: Die Berücksichtigung des Risikos bei der Unternehmensbewertung - Eine empirisch gestützte Betrachtung des Kalkulationszinses, in: *Betriebswirtschaftliche Forschung und Praxis*, Jg. 46, Nr. 5, S. 433-456.

BAETGE, JÖRG; NIEMEYER, KAI; KÜMMEL, JENS & SCHULZ, ROLAND [DCF-Verfahren; 2012]: Darstellung der Discounted Cashflow-Verfahren (DCF-Verfahren) mit Beispiel, in: PEEMÖLLER, VOLKER H. (Hrsg.): *Praxishandbuch der Unternehmensbewertung*, 5., aktualisierte und erweiterte Auflage, Herne: nbw, S. 349-499.

BALL, RAY; BROWN, PHILIP [Portfolio theory and accounting; 1969]: Portfolio theory and accounting, in: *Journal of Accounting Research*, Vol. 7, No. 2, pp. 300-323.

BALLWIESER, WOLFGANG [Unternehmensbewertung mit DCF; 1998]: Unternehmensbewertung mit Discounted Cash Flow-Verfahren, in: *Die Wirtschaftsprüfung*, Jg. 51, Nr. 3, S. 81-92.

BALLWIESER, WOLFGANG [Illiquidität bei der Unternehmensbewertung; 2009]: Die Erfassung von Illiquidität bei der Unternehmensbewertung, in: SCHÄFER, KLAUS; BURGHOF, HANS-PETER; JOHANNING, LUTZ; WAGNER, HANNES F.; RODT, SABINE (Hrsg.): *Risikomanagement und kapitalmarktorientierte Finanzierung. Festschrift zum 65. Geburtstag von Bernd Rudolph*, Frankfurt: Fritz Knapp, S. 283-300.

BALLWIESER, WOLFGANG [Unternehmensbewertung; 2011]: Unternehmensbewertung - Prozeß, Methoden und Probleme, 3., überarbeitete Auflage, Stuttgart: Schäffer-Poeschel.

BALTAGI, BADI H. [Analysis of panel data; 2005]: Econometric analysis of panel data, 3rd edition, Chichester West Sussex: Wiley.

BALTAGI, BADI H. [Econometrics; 2011]: Econometrics, 5th edition, Berlin Heidelberg: Springer.

BALZ, ULRICH; BORDEMANN, HEINZ-GERD [Eigenkapitalkosten mittelständischer Unternehmen; 2007]: Ermittlung von Eigenkapitalkosten zur Unternehmensbewertung mittelständischer Unternehmen mithilfe des CAPM, in: *FINANZBETRIEB*, Jg. 9, Nr. 12, S. 737-743.

BAMBERG, GÜNTER; COENENBERG, ADOLF G. & KRAPP, MICHAEL [Entscheidungslehre; 2008]: Betriebswirtschaftliche Entscheidungslehre, 14., überarbeitete Auflage, München: Vahlen.

BAMBERG, GÜNTER; DORFLEITNER, GREGOR & KRAPP, MICHAEL [Unternehmensbewertung unter Unsicherheit; 2006]: Unternehmensbewertung unter Unsicherheit: Zur entscheidungstheoretischen Fundierung der Risikoanalyse, in: *Zeitschrift für Betriebswirtschaft*, Jg. 76, Nr. 3, S. 287-307.

BANZ, ROLF W. [Return and market value; 1981]: The relationship between return and market value of common stocks, in: *Journal of Financial Economics*, Vol. 9, No. 1, pp. 3-18.

BARK, CHRISTINA [Der Kapitalisierungszinssatz in der Unternehmensbewertung; 2011]: Der Kapitalisierungszinssatz in der Unternehmensbewertung: Eine theoretische, praktische und empirische Analyse unter Berücksichtigung möglicher Interdependenzen, Wiesbaden: Gabler.

BARTHEL, CARL W. [Market Multiples; 2007]: Unternehmenswert: Auswahl der Bezugsgrößen bei Market Multiples, in: *FINANZ BETRIEB*, Jg. 9, Nr. 11, S. 666-674.

BASSEMIR, MORITZ; GEBHARDT, GÜNTHER & LEYH, SASCHA [Basiszinssatz; 2012]: Der Basiszinssatz in der Praxis der Unternehmensbewertung: Quantifizierung eines systematischen Bewertungsfehlers, in: *Schmalenbachs Zeitschrift für betriebswirtschaftliche Forschung*, Jg. 64, Nr. 6, S. 655-678.

BASSEMIR, MORITZ; GEBHARDT, GÜNTHER & RUFFING, PATRICIA [Ermittlung der Kapitalkosten; 2012]: Zur Diskussion um die (Nicht-)Berücksichtigung der Finanz- und Schuldenkrisen bei der Ermittlung der Kapitalkosten, in: *Die Wirtschaftsprüfung*, Jg. 65, Nr. 16, S. 882-892.

BAUER, CHRISTOPH [Risiko von Aktienanlagen; 1992]: Das Risiko von Aktienanlagen - Die fundamentale Analyse und Schätzung von Aktienrisiken, Köln: Müller Botermann.

BAUSCH, ANDREAS [Multiplikator-Methode; 2000]: Die Multiplikator-Methode. Ein betriebswirtschaftlich sinnvolles Intrument zur Unternehmenswert- und Kaufpreisermittlung in Akqisitionsprozessen?, in: *FINANZBETRIEB*, Jg. 2, Nr. 7-8, S. 448-459.

BAUSCH, ANDREAS; PAPE, ULRICH [Ermittlung von Restwerten; 2005]: Ermittlung von Restwerten – eine vergleichende Gegenüberstellung von Ausstiegs- und Fortführungswerten, in: *FINANZBETRIEB*, Jg. 7, Nr. 7-8, S. 474-484.

BEAVER, WILLIAM; KETTLER, PAUL & SCHOLES, MYRON [Accounting risk measures; 1970]: The association between market determined and accounting determined risk measures, in: *The Accounting Review*, Vol. 45, No. 4, pp. 654-682.

BECKMANN, CHRISTOPH; MEISTER, JAN M. & MEITNER, MATTHIAS [Multiplikatorverfahren; 2003]: Das Multiplikatorverfahren in der kapitalmarktorientierten Unternehmensbewertungspraxis, in: *FINANZBETRIEB*, Jg. 5, Nr. 2, S. 103-105.

BEHRINGER, STEFAN [Cash-flow; 2010]: Cash-flow und Unternehmensbeurteilung, 10., völlig neu bearbeitete und erweiterte Auflage, Berlin: Erich Schmidt.

BEHRINGER, STEFAN [Unternehmensbewertung der Mittel- und Kleinbetriebe; 2012]: Unternehmensbewertung der Mittel- und Kleinbetriebe, 5., neu bearbeitete und erweiterte Auflage, Berlin: Erich Schmidt.

BELSLEY, DAVID A.; KUH, EDWIN & WELSCH, ROY E. [Regression diagnostics; 2004]: Regression diagnostics. Identifying influential data and sources of collinearity, Hoboken, New Jersey: Wiley.

BERK, JONATHAN; DEMARZO, PETER [Corporate finance; 2011]: Corporate finance, 2nd edition, Boston: Prentice Hall.

BERK, JONATHAN; DEMARZO, PETER [Finanzwirtschaft; 2011]: Grundlagen der Finanzwirtschaft - Analyse, Entscheidung und Umsetzung, 2., aktualisierte Auflage, München: Pearson.

BERNER, CHRISTIAN; ROJAHN, JOACHIM; KIEL, OLAF & DREIMANN, MICHAEL [Unternehmensindividuelles Risiko; 2005]: Die Berücksichtigung des unternehmensindividuellen Risikos in der Unternehmensbewertung, in: *FINANZBETRIEB*, Jg. 7, Nr. 11, S. 711-718.

BHOJRAJ, SANJEEV; LEE, CHARLES M. C. [Who is my peer?; 2002]: Who is my peer? A valuation-based approach to the selection of comparable firms, in: *Journal of Accounting Research*, Vol. 40, No. 2, pp. 407-439.

BHOJRAJ, SANJEEV; LEE, CHARLES M. C. & OLER, DEREK K. [Industry classification schemes; 2003]: What's my line? A comparison of industry classification schemes for capital market research, in: *Journal of Accounting Research*, Vol. 41, No. 5, pp. 745-774.

BILDERSEE, JOHN S. [Alternative measures of risk; 1975]: The association between a market-determined measure of risk and alternative measures of risk, in: *The Accounting Review*, Vol. 50, No. 1, pp. 81-98.

BLACK, FISCHER [Beta and return; 1993]: Beta and return, in: *The Journal of Portfolio Management*, Vol. 20, No. 1, pp. 8-18.

BLUME, MARSHALL E. [Assessment of risk; 1971]: On the assessment of risk, in: *Journal of Finance*, Vol. 26, No. 1, pp. 1-10.

BLUME, MARSHALL E. [Betas; 1975]: Betas and their regression tendencies, in: *Journal of Finance*, Vol. 30, No. 3, pp. 785-795.

BOLLERSLEV, TIM [GARCH; 1986]: Generalized autoregressive conditional heteroskedasticity, in: *Journal of Econometrics*, Vol. 31, No. 3, pp. 307-327.

BORDE, STEPHEN F. [Risk diversity; 1998]: Risk diversity across restaurants, in: *Cornell Hospitality Quarterly*, Vol. 39, No. 2, pp. 64-69.

BORTZ, JÜRGEN [Statistik; 2005]: Statistik für Human- und Sozialwissenschaftler, 6., vollständig überarbeitete und aktualisierte Auflage, Berlin Heidelberg: Springer.

BOWMAN, ROBERT G. [Systematic risk and accounting variables; 1979]: The theoretical relationship between systematic risk and financial (accounting) variables, in: *Journal of Finance*, Vol. 34, No. 3, pp. 617-630.

BOWMAN, ROBERT G. [Systematic risk and accounting variables: Reply; 1981]: The theoretical relationship between systematic risk and financial (accounting) variables: reply, in: *Journal of Finance*, Vol. 36, No. 3, pp. 749-750.

BOWMAN, ROBERT G.; BUSH, SUSAN R. [Comparable companies; 2006]: Using comparable companies to estimate the betas of private companies, in: *Journal of Applied Finance*, Vol. 16, No. 2, pp. 71-81.

BREALEY, RICHARD A.; MYERS, STEWART & ALLEN, FRANKLIN [Corporate finance; 2011]: Principles of corporate finance, 10th edition, New York: McGraw-Hill.

BREEDEN, DOUGLAS T. [Asset pricing model with stochastic consumption; 1979]: An intertemporal asset pricing model with stochastic consumption and investment opportunities, in: *Journal of Financial Economics*, Vol. 7, No. 3, pp. 265-296.

BREEN, WILLIAM J.; LERNER, EUGENE M. [Market measures of risk; 1973]: Corporate financial strategies and market measures of risk and return, in: *Journal of Finance*, Vol. 28, No. 2, pp. 339-351.

BRENNAN, MICHAEL J. [Corporate financial policy; 1970]: Taxes, market valuation and corporate financial policy, Vol. 23, No. 4, pp. 417-427.

BREUER, WOLFGANG; GÜRTLER, MARC & SCHUMACHER, FRANK [Portfoliomanagement; 2010]: Portfoliomanagement I - Grundlagen, 3., aktualisierte und überarbeitet Auflage, Wiesbaden: Gabler.

BREUSCH, TREVOR S.; PAGAN, ADRIAN R. [Test for heteroscedasticity; 1979]: A simple test for heteroscedasticity and random coefficient variation, in: *Econometrica*, Vol. 47, No. 5, pp. 1287-1294.

BRIMBLE, MARK; HODGSON, ALLAN [Risk relevance of accounting variables; 2007]: Assessing the risk relevance of accounting variables in diverse economic conditions, in: *Managerial Finance*, Vol. 33, No. 8, pp. 553-573.

BROOKS, CHRIS [Econometrics for Finance; 2008]: Introductory Econometrics for Finance, 2nd edition, Cambridge: Cambridge University Press.

BROOKS, ROBERT D.; FAFF, ROBERT W. & MCKENZIE, MICHAEL D. [Time-varying beta; 1998]: Time-varying beta risk of Australian industry portfolios: A comparison of modelling techniques, in: *Australian Journal of Management*, Vol. 23, No. 1, pp. 1-22.

BRÖSEL, GERIT [Nebenfunktionen der Unternehmensbewertungstheorie; 2006]: Eine Systematisierung der Nebenfunktionen der funktionalen Unternehmensbewertungstheorie, in: *Betriebswirtschaftliche Forschung und Praxis*, Jg. 58, Nr. 2, S. 128-143.

BRÖSEL, GERRIT; HAUTTMANN, RICHARD [Unternehmensbewertungsverfahren; 2007]: Einsatz von Unternehmensbewertungsverfahren zur Bestimmung von Konzessionsgrenzen sowie in Verhandlungssituationen: Eine empirische Analyse (Teil I), in: *FINANZBETRIEB*, Jg. 9, Nr. 4, S. 223-238.

BRÖSEL, GERRIT; TOLL, MARTIN [Finanzmarktkrise und Unternehmensbewertung; 2011]: Die Finanzmarktkrise im Lichte der Unternehmensbewertung: Diagnose und Befundbericht im Hinblick auf die krankende "Königsdisziplin", in: *M&A Review*, Jg. 22, Nr. 6, S. 257-263.

BROUNEN, DIRK; DE JONG, ABE & KOEDIJK, KEES [Corporate finance in Europe; 2004]: Corporate finance in Europe: Confronting theory with practice, in: *Financial Management*, Vol. 33, No. 4, pp. 71-101.

BRÜDERL, JOSEF [Paneldaten; 2010]: Kausalanalyse mit Paneldaten, in: WOLF, CHRISTOF; BEST, HENNING (Hrsg.): *Handbuch der sozialwissenschaftlichen Datenanalyse*, Wiesbaden: Springer, S. 963-994.

BUCH, ARNE; DORFLEITNER, GREGOR [Bewertung risikobehafteter Zahlungsströme; 2007]: Ein Vergleich der Sicherheitsäquivalentmethode und der Risikoanalyse als Methoden zur Bewertung risikobehafteter Zahlungsströme, in: *Zeitschrift für Betriebswirtschaft*, Jg. 77, Nr. 2, S. 141-170.

CALIŃSKIA, TADEUSZ; HARABASZA, JERZY [Method for cluster analysis; 1974]: A dendrite method for cluster analysis, in: *Communications in Statistics*, Vol. 3, No. 1, pp. 1-27.

CAMERON, A. COLIN; GELBACH, JONAH B. & MILLER, DOUGLAS L. [Multiway clustering; 2011]: Robust inference with multiway clustering, in: *Journal of Business and Economic Statistics*, Vol. 29, No. 2, pp. 238-249.

CARHART, MARK M. [Mutual fund performance; 1997]: On persistence in mutual fund performance, in: *Journal of Finance*, Vol. 52, No. 1, pp. 57-82.

CASEY, CHRISTOPHER [Roll Back-Verfahren; 2004]: Neue Aspekte des Roll Back-Verfahrens in der Unternehmensbewertung, in: *Zeitschrift für Betriebswirtschaft*, Jg. 74, Nr. 2, S. 139-163.

CASEY, CHRISTOPHER [Branchenspezifische Kapitalstrukturanalyse; 2012]: Kapitalstrukturanalyse und Trade-Off-Theorie: theoretische Überlegungen und branchenspezifische Reaktionsmuster der DAX-Gesellschaften, in: *Betriebswirtschaftliche Forschung und Praxis*, Jg. 64, No. 2, S. 163-189.

CHAN, LOUIS K. C.; LAKONISHOK, JOSEF & SWAMINATHAN, BHASKARAN [Industry classification; 2007]: Industry classifications and the comovement of stock returns, in: *Financial Analysts Journal*, Vol. 63, No. 6, pp. 56-70.

CHEN, NAI-FU; ROLL, RICHARD & ROSS, STEPHEN A. [Economic forces; 1986]: Economic forces and the stock market, in: *Journal of Business*, Vol. 59, No. 3, pp. 383-403.

CHERIDITO, YVES; HADEWICZ, TOMMY [Marktorientierte Unternehmensbewertung; 2001]: Marktorientierte Unternehmensbewertung. Die wichtigsten Aspekte der immer stärker verbreiteten Bewertungsmethode mittels Market Multiples., in: *Der Schweizer Treuhänder*, Jg. 78, Nr. 4, S. 321-330.

CHERIDITO, YVES; SCHNELLER, THOMAS [Discounts und Premia in der Unternehmensbewertung; 2008]: Discounts und Premia in der Unternehmensbewertung - Sorgfältige Analyse und Anwendungshinweise unerlässlich, in: *Der Schweizer Treuhänder*, Jg. 82, Nr. 6-7, S. 416-422.

CHIANG, MARK MING-TSO; MIRKIN, BORIS [Number of clusters in K-means; 2010]: Intelligent choice of the number of clusters in K-means clustering: An experimental study with different cluster spreads, in: *Journal of Classification*, Vol. 27, No. 1, pp. 3-40.

CHUNG, KEE H [Demand volatility and leverages on systematic risk; 1989]: The impact of the demand volatility and leverages on the systematic risk of common stocks, in: *Journal of Business Finance and Accounting*, Vol. 16, No. 3, pp. 343-360.

CLARE, A. D.; PRIESTLEY, R. & THOMAS, S. H. [Reports of beta's death are premature; 1998]: Reports of beta's death are premature: Evidence from the UK, in: *Journal of Banking and Finance*, Vol. 22, No. 9, pp. 1207-1229.

COENENBERG, ADOLF G.; SCHULTZE, WOLFGANG [Multiplikator-Verfahren; 2002]: Das Multiplikator-Verfahren in der Unternehmensbewertung, in: *FINANZBETRIEB*, Jg. 4, Nr. 12, S. 697-703.

COENENBERG, ADOLF G.; SCHULTZE, WOLFGANG [Perspektiven der Unternehmensbewertung; 2002]: Unternehmensbewertung: Konzeptionen und Perspektiven, in: *Die Betriebswirtschaft*, Jg. 62, Nr. 6, S. 597-621.

COENENBERG, ADOLF G.; SCHULTZE, WOLFGANG [Unternehmensbewertung; 2006]: Methoden der Unternehmensbewertung, in: WIRTZ, BERND W. (Hrsg.): *Handbuch Mergers & Acquisitions Management*, Wiesbaden: Gabler, S. 471-500.

COHEN, KALMAN J.; HAWAWINI, GABRIEL A.; MAIER, STEVEN F.; SCHWARTZ, ROBERT A. & WHITCOMB, DAVID K. [Friction in the trading process; 1983]: Friction in the trading process and the estimation of systematic risk, in: *Journal of Financial Economics*, Vol. 12, No. 2, pp. 263-278.

CONNOR, GREGORY; KORAJCZYK, ROBERT A. [Risk and return in an equilibrium APT; 1988]: Risk and return in an equilibrium APT: Application of a new test methodology, in: *Journal of Financial Economics*, Vol. 21, No. 2, pp. 255-289.

COPELAND, THOMAS E.; WESTON, FRED J. & SHASTRI, KULDEEP [Finanzierungstheorie; 2008]: Finanzierungstheorie und Unternehmenspolitik. Konzepte der kapitalmarktorientierten Unternehmensfinanzierung, 4., aktualisierte Auflage, München: Pearson.

DA, ZHI; GUO, RE-JIN & JAGANNATHAN, RAVI [CAPM for estimating the cost of equity; 2012]: CAPM for estimating the cost of equity capital: Interpreting the empirical evidence, in: *Journal of Financial Economics*, Vol. 103, No. 1, pp. 204-220.

DAMODARAN, ASWATH [Valuation; 2006]: Damodaran on valuation. Security analysis for investment and corporate finance, 2nd edition, Hoboken: Wiley.

DANIEL, KENT; TITMAN, SHERIDAN [Characteristics in stock returns; 1997]: Evidence on the characteristics of cross sectional variation in stock returns, in: *Journal of Finance*, Vol. 52, No. 1, pp. 1-33.

DANKENBRING, HENNING; MISSONG, MARTIN [GARCH-Effekte; 1997]: GARCH-Effekte auf dem deutschen Aktienmarkt, in: *Zeitschrift für Betriebswirtschaft*, Jg. 67, Nr. 3, S. 311-331.

DASKE, HOLGER; GEBHARDT, GÜNTHER [Zukunftsorientierte Kapitalkosten; 2006]: Zukunftsorientierte Bestimmung von Kapitalkosten für die Unternehmensbewertung, in: *Schmalenbachs Zeitschrift für betriebswirtschaftliche Forschung*, Jg. 58, Nr. 6, S. 530-551.

DAUSEND, FLORIAN; SCHMITT, DIRK [Implizite Schätzung der Marktrisikoprämie; 2011]: Implizite Schätzung der Marktrisikoprämie nach Steuern für den deutschen Kapitalmarkt, in: *CORPORATE FINANCE biz*, Jg. 2, Nr. 8, S. 459-469.

DE BODT, ERIC; LEVASSEUR, MICHEL G. [Note on the Hamada formula; 2007]: A short note on the Hamada formula (working paper). Available at SSRN: http://ssrn.com/abstract=976347 (14.03.2012).

DIAMOND, DOUGLAS W.; VERRECCHIA, ROBERT E. [Disclosure and liquidity; 1991]: Disclosure, liquidity, and the cost of capital, in: *Journal of Finance*, Vol. 46, No. 4, pp. 1325-1359.

DIERKES, STEFAN; DIEDRICH, RALF & GRÖGER, HANS-CHRISTIAN [Unternehmensbewertung und Finanzierungspolitik; 2009]: Unternehmensbewertung bei wertabhängiger und autonomer Finanzierungspolitik unter Berücksichtigung einer Kursgewinnbesteuerung, in: *Zeitschrift für Betriebswirtschaft*, Jg. 79, Nr. 3, S. 275-301.

DIJK, MATHIJS A. VAN [Size effect in equity returns; 2011]: Is size dead? A review of the size effect in equity returns, in: *Journal of Banking and Finance*, Vol. 35, No. 12, pp. 3263-3274.

DIMSON, ELROY; MARSH, PAUL [Thin trading; 1983]: The stability of UK risk measures and the problem of thin trading, in: *Journal of Finance*, Vol. 38, No. 3, pp. 753-783.

DITTMANN, INGFOLF; MAUG, ERNST & KEMPER, JOHANNES [Valuation methods; 2004]: How fundamental are fundamental values? Valuation methods and their impact on German venture capitalists, in: *European Financial Management*, Vol. 10, No. 4, pp. 609-638.

DOLDE, WALTER; GIACCOTTO, CARMELO; MISHRA, DEV R. & O'BRIEN, THOMAS [Local versus global CAPM; 2011]: Foreign exchange exposure and cost of equity for US companies: Local versus global CAPM, in: *Journal of Applied Finance*, Vol. 21, No. 1, pp. 78-86.

DONALD, STEPHEN G.; LANG, KEVIN [Inference with difference-in-differences; 2007]: Inference with difference-in-differences and other panel data, in: *The Review of Economics and Statistics*, Vol. 89, No. 2, pp. 221-233.

DÖRSCHELL, ANDREAS; FRANKEN, LARS & SCHULTE, JÖRN [Kapitalisierungszins; 2009]: Der Kapitalisierungszinssatz in der Unternehmensbewertung: Praxisgerechte Ableitung unter Verwendung von Kapitalmarktdaten, Düsseldorf: IDW-Verlag.

DÖRSCHELL, ANDREAS; FRANKEN, LARS; SCHULTE, JÖRN & BRÜTTING, CHRISTIAN [CAPM-basierte Risikozuschläge; 2008]: Ableitung CAPM-basierter Risikozuschläge bei der Unternehmensbewertung - eine kritische Analyse ausgewählter Problemkreise im Rahmen des IDW S 1 i.d.F. 2008, in: *Die Wirtschaftsprüfung*, Jg. 61, Nr. 24, S. 1152-1162.

DOUGHERTY, CHRISTOPHER [Econometrics; 2007]: Introduction to Econometrics, 3rd edition, Oxford: Oxford University Press.

DRISCOLL, JOHN C.; KRAAY, AART C. [Estimation with spatially dependent panel data; 1998]: Consistent covariance matrix estimation with spatially dependent panel data, in: *The Review of Economics and Statistics*, Vol. 80, No. 4, pp. 549-560.

DRUKARCZYK, JOCHEN; SCHÜLER, ANDREAS [Kapitalkosten deutscher Aktiengesellschaften; 2003]: Kapitalkosten deutscher Aktiengesellschaften - eine empirische Untersuchung, in: *FINANZBETRIEB*, Jg. 5, Nr. 6, S. 337-347.

DRUKARCZYK, JOCHEN; SCHÜLER, ANDREAS [Unternehmensbewertung; 2009]: Unternehmensbewertung, 6., überarbeitete und erweiterte Auflage, München: Vahlen.

DURBIN, J.; WATSON, G. S. [Testing for serial correlation; 1950]: Testing for serial correlation in least squares regression. I, in: *Biometrika*, Vol. 37, No. 3-4, pp. 409-428.

DVFA EXPERT GROUP CORPORATE TRANSACTION VALUATION [Best Practice Empfehlungen zur Unternehmensbewertung; 2012]: Die Best Practice Empfehlungen der DVFA zur Unternehmensbewertung, in: *CORPORATE FINANCE biz*, Jg. 3, Nr. 1, S. 43-50.

EBERHART, ALLAN C. [Multiples; 2004]: Equity valuation using multiples, in: *The Journal of Investing*, Vol. 13, No. 2, pp. 48-54.

EHRHARDT, MICHAEL C. [Search for value; 1994]: The Search for Value: Measuring the Company's Cost of Capital, Boston: Harvard Business School Press.

ELDOMIATY, TAREK I.; DHAHERY, MARIAM H. AL & SHUKRI, MUNA AL [Fundamental determinants of systematic risk; 2009]: The fundamental determinants of systematic risk and financial transparency in the DFM General Index, in: *Middle Eastern Finance and Economics*, No. 5, pp. 49-61.

ENZINGER, ALEXANDER; KOFLER, PETER [Anpassung der Beta-Faktoren; 2011]: DCF-Verfahren: Anpassung der Beta-Faktoren zur Erzielung konsistenter Bewertungsergebnisse, in: *Zeitschrift für Recht und Rechnungswesen*, Jg. 21, Nr. 2, S. 52-57.

ERNST, DIETMAR; SCHNEIDER, SONJA & THIELEN, BJOERN [Unternehmensbewertung; 2010]: Unternehmensbewertungen erstellen und verstehen, 4., überarbeitete Auflage, München: Vahlen.

ESKEW, ROBERT K. [Accounting risk measures; 1979]: The forecasting ability of accounting risk measures: Some additional evidence, in: *The Accounting Review*, Vol. 54, No. 1, pp. 107-118.

EVERITT, BRIAN S.; LANDAU, SABINE; LEESE, MORVEN & STAHL, DANIEL [Cluster analysis; 2011]: Cluster analysis, 5th edition, Chichester, West Sussex: Wiley.

FAHRMEIR, LUDWIG; KAUFMANN, HEINZ & KREDLER, CHRISTIAN [Regressionsanalyse; 1996]: Regressionsanalyse, in: FAHRMEIR, LUDWIG; HAMERLE, ALFRED; TUTZ, GERHARD (Hrsg.): *Multivariate statistische Verfahren*, 2., überarbeitete Auflage, Berlin: Walter de Gruyter, S. 93-168.

FAHRMEIR, LUDWIG; KNEIB, THOMAS & LANG, STEFAN [Regression; 2009]: Regression: Modelle, Methoden und Anwendungen, 2. Auflage, Heidelberg: Springer.

FAMA, EUGENE F. [Risk-adjusted discount rates; 1977]: Risk-adjusted discount rates and capital budgeting under uncertainty, in: *Journal of Financial Economics*, Vol. 5, No. 1, pp. 3-24.

FAMA, EUGENE F.; FRENCH, KENNETH R. [Cross-section of expected stock returns; 1992]: The cross-section of expected stock returns, in: *Journal of Finance*, Vol. 47, No. 2, pp. 427-465.

FAMA, EUGENE F.; FRENCH, KENNETH R. [Common risk factors; 1993]: Common risk factors in the returns on stocks and bonds, in: *Journal of Financial Economics*, Vol. 33, No. 1, pp. 3-56.

FAMA, EUGENE F.; FRENCH, KENNETH R. [Size and book-to-market factors; 1995]: Size and book-to-market factors in earnings and returns, in: *Journal of Finance*, Vol. 50, No. 1, pp. 131-155.

FAMA, EUGENE F.; FRENCH, KENNETH R. [Industry costs of equity; 1997]: Industry costs of equity, in: *Journal of Financial Economics*, Vol. 43, No. 2, pp. 153-193.

FAMA, EUGENE F.; FRENCH, KENNETH R. [CAPM: Theory and evidence; 2004]: The capital asset pricing model: Theory and evidence, in: *Journal of Economic Perspectives*, Vol. 18, No. 3, pp. 25-46.

FAMA, EUGENE F.; MACBETH, JAMES D. [Risk, return, and equilibrium; 1973]: Risk, return, and equilibrium: Empirical tests, in: *Journal of Political Economy*, Vol. 81, No. 3, pp. 607-636.

FELDMAN, STANLEY J. [Private firm valuation; 2005]: Principles of private firm valuation, Hoboken, New Jersey: Wiley.

FERNANDEZ, PABLO [Constant book leverage ratio; 2007]: A more realistic valuation: Adjusted present value and WACC with constant book leverage ratio, in: *Journal of Applied Finance*, Vol. 17, No. 2, pp. 13-20.

FERNANDEZ, PABLO [Equity Premium in 150 Textbooks; 2011]: The Magnitude and Concept of the Equity Premium in 150 Textbooks (July 16, 2011) Available at SSRN: http://ssrn.com/abstract=1898167 (14.03.2012).

FLEISCHER, HOLGER [Abschläge in der Unternehmensbewertung; 2012]: Rechtsfragen der Unternehmensbewertung bei geschlossenen Kapitalgesellschaften – Minderheitsabschlag, Fungibilitätsabschlag, Abschlag für Schlüsselpersonen, in: *Zeitschrift für Wirtschaftsrecht*, Jg. 33, Nr. 34, S. 1633-1642.

FOX, JOHN [Applied Regression Analysis; 1997]: Applied Regression Analysis, Linear Models, and Related Methods, SAGE Publications.

FRANCIS, JENNIFER; LAFOND, RYAN; OLSSON, PER M. & SCHIPPER, KATHERINE [Costs of equity; 2004]: Costs of equity and earnings attributes, in: *The Accounting Review*, Vol. 79, No. 4, pp. 967-1010.

FRANTZMANN, HANS-JÖRG [Messung des Marktrisikos; 1990]: Zur Messung des Marktrisikos deutscher Aktien, in: *Zeitschrift für betriebswirtschaftliche Forschung*, Jg. 42, Nr. 1, S. 67-83.

FREISTAAT SACHSEN [Sächsischer Mittelstandsbericht; 2006]: Mittelstandsbericht 2005/2006. Unternehmensnachfolge im sächsischen Mittelstand - Gutachten des ifo Instituts im Auftrag des Sächsischen Staatsministeriums für Wirtschaft und Arbeit., http://www.unternehmensnachfolge.sachsen.de/set/1031/msb.pdf (abgrufen am 24.11.2012).

FRIEND, IRWIN; BLUME, MARSHALL [Measurement of portfolio performance; 1970]: Measurement of portfolio performance under uncertainty, in: *American Economic Review*, Vol. 60, No. 4, pp. 561-575.

GAHLON, JAMES M.; GENTRY, JAMES A. [Systematic risk and the DOL and DFL; 1982]: On the relationship between systematic Risk and the degrees of operating and financial leverage, in: *Financial Management*, Vol. 11, No. 2, pp. 15-23.

GARROD, NEIL; MRAMOR, DUSAN [Accounting flows and systematic risk; 2004]: On accounting flows and systematic risk, in: *Southern African Business Review*, Vol. 8, No. 1, pp. 1-6.

GAUGHAN, PATRICK A. [M&A; 2010]: Mergers, acquisitions, and corporate restructurings, 5th edition, Hoboken, New Jersey: Wiley.

GIBBONS, MICHAEL R. [Multivariate tests of financial models; 1982]: Multivariate tests of financial models: A new approach, in: *Journal of Financial Economics*, Vol. 10, No. 1, pp. 3-27.

GILSON, STUART C.; HOTCHKISS, EDITH S. & RUBACK, RICHARD S. [Bankrupt firms; 2000]: Valuation of bankrupt firms, in: *Review of Financial Studies*, Vol. 13, No. 1, pp. 43-74.

GINER, BEGOÑA; REVERTE, CARMELO [Risk-relevance of accounting data; 2006]: The risk-relevance of accounting data: Evidence from the Spanish stock market, in: *Journal of International Financial Management and Accounting*, Vol. 17, No. 3, pp. 175-207.

GLEIßNER, WERNER; WOLFRUM, MARCO [Eigenkapitalkosten nicht börsennotierter Unternehmen; 2008]: Eigenkapitalkosten und die Bewertung nicht börsennotierter Unternehmen: Relevanz von Diversifikationsgrad und Risikomaß, in: *FINANZ-BETRIEB*, Jg. 8, Nr. 9, S. 602-614.

GONEDES, NICHOLAS J. [Information content of accounting numbers; 1973]: Evidence on the information content of accounting numbers: Accounting-based and market-based estimates of systematic risk, in: *Journal of Financial and Quantitative Analysis*, Vol. 8, No. 3, pp. 407-443.

GORDON, MYRON J.; SHAPIRO, ELI [Capital equipment analysis; 1956]: Capital equipment analysis: The required rate of profit, in: *Management Science*, Vol. 3, No. 1, pp. 102-110.

GÖTZ, ALEXANDER; DEISTER, BENJAMIN [Unternehmensbewertung; 2011]: Unternehmensbewertung im Lichte der Abgeltungssteuer – alte Probleme, neue Lösungen, in: *Die Wirtschaftsprüfung*, Jg. 64, Nr. 1, S. 25-31.

GRAHAM, JOHN R.; HARVEY, CAMPBELL R. [The theory and practice of corporate finance; 2001]: The theory and practice of corporate finance: evidence from the field, in: *Journal of Financial Economics*, Vol. 60, No. 2-3, pp. 187-243.

GREENE, WILLIAM H. [Econometric analysis; 2011]: Econometric analysis, 7th edition, Upper Saddle River, New Jersey: Prentice Hall.

GREGORY, ALAN; MICHOU, MARIA [Cost of equity capital: UK evidence; 2009]: Industry cost of equity: UK Evidence, in: *Journal of Business Finance and Accounting*, Vol. 36, No. 5-6, pp. 679-704.

GRIFFIN, HARRY F.; DUGAN, MICHAEL T. [Systematic risk and revenue volatility; 2003]: Systematic risk and revenue volatility, in: *Journal of Financial Research*, Vol. 26, No. 2, pp. 179-189.

GSELL, HANNES [Expected market risk premium; 2010]: Estimation of the expected market risk premium for corporate valuations: Methodologies and empirical evidence for equity markets in key countries, Frankfurt: Peter Lang.

GUJARATI, DAMODAR N.; PORTER, DAWN C. [Econometrics; 2009]: Basic econometrics, 5th edition, New York City: McGraw-Hill.

GÜNTHER, THOMAS [Controlling; 1997]: Unternehmenswertorientiertes Controlling, München: Vahlen.

HACHMEISTER, DIRK [Diskontierung unsicherer Zahlungsströme; 2006]: Diskontierung unsicherer Zahlungsströme: Methodische Anmerkungen zur Bestimmung risikoangepasster Kapitalkosten, in: *Zeitschrift für Controlling und Management*, Jg. 50, Nr. 3, S. 143-149.

HACHMEISTER, DIRK; KÜHNLE, BENJAMIN & LAMPENIUS, NIKLAS [Squeeze-Out; 2009]: Unternehmensbewertung in Squeeze-Out-Fällen: eine empirische Analyse, in: *Die Wirtschaftsprüfung*, Jg. 62, Nr. 24, S. 1234-1246.

HAGENLOCH, THORSTEN [Discounted Cash Flow; 2007]: Value Based Management und Discounted Cash Flow - Ansätze. Eine verfahrens- und aufgabenorientierte Einführung, Norderstedt: Books on Demand.

HAIR, JOSEPH F.; BLACK, WILLIAM C.; BABIN, BARRY J. & ANDERSON, ROLPH E. [Multivariate data analysis; 2010]: Multivariate data analysis: A global perspective, 7th edition, Upper Saddle River, New Jersey: Pearson Prentice Hall.

HAMADA, ROBERT S. [Capital structure and systematic risk; 1972]: The effect of the firm's capital structure on the systematic risk of common stocks, in: *Journal of Finance*, Vol. 27, No. 2, pp. 435-452.

HANAUER, MICHAEL; KASERER, CHRISTOPH & RAPP, MARC STEFFEN [Risikofaktoren und Multifaktormodelle; 2012]: Risikofaktoren und Multifaktormodelle für den deutschen Aktienmarkt, in: *Center for Entrepreneurial and Financial Studies Working Paper No. 2011-01*, (in Kürze erscheinend in: Betriebswirtschaftliche Forschung und Praxis).

HANDL, ANDREAS [Multivariate Analysemethoden; 2010]: Multivariate Analysemethoden: Theorie und Praxis multivariater Verfahren unter besonderer Berücksichtigung von S-PLUS, 2. Auflage, Heidelberg: Springer.

HARRIS, ROBERT S.; PRINGLE, JOHN J. [Risk-adjusted discount rates; 1985]: Risk-adjusted discount rates - Extensions from the average risk case, in: *Journal of Financial Research*, Vol. 8, No. 3, pp. 237-244.

HARTIGAN, JOHN A. [Clustering; 1975]: Clustering algorithms, New York: Wiley.

HASSAN, OMAIMA A.G.; GIORGIONI, GIANLUIGI; ROMILLY, PETER & POWER, DAVID M. [Voluntary disclosure and risk; 2011]: Voluntary disclosure and risk in an emerging market, in: *Journal of Accounting in Emerging Economies*, Vol. 1, No. 1, pp. 33-52.

HASSLER, PETER THILO [Aktienbewertung; 2011]: Aktien richtig bewerten: Theoretische Grundlagen praktisch erklärt, Berlin Heidelberg: Springer.

HATEKAR, NEERAJ R [Econometrics; 2010]: Principles of econometrics: An introduction (using R), New Dehli: SAGE.

HATZINGER, REINHOLD; NAGEL, HERBERT [Statistische Methoden; 2009]: PASW Statistics: Statistische Methoden und Fallbeispiele, München: Pearson.

HAUSMAN, JERRY A. [Specification tests; 1978]: Specification tests in econometrics, in: *Econometrica*, Vol. 46, No. 6, pp. 1251-1271.

HAWAWINI, GABRIEL; VIALLET, CLAUDE [Finance for executives; 2011]: Finance for executives: Managing for value creation, 4th edition, Mason, Ohio: South-Western Cengae Learning.

HAYN, CARLA [Information of losses; 1995]: The information content of losses, in: *Journal of Accounting and Economics*, Vol. 20, No. 2, pp. 125-153.

HENSELMANN, KLAUS; KLEIN, MARTIN & FÜRST, BENEDIKT [Einsatz von Value at Risk; 2010]: Marktpreisrisiko-Reporting bei Nichtfinanzinstituten nach IFRS 7 - Empirische Befunde zum Einsatz von Value at Risk und Sensitivitätsanalysen bei kapitalmarktorientierten Unternehmen, in: *CORPORATE FINANCE biz*, Jg. 1, Nr. 7, S. 457-476.

HERING, THOMAS [Unternehmensbewertung; 2006]: Unternehmensbewertung, 2., vollständig überarbeitete und stark erweiterte Auflage, München: Oldenbourg.

HERRMANN, VOLKER; FRANK, RICHTER [Controlled multiples; 2003]: Pricing with performance controlled multiples, in: *Schmalenbach Business Review*, Vol. 55, No. 3, pp. 194-219.

HILL, NED C.; STONE, BERNELL K. [Risk-composition approach; 1980]: Accounting betas, systematic operating risk, and financial leverage: A risk-composition approach to the determinants of systematic isk, in: *Journal of Financial and Quantitative Analysis*, Vol. 15, No. 3, pp. 595-637.

HINZ, MICHAEL [Unternehmensbewertung; 2011]: Unternehmensbewertung im Rahmen erbschaft- und schenkungsteuerlicher Zwecke - Ein Vergleich des vereinfachten Ertragswertverfahrens mit "üblichen" Bewertungskalkülen nach den Grundsätzen des IDW S 1 i. d. F. 2008, in: *Betriebswirtschaftliche Forschung und Praxis*, Jg. 63, Nr. 3, S. 304-328.

HOCHMAN, SHALOM [Beta-coefficient; 1983]: The beta-coefficient: An instrumental variables approach, in: *Research in Finance*, Vol. 4, pp. 123-151.

HOMBURG, CARSTEN; STEPHAN, JÖRG & WEIß, MATTHIAS [Unternehmensbewertung bei atmender Finanzierung; 2004]: Unternehmensbewertung bei atmender Finanzierung und Insolvenzrisiko, in: *Die Betriebswirtschaft*, Jg. 64, Nr. 3, S. 276-295.

HOMMEL, MICHAEL; DEHMEL, INGA [Unternehmensbewertung; 2010]: Unternehmensbewertung case by case, 5. Auflage, Frankfurt am Main: Recht und Wirtschaft.

HONG, GWANGHEON; SARKAR, SUDIPTO [Beta and its determinants; 2007]: Equity systematic risk (Beta) and its determinants, in: *Contemporary Accounting Research*, Vol. 24, No. 2, pp. 423-466.

HOU, KEWEI; ROBINSON, DAVID T. [Industry concentration; 2006]: Industry concentration and average stock returns, in: *Journal of Finance*, Vol. 61, No. 4, pp. 1927-1956.

HSIAO, CHENG [Panel data; 2003]: Analysis of panel data, 2nd edition, Cambridge: Cambridge University Press.

HUFFMAN, STEPHEN P. [Systematic risk of common stocks; 1989]: The impact of the degrees of operating and financial leverage on the systematic risk of common stocks: Another look, in: *Quarterly Journal of Business and Economics*, Vol. 28, No. 1, pp. 83-100.

HULL, JOHN C. [Risikomanagement; 2011]: Risikomanagement - Banken, Versicherungen und andere Finanzinstitutionen, 2., aktualisierte Auflage, München: Pearson.

HÜTTCHE, TOBIAS [Unternehmensbewertung in der Schweiz; 2012]: Zur Praxis der Unternehmensbewertung in der Schweiz: Stand der Bewertungslehre und Umsetzung, in: *Der Schweizer Treuhänder*, Jg. 86, Nr. 4, S. 208-212.

IDW [S 1; i.d.F. 2008]: S 1 i.d.F. 2008 - Grundsätze zur Durchführung von Unternehmensbewertungen, IDW Verlag.

IHLAU, SUSANN; DUSCHA, HENDRIK [Anwendung von IDW S 1 bei der Bewertung von KMU; 2012]: Hinweise zur Anwendung von IDW S 1 bei der Bewertung von KMU, in: *Die Wirtschaftsprüfung*, Jg. 65, Nr. 9, S. 489-499.

INSELBAG, ISIK; KAUFOLD, HOWARD [Valuing companies; 1997]: Two DCF approaches for valuing companies under alternative financing strategies, in: *Journal of Applied Corporate Finance*, Vol. 10, No. 1, pp. 114-122.

JÄHNCHEN, SVEN [Kapitalkosten von Versicherungsunternehmen; 2009]: Kapitalkosten von Versicherungsunternehmen: Fundamentale Betafaktoren als ein Erklärungsbeitrag zur Erfassung der Renditeforderung der Eigenkapitalgeber, Wiesbaden: Gabler.

JAIN, ANIL K.; DUBES, RICHARD C. [Clustering data; 1988]: Algorithms for clustering data, Upper Saddle River, New Jersey: Prentice Hall.

JARROW, ROBERT; RUDD, ANDREW [A comparison of the APT and CAPM; 1983]: A comparison of the APT and CAPM a note, in: *Journal of Banking and Finance*, Vol. 7, No. 2, pp. 295-303.

JARVELA, MICHAEL; KOZYRA, JAMES & POTTER, CARLA [Updating the BKS (1970) study; 2009]: The relationship between market and accounting determined risk measures: Reviewing and updating the Beaver, Kettler, Scholes (1970) study, in: *College Teaching Methods and Styles Journal*, Vol. 5, No. 1, pp. 1-10.

JEGADEESH, NARASIMHAN; TITMAN, SHERIDAN [Returns to buying winners and selling losers; 1993]: Returns to buying winners and selling losers: Implications for stock market efficency, in: *Journal of Finance*, Vol. 48, No. 1, pp. 65-91.

JENSEN, MICHAEL C. [Performance of mutual funds; 1968]: The performance of mutual funds in the period 1945-1964, in: *Journal of Finance*, Vol. 23, No. 2, pp. 389-416.

JENSEN, MICHAEL C. [Agency costs; 1986]: Agency costs of free cash flow, corporate finance, and takeovers, in: *American Economic Review*, Vol. 76, No. 2, pp. 323-329.

KÄHLER, JÜRGEN [Regressionsanalyse; 2012]: Regressionsanalyse, in: SCHRÖDER, MICHAEL (Hrsg.): *Finanzmarkt-Ökonometrie: Basistechniken, Fortgeschrittene Verfahren, Prognosemodelle*, 2. Auflage, Stuttgart: Schäffer-Poeschel, S. 29-98.

KAPLAN, STEVEN N.; RUBACK, RICHARD S. [Valuation of cash flow forecasts; 1995]: The valuation of cash flow forecasts: An empirical analysis, in: *Journal of Finance*, Vol. 50, No. 4, pp. 1059-1093.

KARPIK, PHILIP; BELKAOUI, AHMED [Systematic risk and value added variables; 1990]: The relative relationship between systematic risk and value added variables, in: *Journal of International Financial Management and Accounting*, Vol. 1, No. 3, pp. 259-276.

KAUFMANN, HEINZ; PAPE, HEINZ [Clusteranalyse; 1996]: Clusteranalyse, in: FAHRMEIR, LUDWIG; HAMERLE, ALFRED; TUTZ, GERHARD (Hrsg.): *Multivariate statistische Verfahren*, 2., erweiterte Auflage, Berlin: Gruyter, S. 437-536.

KERN, CHRISTIAN; MÖLLS, SASCHA H. [Betafaktoren aus einer Peer Group; 2010]: Ableitung CAPM-basierter Betafaktoren aus einer Peergroup-Analyse, in: *CORPORATE FINANCE biz*, Jg. 1, Nr. 7, S. 440-448.

KÉZDI, GABOR [Robus standard error estimation; 2004]: Robus standard error estimation in fixed-effects panel models, in: *Hungarian Statistical Review*, Vol. 9, pp. 95-116.

KIM, MOON K.; ISMAIL, BADR E. [Accounting analysis of the risk-return relationship; 1998]: An accounting analysis of the risk-return relationship in bull and bear markets, in: *Review of Financial Economics*, Vol. 7, No. 2, pp. 173-182.

KIM, HYUNJOON; KIM, JIYOUNG & GU, ZHENG [Determinants of systematic risk; 2012]: An examination of US hotel firms' risk features and their determinants of systematic risk, in: *International Journal of Tourism Research*, Vol. 14, No. 1, pp. 28-39.

KLOSTERBERG, MARCUS O. [Branchenorientierte Bewertung; 2010]: Die Bewertung von Software-Unternehmen, in: DRUKARCZYK, JOCHEN; ERNST, DIETMAR (Hrsg.): *Branchenorientierte Unternehmensbewertung*, 3., überarbeitete und erweiterte Auflage, München: Vahlen, S. 255-273.

KNOLL, LEONHARD [Signifikanz des Beta-Faktors; 2010]: Äquivalenz zwischen signifikanten Werten des Beta-Faktors und des Bestimmtheitsmaßes – Anmerkungen zu Dörschell/Schulte/Brütting, WPg 2008, S. 1152-1162, in: *Die Wirtschaftsprüfung*, Jg. 63, Nr. 22, S. 1106-1109.

KNOLL, LEONHARD; WALA, THOMAS & ZIEMER, FRANZISKA [Marktrisikoprämie; 2011]: Viele versus repräsentative Daten: Das Dilemma der historischen Marktrisikoprämie, in: *Bewertungspraktiker*, Jg. 5, Nr. 1, S. 2-7.

KOEDIJK, KEES G.; KOOLB, CLEMENS J.M.; SCHOTMAN, PETER C. & DIJK, MATHIJS A. VAN [Cost of capital in international financial markets; 2002]: The cost of capital in international financial markets: Local or global?, in: *Journal of International Money and Finance*, Vol. 21, No. 6, pp. 905-929.

KOLLER, TIM; GOEDHART, MARC & WESSELS, DAVID [Valuation; 2010]: Valuation: Measuring and managing the value of companies, 5th edition, Hoboken, New Jersey: Wiley.

KRUSCHWITZ, LUTZ; LODOWICKS, ARND & LÖFFLER, ANDREAS [Bewertung insolvenzbedrohter Unternehmen; 2005]: Zur Bewertung insolvenzbedrohter Unternehmen, in: *Die Betriebswirtschaft*, Jg. 65, Nr. 3, S. 221-236.

KRUSCHWITZ, LUTZ; LÖFFLER, ANDREAS [Konzept des Discounted Cashflow; 2005]: Ein neuer Zugang zum Konzept des Discounted Cashflow, in: *Journal für Betriebswirtschaft*, Jg. 55, Nr. 1, S. 21-36.

KRUSCHWITZ, LUTZ; LÖFFLER, ANDREAS [Discounted Cash Flow; 2006]: Discounted cash flow: A theory of the valuation of firms, Chichester: Wiley.

KRUSCHWITZ, LUTZ; LÖFFLER, ANDREAS [Kapitalkosten; 2008]: Kapitalkosten aus theoretischer und praktischer Perspektive, in: *Die Wirtschaftsprüfung*, Jg. 61, Nr. 17, S. 803-810.

KRUSCHWITZ, LUTZ; LÖFFLER, ANDREAS & CANEFIELD, DOMINICA [Hybride Finanzierungspolitik; 2007]: Hybride Finanzierungspolitik und Unternehmensbewertung, in: *FINANZBETRIEB*, Jg. 9, Nr. 7-8, S. 427-431.

KRUSCHWITZ, LUTZ; LÖFFLER, ANDREAS & ESSLER, WOLFGANG [Unternehmensbewertung; 2009]: Unternehmensbewertung für die Praxis: Fragen und Antworten, Stuttgart: Schäffer-Poeschel.

KRUSCHWITZ, LUTZ; LÖFFLER, ANDREAS & LORENZ, DANIELA [Unlevering und Relevering; 2011]: Unlevering und Relevering – Modigliani/Miller versus Miles/Ezzell, in: *Die Wirtschaftsprüfung*, Jg. 64, Nr. 14, S. 672-678.

KRUSCHWITZ, LUTZ; LÖFFLER, ANDREAS & LORENZ, DANIELA [Kapitalkosten; 2012]: Zum Unlevering und Relevering von Betafaktoren: Stellungnahme zu Meitner/ Streitferdt, WPg 2012, S. 1037-1047 - Zugleich Grundsatzüberlegungen zu Kapitalkostendefinitionen, in: *Die Wirtschaftsprüfung*, Jg. 65, Nr. 19, S. 1048-1052.

KRUSCHWITZ, LUTZ; LORENZ, DANIELA [Autonome und wertorientierte Verschuldung; 2011]: Eine Anmerkung zur Unternehmensbewertung bei autonomer und wertorientierter Verschuldung, in: *CORPORATE FINANCE biz*, Jg. 2, Nr. 2, S. 94-96.

KUHNER, CHRISTOPH; MALTRY, HELMUT [Unternehmensbewertung; 2006]: Unternehmensbewertung, Berlin Heidelberg New York: Springer.

LAITENBERGER, JÖRG [Rendite und Kapitalkosten; 2006]: Rendite und Kapitalkosten, in: *Zeitschrift für Betriebswirtschaft*, Jg. 76, Nr. 1, S. 79-101.

LAKONISHOK, JOSEF; SHLEIFER, ANDREI & VISHNY, ROBERT [Contrarian investment; 1994]: Contrarian investment, extrapolation, and risk, in: *Journal of Finance*, Vol. 49, No. 5, pp. 1541-1578.

LAMPENIUS, NIKLAS; OBERMAIER, ROBERT & SCHÜLER, ANDREAS [Stichtags- und laufzeitäquivalente Basiszinssätze; 2008]: Der Einfluß stichtags- und laufzeitäquivalenter Basiszinssätze auf den Unternehmenswert: eine empirische Untersuchung, in: *Zeitschrift für Bankrecht und Bankwirtschaft*, Jg. 20, Nr. 4, S. 245-254.

LEE, JIN-SOO; JANG, SOOCHEONG [Systematic risk determinants; 2007]: The systematic-risk determinants of the US airline industry, in: *Tourism Management*, Vol. 28, No. 2, pp. 434-442.

LEV, BARUCH [Operating leverage and risk; 1974]: On the association between operating leverage and risk, in: *Journal of Financial and Quantitative Analysis*, Vol. 9, No. 4, pp. 627-641.

LEV, BARUCH [Economic determinants of earnings; 1983]: Some economic determinants of time-series properties of earnings, in: *Journal of Accounting and Economics*, Vol. 5, No. 1, pp. 31-48.

LEV, BARUCH; KUNITZKY, SERGIUS [Risk of common stocks; 1974]: On the association between smoothing measures and the risk of common stocks, in: *Accounting Review*, Vol. 49, No. 2, pp. 259-270.

LEVY, HAIM [CAPM is alive; 2010]: The CAPM is alive and well: A review and synthesis, in: *European Financial Management*, Vol. 16, No. 1, pp. 43-71.

LEVY, HAIM [CAPM in the 21st century; 2012]: The capital asset pricing model in the 21st century: Analytical, empirical, and behavioral perspectives, New York: Cambridge University Press.

LEVY, MOSHE; ROLL, RICHARD [Market portfolio; 2010]: The market portfolio may be mean/variance efficient after all, in: *Review of Financial Studies*, Vol. 23, No. 6, pp. 2464-2491.

LEWELLEN, JONATHAN; NAGEL, STEFAN & SHANKEN, JAY [Asset pricing tests; 2010]: A skeptical appraisal of asset pricing tests, in: *Journal of Financial Economics*, Vol. 96, No. 2, pp. 175-194.

LIANG, KUNG-YEE; ZEGER, SCOTT L. [Longitudinal data analysis; 1986]: Longitudinal data analysis using generalized linear models, in: *Biometrika*, Vol. 73, No. 1, pp. 13-22.

LIEW, JIMMY; VASSALOU, MARIA [Risk factors; 2000]: Can book-to-market, size and momentum be risk factors that predict economic growth?, in: *Journal of Financial Economics*, Vol. 57, No. 2, pp. 221-245.

LINTNER, JOHN [Valuation of risk assets; 1965]: The valuation of risk assets and the selection of risky investments in stock portfolios and capital budgets, in: *Review of Economics and Statistics*, Vol. 47, No. 1, pp. 13-37.

LOBE, SEBASTIAN; ESSLER, WOLFGANG [Discounted Cashflow; 2008]: Zur Theorie des Discounted Cashflow: Was haben wir seit Modigliani und Miller gelernt?, in:

LAITENBERGER, JÖRG; LÖFFLER, ANDREAS (Hrsg.): *Finanzierungstheorie auf vollkommenen und unvollkommenen Kapitalmärkten. Festschrift für Lutz Kruschwitz zum 65. Geburtstag*, München: Vahlen, S. 55-77.

LOCAREK, HERMANN [Finanzmathematik; 1997]: Finanzmathematik, 3., verbesserte Auflage, München: Oldenbourg.

LOCAREK-JUNGE, HERMANN; LOßAGK, SVEN [Konsistente Unternehmensbewertung; 2011]: Konsistente Unternehmensbewertung bei unterschiedlicher Finanzierungspolitik, in: *Das Wirtschaftsstudium*, Jg. 40, Nr. 3, S. 364-366.

LÖFFLER, ANDREAS [WACC approach; 1998]: WACC Approach and Nonconstant Leverage Ratio Available at SSRN: http://ssrn.com/abstract=60937 or doi:10.2139/ssrn.60937 (20.01.2012).

LOGUE, DENNIS E.; MERVILLE, LARRY J. [Financial policy; 1972]: Financial policy and market expectations, in: *Financial Management*, Vol. 1, No. 2, pp. 37-44.

LONG, J. SCOTT; ERVIN, LAURIE H. [Heteroscedasticity consistent standard errors; 2000]: Using heteroscedasticity consistent standard errors in the linear regression model, in: *The American Statistician*, Vol. 54, No. 3, pp. 217-224.

LORSON, PETER; GELTINGE, ANDREAS; HORN, CHRISTIAN & SCHÜNEMAN, ANIKA [Fungibilität nach IDW S 1; 2012]: Berücksichtigung der Fungibilität bei Unternehmensbewertungen nach IDW S 1 - eine empirische Analyse, in: *Deutsches Steuerrecht*, Jg. 50, Nr. 32, S. 1621-1627.

LÜCKE, WOLFGANG [Investitionsrechnung; 1955]: Investitionsrechnung auf der Basis von Ausgaben oder Kosten?, in: *Zeitschrift für handelswissenschaftliche Forschung*, Jg. 7, S. 310-324.

MANDELKER, GERSHON N.; RHEE, S. GHON [Operating and financial leverage; 1984]: The impact of the degrees of operating and financial leverage on systematic risk of common stock, in: *The Journal of Financial and Quantitative Analysis*, Vol. 19, No. 1, pp. 45-57.

MARKOWITZ, HARRY M. [Portfolio selection; 1952]: Portfolio selection, in: *Journal of Finance*, Vol. 7, No. 1, pp. 77-91.

MARSH, PAUL [Equity rights issues; 1979]: Equity rights issues and the efficiency of the UK stock market, in: *Journal of Finance*, Vol. 34, No. 4, pp. 839-862.

MARTIN, WILLIAM E.; BRIDGMON, KRISTA D. [Statistical Research Methods; 2012]: Quantitative and Statistical Research Methods: From Hypothesis to Results, Jossey-Bass.

MATSCHKE, MANFRED JÜRGEN; BRÖSEL, GERRIT [Unternehmensbewertung; 2007]: Unternehmensbewertung: Funktionen - Methoden - Grundsätze, 3., überarbeitete und erweiterte Auflage, Wiesbaden: Gabler.

MEITNER, MATTHIAS; STREITFERDT, FELIX [Unternehmensbewertung; 2011]: Unternehmensbewertung. Verändertes Bewertungsumfeld, Krisenunternehmen, unsichere Inflationserwartungen, Wertbeitragsrechnung, innovative Lösungsansätze., Stuttgart: Schäffer-Poeschel.

MEITNER, MATTHIAS; STREITFERDT, FELIX [Betafaktor; 2012a]: Die Bestimmung des Betafaktors, in: PEEMÖLLER, VOLKER H. (Hrsg.): *Praxishandbuch der Unternehmensbewertung - Grundlagen und Methoden, Bewertungsverfahren, Besonderheiten bei der Bewertung*, 5., aktualisierte und erweiterte Auflage, Herne: nbw, S. 511-575.

MEITNER, MATTHIAS; STREITFERDT, FELIX [Unlevering und Relevering; 2012b]: Zum Unlevering und Relevering von Betafaktoren: Stellungnahme zu Kruschwitz/ Löffler/Lorenz, WPg 2011, S. 672, in: *Die Wirtschaftsprüfung*, Jg. 65, Nr. 19, S. 1037-1047.

MELICHER, RONALD W. [Financial factors which influence beta; 1974]: Financial factors which influence beta variations within an homogeneous industry environment, in: *Journal of Financial and Quantitative Analysis*, Vol. 9, No. 2, pp. 231-241.

MENSAH, YAW M. [Determinants of market beta; 1992]: Adjusted accounting beta, operating leverage and financial leverage as determinants of market beta: A synthesis and empirical evaluation, in: *Review of Quantitative Finance and Accounting*, Vol. 2, No. 2, pp. 187-203.

MERTON, ROBERT C. [Intertemporal CAPM; 1973]: An intertemporal capital asset pricing model, in: *Econometrica*, Vol. 41, No. 5, pp. 867-887.

MERTON, ROBERT C. [Pricing of corporate debt; 1974]: On the pricing of corporate debt: The risk structure of interest rates, in: *Journal of Finance*, Vol. 29, No. 2, pp. 449-470.

MERTON, ROBERT C. [Estimating the expected return; 1980]: On estimating the expected return on the market: An exploratory investigation, in: *Journal of Financial Economics*, Vol. 8, No. 4, pp. 323-361.

MILES, JAMES A.; EZZELL, JOHN R. [Weighted average cost of capital; 1980]: The weighted average cost of capital, perfect capital markets, and project life: A clarification, in: *Journal of Financial and Quantitative Analysis*, Vol. 15, No. 3, pp. 719-730.

MILES, JAMES A.; EZZELL, JOHN R. [Tax shield valuation; 1985]: Reformulating tax shield valuation: A note, in: *Journal of Finance*, Vol. 40, No. 5, pp. 1485-1492.

MILLIGAN, GLENN W.; COOPER, MARTHA C. [Determining the number of clusters; 1985]: An examination of procedures for determining the number of clusters in a data set, in: *Psychometrika*, Vol. 50, No. 2, pp. 159-179.

MIRKIN, BORIS [Number of clusters; 2011]: Choosing the number of clusters, in: *Wiley Interdisciplinary Reviews: Data Mining and Knowledge Discovery*, Vol. 1, No. 3, pp. 252-260.

MODIGLIANI, FRANCO; MILLER, MERTON H. [Cost of capital; 1958]: The Cost of capital, corporation finance and the theory of investment, in: *American Economic Review*, Vol. 48, No. 3, pp. 261-297.

MODIGLIANI, FRANCO; MILLER, MERTON H. [Corporate income taxes; 1963]: Corporate income taxes and the cost of capital: A Correction, in: *American Economic Review*, Vol. 53, No. 3, pp. 433–443.

MOSSIN, JAN [Equilibrium; 1966]: Equilibrium in a capital asset market, in: *Econometrica*, Vol. 34, No. 4, pp. 768-783.

MOXTER, ADOLF [Grundsätze; 1983]: Grundsätze ordnungsmäßiger Unternehmensbewertung, 2. Auflage, Wiesbaden: Gabler.

MOYER, R.CHARLES; CHATFIELD, ROBERT [Market power and systematic risk; 1983]: Market power and systematic risk, in: *Journal of Economics and Business*, Vol. 35, No. 1, pp. 123-130.

MÜLLER, WOLFGANG [Bilanzinformation; 1992]: Bilanzinformation und Aktienbewertung: Eine theoretische und empirische Überprüfung der Entscheidungsrelevanz von Jahresabschlußinformationen für die Preisbildung deutscher Aktien, Frankfurt am Main: Knapp.

MUNDLAK, YAIR [Pooling of data; 1978]: On the pooling of time series and cross section data, in: *Econometrica*, Vol. 46, No. 1, pp. 69-85.

MUNKERT, MICHAEL J. [Kapitalisierungszinssatz in der Unternehmensbewertung; 2005]: Der Kapitalisierungszinssatz in der Unternehmensbewertung: Theorie, Gutachtenpraxis und Rechtsprechung in Spruchverfahren, Wiesbaden: Deutscher Universitätsverlag.

MYERS, STEWART C. [Capital budgeting; 1974]: Interactions of corporate financing and investment decisions - implications for capital budgeting, in: *Journal of Finance*, Vol. 29, No. 1, pp. 1-25.

MYERS, STEWART C. [Capital structure; 1984]: The capital structure puzzle, in: *Journal of Finance*, Vol. 39, No. 3, pp. 575-592.

MYERS, STEWART C.; MAJLUF, NICHOLAS [Corporate financing; 1984]: Corporate financing and investment decisions, in: *Journal of Financial Economics*, Vol. 2, No. 13, pp. 187-221.

MYERS, STEWART C.; TURNBULL, STUART M. [Capital budgeting and the CAPM; 1977]: Capital budgeting and the capital asset pricing model: Good news and bad news, in: *Journal of Finance*, Vol. 32, No. 2, pp. 321-333.

O'BRIEN, THOMAS J.; VANDERHEIDEN, PAUL A. [Empirical measurement of operating leverage; 1987]: Empirical measurement of operating leverage for growing firms, in: *Financial Management*, Vol. 16, No. 2, pp. 45-53.

O'DOHERTY, MICHAEL; SAVIN, N. EUGENE & TIWARI, ASHISH [Cross section of stock returns; 2012]: Modeling the cross section of stock returns: A model pooling approach, in: *Journal of Financial and Quantitative Analysis (forthcoming)*, Vol. 47, No. 5, (http://dx.doi.org/10.1017/S0022109012000518).

O'HANLON, JOHN; PEASNELL, KEN [EVA; 1998]: Wall Street's contribution to management accounting: the Stern Stewart EVA® financial management system, in: *Management Accounting Research*, Vol. 9, No. 4, pp. 421-444.

OBERMAIER, ROBERT [Marktzinsorientierte Bestimmung des Basiszinssatzes; 2006]: Marktzinsorientierte Bestimmung des Basiszinssatzes in der Unternehmensbewertung, in: *FINANZBETRIEB*, Jg. 8, Nr. 7-8, S. 472-479.

OBERMAIER, ROBERT [Kapitalmarktorientierte Bestimmung des Basiszinssatzes; 2008]: Die kapitalmarktorientierte Bestimmung des Basiszinssatzes für die Unternehmensbewertung: the Good, the Bad and the Ugly, in: *FINANZBETRIEB*, Jg. 10, Nr. 7-8, S. 493-506.

OHLSON, JAMES A. [Equity valuation; 1995]: Earnings, book values, and dividends in equity valuation, in: *Contemporary Accounting Research*, Vol. 11, No. 2, pp. 661-687.

OHR, DIETER [Lineare Regression; 2010]: Lineare Regression: Modellannahmen und Regressionsdiagnostik, in: WOLF, CHRISTOF; BEST, HENNING (Hrsg.): *Handbuch der sozialwissenschaftlichen Datenanalyse*, Wiesbaden: Springer, S. 639-675.

OLBRICH, MICHAEL [Bedeutung des Börsenkurses; 2000]: Zur Bedeutung des Börsenkurses für die Bewertung von Unternehmungen und Unternehmungsanteilen, in: *Betriebswirtschaftliche Forschung und Praxis*, Jg. 52, Nr. 5, S. 454-465.

PARHIZGARI, ALI M.; DANDAPANI, KRISHNAN & PRAKASH, ARUN J. [Arbitrage pricing theory; 1993]: Arbitrage pricing theory and the investment, in: *Journal of Business Finance and Accounting*, Vol. 20, No. 1, pp. 27-40.

PAWELZIK, KAI UDO [Fremdkapital bei der Unternehmensbewertung; 2012]: Explizites und implizites Fremdkapital bei der Unternehmensbewertung, in: *Die Wirtschaftsprüfung*, Jg. 65, Nr. 17, S. 936-950.

PEEMÖLLER, VOLKER H.; KUNOWSKI, STEFAN [Ertragswertverfahren; 2012]: Ertragswertverfahren, in: PEEMÖLLER, VOLKER H. (Hrsg.): *Praxishandbuch der Unternehmensbewertung*, 5., aktualisierte und erweiterte Auflage, Herne Berlin: nbw, S. 275-348.

PEEMÖLLER, VOLKER H.; KUNOWSKI, STEFAN & HILLER, HENS [Kapitalisierungszinssatz; 1999]: Ermittlung des Kapitalisierungszinssatzes für internationale Mergers & Acquisitions bei Anwendung des Discounted Cash Flow-Verfahrens (Entity-Ansatz). Eine empirische Erhebung, in: *Die Wirtschaftsprüfung*, Jg. 52, Nr. 16, S. 621-630.

PEÑA, JOSE M.; LOZANO, JOSE A. & LARRAÑAGA, PEDRO [Initialization methods for K-means; 1999]: An empirical comparison of four initialization methods for the K-means algorithm, in: *Pattern Recognition Letters*, Vol. 20, No. 10, pp. 1027-1040.

PENMAN, STEPHEN H. [Financial Statement Analysis; 2010]: Financial Statement Analysis and Security Valuation, 4th edition, New York City: McGraw-Hill.

PERRIDON, LOUIS; STEINER, MANFRED & RATHGEBER, ANDREAS [Finanzwirtschaft; 2012]: Finanzwirtschaft der Unternehmung, 16., überarbeitete und erweiterte Auflage, München: Vahlen.

PETERSEN, MITCHELL A. [Standard errors in finance panel data; 2009]: Estimating standard errors in finance panel data sets: Comparing approaches, in: *Review of Financial Studies*, Vol. 22, No. 1, pp. 435-480.

POPP, MATTTHIAS [Vergangenheits- und Lageanalyse; 2012]: Vergangenheits- und Lageanalyse, in: PEEMÖLLER, VOLKER H. (Hrsg.): *Praxishandbuch der Unternehmensbewertung*, 5., aktualisierte und erweiterte Auflage, Herne Berlin: nbw, S. 173-218.

PRATT, SHANNON P.; GRABOWSKI, ROGER J. [Cost of capital; 2010]: Cost of capital: Applications and examples, 4th edition, Hoboken, New Jersey: Wiley.

PRATT, SHANNON P.; NICULITA, ALINA V. [Valuing a business; 2008]: Valuing a business: The analysis and appraisal of closely held companies, 5th edition, New York City: McGraw-Hill.

PREINREICH, GABRIEL A. D. [Valuation and amortization; 1937]: Valuation and amortization, in: *Accounting Review*, Vol. 3, No. 12, pp. 209-226.

RADINGER, GERHARD [Multiplikatoren; 2010]: Unternehmenswertermittlung über Multiplikatoren, in: *Controller Magazin*, Jg. 35, Nr. 4, S. 65-67.

RAEI, REZA; AHMADINIA, HAMED & HASBAEI, AMANEH [Developing of asset pricing models; 2011]: A study on developing of asset pricing models, in: *International Business Research*, Vol. 4, No. 4, pp. 139-152.

RAY, SURAJIT; SAVIN, NATHAN E. & TIWARI, ASHISH [Testing the CAPM; 2009]: Testing the CAPM revisited, in: *Journal of Empirical Finance*, Vol. 16, No. 5, pp. 721-733.

REESE, RAIMO; WIESE, JÖRG [Ermittlung des Basiszinses; 2007]: Die kapitalmarktorientierte Ermittlung des Basiszinses für die Unternehmensbewertung, in: *Zeitschrift für Bankrecht und Bankwirtschaft*, Jg. 19, Nr. 1, S. 38-52.

RHEE, S. GHON [Decomposition of systematic risk; 1986]: Stochastic demand and a decomposition of systematic risk, in: *Research in Finance*, Vol. 6, pp. 197-216.

RICHTER, FRANK [Verschuldungsgrad; 1998]: Unternehmensbewertung bei variablem Verschuldungsgrad, in: *Zeitschrift für Bankrecht und Bankwirtschaft*, Jg. 10, Nr. 6, S. 379-389.

RICHTER, FRANK [Unsicheren Inflationserwartungen; 2011]: Barwert von Cashflows und Residualgewinnen bei unsicheren Inflationserwartungen, in: *Schmalenbachs Zeitschrift für betriebswirtschaftliche Forschung*, Jg. 63, Nr. 8, S. 430-457.

ROGERS, WILLIAM H. [Standard errors in clustered samples; 1993]: Regression standard errors in clustered samples, in: *Stata Technical Bulletin*, Vol. 3, No. 13, pp. 19-23.

ROLL, RICHARD [A critique of the asset pricing theory's tests; 1977]: A critique of the asset pricing theory's tests part I: On past and potential testability of the theory, in: *Journal of Financial Economics*, Vol. 4, No. 2, pp. 129-176.

ROLL, RICHARD; ROSS, STEPHEN A. [Arbitrage pricing theory; 1980]: An empirical investigation of the arbitrage pricing theory, in: *Journal of Finance*, Vol. 35, No. 5, pp. 1073-1103.

ROSENBERG, BARR; MCKIBBEN, WALT [Systematic and specific risk; 1973]: The prediction of systematic and specific risk in common stocks, in: *Journal of Financial and Quantitative Analysis*, Vol. 8, No. 2, pp. 317-333.

ROSENBERG, BARR; REID, KENNETH & LANSTEIN, RONALD [Market inefficiency; 1985]: Persuasive evidence of market inefficiency, in: *Journal of Portfolio Management*, Vol. 11, No. 3, pp. 9-16.

ROSS, STEPHEN A. [Arbitrage pricing theory; 1976]: The arbitrage theory of capital asset pricing, in: *Journal of Economic Theory*, Vol. 13, No. 3, pp. 341-360.

ROSS, STEPHEN A. [Status of the CAPM; 1978]: The current status of the capital asset pricing model (CAPM), in: *Journal of Finance*, Vol. 33, No. 3, pp. 885-901.

ROSS, STEPHEN A.; WESTERFIELD, RANDOLPH W. & JAFFE, JEFFREY F. [Corporate finance; 2008]: Corporate finance, 8th edition, New York City: McGraw-Hill.

RUBACK, RICHARD S. [Valuing risky cash flows; 2002]: Capital cash flows: A simple approach to valuing risky cash flows, in: *Financial Management*, Vol. 31, No. 2, pp. 85-103.

RUBINSTEIN, MARK E. [Corporate financial theory; 1973]: A mean-variance synthesis of corporate financial theory, in: *Journal of Finance*, Vol. 28, No. 1, pp. 167-181.

RYAN, STEPHEN G [Accounting numbers and systematic risk; 1997]: A survey of research relating accounting numbers to systematic equity risk with implications for risk disclosure policy and future research, in: *Accounting Horizons*, Vol. 11, No. 2, pp. 82-95.

SCHLUETER, TOBIAS; SIEVERS, SOENKE, [Determinants of market beta; 2012]: Determinants of market beta: The impacts of firm-specific accounting figures and market conditions, http://ssrn.com/abstract=1813535, (abgerufen am 13.03.2012).

SCHMITT, DIRK; DAUSEND, FLORIAN [Tax CAPM; 2006]: Unternehmensbewertung mit dem Tax CAPM, in: *FINANZBETRIEB*, Jg. 8, Nr. 4, S. 233-242.

SCHOLES, MYRON; WILLIAMS, JOSEPH [Estimating betas; 1977]: Estimating betas from nonsynchronous data, in: *Journal of Financial Economics*, Vol. 5, No. 3, pp. 309-327.

SCHÜLER, ANDREAS; LAMPENIUS, NIKLAS [Wachstumsannahmen; 2007]: Wachstumsannahmen in der Bewertungspraxis: eine empirische Untersuchung ihrer Implikationen, in: *Betriebswirtschaftliche Forschung und Praxis*, Jg. 59, Nr. 3, S. 232-248.

SCHULTZE, WOLFGANG; MEYER, MARTIN ALEXANDER [Kapitalflussrechnung; 2005]: Die Kapitalflussrechnung in der Unternehmensbewertung: Bewertungskalkül und Gestaltungshinweise, in: *Zeitschrift für Planung und Unternehmenssteuerung*, Jg. 16, Nr. 3, S. 289-324.

SCHULZE, PETER M. [Statistik; 2007]: Beschreibende Statistik, 6. Auflage, München: Oldenbourg.

SCHWARZ, GIDEON [Dimension of a model; 1978]: Estimating the dimension of a model, in: *Annals of Statistics*, Vol. 6, No. 2, pp. 461-464.

SCHWETZLER, BERNHARD [Multiple-Bewertung; 2003]: Probleme der Multiple-Bewertung, in: *FINANZBETRIEB*, Jg. 5, Nr. 2, S. 79-90.

SCHWETZLER, BERNHARD [Unternehmensbewertung mit Multiples; 2010]: Konsistente Unternehmensbewertung mit Multiples, in: KÖNIGSMAIER, HEINZ; RABEL, KLAUS (Hrsg.): *Unternehmensbewertung: Theoretische Grundlagen - Praktische Anwendung. Festschrift für Gerwald Mandl zum 70. Geburtstag*, Wien: Linde, S. 571-593.

SEDDIGHI, HAMID R. [Econometrics; 2012]: Introductory econometrics: A practical approach, 2nd edition, New York City: Routledge.

SHARPE, WILLIAM F. [Portfolio analysis; 1963]: A simplified model for portfolio analysis, in: *Management Science*, Vol. 9, No. 2, pp. 277-293.

SHARPE, WILLIAM F. [Capital asset prices; 1964]: Capital asset prices: A theory of market equilibrium under conditions of risk, in: *Journal of Finance*, Vol. 19, No. 3, pp. 425-442.

SPINDLER, HANS-JOACHIM [Diversifikation in Konjunkturkrisen; 1988]: Risiko- und Renditeeffekte der Diversifikation in Konjunkturkrisen, in: *Zeitschrift für Betriebswirtschaft*, Jg. 58, Nr. 8, S. 858-875.

SPREMANN, KLAUS [Finance; 2007]: Finance, 3., korrigierte und erweiterte Auflage, München Wien: Oldenbourg.

SPREMANN, KLAUS [Portfoliomanagement; 2008]: Portfoliomanagement, 4., überarbeitete Auflage, München: Oldenbourg.

SPREMANN, KLAUS [Bivalente Zahlungsüberschüsse; 2011]: Unternehmenswert bei bivalenten Zahlungsüberschüssen, in: *CORPORATE FINANCE biz*, Jg. 2, Nr. 2, S. 86-93.

SPREMANN, KLAUS; ERNST, DIETMAR [Unternehmensbewertung; 2011]: Unternehmensbewertung: Grundlagen und Praxis, 2., überarbeitete Auflage, München: Oldenbourg.

SPREMANN, KLAUS; SCHEURLE, PATRICK [Finanzanalyse; 2010]: Finanzanalyse, München: Oldenbourg.

STEHLE, RICHARD [Risikoprämie von Aktien; 2004]: Die Festlegung der Risikoprämie von Aktien im Rahmen der Schätzung des Wertes von börsennotierten Kapitalgesellschaften, in: *Die Wirtschaftsprüfung*, Jg. 57, Nr. 17, S. 906-927.

STEINER, MANFRED; BAUER, CHRISTOPH [Fundamentale Analyse; 1992]: Die fundamentale Analyse und Prognose des Marktrisikos deutscher Aktien, in: *Schmalenbachs Zeitschrift für betriebswirtschaftliche Forschung*, Jg. 44, Nr. 4, S. 347-368.

STEINER, MANFRED; BRUNS, CHRISTOPH & STÖCKL, STEFAN [Wertpapiermanagement; 2012]: Wertpapiermanagement: Professionelle Wertpapieranalyse und Portfoliostrukturierung, 10., überarbeitete Auflage, Stuttgart: Schäffer-Poeschel.

STEINER, MANFRED; WALLMEIER, MARTIN [Economic Value Added-Konzept; 1999]: Unternehmensbewertung mit Discounted Cash Flow-Methoden und dem Economic Value Added-Konzept, in: *FINANZBETRIEB*, Jg. 1, Nr. 5, S. 1-10.

STEINLEY, DOUGLAS; BRUSCO, MICHAEL J. [Initializing K-means batch clustering; 2007]: Initializing K-means batch clustering: A critical evaluation of several techniques, in: *Journal of Classification*, Vol. 24, No. 1, pp. 99-121.

STELLBRINK, JÖRN; BRÜCKNER, CARSTEN [Beta-Schätzung; 2011]: Beta-Schätzung: Schätzzeitraum und Renditeintervall unter statistischen Gesichtspunkten, in: *Bewertungspraktiker*, Jg. 5, Nr. 3, S. 2-9.

STEWART, G. BENNETT [The Quest for Value; 1991]: The Quest for Value: A Guide for Senior Managers, New York City: HarperBusiness.

STULZ, RENE M. [Cost of capital in internationally market; 1995]: The cost of capital in internationally integrated markets: The case of Nestle, in: *European Financial Management*, Vol. 1, No. 1, pp. 11-22.

SULLIVAN, TIMOTHY G. [Cost of capital and the market power; 1978]: The cost of capital and the market power of firms, in: *Review of Economics and Statistics*, Vol. 60, No. 2, pp. 209-217.

SVENSSON, LARS E. O. [Estimating forward interest rates; 1994]: Estimating and interpreting forward interest rates: Sweden 1992-1994, in: *NBER Working Papers 4871 - National Bureau of Economic Research, Inc.*.

THOMPSON, DONALD J. [Sources of systematic risk; 1976]: Sources of systematic risk in common stocks, in: *Journal of Business*, Vol. 49, No. 2, pp. 173-188.

TITMAN, SHERIDAN; WESSELS, ROBERTO [Determinants of capital structure; 1988]: The determinants of capital structure choice, in: *Journal of Finance*, Vol. 43, No. 1, pp. 1-19.

TOBIN, JAMES [Liquidity preference; 1958]: Liquidity preference as behavior towards risk, in: *Review of Economic Studies*, Vol. 25, No. 2, pp. 65-86.

TRUONG, GIANG; PEAT, MAURICE & PARTINGTON, GRAHAM [Cost of capital estimation in Australia; 2007]: Cost of capital estimation and capital budgeting practice in Australia, Available at SSRN: http://ssrn.com/abstract=1019962 or http://dx.doi.org/10.2139/ssrn.1019962 (abgerufen: 31.10.2012).

TSCHÖPEL, ANDREAS; WIESE, JÖRG & WILLERSHAUSEN, TIMO [Unternehmensbewertung und Wachstum; 2010]: Unternehmensbewertung und Wachstum bei Inflation, persönlicher Besteuerung und Verschuldung (Teil 2), in: *Die Wirtschaftsprüfung*, Jg. 63, Nr. 8, S. 405-412.

TURNBULL, STUART M. [Systematic risk; 1977]: Market value and systematic risk, in: *Journal of Finance*, Vol. 32, No. 4, pp. 1125-1142.

VARGAS, SANTIAGO RUIZ DE [Historische Marktrisikoprämie; 2012]: Bestimmung der historischen Marktrisikoprämie im Rahmen von Unternehmensbewertungen - Arithmetisches oder geometrisches Mittel?, in: *Der Betrieb*, Jg. 65, Nr. 15, S. 813-819.

VOGLER, OLIVER [Fama-French-Modell; 2009]: Das Fama-French-Modell: Eine Alternative zum CAPM – auch in Deutschland, in: *FINANZBETRIEB*, Jg. 11, Nr. 7-8, S. 382-388.

VOS, EDWARD A. [Risk measurement in small businesses; 1992a]: A conceptual framework for practical risk measurement in small businesses, in: *Journal of Small Business Management*, Vol. 30, No. 3, pp. 47-56.

VOS, EDWARD A. [Risk measurement for unlisted businesses; 1992b]: Differences in risk measurement for small unlisted businesses, in: *Journal of Small Business Finance*, Vol. 1, No. 3, pp. 255-267.

VOULGARIS, FOTINI; RIZONAKI, ATHANASIA [Systematic, financial and operating risk; 2011]: On the relationship between systematic risk and financial and operating risk: the case of the Greek listed firms, in: *Global Business and Economics Review*, Vol. 13, No. 3-4, pp. 204-221.

WAGNER, THOMAS [Konzeption der Multiplikatorverfahren; 2005]: Konzeption der Multiplikatorverfahren, in: KROLLE, SIGRID; SCHMITT, GÜNTHER; SCHWETZLER, BERNHARD (Hrsg.): *Multiplikatorverfahren in der Unternehmensbewertung:*

Anwendungsbereiche, Problemfälle, Lösungsalternativen, Stuttgart: Schäffer-Poeschel, S. 5-19.

WALLMEIER, MARTIN [Kapitalkosten; 1999]: Kapitalkosten und Finanzierungsprämissen, in: *Zeitschrift für Betriebswirtschaft*, Jg. 69, Nr. 12, S. 1473–1490.

WALLMEIER, MARTIN [Determinanten erwarteter Renditen; 2000]: Determinanten erwarteter Renditen am deutschen Aktienmarkt - Eine empirische Untersuchung anhand ausgewählter Kennzahlen, in: *Schmalenbachs Zeitschrift für betriebswirtschaftliche Forschung*, Jg. 52, Nr. 1, S. 27-57.

WALLMEIER, MARTIN [Steady State; 2008]: Der "Steady State": Das Phantom der Unternehmensbewertung, in: LAITENBERGER, JÖRG; LÖFFLER, ANDREAS (Hrsg.): *Finanzierungstheorie auf vollkommenen und unvollkommenen Kapitalmärkten*, München: Vahlen, S. 139-156.

WATRIN, CHRISTOPH; STAHLBERG, GERNOT & KAPPENBERG, CHRISTOPH [Einfluss des Wochentags auf den Betafaktor; 2011]: Der Einfluss des Wochentags auf den Betafaktor - Eine empirische Analyse anhand ausgewählter Kapitalmärkte, in: *CORPORATE FINANCE biz*, Jg. 2, Nr. 3, S. 176-194.

WATSON, PATRICK K.; TEELUCKSINGH, SONJA S. [Econometric methods; 2002]: A practical introduction to econometric methods: Classical and modern, Jamaica: University of the West Indies Press.

WELCH, IVO [Financial economists and the equity premium; 2000]: Views of financial economists on the equity premium and on professional controversies, in: *Journal of Business*, Vol. 73, No. 4, pp. 501-537.

WELCH, IVO [Equity premium: An update; 2008]: The consensus estimate for the equity premium by academic financial economists in december 2007: An update to Welch (2000), Available at SSRN: http://ssrn.com/abstract=1084918 or http://dx.doi.org/10.2139/ssrn.1084918 (abgerufen am: 31.10.2012).

WELLIS, ACHILLES [Bewertungsmethoden bei kleinen und mittleren Unternehmen; 2012]: Praktische Anwendung von Bewertungsmethoden bei kleinen und mittleren Unternehmen (KMU) in der Schweiz: Ergebnisse auf Basis einer empirischen Untersuchung, in: *Bewertungspraktiker*, Jg. 6, Nr. 2, S. 61-68.

WHITE, HALBERT [Heteroskedasticity-consistent covariance matrix estimator; 1980]: A heteroskedasticity-consistent covariance matrix estimator and a direct test for heteroskedasticity, in: *Econometrica*, Vol. 48, No. 4, pp. 817-838.

WIESE, JÖRG [Abgeltungssteuer; 2007]: Unternehmensbewertung und Abgeltungssteuer, in: *Die Wirtschaftsprüfung*, Jg. 60, Nr. 9, S. 368-375.

WIESE, JÖRG; GAMPENRIEDER, PETER [Basiszins für die Unternehmensbewertung; 2007]: Die kapitalmarktorientierte Ermittlung des Basiszinses für die Unternehmensbewertung: Möglichkeiten und Grenzen, in: *Der Schweizer Treuhänder*, Jg. 81, Nr. 6-7, S. 442-448.

ZEIDLER, GERNOT W.; TSCHÖPEL, ANDREAS & BERTRAM, INGO [Kapitalkosten in Finanzkrise; 2012]: Kapitalkosten in Zeiten der Finanz- und Schuldenkrise, in: *CORPORATE FINANCE biz*, Jg. 3, Nr. 2, S. 70-80.

ZIEGER, MARTIN; SCHÜTTE-BIASTOCH, SONJA [Bewertung von KMU; 2008]: Gelöste und ungelöste Fragen bei der Bewertung von kleinen und mittleren Unternehmen (KMU), in: *FINANZBETRIEB*, Jg. 10, Nr. 9, S. 590-601.

ZIEGLER, ANDREAS; SCHRÖDER, MICHAEL; SCHULZ, ANJA & STEHLE, RICHARD [Multifaktormodelle und deutsche Aktienrenditen; 2007]: Multifaktormodelle zur Erklärung deutscher Aktienrenditen: Eine empirische Analyse, in: *Schmalenbachs Zeitschrift für betriebswirtschaftliche Forschung*, Jg. 59, Nr. 5, S. 355-389.

ZIMMERMANN, PETER [Betawerte; 1997]: Schätzung und Prognose von Betawerten: Eine Untersuchung am deutschen Aktienmarkt, Bad Soden/Ts: Uhlenbruch.

FINANZIERUNG, KAPITALMARKT UND BANKEN

Herausgegeben von Prof. Dr. Hermann Locarek-Junge, Dresden, Prof. Dr. Klaus Röder, Regensburg, und Prof. Dr. Mark Wahrenburg, Frankfurt

Band 86
Henrik Schalkowski
Vertraglich fixierte Einflussnahme von Private-Equity-Gesellschaften auf die Corporate Governance ihrer Beteiligungsgesellschaften – Eine ökonomische Analyse im Zweiländervergleich Deutschland – Großbritannien
Lohmar – Köln 2013 • 328 S. • € 62,- (D) • ISBN 978-3-8441-0270-3

Band 87
Irmgard Eisenbarth
Zeitliche Optimierung von M&A-Entscheidungen – Eine Analyse pro- und antizyklischen M&A-Verhaltens in Deutschland
Lohmar – Köln 2013 • 380 S. • € 65,- (D) • ISBN 978-3-8441-0275-8

Band 88
Chris Hoffmann
Selbstbehalt und Beziehungsstrukturen bei Verbriefungstransaktionen – Eine empirische Analyse US-amerikanischer Hypothekenverbriefungen
Lohmar – Köln 2014 • 196 S. • € 49,- (D) • ISBN 978-3-8441-0307-6

Band 89
Christian Langkamp
Corporate Credit Risk Management
Lohmar – Köln 2014 • 324 S. • € 62,- (D) • ISBN 978-3-8441-0309-0

Band 90
Sven Loßagk
Die Bewertung nicht börsennotierter Unternehmen – Eine empirische Untersuchung zur Erklärung des systematischen Risikos mittels rechnungswesenbasierter Daten
Lohmar – Köln 2014 • 336 S. • € 63,- (D) • ISBN 978-3-8441-0313-7